Basic Physics

基础物理学

于杰 / 主编

大连理工大学出版社

图书在版编目(CIP)数据

基础物理学 / 于杰主编. -- 大连 : 大连理工大学出版社, 2022.10(2024.7 重印)
ISBN 978-7-5685-3850-3

Ⅰ. ①基… Ⅱ. ①于… Ⅲ. ①物理学－高等学校－教材 Ⅳ. ①O4

中国版本图书馆 CIP 数据核字(2022)第 122221 号

大连理工大学出版社出版
地址:大连市软件园路 80 号 邮政编码:116023
发行:0411-84708842 邮购:0411-84708943 传真:0411-84701466
E-mail:dutp@dutp.cn URL:https://www.dutp.cn
大连日升彩色印刷有限公司印刷 大连理工大学出版社发行

幅面尺寸:185mm×260mm 印张:18.25 字数:466 千字
2022 年 10 月第 1 版 2024 年 7 月第 3 次印刷

责任编辑:陈 玫 董歅菲 责任校对:邵 青
封面设计:张 莹

ISBN 978-7-5685-3850-3 定 价:48.00 元

Preface

前言

物理学是研究物质、能量和它们相互作用的学科，研究目的在于认识物质运动的普遍规律和揭示物质各层次的内部结构。物理学是一门基础学科，是其他学科和绝大部分技术发展不可缺少的，物理学曾经是、现在是、将来也会是全球技术和经济发展的主要驱动力。

本书参照教育部物理基础课程教学指导委员会制定的《非物理类理工学科大学物理课程教学基本要求》（简称《基本要求》），结合作者多年的教学和科研工作经验编写而成，内容涵盖了《基本要求》中的核心内容，选材恰当，深度广度适宜，可作为高等院校非物理类专业本科、预科的大学物理基础课程的教材和教学参考书，也可供远程继续教育学校、高职高专等相关专业学生使用。

本书在编写过程中，注重内容体系的完整，突出物理本质，符合教学实际，重视各阶段知识的衔接。在教材内容中还适时、适量引入物理学发展中的一些重要思想、科学家的创造性思维、哲学的普遍原理、学科前沿和科技发展新动态等，将专业知识与课程思政元素有机结合，使读者能够从中受到启迪，提高科学素养，培养其探索未知、追求真理、勇攀科学高峰的责任感和使命感。希望通过本书的学习，读者能够对物理学有比较全面、系统的认识，掌握物理学的基本概念和基本原理以及研究问题的方法，增进科学思维方法和科学伦理的训练，提高分析问题和解决问题的能力。

本书内容包括力学、热学、振动、波动、电磁学、光学和量子力学等，共计十二章。附有数学预备知识和课后习题答案。

本书在编写的过程中，参考了许多国内优秀的教材，还借鉴了其中的一些示例、插图和习题，在文末参考文献中一一列出，在此对各位编者致以诚挚的感谢！

在本书编写的过程中，得到了大连理工大学物理学院、大学物理教学中心及教务处的大力支持，在此一并表示衷心的感谢。特别感谢大学物理教学中心的李雪春教授和詹卫伸教授，两位教授为本书提供了很多有用的文字和图片素材，在教材编写过程中给予许多有益的建议和指导，使得本书能够顺利完成。

由于编者水平有限，书中难免出现错误或不当之处，恳请读者和同行专家给予批评指正。

于　杰

2022 年 9 月

所有意见和建议请发往：dutpbk@163.com

欢迎访问高教数字化服务平台：https://www.dutp.cn/hep/

联系电话：0411-84708445　84708462

Contents

目录

第一章

质点机械运动的描述

自然界中的一切物体都处于永恒运动之中，即运动是绝对的。在所有的物质运动形式之中，机械运动是最简单、最普遍的运动形式之一。所谓机械运动，是指物体之间或者同一物体内部不同部分之间相对位置随时间的变化。在物理学中，研究物体机械运动的规律及其应用的学科称为力学。实际的物体都有一定的质量、大小和形状以及内部结构，它们在运动的过程中，各部分的运动状态一般都各不相同，这就给我们描述运动带来了一定的难度。如果在我们研究的问题中，物体的大小和形状不起作用，或者所起的作用并不显著可以忽略不计时，为了简化问题处理，突出物体的运动，我们可以近似地把该物体看作是一个具有质量而没有大小和形状的几何点，将其称为质点。质点是实际物体经过科学抽象而形成的一个理想化模型。这种根据研究对象的性质，突出主要因素，忽略次要因素，建立理想模型的方法是科学研究中经常采用的一种科学思维方法。值得注意的是，任何一个理想模型都有它的适用条件，模型能否正确反映客观实际，还要通过实践来检验。

研究质点运动的规律及其应用的这部分力学称为质点力学。在质点力学中，若只研究质点的运动状态和运动状态随时间变化的规律，而不涉及引起运动和运动状态变化的原因，这部分内容就称为质点运动学。研究质点的运动规律，是研究物体运动的基础。若实际物体不能当作一个质点模型来处理，我们就可以把整个物体视为由无数个质点所组成的系统，从质点运动的规律入手，就可以不断逼近真实情况，就有可能了解整个物体的运动规律。

本章的基本内容是研究质点运动的描述及其所遵循的规律。

1.1 质点运动的描述

1.1.1 参考系和坐标系

参考系　在描述一个物体的运动时，必须选择另一物体或几个彼此之间相对静止的物体作为参考，然后研究该物体相对于这些物体的运动规律。被选作参考的物体称作参考系。同一物体，由于我们选取的参考系不同，对于其运动状态的描述也会不同。例如，在高速行驶的列车中，座椅是被固定在车厢厢体上的。如果把车厢取为参考系，座椅相对于车厢是静止的；若把列车经过的一座房屋取为参考系，则座椅与车厢以相同的轨迹和速度运动着。“两岸青山相对出，孤帆一片日边来”的诗句中，以诗人乘坐的行舟为参考系，所以就有了“两岸青山相对出”。因此，只有在选定参考系的情况下，才能明确地说明物体的运动情况。在不同的参考系中，同一物体具有不同的运动形式，即对运动的描述有赖于参考系的选取，这个事实叫作运动的相对性。

一般来说，在运动学中，参考系的选取可以是任意的，也可以视研究问题的性质而定，以方便为原则。选择合适的参考系，可以简化对物体机械运动的描述，便于探索运动规律。常见的参考系有地球（地面）参考系、地心参考系和太阳参考系等。在日常生活和工程实际中通常都选地球为参考系。

坐标系　为了定量确定物体相对于参考系的位置，描述物体的运动，需要在参考系上建立一个固定的坐标系。用坐标值来表示质点的位置以及物体的机械运动。坐标系是参考系的数学定量表述，是由实际物体构成的参考系的数学抽象。一般在参考系上选定一点作为坐标系的原点 O，取通过原点并标有长度的线作为坐标轴。例如常用的笛卡尔直角坐标系，就是选参考系中的任意一个固定点为原点 O，从点 O 沿三个互相垂直的方向画出坐标轴 Ox、Oy、Oz，并使 x 轴、y 轴和 z 轴的正方向满足右手螺旋关系。根据研究问题的需要，我们还可以选用平面极坐标系、球面坐标系或柱面坐标系等其他坐标系。在选定坐标系后，就不必在图中画出参考物了。一般来说，在运动学中，参考系和坐标系可以任意选择。若能根据运动的特征恰当地选择参考系和坐标系，往往可以使讨论问题简单一些。

1.1.2 位置矢量

为了描述质点在空间的位置，我们引入位置矢量（简称位矢）这一概念。

我们引入图 1-1 的直角坐标系，则质点 P 的位置就可以用它的三个坐标值 x、y 和 z 来确定。如果我们从原点 O 向点 P 做一有向线段 $\boldsymbol{r}=\overrightarrow{OP}$，则有向线段 $\boldsymbol{r}$ 的方向说明了点 P 相对于坐标轴的方位，$\boldsymbol{r}$ 的大小（即该矢量的模）表明了点 P 到原点的距离，并且 $\boldsymbol{r}$ 与点 P 的坐标值（x，y，z）一一对应。因此，$\boldsymbol{r}$ 可以唯一地描述质点 P 的空间位置。我们称 $\boldsymbol{r}$ 为点 P 的位置矢量（简称位矢），用来确定质点的空间位置。质点运动过程中，每一时刻质点的空间位置，都有唯一确定的位置矢量 $\boldsymbol{r}$ 与其对应。

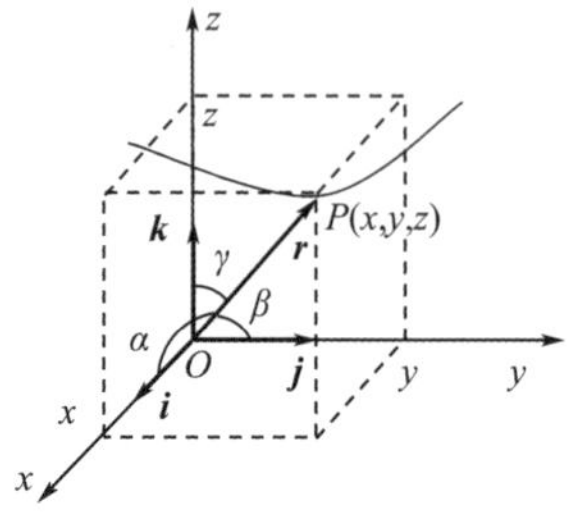

图 1-1　点 P 的位置矢量和坐标

在笛卡尔坐标系中，位置矢量可以写成

$$\boldsymbol{r}=x\boldsymbol{i}+y\boldsymbol{j}+z\boldsymbol{k} \tag{1-1}$$

其中，坐标 x、y、z 就是 $\boldsymbol{r}$ 沿坐标轴的三个分量，$\boldsymbol{i}$、$\boldsymbol{j}$、$\boldsymbol{k}$ 分别表示沿 Ox、Oy、Oz 三轴正方向的单位矢量。

位置矢量的大小和方向，还可以分别用它的模和方向余弦表示为

$$r=|\boldsymbol{r}|=\sqrt{x^2+y^2+z^2}$$

和

$$\cos\alpha = \frac{x}{r}, \cos\beta = \frac{y}{r}, \cos\gamma = \frac{z}{r}$$

其中 α, β, γ 分别表示位置矢量 $\boldsymbol{r}$ 与 Ox、Oy、Oz 三个坐标轴的夹角，满足关系式

$$\cos^2\alpha + \cos^2\beta + \cos^2\gamma = 1.$$

1.1.3 运动方程

在质点运动的过程中，位置矢量 $\boldsymbol{r}$ 随时间 t 按照一定规律在变化，即位置矢量 $\boldsymbol{r}$ 是时间的函数：

$$\boldsymbol{r} = \boldsymbol{r}(t) \tag{1-2}$$

上式称为质点的运动方程。知道了质点的运动方程，我们就能确定出质点在任意时刻的位置，掌握质点的运动规律，获得质点运动的全部信息。

在笛卡尔直角坐标系中，运动方程可以写成

$$\boldsymbol{r}(t) = x(t)\boldsymbol{i} + y(t)\boldsymbol{j} + z(t)\boldsymbol{k} \tag{1-3}$$

上式可以写成如下三个分量方程

$$x = x(t), y = y(t), z = z(t) \tag{1-4}$$

消去运动方程分量式中的时间参量 t，就会得到一个只与质点位置坐标 x, y, z 有关的函数即

$$f(x, y, z) = C(C\ \text{为常数}) \tag{1-5}$$

据此可以判断质点运动的轨迹形状，称为质点运动的轨迹方程。如果质点的运动轨迹为直线，则该质点做直线运动；如果质点的运动轨迹为圆，则该质点做圆周运动；如果质点的运动轨迹为一般曲线，则该质点做曲线运动。

1.1.4 位移

质点运动过程中，位置矢量会随时间 t 的变化而变化，为此我们引入位移这个矢量来描述质点空间位置的变化。

如图 1-2 所示，质点沿图中曲线运动，t 时刻质点运动到 $A(t)$ 点，其位置矢量为 $\boldsymbol{r}(t)$；$t + \Delta t$ 时刻质点运动到 $B(t + \Delta t)$ 点，其位置矢量为 $\boldsymbol{r}(t + \Delta t)$，则质点在这一时间间隔 Δt 内的位置变化可用矢量 $\overrightarrow{AB}$ 表示。$\overrightarrow{AB}$ 称为质点的位移矢量，简称位移，用 $\Delta\boldsymbol{r}$ 表示，有

$$\overrightarrow{AB} = \Delta\boldsymbol{r} = \boldsymbol{r}(t + \Delta t) - \boldsymbol{r}(t) \tag{1-6}$$

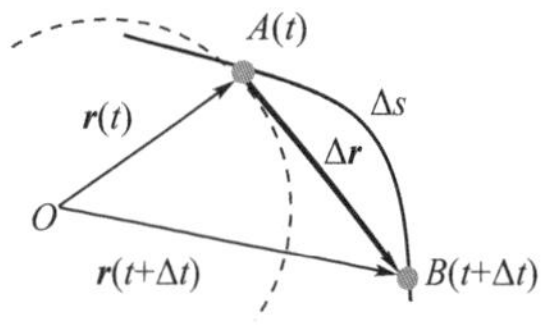

图 1-2 位移与路程

质点在某一时间段内的位移 $\Delta\boldsymbol{r}$ 等于这段时间内质点位置矢量的增量，它是矢量，既能表明 B 点与 A 点之间的距离，又能表明 B 点相对于 A 点的方位，按照平行四边形法则或三角形法则来合成。

在直角坐标系中，位移 $\Delta\boldsymbol{r}$ 的表达式为

$$\Delta\boldsymbol{r} = \boldsymbol{r}_B - \boldsymbol{r}_A = (x_B - x_A)\boldsymbol{i} + (y_B - y_A)\boldsymbol{j} + (z_B - z_A)\boldsymbol{k} = \Delta x\boldsymbol{i} + \Delta y\boldsymbol{j} + \Delta z\boldsymbol{k} \tag{1-7}$$

其大小为 $|\Delta\boldsymbol{r}| = \sqrt{(\Delta x)^2 + (\Delta y)^2 + (\Delta z)^2}$

方向为 $\cos\alpha' = \frac{\Delta x}{|\Delta\boldsymbol{r}|}, \cos\beta' = \frac{\Delta y}{|\Delta\boldsymbol{r}|}, \cos\gamma' = \frac{\Delta z}{|\Delta\boldsymbol{r}|}$。

结合图 1-2，我们应该注意以下几点：

(1) 位移 $\Delta\boldsymbol{r}$ 不同于位置矢量 $\boldsymbol{r}$。位置矢量描述某一时刻质点的位置，是状态量；而位移描

述的是一段时间间隔始末质点位置变化的总效果，不涉及质点位置变化过程的细节，是过程量。对于相对静止的不同坐标系来说，位置矢量与坐标系的选取有关，而位移与坐标系的选取无关。

(2) 位移 $\Delta\boldsymbol{r}$ 不同于路程 Δs。位移 $\Delta\boldsymbol{r}$ 是有向线段$\overrightarrow{AB}$，表示质点位置的改变，是矢量，其量值是割线 AB 的长度。路程 Δs 是质点实际经历的几何路径的长度，是标量，其量值是曲线 AB 的长度。只有在单方向直线运动中，或者时间间隔 Δt 趋近于零时，路程与位移的大小才在数值上相等。

(3) 位移 $\Delta\boldsymbol{r}$ 的大小 $|\Delta\boldsymbol{r}|$ 不同于 Δr。位移 $\Delta\boldsymbol{r}$ 的大小 $|\Delta\boldsymbol{r}|=|\boldsymbol{r}_B-\boldsymbol{r}_A|$，是有向线段$\overrightarrow{AB}$的长度，而 $\Delta r=r_B-r_A$ 是位置矢量大小的增量。二者一般不相等。

1.1.5 速度

质点在空间运动时，其位置矢量要发生变化。为了描述质点位置变化的快慢和位置变化的方向，我们引入速度这一概念。

如图 1-3 所示，质点沿轨迹 AB 做一般的曲线运动，在 $t\to t+\Delta t$ 时间间隔内，质点的位移为 $\Delta\boldsymbol{r}$，则 $\Delta\boldsymbol{r}$ 与 Δt 的比值能够反映该段时间内质点位置变化的平均快慢和方向。我们把 $\Delta\boldsymbol{r}$ 与 Δt 的比值称为质点在这段时间内的平均速度：

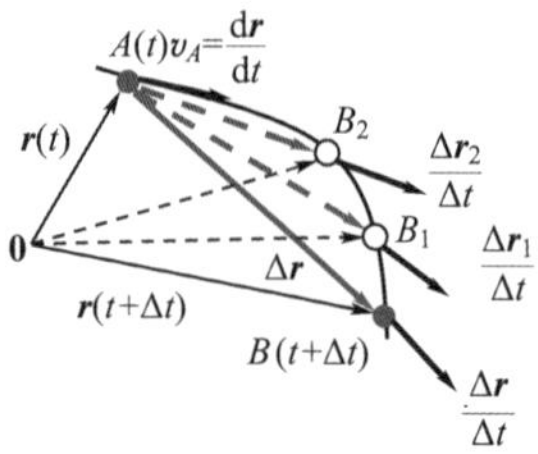

图 1-3 质点运动的速度

$$\overline{\boldsymbol{v}}=\frac{\Delta\boldsymbol{r}}{\Delta t} \tag{1-8}$$

平均速度是矢量，其大小为 $|\overline{\boldsymbol{v}}|=\left|\frac{\Delta\boldsymbol{r}}{\Delta t}\right|$，方向与位移 $\Delta\boldsymbol{r}$ 方向相同。平均速度只能对时间间隔 Δt 内质点位置随时间变化的情况做粗略的描述。在描述质点运动时，我们还经常采用“速率”这个物理量。我们把路程 Δs 与时间 Δt 的比值 $\overline{v}=\frac{\Delta s}{\Delta t}$ 定义为质点在时间 Δt 内的平均速率，来粗略描述质点位置变化的平均快慢，是一个标量。所以不能把平均速度与平均速率等同起来。

为了精确描述质点位置变化的快慢和位置变化的方向，可以将时间间隔 Δt 无限减小而趋近于零，则质点的平均速度就会逐渐接近 t 时刻质点的速度。从图 1-3 观察，可以知道 $\Delta t\to 0$ 时，平均速度越能逼真地反映质点在时刻 t 的运动快慢和方向。$\Delta t\to 0$ 时，极限值 $\lim\limits_{\Delta t\to 0}\frac{|\Delta\boldsymbol{r}|}{\Delta t}$ 能够确切描述质点在 t 时刻的运动快慢；而 $\frac{\Delta\boldsymbol{r}}{\Delta t}$ 的方向则无限靠近 t 时刻轨迹上质点所在位置处轨道的切线方向，并且指向质点前进的一侧。所以，我们将 $t\to t+\Delta t$ 时间内，当 $\Delta t\to 0$ 时质点平均速度的极限，定义为质点在 t 时刻的瞬时速度，简称速度。其数学表达式为

$$\boldsymbol{v}=\lim_{\Delta t\to 0}\frac{\Delta\boldsymbol{r}}{\Delta t}=\frac{d\boldsymbol{r}}{dt} \tag{1-9}$$

就是说，速度等于质点位置矢量 $\boldsymbol{r}$ 对时间 t 的一阶导数，描述了质点位置矢量对时间的瞬时变化率，能够精确反映质点在 t 时刻的位置变化快慢和位置方向的变化情况。

速度 $\boldsymbol{v}$ 是矢量，其方向就是 Δt 趋于零时 $\Delta\boldsymbol{r}$ 的方向，即沿着轨迹上质点所在点的切线方向，并且指向质点前进的一侧。由式(1-9)可知，只要知道了用位置矢量表述的质点运动学方程 $\boldsymbol{r}=\boldsymbol{r}(t)$，就可以求出质点运动的速度 $\boldsymbol{v}$。

速度矢量的大小为 $|\boldsymbol{v}|=v=\left|\frac{\mathrm{d}\boldsymbol{r}}{\mathrm{d}t}\right|$，当 Δt 趋于零时位移 $\Delta\boldsymbol{r}$ 的大小 $|\Delta\boldsymbol{r}|$ 与路程 Δs 在数值上相等，因此瞬时速度的大小 $v=\left|\frac{\mathrm{d}\boldsymbol{r}}{\mathrm{d}t}\right|$ 也就等于质点在该时刻的瞬时速率 $v=\frac{\mathrm{d}s}{\mathrm{d}t}$，所以速度矢量的大小称为速率，即

$$v=\left|\frac{\mathrm{d}\boldsymbol{r}}{\mathrm{d}t}\right|=\frac{\mathrm{d}s}{\mathrm{d}t} \tag{1-10}$$

在直角坐标系中，速度 $\boldsymbol{v}$ 可以表示为

$$\boldsymbol{v}=\frac{\mathrm{d}\boldsymbol{r}}{\mathrm{d}t}=\frac{\mathrm{d}x}{\mathrm{d}t}\boldsymbol{i}+\frac{\mathrm{d}y}{\mathrm{d}t}\boldsymbol{j}+\frac{\mathrm{d}z}{\mathrm{d}t}\boldsymbol{k}=v_x\boldsymbol{i}+v_y\boldsymbol{j}+v_z\boldsymbol{k} \tag{1-11}$$

其大小为 $v=|\boldsymbol{v}|=\sqrt{v_x^2+v_y^2+v_z^2}$

方向为 $\cos(\boldsymbol{v},\boldsymbol{i})=\frac{v_x}{v}$，$\cos(\boldsymbol{v},\boldsymbol{j})=\frac{v_y}{v}$，$\cos(\boldsymbol{v},\boldsymbol{k})=\frac{v_z}{v}$.

质点做平面运动时，有 $v=\sqrt{v_x^2+v_y^2}$，$\tan(\boldsymbol{v},\boldsymbol{i})=\frac{v_y}{v_x}$.

1.1.6 加速度

质点运动时，其速度也可能随时间变化。为了描述质点运动速度变化的快慢和速度方向的变化，我们引入加速度这一概念。

如图 1-4 所示，质点沿图中曲线运动，t 时刻质点的速度为 $\boldsymbol{v}(t)$，$t+\Delta t$ 时刻质点的速度为 $\boldsymbol{v}(t+\Delta t)$。在 Δt 时间内，质点速度的增量为 $\Delta\boldsymbol{v}=\boldsymbol{v}(t+\Delta t)-\boldsymbol{v}(t)$

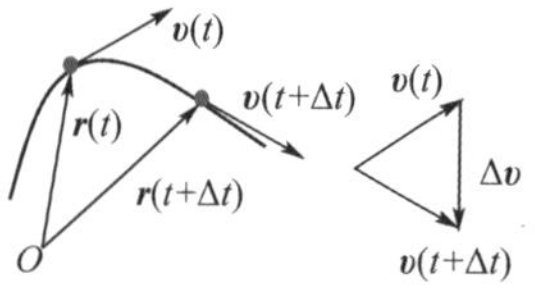

图 1-4 质点运动的加速度

在这里，我们把 $\Delta\boldsymbol{v}$ 与 Δt 的比值称为质点在这段时间内的平均加速度：

$$\bar{\boldsymbol{a}}=\frac{\Delta\boldsymbol{v}}{\Delta t} \tag{1-12}$$

它用来粗略地描述质点运动速度的变化。若要精确地反映速度大小和方向的快慢情况，只需将时间间隔 Δt 取得足够小即可。我们把 $t\to t+\Delta t$ 时间内，当 Δt 趋于零时质点的平均加速度的极限值定义为质点在 t 时刻的瞬时加速度，简称加速度，用 $\boldsymbol{a}$ 表示，即

$$\boldsymbol{a}=\lim_{\Delta t\to 0}\frac{\Delta\boldsymbol{v}}{\Delta t}=\frac{\mathrm{d}\boldsymbol{v}}{\mathrm{d}t}=\frac{\mathrm{d}^2\boldsymbol{r}}{\mathrm{d}t^2} \tag{1-13}$$

从数学上来说，加速度等于速度矢量对时间的一阶导数，或等于位置矢量对时间的二阶导数。

在直角坐标系中，加速度 $\boldsymbol{a}$ 可以表示为

$$\begin{aligned}\boldsymbol{a}&=\frac{\mathrm{d}v_x}{\mathrm{d}t}\boldsymbol{i}+\frac{\mathrm{d}v_y}{\mathrm{d}t}\boldsymbol{j}+\frac{\mathrm{d}v_z}{\mathrm{d}t}\boldsymbol{k}=\frac{\mathrm{d}^2x}{\mathrm{d}t^2}\boldsymbol{i}+\frac{\mathrm{d}^2y}{\mathrm{d}t^2}\boldsymbol{j}+\frac{\mathrm{d}^2z}{\mathrm{d}t^2}\boldsymbol{k}\\&=a_x\boldsymbol{i}+a_y\boldsymbol{j}+a_z\boldsymbol{k}\end{aligned} \tag{1-14}$$

其大小为 $a=|\boldsymbol{a}|=\sqrt{a_x^2+a_y^2+a_z^2}$

方向为 $\cos(\boldsymbol{a},\boldsymbol{i})=\frac{a_x}{a}$，$\cos(\boldsymbol{a},\boldsymbol{j})=\frac{a_y}{a}$，$\cos(\boldsymbol{a},\boldsymbol{k})=\frac{a_z}{a}$。

加速度是矢量，其大小描述了速度矢量变化的快慢，其方向为 Δt 趋于零时速度增量 $\Delta\boldsymbol{v}$ 的

极限方向。通过后续的进一步讨论，我们将看到加速度的方向中包含丰富的质点运动信息。

位置矢量、位移、速度、加速度是描述质点运动的基本物理量，本章中，我们将用这些物理量来确定质点的空间位置以及质点空间位置怎样随时间变化。

此外，从式(1-1)、(1-3)、(1-7)、(1-11) 和(1-14) 我们可以看出，任何运动都可以用几个彼此正交的独立运动叠加而成，这就是运动的叠加原理。利用该原理，我们可以将任何复杂运动，分解成相应坐标系中几个正交的分运动来描述。例如地球表面附近的斜上抛运动，就可以分解成一个沿水平方向的匀速直线运动和一个沿竖直方向的匀变速直线运动。

而对于做直线运动的质点而言，我们总是以该直线为坐标轴进行讨论。所以确定了原点和坐标轴的正方向之后(例如我们选定 x 轴为坐标轴)，描述质点运动的各个物理量就可以写成位置矢量 $\boldsymbol{r}=x\boldsymbol{i}$，位移 $\Delta\boldsymbol{r}=\Delta x\boldsymbol{i}$，速度 $\boldsymbol{v}=\dfrac{\mathrm{d}x}{\mathrm{d}t}\boldsymbol{i}$，加速度 $\boldsymbol{a}=\dfrac{\mathrm{d}^2x}{\mathrm{d}t^2}\boldsymbol{i}=a_x\boldsymbol{i}$。这些矢量的方向只能取两个：与 x 轴正方向相同方向或者相反方向。因此，对于沿一直线(一维运动)的矢量 $\boldsymbol{r}$、$\Delta\boldsymbol{r}$、$\boldsymbol{v}$ 和 $\boldsymbol{a}$，我们只需用相应的代数量 x、Δx、v 和 a 的正负符号来表示其方向就可以，“+” 表示与规定正方向相同，“—” 表示与规定正方向相反；这些代数量的绝对值表示各物理量的大小。质点做直线运动时，如果 a 和 v 的符号相同，质点做加速运动；如果 a 和 v 的符号相反，质点做减速运动。

质点运动学中遇到的计算问题，可以分为以下两类：

(1) 已知质点的运动方程，通过求导(或微分) 方法，求质点任意时刻的位置、速度和加速度；一段时间内的位移、平均速度、平均加速度；轨迹方程、绘制运动轨迹等。

(2) 已知质点的速度或加速度以及初始条件，通过积分运算，求其速度或运动方程。

例 1.1 一质点在平面上做曲线运动，其运动方程为 $\boldsymbol{r}(t)=3t\boldsymbol{i}+(5-t^2)\boldsymbol{j}$，所有物理量均取国际制单位。求：(1) 第 3 秒末质点的位置矢量；(2) 第 3 秒内质点的位移；(3) 第 3 秒末，质点的速度和质点的加速度；(4)1 ~ 3 s 内，质点的平均速度；(5)1 ~ 3 s 内，质点的平均加速度；(6) 质点运动的轨迹方程。

解：(1) 将 $t=3$ s 代入运动方程中，得质点在第 3 秒末的位置矢量为

$$\boldsymbol{r}(3)=9\boldsymbol{i}-4\boldsymbol{j}\,(\mathrm{m})$$

或大小为 $|\boldsymbol{r}(3)|=\sqrt{9^2+4^2}=\sqrt{97}\,(\mathrm{m})$

方向为 $\tan\alpha=-\dfrac{4}{9}$(或与 x 轴正方向夹角为 $\alpha=-\arctan\dfrac{4}{9}$)

(2) 第 3 秒内质点的位移，是指从第 2 秒末到第 3 秒末质点运动所产生的位移

由于 $\boldsymbol{r}(2)=6\boldsymbol{i}+\boldsymbol{j}\,(\mathrm{m})$

所以 $\Delta\boldsymbol{r}=\boldsymbol{r}(3)-\boldsymbol{r}(2)=3\boldsymbol{i}-5\boldsymbol{j}\,(\mathrm{m})$

(3) 由运动方程可得质点的速度的表达式为

$$\boldsymbol{v}(t)=\frac{\mathrm{d}x}{\mathrm{d}t}\boldsymbol{i}+\frac{\mathrm{d}y}{\mathrm{d}t}\boldsymbol{j}=3\boldsymbol{i}-2t\boldsymbol{j}\,(\mathrm{m/s})$$

将 $t=3$ s 代入速度表达式中，得第 3 秒末质点的速度为

$$\boldsymbol{v}(3)=3\boldsymbol{i}-6\boldsymbol{j}\,(\mathrm{m/s})$$

由 $\boldsymbol{v}(t)$ 得质点加速度表达式为

$$\boldsymbol{a}(t)=\frac{\mathrm{d}v_x}{\mathrm{d}t}\boldsymbol{i}+\frac{\mathrm{d}v_y}{\mathrm{d}t}\boldsymbol{j}=-2\boldsymbol{j}\,(\mathrm{m/s^2})$$

所以第 3 秒末，质点的加速度为 $\boldsymbol{a}(3) = -2\boldsymbol{j}\,(\mathrm{m/s^2})$

(4) 将 $t = 1$ s 代入运动方程中，得质点在第 1 秒末的位置矢量为

$$\boldsymbol{r}(1) = 3\boldsymbol{i} + 4\boldsymbol{j}\,(\mathrm{m})$$

结合(1) 问可得这段时间内质点的位移为

$$\Delta\boldsymbol{r} = \boldsymbol{r}(3) - \boldsymbol{r}(1) = 6\boldsymbol{i} - 8\boldsymbol{j}\,(\mathrm{m})$$

由平均速度公式 $\overline{\boldsymbol{v}} = \dfrac{\Delta\boldsymbol{r}}{\Delta t}$ 可得 1 ～ 3 s 内质点的平均速度为

$$\overline{\boldsymbol{v}} = \frac{\Delta\boldsymbol{r}}{\Delta t} = \frac{6\boldsymbol{i} - 8\boldsymbol{j}}{3-1} = 3\boldsymbol{i} - 4\boldsymbol{j}\,(\mathrm{m/s})$$

(5) 将 $t_1 = 1$ s、$t_2 = 3$ s 分别代入(3) 问中的速度表达式，可得

$$\boldsymbol{v}(1) = 3\boldsymbol{i} - 2\boldsymbol{j}\,(\mathrm{m/s}),\ \boldsymbol{v}(3) = 3\boldsymbol{i} - 6\boldsymbol{j}\,(\mathrm{m/s})$$

所以质点在这段时间内的速度增量是

$$\Delta\boldsymbol{v} = -4\boldsymbol{j}\,(\mathrm{m/s})$$

所以质点在 1 ～ 3 s 内的平均加速度为

$$\overline{\boldsymbol{a}} = \frac{\Delta\boldsymbol{v}}{\Delta t} = -2\boldsymbol{j}\,(\mathrm{m/s^2})$$

(6) 由已知可知运动方程分量形式为 $x = 3t$，$y = 5 - t^2$，将运动方程的分量形式消去时间参数 t，得质点运动的轨迹方程为

$$y = 5 - \frac{x^2}{9}\ (\because t \geqslant 0, \therefore x \geqslant 0)$$

例 1.2 一质点沿 x 轴做匀变速直线运动，其加速度为 a，不随时间变化。试用积分法求出该质点的速度公式和运动方程。已知初始条件为 $t = 0$ 时刻，$x = x_0$，$v = v_0$。

解：由于质点做直线运动，所以其加速度为 $a = \dfrac{\mathrm{d}v}{\mathrm{d}t}$，因此可改写为

$$\mathrm{d}v = a\,\mathrm{d}t$$

对上式两边同时积分，由初始条件可得

$$\int_{v_0}^{v} \mathrm{d}v = \int_0^t a\,\mathrm{d}t$$

所以该质点运动的速度公式为

$$v = v_0 + at \tag{1}$$

再将速度定义式 $v = \dfrac{\mathrm{d}x}{\mathrm{d}t}$ 改写为

$$\mathrm{d}x = v\,\mathrm{d}t$$

将式(1) 代入上式，并对两边同时积分，由初始条件可得

$$\int_{x_0}^{x} \mathrm{d}x = \int_0^t (v_0 + at)\,\mathrm{d}t$$

所以该质点运动方程为

$$x = x_0 + v_0 t + \frac{1}{2}at^2 \tag{2}$$

若将 $a = \dfrac{\mathrm{d}v}{\mathrm{d}t}$ 进一步改写，还可以得到中学学过的另一个关于匀变速直线运动的公式。

$$a=\frac{dv}{dt}=\frac{dv}{dx}\frac{dx}{dt}=v\frac{dv}{dx}$$

则有 $a\,dx=v\,dv$

对上式两边同时积分，由初始条件可得

$$\int_{v_0}^{v} v\,dv=\int_{x_0}^{x} a\,dx$$

从而有 $v^2-v_0^2=2a(x-x_0)$

1.2 圆周运动及其描述

圆周运动是指运动轨迹是固定圆周的运动，是一种特殊的平面曲线运动。知道了圆周运动的规律，方便进一步研究一般的曲线运动。另外，圆周运动也是研究物体转动的基础，因为物体绕轴转动时，物体中的每个质点都在做圆周运动。

采用直角坐标系描述质点的机械运动状态比较直观，但它掩盖了质点机械运动状态的详细信息。如果质点在一平面内做运动轨迹已知的运动，采用自然坐标系来描述质点的机械运动状态，可以揭示质点运动状态更为详细的信息，特别是对质点做曲线运动时的加速度的描述更为透彻。

在一般圆周运动中，质点速度的大小和方向都在发生改变，即存在加速度。为了使加速度的物理意义更为清晰，我们采用自然坐标系来研究圆周运动。

1.2.1 自然坐标系

质点在一个平面内做曲线运动，需要两个独立的标量函数或坐标来描述其位置。在平面直角坐标系中可以用 $x(t)$ 和 $y(t)$ 来描述，如果质点平面运动的轨迹确定，即 $y=y(x)$，则 x 和 y 中只有一个是独立的，仅用一个标量函数或坐标值就能确切地描述质点的位置和质点的运动。在这种情况下，选用自然坐标系来描述质点的运动更方便。

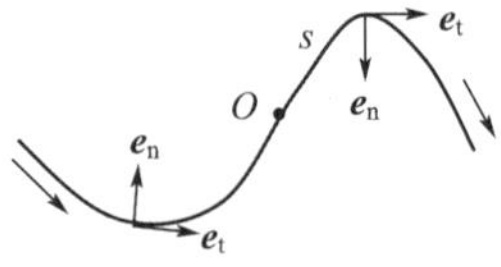

图 1-5 自然坐标系

在质点轨迹已知的情况下，我们可以选定轨迹上任意一点 O 为“原点”，用由原点到质点所在位置的曲线长度 s 来描述质点的位置，如图 1-5 所示。这里的曲线长度 s 称为自然坐标，则质点位置随时间的变化即质点运动学方程可以写成 $s=s(t)$。再建立两个单位矢量 $\boldsymbol{e}_t$ 和 $\boldsymbol{e}_n$ 表征方向，我们规定：单位矢量 $\boldsymbol{e}_t$ 沿质点运动轨迹的切线方向并指向质点运动方向，称为切向单位矢量；单位矢量 $\boldsymbol{e}_n$ 在该点与 $\boldsymbol{e}_t$ 正交，沿质点运动轨迹的法线方向并指向质点运动曲线的凹侧，即指向质点运动曲线的曲率中心，称为法向单位矢量。通常把这种顺着已知轨迹建立起来的坐标系称为自然坐标系，因此原点 O、坐标值 s、单位矢量 $\boldsymbol{e}_t$ 和 $\boldsymbol{e}_n$ 就构成了自然坐标系，如图 1-5 所示。注意：自然坐标系中的两个单位矢量 $\boldsymbol{e}_t$ 和 $\boldsymbol{e}_n$ 不是恒定矢量，尽管它们的大小不变，但它们的方向将随质点在轨迹上的位置不同而发生改变。而实际上，可以将自然坐标系看作是与质点运动的轨迹固连在一起的坐标系。

1.2.2 切向加速度和法向加速度

如图 1-6 所示，一质点绕圆心 O 做半径为 R 的变速圆周运动，运动过程中其速度的大小和方向都在发生变化。在自然坐标系中，速度表达式可以写成

$$\boldsymbol{v}=v\boldsymbol{e}_{\mathrm{t}}=\frac{\mathrm{d}s}{\mathrm{d}t}\boldsymbol{e}_{\mathrm{t}} \tag{1-15}$$

由加速度定义可得

$$\boldsymbol{a}=\frac{\mathrm{d}}{\mathrm{d}t}(v\boldsymbol{e}_{\mathrm{t}})=\frac{\mathrm{d}v}{\mathrm{d}t}\boldsymbol{e}_{\mathrm{t}}+v\frac{\mathrm{d}\boldsymbol{e}_{\mathrm{t}}}{\mathrm{d}t} \tag{1-16}$$

由上式可知加速度被分成两项，第一项$\frac{\mathrm{d}v}{\mathrm{d}t}\boldsymbol{e}_{\mathrm{t}}$的方向与该点切向单位矢量$\boldsymbol{e}_{\mathrm{t}}$方向平行，大小为速率对时间的变化率，起到改变质点速度大小的作用，称为切向加速度，用$\boldsymbol{a}_{\mathrm{t}}$表示。如果切向加速度为零，则质点运动的速率不随时间变化，质点将做匀速运动；如果$a_{\mathrm{t}}=\mathrm{d}v/\mathrm{d}t>0$，则质点做加速运动；如果$a_{\mathrm{t}}=\mathrm{d}v/\mathrm{d}t<0$，则质点做减速运动；如果$a_{\mathrm{t}}$不随时间变化，则质点做匀加(减)速运动。

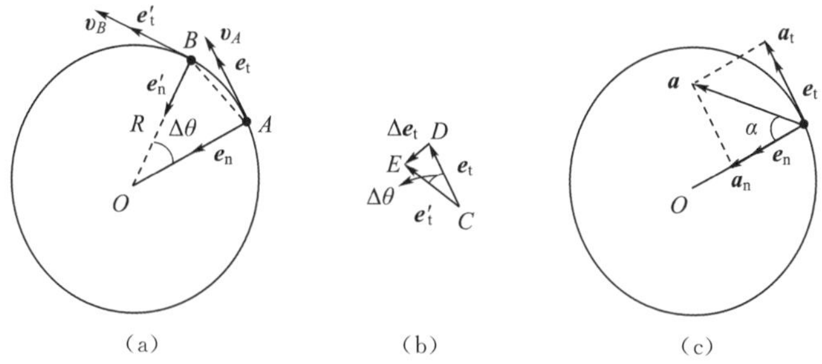

图 1-6 圆周运动的加速度

接下来分析第二项的物理意义：从图1-6可以看出第二项中的$\mathrm{d}\boldsymbol{e}_{\mathrm{t}}$是$\Delta\boldsymbol{e}_{\mathrm{t}}$在$\Delta t\to 0$时的极限情况。设$t$时刻质点运动到$A$点，其运动速度为$\boldsymbol{v}_A$，切向单位矢量为$\boldsymbol{e}_{\mathrm{t}}$；$t+\Delta t$时刻质点运动到$B$点，其运动速度为$\boldsymbol{v}_B$，切向单位矢量为$\boldsymbol{e}'_{\mathrm{t}}$。$\boldsymbol{e}_{\mathrm{t}}$和$\boldsymbol{e}'_{\mathrm{t}}$分别沿运动轨道上$A$、$B$点的切线方向，而其大小均为1，它们的增量为$\Delta\boldsymbol{e}_{\mathrm{t}}$。由图1-6(a)和(b)可知，两个等腰三角形$\Delta AOB$和$\Delta DCE$相似，对应边成比例，所以有

$$\frac{|\Delta\boldsymbol{e}_{\mathrm{t}}|}{\overline{AB}}=\frac{|\boldsymbol{e}_{\mathrm{t}}|}{R}\Rightarrow|\Delta\boldsymbol{e}_{\mathrm{t}}|=\frac{\overline{AB}}{R}$$

因此，质点运动方向单位矢量$\boldsymbol{e}_{\mathrm{t}}$随时间变化率的大小为

$$\left|\frac{\mathrm{d}\boldsymbol{e}_{\mathrm{t}}}{\mathrm{d}t}\right|=\lim_{\Delta t\to 0}\frac{|\Delta\boldsymbol{e}_{\mathrm{t}}|}{\Delta t}=\frac{1}{R}\lim_{\Delta t\to 0}\frac{\overline{AB}}{\Delta t}=\frac{v}{R}$$

而当$\Delta t\to 0$时，$\Delta\theta\to 0$，$\Delta\boldsymbol{e}_{\mathrm{t}}\to\mathrm{d}\boldsymbol{e}_{\mathrm{t}}$，所以$\mathrm{d}\boldsymbol{e}_{\mathrm{t}}$的方向就是沿该点径向指向圆心，即沿该点法向单位矢量$\boldsymbol{e}_{\mathrm{n}}$的方向。因此加速度的第二项为

$$v\frac{\mathrm{d}\boldsymbol{e}_{\mathrm{t}}}{\mathrm{d}t}=\frac{v^2}{R}\boldsymbol{e}_{\mathrm{n}}$$

所以式(1-16)中第二项$v\frac{\mathrm{d}\boldsymbol{e}_{\mathrm{t}}}{\mathrm{d}t}=\frac{v^2}{R}\boldsymbol{e}_{\mathrm{n}}$的大小为$\frac{v^2}{R}$，方向沿该点法向单位矢量$\boldsymbol{e}_{\mathrm{n}}$的方向，使质点运动方向总是指向圆周(曲线)凹侧，起到改变质点速度方向的作用，称为法向加速度，用$\boldsymbol{a}_{\mathrm{n}}$表示。

因此，总加速度$\boldsymbol{a}$为

$$\boldsymbol{a}=\frac{\mathrm{d}v}{\mathrm{d}t}\boldsymbol{e}_{\mathrm{t}}+\frac{v^2}{R}\boldsymbol{e}_{\mathrm{n}}=\boldsymbol{a}_{\mathrm{t}}+\boldsymbol{a}_{\mathrm{n}} \tag{1-17}$$

其大小为 $a=\sqrt{a_t^2+a_n^2}$，方向可用它与 $\boldsymbol{e}_n$ 间的夹角表示 $\alpha=\arctan\dfrac{a_t}{a_n}$，如图 1-6(c) 所示。当然也可以用它与 $\boldsymbol{e}_t$ 间的夹角表示。

应该指出，上述关于圆周运动中的加速度的讨论及其结果，对于任何平面上的曲线运动也都是适用的。只不过要注意，对于一般曲线运动，各点处的曲率中心和曲率半径都是逐点变化的，所以式(1-17) 中法向加速度 $\boldsymbol{a}_n$ 表达式中的 R 要用各点处的曲率半径 ρ 来代替。

如果质点运动过程中，只有切向加速度，没有法向加速度，那么质点速度只改变大小不改变方向，则质点做直线运动；如果质点运动过程中，只有法向加速度，没有切向加速度，那么质点速度只改变方向不改变大小，则质点做匀速率曲线运动；如果切向加速度为零，法向加速度大小恒定、方向始终指向一个固定的中心，则质点速度的大小不变方向改变，质点做匀速圆周运动；如果质点运动过程中，同时具有切向加速度和法向加速度，那么质点速度的大小和方向均发生改变，质点做一般曲线运动。

1.2.3 圆周运动的角量描述

质点做圆周运动时，还常用角位置、角位移、角速度和角加速度等角量来描述。

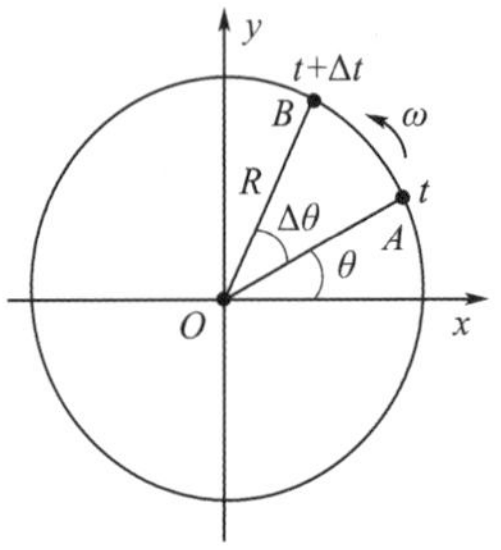

图 1-7 圆周运动的角量描述

角位置和角位移 一质点在 Oxy 平面内绕原点 O 做半径为 R 的圆周运动(图 1-7)。t 时刻质点运动到 A 点，质点的位置可由半径 OA 与过圆心的参考线 Ox 的夹角 θ 唯一地确定，则 θ 角称为该时刻质点的角位置。质点做圆周运动的过程中，θ 角随时间变化，所以角位置随时间变化的函数

$$\theta=\theta(t) \tag{1-18}$$

称为质点做圆周运动时用角量描述的运动方程。在 $t+\Delta t$ 时刻质点运动到 B 点，此时半径 OB 与 x 轴成 $\theta+\Delta\theta$ 角，即质点在 Δt 时间内转过的角度为 $\Delta\theta$，因此 $\Delta\theta$ 称为质点对 O 点的角位移。角位移不但有大小而且有转向。一般规定沿逆时针方向转动时角位移取正值，沿顺时针方向转动时角位移取负值。

角速度 我们定义角位移 $\Delta\theta$ 与时间 Δt 之比为质点在 Δt 这段时间内相对于 O 点的平均角速度，用 $\overline{\omega}$ 表示。有

$$\overline{\omega}=\frac{\Delta\theta}{\Delta t}$$

当 Δt 趋于零时，平均角速度的极限值称为质点在 t 时刻相对于 O 点的瞬时角速度，简称角速度，用 ω 表示。有

$$\omega=\lim_{\Delta t\to 0}\frac{\Delta\theta}{\Delta t}=\frac{\mathrm{d}\theta}{\mathrm{d}t} \tag{1-19}$$

角速度是描述质点做圆周运动时转动快慢的物理量，在国际单位制符号(SI) 中，角速度的单位是弧度每秒(rad/s)。工程上还常用每分钟绕行的转数(r/min) 表示转动的快慢。

角加速度 当质点角速度随时间变化时，可用角加速度来描述角速度的变化快慢。

平均角加速度 $$\overline{\alpha}=\frac{\Delta\omega}{\Delta t}$$

(瞬时) 角加速度 $$\alpha=\lim_{\Delta t\to 0}\frac{\Delta\omega}{\Delta t}=\frac{\mathrm{d}\omega}{\mathrm{d}t}=\frac{\mathrm{d}^2\theta}{\mathrm{d}t^2} \tag{1-20}$$

在国际单位制符号(SI)中,角加速度的单位是弧度每二次方秒(rad/s^2)。

1.2.4 线量和角量的关系

质点做圆周运动时,描述其运动状态的有关线量(速度、加速度等)和上述定义的角量(角速度、角加速度等)之间,存在着一定的关系。

从图1-7可以看出,在Δt时间内质点发生的角位移为$\Delta\theta$,相应地,质点在圆周轨道上也经历了路程Δs,由几何关系有

$$\Delta s = R\Delta\theta$$

将上式两边同时除以Δt,当Δt趋于零时,有

$$v = \lim_{\Delta t\to 0}\frac{\Delta s}{\Delta t} = \lim_{\Delta t\to 0}\frac{R\Delta\theta}{\Delta t} = R\lim_{\Delta t\to 0}\frac{\Delta\theta}{\Delta t} = R\omega \tag{1-21}$$

类似的还可推导出

$$a_{\mathrm{t}} = \frac{\mathrm{d}v}{\mathrm{d}t} = \frac{\mathrm{d}(R\omega)}{\mathrm{d}t} = R\alpha \tag{1-22}$$

$$a_{\mathrm{n}} = \frac{v^2}{R} = R\omega^2 \tag{1-23}$$

例 1.3 一质点沿半径为$R=0.1$ m的圆周运动,其运动方程为$\theta=2+4t^3$,式中t以s计,θ以rad计。求:(1) 在$t=2$ s时,质点的法向加速度和切向加速度各是多少?(2)θ等于多大时,质点的总加速度和半径成45°角?

解:(1) 由已知运动方程求导,可得质点运动的角速度和角加速度表达式如下:

$$\omega = \frac{\mathrm{d}\theta}{\mathrm{d}t} = 12t^2, \alpha = \frac{\mathrm{d}\omega}{\mathrm{d}t} = 24t$$

再由线量和角量关系,可得切向和法向加速度分别为

$$a_{\mathrm{t}} = R\alpha = 24Rt, a_{\mathrm{n}} = R\omega^2 = 144Rt^4$$

$t=2$ s时的切向加速度和法向加速度分别为$a_{\mathrm{t}}(2)=4.8\ \mathrm{m/s^2}$,$a_{\mathrm{n}}(2)=230.4\ \mathrm{m/s^2}$

(2) 由(1)问结果可知质点的角加速度与角速度同号,所以质点圆周运动的速率是增大的。由题意总加速度和半径成45°角,可以判断总加速度方向与速度方向(切线方向)也成45°角,所以可以得出此时质点的切向加速度与法向加速度相等,即

$$24Rt = 144Rt^4$$

解得$t^3 = \dfrac{1}{6}$

将其代入角运动方程中,得$\theta = 2 + 4\times\dfrac{1}{6} \approx 2.67(\mathrm{rad})$

1.3 伽利略变换和经典时空观

1.3.1 伽利略变换

同一物体的运动,相对于不同的参考系,描述物体运动状态的许多物理量(如位置矢量、速度、加速度等)可能都不相同,这就是运动描述的相对性。在运动学范畴内,参考系的选取

是任意的，因此在处理实际问题的过程中，我们经常遇到在不同参考系之间运动描述的变换问题。

设参考系 $S'(O'x'y'z')$ 相对参考系 $S(Oxyz)$ 以速度 $\boldsymbol{u}$ 沿 x 轴方向做平移运动，它们的各对应轴方向始终互相平行，其中它们的 x 轴和 x' 轴重合。通常称参考系 S 为基本参考系，参考系 S' 为运动参考系，将 O' 与 O 重合的时刻称为计时开始时刻 $t=0$，如图 1-8 所示。

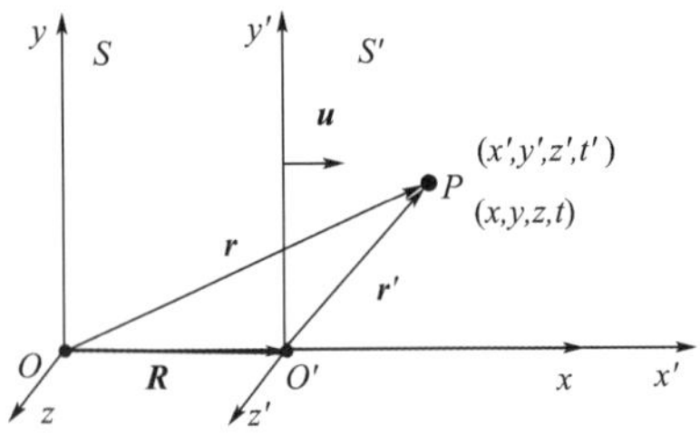

图 1-8　伽利略坐标变换

接下来我们找出同一质点 P 在 S 和 S' 系内的坐标变换公式。若质点 P 于某时刻在 S' 系中的位置矢量为 $\boldsymbol{r}'$，其时空坐标为 (x',y',z',t')；在 S 系中的位置矢量为 $\boldsymbol{r}$，其时空坐标为 (x,y,z,t)。$\boldsymbol{R}=\boldsymbol{u}t$ 代表 S' 系原点 O' 对 S 系原点 O 的位置矢量。则由图 1-8 可知

$$\boldsymbol{r}=\boldsymbol{r}'+\boldsymbol{R} \tag{1-24}$$

上式就是质点 P 在两个坐标系中位置矢量之间的关系，也称为位置矢量变换式。

运动的研究，不仅涉及空间，也涉及时间。日常经验告诉我们，同一运动所经历的时间，在 S 系观测与在 S' 系观测是相同的，即 $t=t'$，这一结论叫作时间绝对性。

上述变换如果用坐标值表示，则有

$$\begin{cases}x'=x-ut\\y'=y\\z'=z\\t'=t\end{cases}\quad 或 \quad \begin{cases}x=x'+ut\\y=y'\\z=z'\\t=t'\end{cases} \tag{1-25}$$

上式是同一个质点的位置在两个坐标系的时空坐标值之间的关系，称为伽利略坐标变换式。

质点运动过程中，$\boldsymbol{r}$、$\boldsymbol{r}'$ 和 $\boldsymbol{R}$ 也随着时间改变。将式(1-24)中各项分别对时间求导，则有

$$\frac{\mathrm{d}\boldsymbol{r}}{\mathrm{d}t}=\frac{\mathrm{d}\boldsymbol{r}'}{\mathrm{d}t}+\frac{\mathrm{d}\boldsymbol{R}}{\mathrm{d}t}$$

位置矢量对时间的一阶导数等于质点的速度，所以上式可以写成如下的速度变换关系

$$\boldsymbol{v}=\boldsymbol{v}'+\boldsymbol{u} \tag{1-26}$$

式中，$\boldsymbol{v}'$ 表示质点相对 S' 系的速度，称为相对速度；$\boldsymbol{v}$ 表示质点相对 S 系的速度，称为绝对速度；$\boldsymbol{u}$ 为 S' 系相对 S 系的速度，称为牵连速度。质点运动的绝对速度等于质点相对速度与牵连速度的矢量和。这一关系就是经典力学的伽利略速度变换公式。

要注意，速度的合成和速度的变换是两个不同的概念。速度的合成是指在同一参考系中一个质点的速度和它的各分速度的关系。相对于任何参考系，速度都可以表示为矢量合成的形式。速度的变换涉及有相对运动的两个参考系，变换公式的形式与相对运动速度的大小有关。上述速度变换适用的条件是，相对运动速度比真空中的光速小得多。

将式(1-26)对时间求一阶导数，就得到质点 P 在两个参考系中的加速度之间的关系，称为加速度变换。由伽利略速度变换得到

$$\boldsymbol{a}=\boldsymbol{a}'+\boldsymbol{a}_0 \tag{1-27}$$

式中，$\boldsymbol{a}$ 表示质点相对 S 系的加速度，称为绝对加速度；$\boldsymbol{a}'$ 表示质点相对 S' 系的加速度，称为相对加速度；$\boldsymbol{a}_0$ 为 S' 系相对 S 系的加速度，称为牵连加速度。这个等式表示同一质点相对两个互相平动的参考系的加速度之间的变换关系，质点运动的绝对加速度等于质点运动的相对加

速度与牵连加速度的矢量和，称为伽利略加速度变换公式。

若 S' 系相对 S 系做匀速直线运动，则 $\boldsymbol{a}_0=0$，式(1-27) 就变为

$$\boldsymbol{a}=\boldsymbol{a}' \tag{1-28}$$

上式表明：在彼此相对静止或匀速直线运动的参考系中观测同一个质点的加速度时，测量结果是相同的，即质点的加速度对于相对做匀速直线运动的各个参考系是个绝对量。

1.3.2 经典时空观

伽利略坐标变换式(1-25) 清晰地体现了经典力学的时空观：

1.同时性的绝对性

由式(1-25) 中的 $t=t'$，可以看出，如果在 S 系中不同地点同时发生了两个物理事件，则在 S' 系中观察，这两个物理事件在 S' 系中也必定同时发生。这说明在一个参考系中是“同时”的，那么在任何相对于该参考系做匀速直线运动的参考系中也是“同时”的。即在经典力学中，“同时性”是绝对的。

2.时间间隔的测量是绝对的

设在 S 系中不同的时空地点先后发生了两个物理事件：(x_1,y_1,z_1,t_1) 和 (x_2,y_2,z_2,t_2)，则这两个物理事件在 S 系中发生的时间间隔为 $\Delta t=t_2-t_1$；在 S' 系中，这两个物理事件时空坐标为：(x_1',y_1',z_1',t_1') 和 (x_2',y_2',z_2',t_2')。由式(1-25) 可以得到这两个物理事件在 S' 系中发生的时间间隔为 $\Delta t'=t_2'-t_1'=t_2-t_1=\Delta t$。这表明：如果在一个参考系中测得了某两个物理事件发生的时间间隔，那么在任何相对于该参考系做匀速直线运动的参考系中测量这两个物理事件发生的时间间隔均相同，无论两个物理事件是否发生在同一空间地点。即在经典力学中，“时间间隔”的测量是绝对的。

3.空间间隔(长度) 的测量是绝对的

在坐标系中测量物体的长度实际上是测量物体两端的空间坐标值，两个空间坐标值之差被定义为物体的长度。设在 S 系中同时测量一直杆两端点空间坐标为 (x_1,y_1,z_1) 和 (x_2,y_2,z_2)；在 S' 系中同时测量该直杆两端点空间坐标为 (x_1',y_1',z_1') 和 (x_2',y_2',z_2')。则在 S 系中该直杆的长度 L 为

$$L=\sqrt{(x_2-x_1)^2+(y_2-y_1)^2+(z_2-z_1)^2}$$

在 S' 系中该直杆的长度 L' 为

$$L'=\sqrt{(x_2'-x_1')^2+(y_2'-y_1')^2+(z_2'-z_1')^2}$$

由式(1-25) 很容易得出 $L=L'$。这表明：在正确测量物体的长度(两个物理事件的空间间隔)的前提下，如果在一个参考系中测得了某物体的长度，那么在任何相对于该参考系做匀速直线运动的参考系中测量该物体的长度均相同。即在经典力学中，“空间间隔(长度)”的测量是绝对的。

在伽利略变换下，物体的坐标、速度、动量等与参考系的状态有关，是相对的，同一地点也是相对的；而时间测量、空间间隔(长度) 测量、质量与参考系的运动状态无关，是绝对的，同时性也是绝对的；而且时间与空间彼此独立，且与物质的运动无关。这就是经典时空观或牛顿绝对时空观。由伽利略变换可以得出经典时空观，以后我们会看到，由伽利略变换还可以得出经典力学的伽利略相对性原理，因此，经典时空观与伽利略相对性原理是等价的。要特别注意的是，这里的参考系指的是所谓的“惯性系”(在这种参考系中观察，一个不受力的物体或处于受

力平衡状态下的物体，将保持其静止或匀速直线运动状态不变。这样的参考系称作惯性参考系）。

随着人们认识的发展，经典时空观逐渐暴露出了它的局限性，牛顿的绝对时空观和伽利略变换是在物体运动速度远远小于光速情况下的必然结果。在物体高速运动时，伽利略变换要被洛伦兹变换所取代，牛顿的绝对时空观被否定，由爱因斯坦的相对论时空观所取代。

1.3.3 伽利略相对性原理

将速度变换公式(1-26)和加速度变换公式(1-27)，用于任何两个相互做匀速直线运动的惯性参考系 S 和 S' 时，得出的结果表明物体在两个惯性系中的速度不同，而加速度相同。在牛顿力学中，认为物体的质量以及所受的力与参考系的选取无关，即 $m=m'$，$\boldsymbol{F}=\boldsymbol{F}'$，因此在 S 系中牛顿第二定律是：$\boldsymbol{F}=m\boldsymbol{a}$

在 S' 系中牛顿第二定律具有相同的形式：$\boldsymbol{F}'=m\boldsymbol{a}'$

这表明：牛顿运动定律在相对 S 系做匀速直线运动的 S' 系中也是适用的。亦即：凡是相对惯性系做匀速直线运动的参考系也是惯性系。

因此，在一切惯性系中，以牛顿运动定律为基础的力学规律都是以相同的形式表现出来的。或者说，一切彼此做匀速直线运动的惯性系，对于描写机械运动的力学规律都是等价的，没有一个惯性系具有优越地位。与之相应的，在一个惯性系的内部所做的任何经典力学的实验，都不能够确定这一惯性系本身是处于相对静止状态，还是匀速直线运动状态。这就是力学的相对性原理或称为伽利略相对性原理。这个原理可以更精炼地叙述为："在一切惯性参考系中，力学规律都是相同的。"

1632 年，伽利略就在其著作《关于托勒密和哥白尼两大世界体系的对话》(简称《对话》)中描述了种种现象，论证了在力学规律面前任何惯性参考系都是平等的结论。早在我国汉代，古籍《尚书纬·考灵曜》中就记载："地恒动而人不知，譬如闭舟而行不觉舟之运也"。这是我国可查的关于相对性原理的最早阐述，早于《对话》1 500 多年。

尽管在不同的惯性参考系中，动量、角动量、动能、势能、机械能可能不同，但动量定理、动量守恒定律、角动量定理、角动量守恒定律、动能定理、功能原理、机械能守恒定律在伽利略变换下是协变的，在不同的惯性参考系中具有相同的形式。

在此要指出，伽利略相对性原理适用于物体低速运动的情况；伽利略相对性原理适用于物体做机械运动的力学现象，对电磁现象并不适用。尽管如此，也不可磨灭伽利略相对性原理对物理学的伟大贡献。爱因斯坦正是受到伽利略相对性原理的启发，把相对性原理推广到整个物理学，提出了爱因斯坦相对性原理，从而创立了狭义相对论和广义相对论。

*1.4 洛伦兹变换和相对论时空观

1.4.1 狭义相对论基本原理

18 世纪后期，麦克斯韦总结前人对于电和磁的实验规律，建立了统一的电磁场理论，预言了电磁波的存在，并且将光波纳入电磁波的范围。随后，人们用伽利略变换来考察麦克斯韦方程组，发现麦克斯韦方程组对伽利略变换不具有不变性，也就是在伽利略变换下麦克斯韦方程组在不同的惯性参考系中具有不同的数学形式。那么是“伽利略变换是正确的、电磁现象的基本规律本身不符合伽利略相对性原理呢？”；还是“已经发现的电磁现象的基本规律是符合相对性原理的，而伽利略变换需要修改呢？”

为此，当时一些物理学家假设：存在一种名叫“以太”的媒质，它弥漫于整个宇宙，渗透到所有的物体中，绝对静止不动，没有质量，对物体的运动不产生任何阻力，也不受万有引力的影响。电磁场被认为是以太中的应力，电磁波是以太中的弹性波，它在以太中向各方向的传播速度都一样大。可以将以太作为一个绝对静止的参考系，因此相对于以太做匀速运动的参考系都是惯性参考系。经典电磁学理论只有在相对于以太为静止的惯性系中才成立。根据这一观点，当时物理学家设计了各种实验去寻找以太参考系。其中特别著名的是1887年的迈克尔逊-莫雷实验，实验结果表明光速在各个方向是一个不变的常量。许多科学家提出不同的假说来解释实验结果，但都没能给出令人满意的结果。

之后，许多物理学家开始从实验和理论上进行进一步的积极探索。例如，1898年庞加莱提出了“光速不变性”的假说，1902年他又阐明了“相对性原理”；1904年庞加莱又将洛伦兹给出的两个惯性参考系之间的坐标变换关系命名为“洛伦兹变换”；而早在1895年，为了解释迈克尔逊-莫雷的实验结果，洛伦兹还提出了“长度收缩”的概念，并于1895年给出了长度收缩的准确公式；1904年洛伦兹发表了后来庞加莱命名为“洛伦兹变换”的著名的变换公式（1895年就已经提出），以及质量与速度的关系式，并已经指出了光速是物体相对于以太运动速度的极限等。但这些学者都没有挣脱经典力学的束缚，没有认识到经典力学绝对时空观的局限性。

爱因斯坦经过近10年的深入研究，认为电磁理论和相对性原理已经被大量事实所证实，应该信赖，于是他大胆抛弃了以太参考系和绝对参考系的想法，以崭新的时空观提出了相对性原理和光速不变原理，创立了狭义相对论。他在发表于1905年的著名论文《论动体的电动力学》中提出两条假设，作为狭义相对论的两条基本原理：

1.相对性原理

所有惯性系对一切物理规律都是等价的。或者说，在一切惯性参考系中，物理规律都有相同的数学表达形式。

我们现在称其为“爱因斯坦相对性原理”。该原理将伽利略相对性原理从力学规律推广到包括力学规律、电磁学规律等一切自然规律上去。它指出不可能用任何物理的方法证实绝对参考系的存在。绝对运动或绝对静止的概念，被从整个物理学中排除了。

2.光速不变原理

在彼此相对做匀速直线运动的任一惯性系中，各方向所测得的真空中的光速都是相等的。

第二个假设说明：光在真空中总是以确定的速度 c 传播，这个速度的大小与光源或接收器的运动状态无关、与惯性系的运动状态无关。

事实上，爱因斯坦提出“光速不变原理”时，并不是完全依据“迈克尔逊-莫雷”的实验结果。电磁场理论给出真空中电磁波的传播速度为：$c=1/\sqrt{\varepsilon_0\mu_0}=299\ 792\ 458\ \mathrm{m\cdot s^{-1}}$，这已经明白无误地告诉我们，真空中的光速是一个物理学常量；由于 ε_0 和 μ_0 都是物理学常数，都不依赖于参考系，因此真空中的光速率也不依赖于参考系。如果把“真空中的光速率”看作一个“物理规律”，根据“爱因斯坦相对性原理”，在任何惯性参考系中，光速率都应该是一样的。

这两条基本假设构成了狭义相对论的基础。狭义相对论不但可以解释经典物理学所能解释的全部物理现象，还可以解释一些经典物理学所不能解释的物理现象，并且预言了不少新的效应，已经被一些重要的实验事实证明。承认这两条基本假设，必将引起时空观念的新变革，这种新变革意味着需要寻找到一套新的时间空间坐标变换关系，来对经典的时空理论进行修改。

1.4.2 洛伦兹变换

这套新的时间空间坐标变换关系应该满足“爱因斯坦相对性原理”和“光速不变原理”；同时，当物体机械运动速度远小于真空中的光速时，新的时间空间坐标变换关系应该能够使伽利略变换重新成立。爱因斯坦从观察到的物理实验事实出发，根据相对性原理和光速不变原理，建立了新的时空坐标变换—洛伦兹坐标变换，来代替伽利略变换。

如图 1-9 所示，设惯性系 $S'(O'x'y'z')$ 相对于惯性系 $S(Oxyz)$ 以速度 $\boldsymbol{u}$ 沿 x 轴方向做匀速直线运动；三对坐标轴始终互相平行，并设它们的 Ox 轴和 $O'x'$ 轴重合，且当 $t'=t=0$ 时 O' 与 O 重合。设 P 为被观察的某一物理事件，在 S 系中观测，它的时空坐标为 (x,y,z,t)，在 S' 系中观测它的时空坐标为 (x',y',z',t')。这样，同一物理事件的时空坐标 (x,y,z,t) 和 (x',y',z',t') 之间所遵从的洛伦兹变换即为

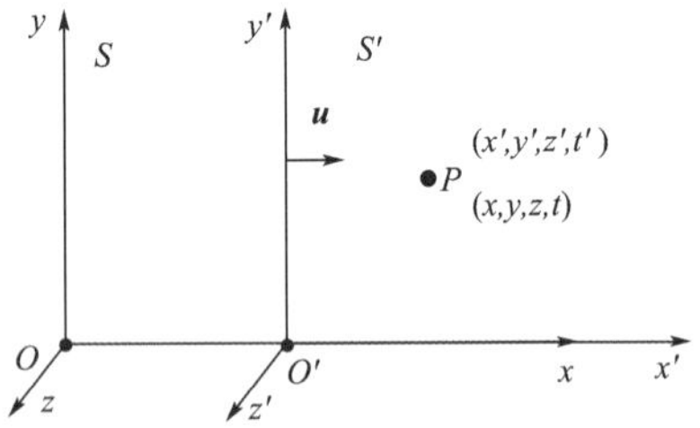

图 1-9 洛伦兹变换

$$\left.\begin{aligned} x' &= \frac{x-ut}{\sqrt{1-\left(\frac{u}{c}\right)^2}} \\ y' &= y \\ z' &= z \\ t' &= \frac{t-\frac{ux}{c^2}}{\sqrt{1-\left(\frac{u}{c}\right)^2}} \end{aligned}\right\} \quad \text{或} \quad \left.\begin{aligned} x &= \frac{x'+ut'}{\sqrt{1-\left(\frac{u}{c}\right)^2}} \\ y &= y' \\ z &= z' \\ t &= \frac{t'+\frac{ux'}{c^2}}{\sqrt{1-\left(\frac{u}{c}\right)^2}} \end{aligned}\right\} \tag{1-29}$$

洛伦兹变换是狭义相对论的时空变换式，从式(1-29)可以得出：不仅 x' 是 x、t 的函数，而且 t' 也是 x、t 的函数，并且它们都与两个惯性系之间的相对速度 u 有关。因此，洛伦兹变换表明：在相对论中，时间、空间和物质运动三者是紧密联系的。

实际上，在相对论以前，洛伦兹在研究介质中的电动力学时，就曾给出了这个变换关系。可惜的是，洛伦兹本人虽然找到了这一变换关系，但却仍然保留了以太和绝对参考系的看法，把变换所引入的量仅仅看作是数学上的辅助手段，并没有意识到这个变换式在时空观念上变革性的意义。陈旧的观念束缚了他进一步发展理论的能力，未能发掘出变换式的科学内涵。

当 $u \ll c$ 时，$\frac{u}{c} \to 0$，洛伦兹变换过渡到伽利略变换。这说明洛伦兹变换是对高速运动与低速运动都成立的时空变换。而伽利略变换仅仅是洛伦兹变换在低速下的近似。我们日常生活中所见到的物体的运动速度都是远小于光速的，不可能看出伽利略变换与实践的矛盾。而电磁规律是用于处理电磁波速度（光速）的问题，因此伽利略变换与相对性原理的矛盾也就显现出来了。

1.4.3 狭义相对论的时空观

在洛伦兹变换中，时间坐标中包含有空间坐标；空间坐标中包含有时间坐标。这充分说明：在相对论中，时间和空间不再是绝对的、无关的，而是相互联系的；时间坐标的测量是相对的，不是绝对的，与测量的空间坐标有关；同时，空间坐标测量与时间坐标的测量有关，也是相对的。这就是爱因斯坦狭义相对论时空观的具体反映。

1.同时的相对性

在经典力学中，根据伽利略变换可知，在一个惯性系中同时发生的两个事件，在另一个惯性系中观察，必定也是同时发生的。这是经典力学中时间绝对性的体现。然而，根据狭义相对论，在某惯性系中同时发生的两个事件，在另一相对它运动的惯性系中，并不一定同时发生。这一结论就是同时的相对性。下面通过洛伦兹变换来分析一下。

设在 S 系中观测到两个事件同时发生，它们发生的地点和时间分别表示为(x_1,y_1,z_1,t)和(x_2,y_2,z_2,t)；这两个事件在 S' 系中的时空坐标是(x_1',y_1',z_1',t_1')和(x_2',y_2',z_2',t_2')。令$\gamma=\dfrac{1}{\sqrt{1-\beta^2}}$，$\beta=\dfrac{u}{c}$，根据洛伦兹变换，就可求出两个事件在 S' 系中发生的时刻：

$$t_1'=\gamma\left(t-\frac{u}{c^2}x_1\right),t_2'=\gamma\left(t-\frac{u}{c^2}x_2\right)$$

将这两个表达式相减，得

$$t_2'-t_1'=\gamma\frac{u}{c^2}(x_1-x_2)$$

当 $x_1=x_2$ 时，有 $t_1'=t_2'$，这说明当两个事件在一个惯性系中同时同地发生，在其他任一惯性系中也是同时发生；

当 $x_1\neq x_2$ 时，有 $t_1'\neq t_2'$，这说明当两个事件在一个惯性系中不同地点同时发生，在其他任一惯性系中来看，将不同时发生。即在某个惯性系中同时发生的两个事件，在另一个相对它运动的惯性系中，并不一定同时发生。这就是同时的相对性。

可见，在洛伦兹变换下，同时具有相对性。

2.时间膨胀(时间延缓)

下面利用洛伦兹变换来讨论两个事件的时间间隔是否与惯性系有关，也具有相对性。

设在 S 系中某一点 $x=b$ 处，某事物经历了一个过程，这个过程开始于 $t=t_1$，终止于 $t=t_2$，所经历的时间间隔为 $\Delta t=t_2-t_1$。我们定义：在相对于过程发生的地点为静止的惯性参考系中测得的时间间隔为固有时或本征时间，用 τ_0 表示。所以此处 $\Delta t=t_2-t_1$ 就是固有时。

当 S' 系相对 S 系沿 x 轴方向做匀速直线运动时，在 S' 系中观测，这一过程经历的时间为 $\Delta t'=t_2'-t_1'$。$\Delta t'$ 称为运动时，用 τ 表示。则由洛伦兹变换可得

$$\tau=t_2'-t_1'=\gamma\left(t_2-\frac{u}{c^2}b\right)-\gamma\left(t_1-\frac{u}{c^2}b\right)=\gamma(t_2-t_1)=\gamma\tau_0$$

即

$$\tau=\gamma\tau_0 \tag{1-30}$$

上式表明运动时大于固有时，延缓 γ 倍。结论：从相对运动的惯性参考系观察，一过程经历的时间间隔比相对静止的惯性参考系中同一过程的时间间隔延缓 γ 倍。这一结论称为时间膨胀(或延缓)效应。它是时间量度具有相对性的客观反映。

当 $u \ll c$ 时，$\gamma \approx 1$，$\tau \to \tau_0$，时间膨胀效应难以察觉，正是与日常生活一致的伽利略变换的情况。

3.长度收缩

下面利用洛伦兹变换，分析长度的量度(空间间隔)的相对性。

设在 S 系中沿 x 轴方向放置一直杆，它相对 S 系静止，则它沿 x 轴的长度就可以用物体两端的坐标读数之差来表示，有 $l=x_2-x_1$。现在由运动坐标系 S' 在某一时刻 t' 进行量度，测得该物体的长度就表示为 $l'=x_2'-x_1'$。我们把相对于物体静止的参考系中测得的物体长度叫作该物体的固有长度(或静长)，用 l_0 表示。所以上面提到的长度 l 就是固有长度。若物体相对于观察者运动(即在 S' 系中观察)时，观察者对物体两端点坐标的测量还要求必须同时进行，才能由此求出运动物体的长度。上面提到的长度 l' 就是运动物体的长度，所以必须强调两端是在某一时刻 t' 同时测量。

由洛伦兹变换可得

$$x_1=\gamma(x_1'+ut'),\ x_2=\gamma(x_2'+ut')$$

上两式相减，得

$$x_2-x_1=\gamma(x_2'-x_1')$$

用 l_0 表示固有长度，用 l' 表示运动参考系中测量的长度，则有

$$l'=l_0/\gamma=l_0\sqrt{1-u^2/c^2} \tag{1-31}$$

上式表明：从对于物体有相对速度 u 的坐标系测得的沿速度方向的物体长度 l'，总比与物体相对静止的坐标系中测得的固有长度 l_0 短。这被称为长度收缩效应。即空间间隔与运动有关，运动系统的空间间隔本身沿运动方向缩短。

当 $u \ll c$ 时，$\gamma \approx 1$，$l' \to l_0$，长度收缩效应难以察觉，也就是伽利略变换所反映的低速情况。长度收缩效应在宇宙航行和基本粒子实验中被完全证实，而且理论计算结果与测量结果精确吻合。

总之，同时的相对性、时间膨胀效应和长度收缩效应表明，空间与时间是紧密联系在一起的，空间坐标和时间坐标组成了一个4维时空坐标；时间的测量是相对的，空间(长度)的测量是相对的，这反映了爱因斯坦的时空观是相对时空观。

练习题

1.一质点沿 Oy 轴做直线运动，它在 t 时刻的坐标是 $y=4.5t^2-2t^3$，式中 y 以 m 计，t 以 s 计。试求：(1) 第2秒内的位移和平均速度；(2) 第1秒末和第2秒末的瞬时速度；(3) 第2秒内质点所通过的路程；(4) 第2秒内质点的平均加速度以及第1秒末和第2秒的瞬时加速度。

2.一质点的运动方程为 $x=6t-t^2$(SI)，试求：(1) 第4 s末质点的位置；(2) t 由0 s至4 s的时间间隔内，质点的位移；(3) 在 t 由0 s至4 s的时间间隔内，质点走过的路程。

3.一质点在 xOy 平面内运动，运动方程为 $x=2t$，$y=19-2t^2$，式中 x、y 以 m 计，t 以 s 计.(1) 计算并图示质点的运动轨道；(2) 写出 $t=1$ s 时刻和 $t=2$ s 时刻质点的位置矢量，并计算这1 s内质点的平均速度；(3) 计算1 s末和2 s末质点的瞬时速度和瞬时加速度；(4)* 在什么时刻，质点的位置矢量与其速度矢量恰好垂直？此时它们的 x、y 各为多少？

4.一质点的运动方程如下：$x=1+3t^3$，$y=10t-5t^2$，$z=15+9t+4t^2$。求：$t=4$ s 时质点的位置矢量、速度、加速度以及前4 s的位移、平均速度、平均加速度。

5.一质点沿 x 轴运动，其速度与时间的关系式为 $v=4+t^2$，式中 v 的单位为 cm/s，t 的单位

为 s.已知 $t=3$ s 时质点位于 $x=9$ cm 处。试求：质点的运动方程。

6.如题 1-1 图所示，一质点在半径为 $R=1$ m 的圆周上沿顺时针方向运动，开始时位置在 A 点。质点运动的路程与时间的关系为 $s=\pi t^2+\pi t$(SI)。试求：(1) 质点从 A 点出发，绕圆周运行一周所经历的路程、位移、平均速度、平均速率各为多少？(2) 质点在第 1 s 末的速度、瞬时速率、瞬时加速度各为多少？

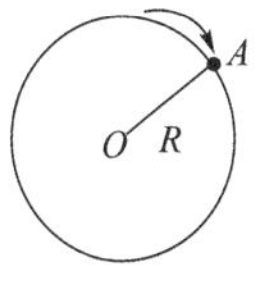

题 1-1

7.一质点的运动方程为 $x=5\cos 2\pi t$，$y=5\sin 2\pi t$，式中 x，y 以 m、t 以 s 计。求：(1) 任意时刻质点的位置矢量表达式；$t=0.125$ s 时质点所处的位置；(2) 质点在第 0.5 秒内的位移和路程；(3) 质点在第 0.5 秒内的平均速度和平均速率；(4) 任意时刻质点的速度和速率；(5) 任意时刻质点的加速度、任意时刻质点的切向加速度。

8.从楼的窗口以水平初速度 v_0 射出一发子弹，取枪口为原点，沿 v_0 方向为 x 轴，竖直向下为 y 轴，并取子弹射出时 $t=0$，试求：(1) 子弹在任意时刻的位置坐标及轨迹方程；(2) 子弹在任意时刻的速度、切向加速度和法向加速度。

9.质点沿半径为 0.1 m 的圆周运动，其角位移 θ 可用下式表示：$\theta=5+2t^3$(SI)，试求：$t=1$ s 时，它的总加速度大小为多少？

10.绕定轴转动的飞轮均匀地减速，$t=0$ 时角速度 $\omega_0=5$ rad/s，$t=20$ s 时角速度 $\omega=0.8\omega_0$。试求：(1) 飞轮的角加速度；(2) $t=0$ s 到 $t=100$ s 时间内飞轮转过的角度。

11.一个质点沿半径为 0.1 m 的圆周运动，其角位置 $\theta=4+2t^2$(SI)，试求：(1) t 时刻的角速度 ω 和角加速度 α；(2) 在什么时刻，总加速度与半径成 45° 角？

12.质点从静止出发沿半径为 $R=3$ m 的圆周做匀变速运动，切向加速度 $a_t=3\ \mathrm{m/s^2}$。试求：(1) 经过多少时间后质点的总加速度恰好与半径成 45° 角？(2) 在上述时间内，质点经历的角位移和路程各为多少？

第二章 质点动力学

研究物体机械运动状态的变化与其受力之间关系的学科,称为动力学,是力学的一个分支。本章我们将研究质点和质点系的动力学,讨论动力学中的一些基本定律及其应用。牛顿关于运动的三个定律,是整个动力学的基础,它研究了力的瞬时作用效果。力的持续作用效果包括两个方面:动量定理和动量守恒定律反映的是力对时间的累积作用效果;功、动能定理、机械能守恒定律等反映的是力对空间的累积作用效果。本章将从这三个方面,围绕力、动量和能量这些物理量,来讨论物体相互作用时表现出来的力学规律及其应用。

2.1 牛顿运动定律

1687 年,牛顿发表了他的著作《自然哲学的数学原理》,这标志着经典力学体系的确立。牛顿在前人(特别是伽利略)的研究基础上,通过深入分析和研究,提出了具有严谨逻辑结构的力学体系,使力学成为一门研究物体机械运动基本规律的学科。牛顿定义了时间、空间、质量和力等基本概念,归纳了物体机械运动所遵循的基本规律,就是通常所说的牛顿三定律。从牛顿运动定律出发可以导出刚体、流体、弹性体等的运动规律,从而建立整个经典力学的体系,因此说牛顿运动定律是经典力学的基础。

2.1.1 牛顿运动定律

1.牛顿第一定律

任何物体都保持静止的或匀速直线运动的状态,直到其他物体对它的作用力迫使它改变这种状态为止。

牛顿第一定律建立了"惯性"和"力"的确切概念。它指明任何物体都具有保持静止或匀速直线运动状态不变的特性,这一特性被称为惯性。因此第一定律又被称为惯性定律。而其他物体的作用力是改变物体运动状态的原因,因此力就是量度物体间相互作用的物理量。关于力的作用在我国春秋末期的《墨经》中也有相关的阐述："力，形之所以奋也"，它指出力是使物体由静而动（奋）的原因，其观点与牛顿不谋而合。事实上，任何物体都不可能完全不受其他物体所作用的力。但是如果作用在物体上的这些力恰好相互抵消，即所受合力为零，则物体就可以保持其原有运动状态不变了。所以可以说第一定律描述的是处于受力平衡状态下的物体的运动规律。因此在理解和运用定律的过程中，我们要明确这里的"力"指的是物体受到的所有作用力的矢量和，即合力。这是工程力学的基础，在工程技术领域有着重要的应用。

描述物体的运动，必须指明相对于哪个参考系而言。所以第一定律还定义了一种参考系：在这种参考系中观察，一个不受力的物体或处于受力平衡状态下的物体，将保持其静止或匀速直线运动状态不变。这样的参考系称作惯性参考系。需要指出：牛顿定律只在惯性参考系中成立。并非任何参考系都是惯性系。任何相对于惯性系做匀速直线运动的参考系也都是惯性系，相对于惯性系做加速运动的参考系称为非惯性系。特别注意的是，相对于惯性系做曲线运动的参考系，由于至少存在法向加速度，都是非惯性系。

此外，我们要注意：定律中的"物体"是指质点或做平动的物体。牛顿第一定律是从大量实验事实中概括总结出来的，但不能用实验直接验证，因为自然界中不受力的作用的物体是不存在的。我们确信牛顿第一定律正确，是因为从它导出的其他结果都与实验事实相符合。

2.牛顿第二定律

物体受到外力作用时，它所获得的加速度的大小与合外力的大小成正比，与物体的质量成反比；加速度的方向与合外力的方向相同。

牛顿第二定律通常的数学表达式为

$$\boldsymbol{F}=m\boldsymbol{a} \tag{2-1}$$

一个有趣而常被忽视的历史事实是，在《自然哲学的数学原理》中，牛顿对力学基本定律的表述并非上式。他原文的意思如下：

运动的变化与所加的动力成正比，并且发生在这力所沿的直线方向上。

这里的"运动"指的是物体的质量 m 与运动速度 $\boldsymbol{v}$ 的乘积，实际上就是我们后面继续要讨论的另一个物理量 —— 动量 $\boldsymbol{p}$，而"运动的变化"指的是动量随时间的变化率。定律中的力是物体受到的合外力。如果上述各物理量都选用国际单位制，则牛顿第二定律可以具体表示为

$$\boldsymbol{F}=\frac{\mathrm{d}(m\boldsymbol{v})}{\mathrm{d}t}=m\frac{\mathrm{d}\boldsymbol{v}}{\mathrm{d}t}+\boldsymbol{v}\frac{\mathrm{d}m}{\mathrm{d}t} \tag{2-2}$$

式(2-2)是牛顿第二定律的基本的普遍形式，它不仅适用于质量为常量的情况，也适用于变质量体的运动。例如，火箭飞行中，不断喷出燃气，质量不断减少，这类问题常称为经典力学中的变质量问题，就可由式(2-2)出发来解决。牛顿当时认为，对运动速度与光速相比很小的物体来说，其质量是一个与其运动速度无关的常量，这一说法已由实验证明。在物体运动速度远小于光速这种情况下，式(2-2)就变成了大家熟悉的牛顿第二定律表达式(2-1)，我们还可以进一步改写式(2-1)，有

$$\boldsymbol{F}=m\boldsymbol{a}=m\frac{\mathrm{d}\boldsymbol{v}}{\mathrm{d}t}=m\frac{\mathrm{d}^2\boldsymbol{r}}{\mathrm{d}t^2} \tag{2-3}$$

牛顿第二定律建立了质点所受到的力与质点运动量的变化之间的关系，因此又称为质点运动定律。它定量地说明力是改变物体运动状态的原因，揭示了物体的加速度与所受合外力之间的瞬时关系。$\boldsymbol{F}$ 和 $\boldsymbol{a}$ 同时存在，同时改变，同时消失。如果物体不受力作用，则速度为常矢量，即物体保持静止或匀速直线运动状态，这正是惯性的表现。

在牛顿定律中，牛顿首次引入了质量的概念。由式(2-1)可以看出，在合外力一定时，不同的物体中质量越大，其加速度越小；质量越小，其加速度越大。所以质量是物体惯性大小的量度。在牛顿第二定律中，通过质量这个物理量将物体的惯性定量表示出来了。牛顿运动定律中的质量叫作惯性质量，简称质量，它是一个正的标量，是物质所具有的一种物理属性。要注意的是，这里的质量，指的是物体平动运动的惯性量度，而不是物体转动惯性的量度。或者确切地说是质点平动运动惯性的量度，因为物体平动运动时可以看作是一个质点，物体转动运动时不能看作是一个质点。

实验表明：当一个物体同时受到几个力的作用时，则物体产生的加速度等于这几个力单独作用时产生的加速度的矢量和，也等于这几个力的合力所产生的加速度，这一结论称为力的独立作用原理。该原理表明，同时作用于某个物体的若干个力中任何一个力的作用都与其他力的作用无关，若干个力的合作用是若干个力中每个力分别作用的叠加，因此力的独立作用原理又称为力的叠加原理。所以有

$$\boldsymbol{F}=\boldsymbol{F}_1+\boldsymbol{F}_2+\cdots+\boldsymbol{F}_n=\sum_{i=1}^{n}\boldsymbol{F}_i=\sum m\boldsymbol{a}_i=m\boldsymbol{a}_1+m\boldsymbol{a}_2+\cdots+m\boldsymbol{a}_n=m\boldsymbol{a}=m\frac{\mathrm{d}\boldsymbol{v}}{\mathrm{d}t} \tag{2-4}$$

在解决实际问题过程中，经常需要牛顿第二定律在坐标轴上的投影式或分量式。在直角坐标系中牛顿第二定律的投影式为

$$\begin{cases}F_x=\sum_{i=1}^{n}F_{ix}=m\dfrac{\mathrm{d}v_x}{\mathrm{d}t}=m\dfrac{\mathrm{d}^2x}{\mathrm{d}t^2}=ma_x\\ F_y=\sum_{i=1}^{n}F_{iy}=m\dfrac{\mathrm{d}v_y}{\mathrm{d}t}=m\dfrac{\mathrm{d}^2y}{\mathrm{d}t^2}=ma_y\\ F_z=\sum_{i=1}^{n}F_{iz}=m\dfrac{\mathrm{d}v_z}{\mathrm{d}t}=m\dfrac{\mathrm{d}^2z}{\mathrm{d}t^2}=ma_z\end{cases} \tag{2-5}$$

对于平面曲线运动，可以用自然坐标系中切线方向和法线方向投影式表示：

$$F_{\mathrm{t}}=\sum_{i=1}^{n}F_{it}=ma_{\mathrm{t}}=m\frac{\mathrm{d}v}{\mathrm{d}t},F_{\mathrm{n}}=\sum_{i=1}^{n}F_{in}=ma_{\mathrm{n}}=m\frac{v^2}{\rho} \tag{2-6}$$

上式中，F_{t} 和 F_{n} 分别表示合外力的切向分量和法向分量，ρ 表示质点所在处曲线的曲率半径。

牛顿第二定律(2-1)或(2-3)只在惯性参考系中的物体运动速度远小于光速时才是正确的。当物体的速度 v 接近于光速 c 时，这两个公式不再成立，物体运动规律将由狭义相对论决定。但是对于绝大多数的工程实际问题，使用牛顿第二定律得出的结果与实际情况还是相当符合的。

3.牛顿第三定律

两个物体之间的作用力 $\boldsymbol{F}$ 和反作用力 $\boldsymbol{F}'$，在同一条直线上，大小相等，方向相反。

牛顿第三定律又称作用和反作用定律，这里的“作用”和“反作用”实际上就是“作用力”和“反作用力”。因此，牛顿第三定律又可以简述为：作用力和反作用力总是大小相等、方向相反，作用在一条直线上。

若以 $\boldsymbol{F}_{12}$ 表示第一个物体受第二个物体的作用力，以 $\boldsymbol{F}_{21}$ 表示第二个物体受第一个物体的作用力，则牛顿第三定律的数学表达式为

$$\boldsymbol{F}_{12}=-\boldsymbol{F}_{21} \tag{2-7}$$

牛顿第三定律表明，作用力和反作用力总是同时以大小相等、方向相反的方式成对地出现，它们同时出现，同时消失，没有主次之分，力的出现与相互作用的两个物体都有关系。

要注意的是，作用力和反作用力是同一性质的力，它们作用在不同的物体上，这两个力不能互相抵消。

牛顿第三定律揭示出，作用在物体上的力是来自其他物体的作用。力的作用是相互的，任何一个力只是两个物体之间相互作用的一个方面。一个物体如果对另一个物体施以力的作用，那么它也必定同时受到另一个物体对它施加的力的作用，一个单独的孤立的力是不可能存在的。这体现了力是相互作用的这一性质。

虽然前面讨论中提到牛顿运动定律一般是对质点而言，但这并不限制定律的广泛适用性，因为任何复杂的物体原则上都可以视为质点的组合。牛顿运动定律适用于低速、宏观的物体，因此对一般的工程技术领域，以牛顿运动定律为基础的牛顿力学还是有着巨大理论意义和应用价值的。

2.1.2 牛顿力学中的常见力

要应用牛顿定律解决实际问题，首先必须能够正确分析物体的受力情况。在日常生活和工程技术中经常遇到的力有重力、弹性力、摩擦力等。

1.重力

地球表面附近的物体都受到地球的吸引作用，这种由于地球吸引而使物体受到的力称为地球表面物体的重力。物体受到重力的大小等于物体的质量与重力加速度大小的乘积；重力的方向与重力加速度的方向相同，一般情况下竖直向下，即指向地心。定义为

$$\boldsymbol{G}=m\boldsymbol{g}$$

在重力 $\boldsymbol{G}$ 作用下，任何物体产生的加速度都是重力加速度 $\boldsymbol{g}$。重力是由地球对它表面附近的物体的万有引力引起的，忽略地球自转的影响（误差不超过 0.4%），物体所受的重力就等于它所受的万有引力，设地球的质量为 m_E，半径为 R，物体的质量为 m，即有

$$mg=G\frac{m_E m}{R^2},g=G\frac{m_E}{R^2}$$

这是地球表面处重力加速度的近似计算公式。实际上，这里的 R 应该是地球表面附近物体（看作质点）到地心的距离。可见，离地面的高低不同，重力加速度的大小是不同的。不过，由于地球的半径非常大（约为 6 370 km），对于地面附近的物体，所在位置的高度变化与地球半径相比极为微小，这种差别也就很小，因此可以认为它到地心的距离就等于地球半径。在一般的工程技术中，可以认为地球表面附近的重力加速度的大小是一个常数，通常取 $g=9.8\ \mathrm{m/s^2}$。这样，在地面附近和一些精度要求不高的计算中，可以认为重力近似等于地球的引力。

2.弹性力

弹性力是弹性物体在外力作用下发生形变在其内部产生的企图恢复原来形状的力。弹性力是自然界中广泛存在的一种力，它的表现形式多样，在工程技术中，主要有正压力或支撑力、拉力和弹簧的弹力等。

当弹簧被拉伸或压缩时，它就会对连结体有弹力的作用，这种弹力总是要使弹簧恢复原长。弹簧弹力遵守胡克定律：在弹性限度内，弹力与形变成正比。以 f 表示弹力，以 x 表示形变，即弹簧的长度相对于原长的变化（伸长），则根据胡克定律就有

$$f=-kx \tag{2-8}$$

式中,k 是弹簧的劲度系数或劲度,决定于弹簧本身的结构。式中负号表示弹力的方向,它表明弹力的方向总是与弹簧位移的方向相反,即弹簧的弹力总是指向恢复它原长的方向。

当两个物体通过一定面积相互接触并挤压在一起时,相互挤压的两个物体都会发生形变,尽管这种形变通常十分微小以至难于观察到,但形变总是存在的,因而产生对对方的作用力。如果这种相互作用撤销后,两个物体还能够自行恢复原状,则这种作用力就是一种弹性力。这种弹性力通常叫作正压力或支撑力。它们的大小取决于相互压紧的程度,它们的方向总是垂直于接触面指向对方。例如,重物放在桌面上,桌面受重物挤压而发生形变,产生了一个向上的弹性力;屋架压在柱子上,柱子因为受到压缩形变而产生向上的弹性力托住屋架,这些也叫作支撑力。

当用轻绳紧拉物体时,无论物体是否运动,物体都会受到绳子给予的一个力的作用,同时物体也给绳子一个反作用力,这种相互作用称为拉力。拉力的大小取决于绳子拉紧的程度,它的方向总是沿着绳而指向绳要收缩的方向。拉力是由于绳子发生了形变(通常十分微小)而产生的,如果撤销绳子对物体的作用后,绳子能够自行恢复原状,则这种拉力就是弹性力。绳子产生拉力时,绳子内部各段之间也有相互作用的弹力,这种内部的弹力称为张力。很多实际问题中,绳子的质量往往可以忽略,在这种情况下,对其中任意一段应用牛顿第二定律和牛顿第三定律,可以证明相邻各段的相互作用力相等。这就是说,忽略绳子的质量时,绳内各处的张力都相等。同样的方法可以证明,张力也等于连结体对它的拉力。在没有加速度,或质量可以忽略时,可以认为绳上各点的张力都是相等的,且拉力等于外力。

3.摩擦力

当两个相互接触的物体在沿接触面方向有相对运动或者有相对运动的趋势时,在接触面之间产生一对阻碍相对运动的作用力与反作用力,这种力称为摩擦力。摩擦力分为静摩擦力和滑动摩擦力。

当相互接触的两个物体在外力作用下,虽有相对运动的趋势,但没有相对运动,这时的摩擦力称为静摩擦力。所谓相对运动的趋势指的是,假如没有静摩擦力,物体将发生相对滑动,正是一对静摩擦力的存在,才阻止了物体之间相对滑动情况的出现。每一个物体所受的静摩擦力的方向与该物体相对于另一物体的运动趋势的方向相反。静摩擦力的大小因物体所受外力的大小而不同,介于 0 与最大静摩擦力 F_{sm} 之间。实验表明,作用在物体上的最大静摩擦力的大小 F_{sm} 与物体受到的沿接触面法向方向的正压力 $\boldsymbol{F}_N$ 的大小成正比,有

$$F_{sm}=\mu_s F_N \tag{2-9}$$

式中 μ_s 称为静摩擦因数,它与接触面的材料、接触面的状态(表面的粗糙程度、温度、湿度等)有关。

当两个相互接触的物体沿接触面有相对运动时,接触面之间产生一对阻碍相对运动的力,称为滑动摩擦力,简称摩擦力。实验表明,滑动摩擦力的大小 F_K 与物体受到的沿接触面法向方向的正压力 $\boldsymbol{F}_N$ 的大小成正比,即

$$F_K=\mu F_N \tag{2-10}$$

式中 μ 称为滑动摩擦因数,简称摩擦因数。滑动摩擦因数 μ 不仅与接触面的材料、接触面的状态(表面的粗糙程度、温度、湿度等)有关,还与相对滑动速度的大小有关。通常情况下,μ 随相对速度的增加而稍有减小,当相对滑动速度不太大时,μ 可近似看作常数。实验还表明,在其他条件相同的情况下,对同样的接触面,静摩擦因数 μ_s 总是大于滑动摩擦因数 μ,而且都小于

1。在通常的相对滑动速度范围内,可认为滑动摩擦因数 μ 与相对滑动速率无关,而且在一般问题的简要分析中甚至还可认为滑动摩擦因数 μ 与静摩擦因数 μ_s 相等。

在自然界中,处处有摩擦力。与其他事物一样,摩擦也有两面性,既有对人类有利的一面,也有有害的一面。一方面,摩擦是人类赖以生存和发展不可缺少的条件,离开了摩擦力,人不能在地面上走路、螺栓螺丝不能与螺帽固接、机器无法传动和制动,等等。另一方面,因摩擦生热大大降低了机械效率和能源利用效率;因摩擦造成机器磨损,影响机器的使用寿命;因摩擦生电,常造成起火、爆炸等重大事故,等等。我们可以利用摩擦力的有利因素,尽量避免摩擦力的有害因素。

摩擦力的规律都是由实验总结出的,至于摩擦力的起源问题,一般可以认为是来自电磁相互作用,其形成的机理现在仍然不是很清楚。

*2.1.3 基本相互作用(基本力)

近代物理证明,自然界中各种各样的相互作用力都来源于这四种基本相互作用:引力相互作用、电磁相互作用、强相互作用和弱相互作用。下面简单对比一下它们各自的相互作用物体、力程、相对强度等。

引力相互作用　存在于一切物体间,凡是有质量的物体,大到天体之间,小到基本粒子之间都存在引力相互作用。当物体间距较远时仍发挥作用,力程无限远,属于长程力。

电磁相互作用　在静止电荷之间存在的电性力、在运动电荷之间存在的电性力和磁性力,它们本质上是相互联系的,统称为电磁力。凡是带有电荷的物质都具有电磁力。电磁力是长程力,它比万有引力大得多。由于分子和原子都是由电荷组成的系统,分子或原子之间的作用力本质上都是分子和原子内的电荷之间的电磁力。物体之间的弹力、摩擦力、气体的压力、浮力、黏滞阻力等都是相邻原子或分子内电荷之间电磁力的宏观表现。电磁力与万有引力不同,两个电荷之间的电磁力既有表现为引力的,也有表现为斥力的。

强相互作用　存在于核子、介子和超子之间,它是一种短程力。粒子之间距离小于 10^{-15} m 时,强相互作用占主要支配地位;直到距离减小到大约 0.4×10^{-15} m 时,强相互作用表现为吸引力;距离再减小,强相互作用就表现为排斥力。正是这种强相互作用,把原子内的一些质子和中子紧紧地束缚在一起,形成稳定的原子核。强相互作用是比电磁相互作用更强的一种作用。

弱相互作用　实验发现,在亚原子领域中,存在一种弱相互作用,称为弱力。两个相邻质子之间的弱力只有 10^{-2} N 左右。弱力是短程力,力程小于 10^{-17} m,它是导致原子核β衰变放出电子和中微子的重要作用力。

四种基本相互作用的相对强度比较如下:如果把强相互作用的相对强度设为 1,那么电磁相互作用的相对强度是 10^{-2},弱相互作用的相对强度是 10^{-13},引力相互作用的相对强度是 10^{-39}。目前,关于这四种基本相互作用的物理意义、本质以及四种基本相互作用的统一性问题仍然处于探索之中。

2.1.4 牛顿运动定律的应用

牛顿运动定律是力学的基本定律,是经典力学的基础。原则上,运用牛顿运动定律,可以解决所有的质点动力学问题。若所研究对象的运动情况比较复杂,它的各个部分之间存在相对位移,我们可以设想把它的各个部分隔离开来,分别运用牛顿定律进行求解,这就是运用牛顿定律分析问题时常用的隔离体法。通常运用牛顿定律求解力学问题可以分为两类：一类是在已知物体的受力情况下求其运动情况；另一类是已知物体的运动情况求物体间的相互作用力。应用牛顿定律求解力学问题的基本步骤如下：

(1) 确定(参考系及)研究对象

根据求解问题的需要，选定一个直接相关的物体作为研究对象。若条件不足，就选择关联体为研究对象。对于多个物体组成的系统，采用隔离体法将相互关联的物体逐个取出作为研究对象。

(2) 受力分析

分析研究对象受到哪几个力的作用，要能找到每个力的施力物体，找到每个力的大小、方向、作用点等，做出受力示意图。

(3) 运动情况分析

分析每一个研究对象的轨迹、速度、加速度等，以及运动之间的关联。

(4) 建立牛顿运动方程

根据牛顿运动定律，对每个研究对象逐个建立牛顿运动方程。涉及具体运算时，要建立合适的坐标系，写出动力学方程的分量形式再进行运算。

若前面列出的动力学方程不足以确定所有未知量，利用运动间的联系、各力间的关系等约束条件建立补充方程，之后进行求解讨论。

例 2.1 A、B 两个物体质量分别为 $m_A=100$ kg 和 $m_B=60$ kg，装置如图 2-1 所示，两斜面的倾斜角分别为 $\alpha=30°$ 和 $\beta=60°$。如果物体与斜面间无摩擦力，绳子不可伸长，滑轮与绳子的质量忽略不计，问：(1) 系统将向哪边运动？(2) 系统的加速度多大？(3) 绳中的张力多大？

解：(1) 取 A、B 为研究对象，隔离出来分别进行受力分析如图 2-2 所示。

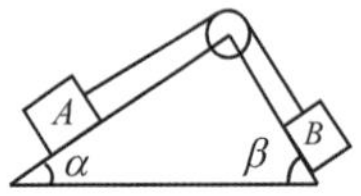

图 2-1

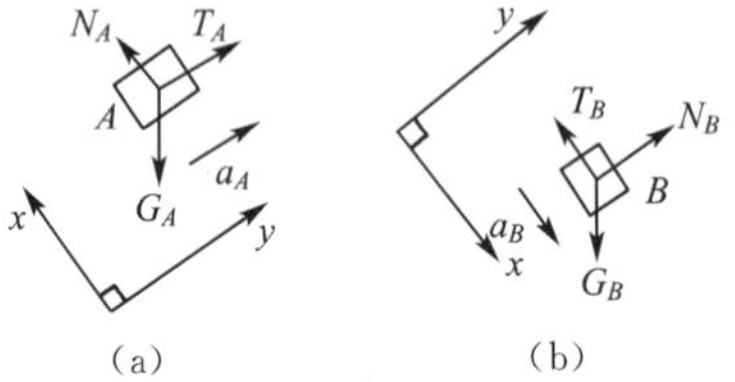

图 2-2

在一般题目中判断物体的运动方向时，可先规定正方向，再由计算结果确定实际运动方向。此题中绳的张力是相互作用力，所以判断运动方向时，只需确定重力沿斜面分力哪个大哪个小即可。

因为：$m_A g\sin\alpha < m_B g\sin\beta$，所以向 B 侧运动。

(2) 对 A、B 分别建立如图 2-2 所示的坐标系，根据牛顿第二定律 $\boldsymbol{F}=m\boldsymbol{a}$ 列出分量方程

对 A：
$$T_A - m_A g\sin\alpha = m_A a_A \tag{1}$$

对 B：
$$m_B g\sin\beta - T_B = m_B a_B \tag{2}$$

因为滑轮与绳子的质量忽略不计，绳子各处张力相等。所以：
$$T_A = T_B \tag{3}$$

又因为绳子不可伸长，所以系统具有相同的加速度，加速度方向与标定的运动方向一致即：
$$a_A = a_B = a \tag{4}$$

联立式(1)～(4)解得

$$a = \frac{m_B \sin\beta - m_A \sin\alpha}{m_A + m_B} g = 0.12\ \mathrm{m/s^2}$$

$$T = \frac{m_A m_B (\sin\alpha + \sin\beta)}{m_A + m_B} g = 502\ \mathrm{N}$$

例 2.2 如图 2-3(a) 所示，一质量为 m 的小球，由竖直放置的光滑圆形轨道的顶点自由下滑。设轨道半径为 R，小球转过 θ 角度时的速率为 v，求此时轨道施加给小球的支撑力。

解：以小球为研究对象，受力分析及运动情况如图 2-3(b) 所示。由于轨道光滑没有摩擦力，小球受到重力 $m\boldsymbol{g}$ 和轨道的支撑力 $\boldsymbol{N}$ 的作用，支撑力 $\boldsymbol{N}$ 指向圆形轨道的圆心。小球下滑过程中，速率逐渐增大，因此会有切线方向的加速度分量，由重力的切线方向的分力提供；同时运动所需的向心力也逐渐增大，重力沿法线方向的分量和支撑力提供了向心力，产生法向加速度。分别沿运动的切线方向和法线方向运用牛顿第二定律，则有

切向：
$$ma_t = m\frac{\mathrm{d}v}{\mathrm{d}t} = mg\sin\theta \tag{1}$$

法向：
$$ma_n = m\frac{v^2}{R} = N + mg\cos\theta \tag{2}$$

因为$\frac{\mathrm{d}v}{\mathrm{d}t} = \frac{\mathrm{d}v}{\mathrm{d}\theta}\frac{\mathrm{d}\theta}{\mathrm{d}t} = \omega\frac{\mathrm{d}v}{\mathrm{d}\theta} = \frac{v}{R}\frac{\mathrm{d}v}{\mathrm{d}\theta}$，所以式(1) 化为 $v\mathrm{d}v = Rg\sin\theta\mathrm{d}\theta$，这种做法被称为分离变量法。对其两边同时积分，有

$$\int_0^v v\mathrm{d}v = Rg\int_0^\theta \sin\theta\mathrm{d}\theta$$

解得

$$v^2 = 2Rg(1-\cos\theta)$$

将上述结果代入式(2)，由此得到支撑力为

$$N = m\frac{v^2}{R} - mg\cos\theta = \frac{2Rmg(1-\cos\theta)}{R} - mg\cos\theta = 2mg - 3mg\cos\theta$$

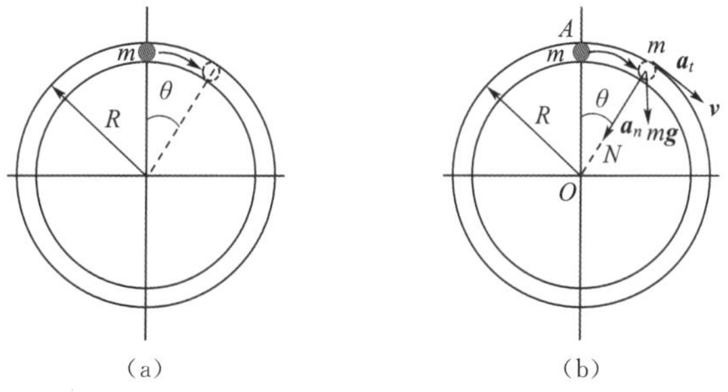

图 2-3

讨论：在 $\theta = 0$ 处，$N = -mg$，小球速率为零，所需向心力为零，支撑力向上，实际上是内壁支撑小球，支撑力大小等于小球的重力。

在 $\theta = \pi/2$ 处，$N = 2mg$，小球速率满足 $v^2 = 2Rg$，所需向心力为 $F = m\frac{v^2}{R} = 2mg$，向心力完全由支撑力承担。

在 $\theta = \pi$ 处，$N = 5mg$，小球速率满足 $v^2 = 4Rg$，所需向心力为 $F = m\frac{v^2}{R} = 4mg$，支撑力的一部分充当向心力，一部分用来平衡重力。

令支撑力为零，$N=0$，得到

$$m\frac{v_0^2}{R}-mg\cos\theta_0=0,\ v_0^2=Rg\cos\theta_0$$

再与速率的计算公式结合，得到

$$2Rg(1-\cos\theta_0)=Rg\cos\theta_0,\ \cos\theta_0=\frac{2}{3}$$

$0\leqslant\theta\leqslant\theta_0$ 时，支撑力为负，实际上是内壁对小球的支撑力；$\theta_0\leqslant\theta\leqslant\pi$ 时，支撑力为正，实际上是外壁对小球的支撑力。

例 2.3 质量为 m 的物体在力 $\boldsymbol{F}=(2+4x)\boldsymbol{i}$(SI) 的作用下，自静止开始由坐标原点沿 Ox 轴运动，求物体移动 X 距离时的速度大小 v。

分析：质点在随 x 变化的变力作用下做直线运动，因此，质点运动的加速度与质点的位置有关，速度对时间的变化率是质点位置的函数。需要采用分离变量法，得到速度对位置坐标的变化率与位置坐标的函数关系。

解：根据牛顿第二定律 $F=ma=m\dfrac{\mathrm{d}v}{\mathrm{d}t}$，利用微分的链式法则可以将其改写为

$$F_x=m\frac{\mathrm{d}v}{\mathrm{d}t}=m\frac{\mathrm{d}v}{\mathrm{d}x}\frac{\mathrm{d}x}{\mathrm{d}t}=mv\frac{\mathrm{d}v}{\mathrm{d}x},$$

将力的表达式代入上式，采用分离变量有

$$v\,\mathrm{d}v=\frac{2+4x}{m}\mathrm{d}x$$

对上式两边同时积分得到

$$\int_0^v v\,\mathrm{d}v=\int_0^X\frac{2+4x}{m}\mathrm{d}x,\qquad \frac{1}{2}v^2=\frac{2X+2X^2}{m},\qquad v=2\sqrt{\frac{X+X^2}{m}}$$

2.2 动量定理和动量守恒定律

牛顿运动定律揭示了力与运动状态之间的瞬时关系。实际中，力对物体的作用总要持续一段时间或经历一段路程，这就需要研究力对物体作用的时间和空间过程中所产生的累积效应。例如在处理碰撞、打击等实际问题的时候，由于力作用的时间很短，而且力的大小改变剧烈，难以用瞬时关系去研究它。这时候人们往往更关注力持续作用一段时间的总效果。现在我们来讨论力对时间的累积作用效果。

2.2.1 动量和质点的动量定理

1.动量

同样质量的排球，由一个小孩扔过来，还是由运动员大力扣杀过来，对人的打击是不同的；从同样高的位置掉下一个铅球和一个排球，对地面的作用效果也是不同的。再比如，轮船靠岸时的速度虽然很小，但因其质量很大，也可能撞坏坚固的码头；子弹质量虽小，但因其射出速度极高，也能将钢板击穿。因此在物理学中，从动力学角度描述物体的机械运动，必须同时考虑质量和速度这两个因素。为此，用质点的质量 m 与速度 $\boldsymbol{v}$ 的乘积定义了一个新的物理量，称之为质点的动量，即

$$\boldsymbol{p}=m\boldsymbol{v}\tag{2-11}$$

动量是矢量，其方向与质点的运动速度方向相同。它是描述物体机械运动的重要物理量，即使在现代物理学中它也是一个重要的物理量。它在笛卡尔直角坐标系中，有相应的三个分量形式：$p_x = mv_x$，$p_y = mv_y$，$p_z = mv_z$。

2.质点的动量定理

前面我们提到，牛顿运动定律是经典力学的基础。式(2-2)是牛顿第二定律的基本的普遍形式。引入动量这一物理量后，牛顿第二定律可以表示为

$$\boldsymbol{F} = \frac{\mathrm{d}\boldsymbol{p}}{\mathrm{d}t}$$

上式还可以改写成

$$\boldsymbol{F}\mathrm{d}t = \mathrm{d}\boldsymbol{p} \tag{2-12}$$

它表明：在 $\mathrm{d}t$ 时间内质点动量的改变量 $\mathrm{d}\boldsymbol{p}$，等于力 $\boldsymbol{F}$ 与 $\mathrm{d}t$ 的乘积。$\boldsymbol{F}\mathrm{d}t$ 就表示力 $\boldsymbol{F}$ 在时间 $\mathrm{d}t$ 内的积累量，称为在 $\mathrm{d}t$ 时间内质点所受合外力的冲量。这一关系称为质点动量定理的微分形式，实际上它是牛顿第二定律公式的数学变形。

如果力 $\boldsymbol{F}$ 持续地从 t_1 时刻作用到 t_2 时刻，设 t_1 时刻质点的动量为 $\boldsymbol{p}_1$，t_2 时刻质点的动量为 $\boldsymbol{p}_2$，我们对式(2-12)两边同时积分，就可求这段时间内力的持续作用效果。有

$$\int_{t_1}^{t_2} \boldsymbol{F}\mathrm{d}t = \int_{p_1}^{p_2} \mathrm{d}\boldsymbol{p} = \boldsymbol{p}_2 - \boldsymbol{p}_1 \tag{2-13}$$

这是质点动量定理的积分形式，它表明质点在 t_1 到 t_2 这段时间内所受合外力的冲量等于同一时间内的质点动量的增量。其中 $\int_{t_1}^{t_2} \boldsymbol{F}\mathrm{d}t$ 称为合外力 $\boldsymbol{F}$ 在 t_1 到 t_2 这段时间内的冲量，用符号 $\boldsymbol{I}$ 表示。有

$$\boldsymbol{I} = \int_{t_1}^{t_2} \boldsymbol{F}\mathrm{d}t \tag{2-14}$$

因此质点的动量定理式(2-13)又可以写成以下形式

$$\boldsymbol{I} = \boldsymbol{p}_2 - \boldsymbol{p}_1 \tag{2-15}$$

冲量 $\boldsymbol{I}$ 定义的是力对时间的累积，用来描述一个过程，称为过程量。而动量 $\boldsymbol{p} = m\boldsymbol{v}$ 是用来描述系统各个时刻状态的物理量，是状态量。质点的动量定理表明力对时间的累积作用效果，它给出了过程量（冲量 $\boldsymbol{I}$）与该过程始、末两状态的状态量（动量 $\boldsymbol{p}_1$ 和 $\boldsymbol{p}_2$）的改变之间的定量关系，与质点在该时间段内动量变化的细节无关。这是应用动量定理解决物体机械运动问题的优点所在。

此外要注意，质点动量定理是矢量方程，定理中的 $\boldsymbol{I}$ 是质点所受合外力的冲量，反映的是力对时间的累积，它的方向与受力质点的动量增量的方向一致，但不一定与质点的初动量或末动量的方向相同，也不一定与合外力的方向相同。帆船能够逆风行驶，就是这一结论的生动例证。

动量定理是矢量式，在应用时，可以直接用作图法，按几何关系求解，也可以用沿坐标轴的分量式求解。在直角坐标系中，沿各坐标轴的分量式为

$$\int_{t_1}^{t_2} F_x \mathrm{d}t = p_{x_2} - p_{x_1}, \int_{t_1}^{t_2} F_y \mathrm{d}t = p_{y_2} - p_{y_1}, \int_{t_1}^{t_2} F_z \mathrm{d}t = p_{z_2} - p_{z_1} \tag{2-16}$$

质点所受合外力的冲量在某一方向上的分量等于质点的动量在该方向的分量的增量。

值得注意的是，质点动量定理是由牛顿定律导出的，因此，质点动量定理只适用于惯性参考系；对于非惯性参考系，质点动量定理不适用。在不同的惯性参考系中，物体的速度是不同

的，物体的动量也随之不同，这就是动量的相对性。在应用动量定理时，物体的始末动量应由同一个惯性系来确定。尽管对不同的惯性参考系，物体的动量不同，但动量定理的形式却没有改变，这就是动量定理的不变性，也就是说，动量定理对所有惯性参考系都是适用的。

动量定理在研究碰撞、爆破或冲击等问题时有着重要应用。在这类问题中，物体间相互作用的时间极为短暂，但作用力的改变很大，会迅速达到很大的量值，然后急剧地下降为零，这种力一般称为冲力。因为冲力是个变力，它的瞬时值很难确定，难以用反映瞬时关系的牛顿定律求解。但是根据动量定理，我们能够由物体动量的变化得到物体受到的冲量，进而得到冲力的平均值。这类问题中，为了对冲力的大小有个估计，通常引入平均冲力的概念，它是冲力对碰撞时间的平均。以 $\overline{\boldsymbol{F}}$ 表示平均冲力，则有

$$\overline{\boldsymbol{F}}=\frac{\int_{t_1}^{t_2}\boldsymbol{F}\,\mathrm{d}t}{t_2-t_1}=\frac{\boldsymbol{p}_2-\boldsymbol{p}_1}{t_2-t_1} \tag{2-17}$$

因冲力很大，所以由碰撞引起的质点的动量改变，基本上由冲力的冲量决定。重力、阻力的冲量可以忽略。

2.2.2 内力、外力和质点系的动量定理

1.内力和外力

上面我们研究的都是单个物体或单个质点的运动，接下来我们讨论一组质点的运动。由两个或更多个质点构成的系统称为质点系或质点组。系统内各个质点间的相互作用力称为内力；系统外的物体对系统内各个质点所施加的作用力称为外力。一个力是内力还是外力，取决于所取系统的范围。

2.质点系的动量定理

下面以两个质点构成的系统为例研究质点系的动量定理。设两个质点的质量分别为 m_1 和 m_2，它们受到来自系统外的作用力（外力）分别为 $\boldsymbol{F}_1$ 和 $\boldsymbol{F}_2$，两质点间相互作用的内力为 $\boldsymbol{f}_{12}$ 和 $\boldsymbol{f}_{21}$，设 t_0 时刻两质点的速度分别为动量为 $\boldsymbol{v}_{01}$ 和 $\boldsymbol{v}_{02}$，t 时刻两质点的速度分别为动量为 $\boldsymbol{v}_1$ 和 $\boldsymbol{v}_2$，分别对两质点写出动量定理，有

$$\int_{t_0}^{t}(\boldsymbol{F}_1+\boldsymbol{f}_{12})\mathrm{d}t=m_1\boldsymbol{v}_1-m_1\boldsymbol{v}_{01}$$

$$\int_{t_0}^{t}(\boldsymbol{F}_2+\boldsymbol{f}_{21})\mathrm{d}t=m_2\boldsymbol{v}_2-m_2\boldsymbol{v}_{02}$$

将上面两式相加，再根据牛顿第三定律可知 $\boldsymbol{f}_{12}$ 和 $\boldsymbol{f}_{21}$ 是一对作用力和反作用力，有 $\boldsymbol{f}_{12}=-\boldsymbol{f}_{21}$，有 $\boldsymbol{f}_{12}+\boldsymbol{f}_{21}=0$，于是有

$$\int_{t_0}^{t}(\boldsymbol{F}_1+\boldsymbol{F}_2)\mathrm{d}t=(m_1\boldsymbol{v}_1+m_2\boldsymbol{v}_2)-(m_1\boldsymbol{v}_{01}+m_2\boldsymbol{v}_{02})$$

如果系统由 n 个质点组成，同样的处理，可得一般式为

$$\int_{t_0}^{t}\left(\sum_{i=1}^{n}\boldsymbol{F}_i\right)\mathrm{d}t=\sum_{i=1}^{n}m_i\boldsymbol{v}_i-\sum_{i=1}^{n}m_i\boldsymbol{v}_{0i}=\sum_{i=1}^{n}\boldsymbol{p}_i-\sum_{i=1}^{n}\boldsymbol{p}_{0i} \tag{2-18}$$

上式中 $\boldsymbol{F}_i$ 表示第 i 个质点受到的来自系统以外的其他物体施加给该质点的外力的合力，$\sum\limits_{i=1}^{n}\boldsymbol{F}_i$ 表示质点系所受外力的矢量和，$\sum\limits_{i=1}^{n}\boldsymbol{p}_{0i}$ 和 $\sum\limits_{i=1}^{n}\boldsymbol{p}_i$ 分别表示质点系在 t_0 时刻和 t 时刻的总动量。式(2-18) 表明：在一段时间内，作用在质点系的外力矢量和在这段时间内的冲量等于

质点系总动量的增量。这就是质点系的动量定理。

从上面的讨论可知，系统的内力可以改变系统内单个质点的动量，系统内各个质点的动量可以通过内力的作用来相互交换。但对整个系统来说，所有内力的冲量和为零，即系统的内力不能改变系统的总动量。实际上，动量定理就是牛顿第二定律的积分形式，它使人们认识到：力在一段时间内的累积效应，是使物体或系统产生动量增量。要产生同样的时间累积效应，即同样的动量增量，合外力大的需要的时间短些；合外力小的需要的时间长些，只要力的时间累积量即冲量一样，就能产生同样的动量增量。在日常生活中，人们经常利用动量定理来处理一些具体问题。例如采用松软包装，能延长包装壳对物品的作用时间，从而减小包装壳对物品的冲力。码头和船只接触处装有橡胶轮胎作为缓冲设备、火车车厢两端的缓冲器、车辆的减震器等，都是为了延长作用时间减小冲力。也有利用冲力的情况，比如利用冲床冲压钢板。

2.2.3 动量守恒定律

由质点系的动量定理式(2-18)可知，若在某段时间内，质点系不受外力作用或所受外力矢量和始终为零，即 $\sum_{i=1}^{n}\boldsymbol{F}_i=0$，则该段时间内质点系的总动量保持不变。即

$$\sum_{i=1}^{n}\boldsymbol{p}_i=\sum_{i=1}^{n}m_i\boldsymbol{v}_i=\text{常矢量}\left(\sum_{i=1}^{n}\boldsymbol{F}_i=0\right)\tag{2-19}$$

这一结论称为动量守恒定律。

动量守恒的条件是系统内各质点不受外力或所受外力矢量和为零。所以应用动量守恒定律求解力学问题时，要先选定适当的系统，使系统内各质点所受的外力矢量和为零。在有些情况下，系统虽受外力作用，但如果在极短的时间内，系统所受的外力远小于系统的内力时，外力就可以忽略不计，则可以应用动量守恒定律来处理问题。如碰撞、打击等问题中，就可以忽略重力、摩擦力等外力，认为它们的总动量守恒。

由于动量守恒定律的表达式是矢量式，实际计算时，可采用它按各坐标轴分解的分量式来处理。例如在直角坐标系中，有

$$\left.\begin{aligned}\sum_{i=1}^{n}m_iv_{ix}&=\text{常量}\left(\text{若}\sum_{i=1}^{n}F_{ix}=0\right)\\\sum_{i=1}^{n}m_iv_{iy}&=\text{常量}\left(\text{若}\sum_{i=1}^{n}F_{iy}=0\right)\\\sum_{i=1}^{n}m_iv_{iz}&=\text{常量}\left(\text{若}\sum_{i=1}^{n}F_{iz}=0\right)\end{aligned}\right\}\tag{2-20}$$

上述三个分量式是各自独立的。当质点系所受合外力不为零，但合外力在某个方向的分量和却为零时，尽管系统的总动量不守恒，但总动量在该方向的分量却是守恒的。即

$$\text{若}\sum_{i=1}^{n}F_{ix}=0,\ \text{则}\sum_{i=1}^{n}m_iv_{ix}=\text{常量}\tag{2-21}$$

在牛顿力学中，动量守恒定律可依据牛顿定律从理论上导出，但动量守恒定律是比牛顿运动定律更普遍、更基本的定律，它在宏观或微观领域内、低速或高速情况下均适用。按照现代物理学的观点，动量守恒定律是物理学中最基本的普适定律之一。

在所有的惯性系中，动量守恒定律都成立。考虑到动量的相对性，在应用式(2-19)或(2-21)解决具体问题时，所有质点的动量都必须是相对同一惯性参考系的。

例 2.4 质量为 0.25 kg 的小球，以 20 m/s 的速率和 45° 的仰角投向竖直放置的木板，如图 2-4(a) 所示。设球与板碰撞时间为 0.05 s，反弹角度与入射角相等，小球速度在水平方向分量的大小不变，求木板对小球的冲力（取 x 轴水平向右建立坐标系）。

分析：由于碰撞时间很短，碰撞时球与板间相互作用的平均冲力远远大于球的重力以及球与板间的摩擦力，所以球的重力以及球与板间的摩擦力可以忽略，视为球的动量改变与板施予的冲量相等。所以由动量定理即可求出木板对小球的冲力。

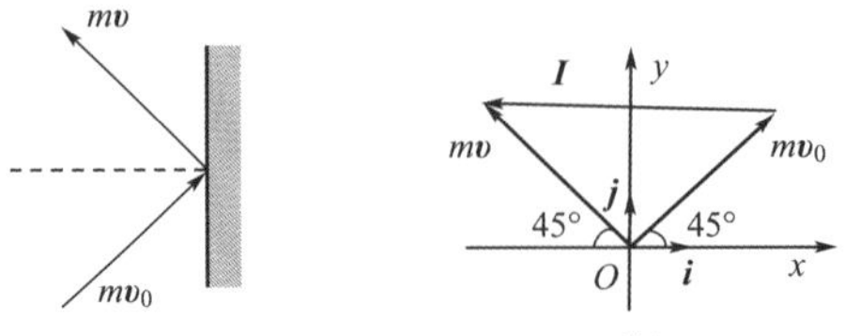

(a) (b)

图 2-4

解：以小球为研究对象，依题意建立如图 2-4(b) 所示的坐标系，小球的始末动量以及冲量也在图中示意性画出。由质点的动量定理 $\boldsymbol{I}=\boldsymbol{p}_2-\boldsymbol{p}_1$ 可得

$$\boldsymbol{I}=\overline{\boldsymbol{F}}\Delta t=m\boldsymbol{v}-m\boldsymbol{v}_0=-\sqrt{2}mv_0\boldsymbol{i}$$

所以

$$\overline{\boldsymbol{F}}=\frac{-\sqrt{2}mv_0\boldsymbol{i}}{\Delta t}=-141\boldsymbol{i}\ \text{N}$$

例 2.5 放射性元素的原子核自发地放出射线，由一种元素的原子核变为另一种元素的原子核的现象称为放射性衰变。静止的某放射性元素的原子核，发射放射性β衰变所放出的电子和反中微子的运动方向互成直角。已知电子的动量为 1.2×10^{-22} kg·m·s^{-1}，反中微子的动量为 6.4×10^{-23} kg·m·s^{-1}，试求原子核剩余部分反冲的动量的大小和方向。

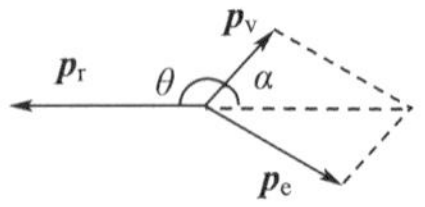

图 2-5

解：将电子、反中微子和原子核剩余部分看成一个系统，且每一部分都看作质点，认为衰变过程中它们都不与外界相互作用，系统动量守恒。衰变前，原子核静止，动量为零；衰变后，设电子、反中微子和原子核剩余部分的动量分别用符号 $\boldsymbol{p}_e$、$\boldsymbol{p}_v$ 和 $\boldsymbol{p}_r$ 表示，如图 2-5 所示，则由动量守恒定律可知三者的矢量和也应为零，有

$$\boldsymbol{p}_e+\boldsymbol{p}_v+\boldsymbol{p}_r=0$$

所以，原子核剩余部分反冲的动量的大小

$$p_r=\sqrt{p_e^2+p_v^2}=1.4\times10^{-22}(\text{kg}\cdot\text{m}\cdot\text{s}^{-1})$$

方向用与反中微子方向的夹角 θ 表示：

$$\theta=\pi-\arccos\frac{p_v}{p_r}\approx117^\circ$$

火箭在飞行时，它在背着飞行的方向上不断地喷出大量速度很大的气体，使火箭在飞行方向上获得很大的动量，从而获得巨大的前进速度。因为这一切并不依赖于空气的作用，因而它可在空气稀薄的高空或宇宙空间飞行。下面利用本节的定理，简单推导火箭飞行的速度等问题。

例 2.6 设有一枚火箭在外层高空飞行，那里空气的阻力和重力的影响都可以忽略不计。设喷出的燃气相对火箭箭体的速度为 u，为一常量；火箭的起始质量为 m_i，末了质量（火箭的有效载荷）为 m_f。试计算火箭能达到的速度 v_f。

解:这是一个变质量问题。取火箭及所携带的燃料为系统,设火箭飞行到某一时刻 t,火箭和燃料的总质量为 m,速度为 v,如图 2-6 所示,此时系统的总动量为 mv;经过时间间隔 $\mathrm{d}t$,火箭喷出了质量为 $-\mathrm{d}m$ 的燃气($\mathrm{d}m$ 是质量 m 在 $\mathrm{d}t$ 时间内的增量,随着时间 t 的增加,质量 m 在减少,所以 $\mathrm{d}m$ 是负值),使火箭的速度增加了 $\mathrm{d}v$,此时系统的总动量为

$$(m+\mathrm{d}m)(v+\mathrm{d}v)-\mathrm{d}m(v+\mathrm{d}v-u)$$

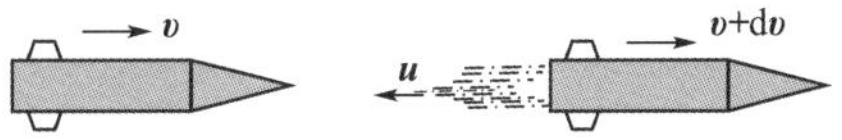

图 2-6

由于系统不受任何外力的作用(重力和空气阻力忽略不计),系统动量守恒,所以有

$$mv=(m+\mathrm{d}m)(v+\mathrm{d}v)-\mathrm{d}m(v+\mathrm{d}v-u)$$

将上式整理后,可得

$$m\,\mathrm{d}v+u\,\mathrm{d}m=0$$

即

$$\mathrm{d}v=-\frac{u\,\mathrm{d}m}{m}$$

对上式两边同时积分,得

$$\int_0^{v_f}\mathrm{d}v=\int_{m_i}^{m_f}-\frac{u\,\mathrm{d}m}{m}$$

由此得到有效载荷(燃料燃尽)时火箭的速度为

$$v_f=u\ln\frac{m_i}{m_f}$$

由此可以看出,可以通过提高喷气速度 u 和质量比 $\frac{m_i}{m_f}$ 的办法来提高火箭速度。目前,这两种办法在技术上都有困难,使用液氧液氢做推进剂,喷气速度可达 4 000 m/s,质量比最高为 15,考虑火箭结构强度等因素,质量比还要小。所以一般都采用多级火箭来提高速度。

中国是发明火箭最早的国家。公元 1232 年,火箭已应用于战争。目前我国的火箭发射技术位居世界前列。2018 年,中国火箭发射次数首次超过美国,位列全球第一。截至 2021 年 8 月,我国的长征系列火箭已完成386 次飞行。长征五号运载火箭的近地运载能力约为25 吨,地球同步转移轨道运载能力约为 14 吨。

2.3 功 动能定理

在本节中,我们研究力对空间的累积作用效果。在生活和生产实践中,人们经常会使用各种机械。人们制造机械,除了能施力于物体,更重要的是能通过它改变物体的运动状态,是为了让它做功。一个物体所具有的做功的能力,叫作能量。与物体运动相联系的能量叫动能。所以,接下来我们在研究力对空间的累积作用效果过程中,就来讨论这些物理量之间遵循的规律。

2.3.1 功

1.恒力的功

如图 2-7 所示,物体在恒定力 $\boldsymbol{F}$ 的作用下,沿直线从 a 点运动到 b 点,经历的位移为 $\Delta\boldsymbol{r}$,或者说力 $\boldsymbol{F}$ 作用点的位移为 $\Delta\boldsymbol{r}$,则直线运动中恒力 $\boldsymbol{F}$ 对质点所做的功为

$$A = F|\Delta \boldsymbol{r}|\cos\theta = \boldsymbol{F} \cdot \Delta \boldsymbol{r} \tag{2-22}$$

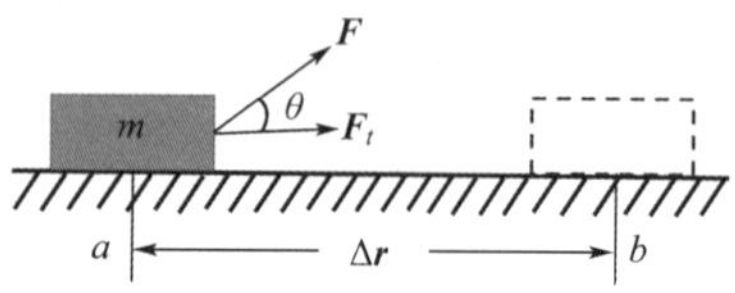

图 2-7 恒力的功

式中，θ 为力 $\boldsymbol{F}$ 与位移 $\Delta \boldsymbol{r}$ 之间的夹角，$\boldsymbol{F}_t$ 为力 $\boldsymbol{F}$ 在位移方向上的投影。恒力在直线运动中的功等于力在位移方向上的投影和受力质点位移大小的乘积。即功的效果是使物体在力的作用下移动一段定量的距离。功是标量，没有方向，但是有正负，其正负与力 $\boldsymbol{F}$ 与位移 $\Delta \boldsymbol{r}$ 之间的夹角有关。功是过程量，与某一过程相联系。在国际单位制中，功的单位是 N · m，叫作焦耳(J)。

2.变力的功

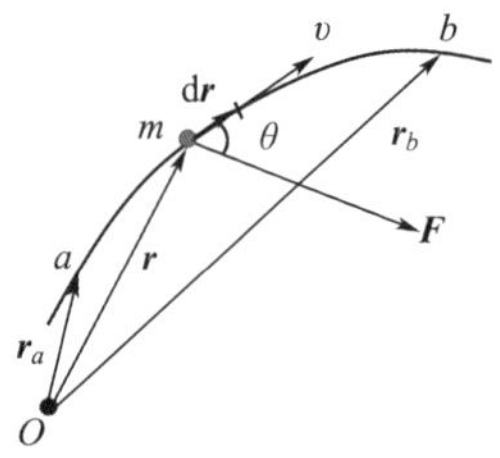

图 2-8 变力的功

在一般情况下，一个物体做曲线运动，它受到的力会随它的位置而改变。如图 2-8 所示，质点在变力 $\boldsymbol{F} = \boldsymbol{F}(r)$ 的作用下，沿一曲线轨道从 a 点运动到 b 点，计算变力在曲线运动中所做的功。

为此我们可以分两步走：第一步，我们把曲线轨迹分割为无数个首尾相连的无穷小段，每一个无穷小的弧线段就可以认为是一个个小的直线，质点在每一无限小直线上的位移称为位移元 $\mathrm{d}\boldsymbol{r}$，在每一个位移元上力的大小和方向就可认为没有发生变化，所以力 $\boldsymbol{F}$ 在位移元 $\mathrm{d}\boldsymbol{r}$ 上所做的功就可以用上面恒力在直线运动中做功的表达式(2-22)来表示了，我们称之为元功 $\mathrm{d}A$，有

$$\mathrm{d}A = \boldsymbol{F} \cdot \mathrm{d}\boldsymbol{r} = F|\mathrm{d}\boldsymbol{r}|\cos\theta = F\mathrm{d}s\cos\theta \tag{2-23}$$

式中 $|\mathrm{d}\boldsymbol{r}| = \mathrm{d}s$ 是相应的路程元。

第二步就是对元功累积求和，计算质点在变力 $\boldsymbol{F}$ 的作用下从 a 点运动到 b 点所做的总功。当 $\mathrm{d}\boldsymbol{r}$ 趋于零时，求和变成了积分，有

$$A = \int \mathrm{d}A = \int_{r_a}^{r_b} \boldsymbol{F} \cdot \mathrm{d}\boldsymbol{r} = \int_a^b F\mathrm{d}s\cos\theta \tag{2-24}$$

上式就是变力做功的定义式。由此可见，功是力对空间的积累。上面的积分式必须沿着质点所经历的曲线 ab 进行，数学称此类积分为曲线积分。这种用微积分思想处理问题的方法在物理学上、工程实践中、生活的很多方面都有使用。

在直角坐标系中，元功表示为

$$\mathrm{d}A = \boldsymbol{F} \cdot \mathrm{d}\boldsymbol{r} = (F_x\boldsymbol{i} + F_y\boldsymbol{j} + F_z\boldsymbol{k}) \cdot (\mathrm{d}x\boldsymbol{i} + \mathrm{d}y\boldsymbol{j} + \mathrm{d}z\boldsymbol{k}) = F_x\mathrm{d}x + F_y\mathrm{d}y + F_z\mathrm{d}z$$

从坐标(x_0, y_0, z_0)运动到坐标(x_1, y_1, z_1)力 $\boldsymbol{F}$ 所做的功为

$$A = \int \mathrm{d}A = \int_{L(x_0, y_0, z_0)}^{(x_1, y_1, z_1)} (F_x\mathrm{d}x + F_y\mathrm{d}y + F_z\mathrm{d}z) \tag{2-25}$$

如果力沿直线位移做功，例如沿 x 轴方向由 x_0 到 x_1，则

$$\mathrm{d}A = F_x\mathrm{d}x, A = \int \mathrm{d}A = \int_{x_0}^{x_1} F_x\mathrm{d}x \tag{2-26}$$

3.合力的功

当质点同时受到几个力，如 $\boldsymbol{F}_1, \boldsymbol{F}_2, \cdots, \boldsymbol{F}_n$ 的作用而沿路径 L 由 a 运动到 b 时，合力 $\boldsymbol{F}$ 对质点做的功为

$$A = \int \mathrm{d}A = \int_{a(L)}^{b} \boldsymbol{F} \cdot \mathrm{d}\boldsymbol{r} = \int_{a(L)}^{b} (\boldsymbol{F}_1 + \boldsymbol{F}_2 + \cdots + \boldsymbol{F}_n) \cdot \mathrm{d}\boldsymbol{r}$$
$$= \int_{a(L)}^{b} \boldsymbol{F}_1 \cdot \mathrm{d}\boldsymbol{r} + \int_{a(L)}^{b} \boldsymbol{F}_2 \cdot \mathrm{d}\boldsymbol{r} + \cdots + \int_{a(L)}^{b} \boldsymbol{F}_n \cdot \mathrm{d}\boldsymbol{r}$$

$$=A_{ab_1}+A_{ab_2}+\cdots+A_{ab_n} \tag{2-27}$$

上式表明:合力的功等于各分力沿同一路径所做的功的代数和。

4.功率

力在单位时间内做的功叫作功率,是为了反映做功的快慢而引入的概念。

平均功率　若在 Δt 时间内力所做的功为 ΔA,则平均功率为

$$\overline{P}=\frac{\Delta A}{\Delta t} \tag{2-28}$$

功率　我们将 Δt 趋于零时平均功率的极限值定义为瞬时功率,简称功率,有

$$P=\lim_{\Delta t\to 0}\frac{\Delta A}{\Delta t}=\frac{\mathrm{d}A}{\mathrm{d}t}=\frac{\boldsymbol{F}\cdot\mathrm{d}\boldsymbol{r}}{\mathrm{d}t}=\boldsymbol{F}\cdot\boldsymbol{v} \tag{2-29}$$

在国际单位制中,功率的单位是 J/s,叫作瓦特(W)。

接下来应用功的一般定义式(2-24)计算几个典型力的功。

例 2.7 曲线运动中恒力做功 — 重力在曲线运动中做功问题　一质量为 m 的质点,由 a 点沿路径 L_1 运动到 b 点,如图 2-9 所示。求:此过程中重力所做的功。

解:以地面为参考系,建立如图 2-9 所示坐标系。设某时刻质点运动到路径上的 c 点,在此处发生了位移元 $\mathrm{d}\boldsymbol{r}$,由图可知重力的元功为

$$\mathrm{d}A=m\boldsymbol{g}\cdot\mathrm{d}\boldsymbol{r}=-mg\boldsymbol{j}\cdot(\mathrm{d}x\boldsymbol{i}+\mathrm{d}y\boldsymbol{j})=-mg\,\mathrm{d}y$$

所以,从 a 点运动到 b 点的过程中重力所做的功为

$$A=\int_{y_1}^{y_2}-mg\,\mathrm{d}y=-(mgy_2-mgy_1) \tag{2-30}$$

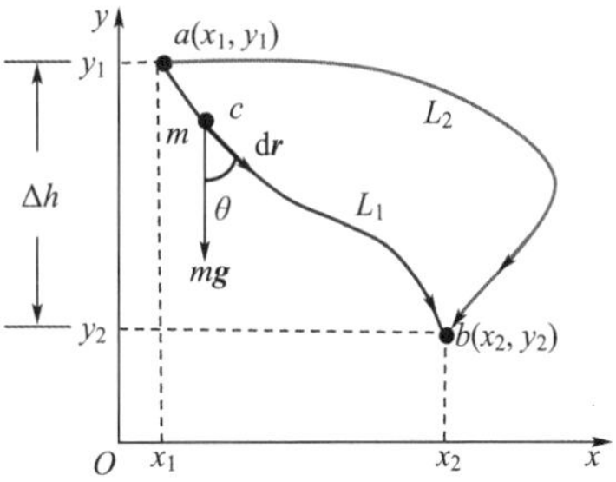

图 2-9　重力做功

我们还可以计算从 a 点沿路径 L_2 到达 b 点重力所做的功,会发现:无论质点是从 a 点经路径 L_1 到达 b 点,还是经路径 L_2 到达 b 点,重力所做的功都与上式右边相同,即

$$\int_{L_1}m\boldsymbol{g}\cdot\mathrm{d}\boldsymbol{r}=\int_{L_2}m\boldsymbol{g}\cdot\mathrm{d}\boldsymbol{r}=-(mgy_2-mgy_1)$$

结论:重力做功与路径无关,只与质点的始、末位置(确切地说,是质点与地面的相对位置)有关。

例 2.8 直线运动中变力做功 — 弹簧的弹性力在直线运动中做功问题　一自然长度为 L_0、劲度系数为 k 的轻质弹簧,一端固定,另一端系一质量为 m 的质点,组成一个弹簧振子。以弹簧原长处 O 为坐标原点,建立坐标轴 Ox,如图 2-10 所示。计算:质点由位置 x_1 移到位置 x_2 的过程中,弹性力所做的功。

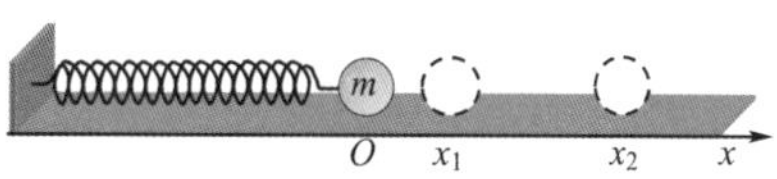

图 2-10　弹性力做功

解:质点 m 处在弹簧形变量为 x 处时受到的弹性力为

$$\boldsymbol{F}=-kx\boldsymbol{i}$$

则质点 m 在此处产生位移 $\mathrm{d}x\boldsymbol{i}$ 的过程中,弹性力所做的元功为

$$\mathrm{d}A=\boldsymbol{F}\cdot\mathrm{d}x\boldsymbol{i}=-kx\,\mathrm{d}x$$

质点 m 从位置 x_1 移到位置 x_2 的过程中,弹性力所做的功为

$$A=\int_{x_1}^{x_2}-kx\,\mathrm{d}x=-\left(\frac{1}{2}kx_2^2-\frac{1}{2}kx_1^2\right) \qquad (2\text{-}31)$$

结论：弹性力所做的功与质点 m 的运动过程无关，只与质点运动始、末位置有关，或者说，只与弹簧始末伸长量 x_1 和 x_2 有关。因此，弹性力的功与重力的功具有共同的特点。

例 2.9 曲线运动中变力做功 — 万有引力在曲线运动中做功问题　如图 2-11 所示，设固定点 O 处有一质量为 M 的质点，质量为 m 的质点沿轨迹 L_1 由 a 点移到 b 点。求：此过程中万有引力所做的功。设 a、b 两点的位置矢量分别 $\boldsymbol{r}_a$ 和 $\boldsymbol{r}_b$。

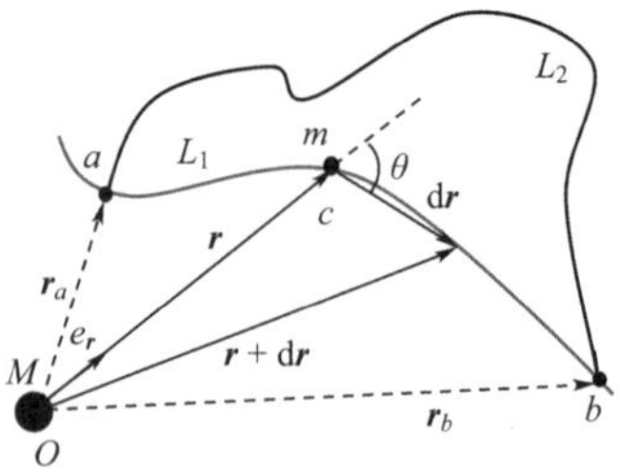

图 2-11　万有引力做功

解：质量为 m 的质点在运动轨迹 L_1 上的某一点 c 处受到 M 质点的万有引力为

$$\boldsymbol{F}=-G\frac{Mm}{r^2}\boldsymbol{e}_r$$

式中 $\boldsymbol{e}_r$ 为 $\boldsymbol{r}$ 方向的单位矢量。则质点 m 产生位移 $\mathrm{d}\boldsymbol{r}$ 的过程中，万有引力做的元功为

$$\mathrm{d}A=\boldsymbol{F}\cdot\mathrm{d}\boldsymbol{r}=-G\frac{Mm}{r^2}\boldsymbol{e}_r\cdot\mathrm{d}\boldsymbol{r}$$

由于 $\mathrm{d}\boldsymbol{r}=\mathrm{d}(r\boldsymbol{e}_r)=r\mathrm{d}\boldsymbol{e}_r+\boldsymbol{e}_r\mathrm{d}r$，$\mathrm{d}\boldsymbol{e}_r\perp\boldsymbol{e}_r$，$\boldsymbol{e}_r\cdot\boldsymbol{e}_r=1$，所以 $\boldsymbol{e}_r\cdot\mathrm{d}\boldsymbol{r}=\boldsymbol{e}_r\cdot(r\mathrm{d}\boldsymbol{e}_r+\boldsymbol{e}_r\mathrm{d}r)=\mathrm{d}r$，质点 m 沿运动轨迹 L_1 由 a 点运动到 b 点，万有引力所做的功为

$$A=-GMm\int_{r_a}^{r_b}\frac{\mathrm{d}r}{r^2}=GMm\left(\frac{1}{r_b}-\frac{1}{r_a}\right)=-\left[\left(-\frac{GMm}{r_b}\right)-\left(-\frac{GMm}{r_a}\right)\right] \qquad (2\text{-}32)$$

我们还可以验证：质点 m 沿图中运动轨迹 L_2 由 a 点运动到 b 点，求得的万有引力所做的功依然为上式的结果。

结论：同重力、弹性力类似，万有引力做功的特点依然是：做功与路径无关，只与相互作用物体的始、末相对位置有关。做功具有类似特点的这一类力被称为保守力。下一节我们会继续研究它。

2.3.2 质点的动能定理

如图 2-12 所示，质量为 m 的质点在合力 $\boldsymbol{F}$ 的持续作用下，沿路径 L 由 a 点运动到 b 点，速度也相应地由 $\boldsymbol{v}_1$ 变为 $\boldsymbol{v}_2$，则由式(2-24)可得力 $\boldsymbol{F}$ 对质点所做的功为

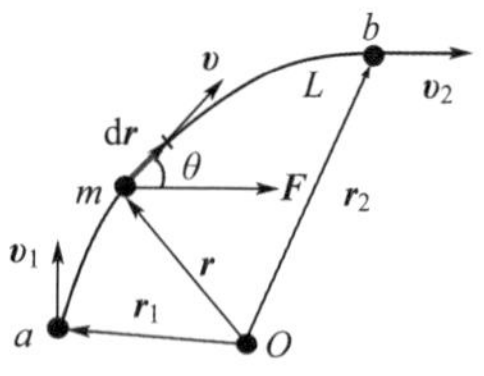

图 2-12　质点动能定理

$$A=\int_a^b F\cos\theta\,|\mathrm{d}\boldsymbol{r}|$$

上式中 $F\cos\theta$ 是力 $\boldsymbol{F}$ 的切向分量，根据牛顿第二定律，有

$$F\cos\theta=ma_{\mathrm{t}}=m\frac{\mathrm{d}v}{\mathrm{d}t}$$

将其代入上面功的表达式中，得

$$A=\int_a^b m\frac{\mathrm{d}v}{\mathrm{d}t}|\mathrm{d}\boldsymbol{r}|=\int_{v_1}^{v_2}mv\,\mathrm{d}v=\frac{1}{2}mv_2^2-\frac{1}{2}mv_1^2$$

式中 $\frac{1}{2}mv^2$ 称为质点的动能，用 E_{k} 表示，即

$$E_k = \frac{1}{2}mv^2 \tag{2-33}$$

动能是物体由于运动所具有的能量，它是描述物体机械运动状态的函数，是状态量。当物体的运动状态一定时，它的动能就唯一地被确定。引入动能之后，上面的关系式就可写成

$$A = \frac{1}{2}mv_2^2 - \frac{1}{2}mv_1^2 = E_{k2} - E_{k1} = \Delta E_k \tag{2-34}$$

它表明：作用于质点的合外力所做的功等于该质点动能的增量。这一关系称为质点的动能定理。动能定理表明，当合力对质点做正功时（$A>0$），质点动能增加；当合力对质点做负功时（$A<0$），质点动能减小，这时，质点依靠自身动能的减少来反抗外力做功。

质点的动能定理给出了作用到质点上的力对质点所做功与质点机械运动状态变化（动能变化）的关系，指出质点动能的任何改变都是由作用于质点的合力对质点做功所引起的，作用于质点的合力在某一机械运动过程中所做的功，在量值上等于质点在同一机械运动过程中质点动能的增量，即合力对质点做的功是质点动能改变的量度。质点的动能定理表明力的持续作用的空间效果，它给出了过程量（功 A）与该过程始末两状态的状态量（动能 E_k）之间的定量关系。因此，只要知道了质点在某一机械运动过程的始、末两运动状态的动能，就知道了作用于质点的合力在该机械运动过程中对质点所做的功，不用考虑质点在机械运动过程中动能变化的细节。

质点的动能定理的表达式是一个标量方程，适用于物体的任何机械运动过程。物体在合力的持续作用下经历某一段路程，不管外力是否是变力，也不管物体机械运动状态如何复杂，甚至不论其机械运动轨迹是曲线还是直线，合力对物体所做的功只取决于物体始末动能之差。这样，质点的动能定理在解决某些力学问题时，往往比直接运用牛顿第二定律的瞬时关系要简便得多，可以处理一个较为复杂的机械运动过程。

动能与功的概念不能混淆。质点的运动状态一旦确定，动能就被唯一地确定了，动能是运动状态的函数，是反映质点运动状态的物理量，是状态量。而功反映的是力对空间的累积，是与质点受力并经历位移这个过程相联系的，是过程量。功是能量转换的量度。凡是有力做功的地方，必定伴随着能量的转换。某力做功的多少必定等于相应的能量转换的大小。而功率的大小则给出了能量从一种形式向其他种形式转换的快慢。

2.3.3 质点系的动能定理

如果研究对象是由 N 个质点构成的系统，那么作用在这些质点上的力就可以分为外力和内力。我们用 $\boldsymbol{F}_i$ 表示第 i 个质点受到的合外力，用 $\boldsymbol{f}_i$ 表示第 i 个质点受到的合内力，由式(2-34)可以写出系统内第 i 个质点的动能定理：

$$\int_{L_i} \boldsymbol{F}_i \cdot \mathrm{d}\boldsymbol{r} + \int_{L_i} \boldsymbol{f}_i \cdot \mathrm{d}\boldsymbol{r} = \frac{1}{2}m_i v_{i2}^2 - \frac{1}{2}m_i v_{i1}^2$$

其中 $i=1,2,\cdots,N$，类似的我们可以写出共 N 个动能定理的方程。把这 N 个方程左、右两边分别相加，就可得到质点系的动能定理为

$$\sum_{i=1}^{N}\int_{L_i} \boldsymbol{F}_i \cdot \mathrm{d}\boldsymbol{r} + \sum_{i=1}^{N}\int_{L_i} \boldsymbol{f}_i \cdot \mathrm{d}\boldsymbol{r} = \sum_{i=1}^{N} \frac{1}{2}m_i v_{i2}^2 - \sum_{i=1}^{N} \frac{1}{2}m_i v_{i1}^2 \tag{2-35}$$

上式中 $\sum_{i=1}^{N}\int_{L_i} \boldsymbol{F}_i \cdot \mathrm{d}\boldsymbol{r}$ 表示一切外力所做功的代数和，用符号 $A_{外}$ 表示；$\sum_{i=1}^{N}\int_{L_i} \boldsymbol{f}_i \cdot \mathrm{d}\boldsymbol{r}$ 表示一切

内力所做功的代数和，用符号 $A_{内}$ 表示；$\sum_{i=1}^{N}\frac{1}{2}m_i v_i^2$ 表示系统内所有质点动能的总和，称为质点系的动能，即

$$E_k=\sum_{i=1}^{N}\frac{1}{2}m_i v_i^2 \tag{2-36}$$

式(2-35)就可以简写为

$$A_{外}+A_{内}=E_{k2}-E_{k1}=\Delta E_k \tag{2-37}$$

式(2-35)和式(2-37)表明：一切外力所做功与一切内力所做功的代数和等于质点系动能的增量，我们称之为质点系的动能定理。因此涉及多个质点构成的系统，我们不仅要考虑外力做功问题，还要考虑内力做功问题，成对出现的内力也有可能改变质点系的动能。

2.4 系统的势能 机械能守恒定律

2.4.1 系统的势能

1.保守力

在 2.2 节中我们分别计算了重力的功、弹性力的功和万有引力的功，发现这一类力做功有共同的特点：做功与路径无关，只与相互作用物体的始、末相对位置有关。做功具有这类特性的力被称为保守力。

结合保守力做功与路径无关这个特点，保守力的定义还可等价地叙述为：质点沿任意闭合路径 L 运动一周时，保守力对它所做的功等于零，即

$$\oint_L \boldsymbol{F}\cdot \mathrm{d}\boldsymbol{r}=0 \tag{2-38}$$

满足式(2-38)关系的力就是保守力，该式可以称作是保守力定义的统一数学表达式。

除了上述的重力、弹性力、万有引力之外，在静电场部分要讲到的静电力也具有这种特性。我们把做功不具有这一特性的力称为非保守力，例如摩擦力、流体的黏滞阻力等都属于非保守力。

如果质点在某一部分空间内的任何位置，都受到一个大小和方向都完全确定的保守力作用(力不一定处处相等)，称这部分空间存在着保守力场。例如，质点在地球表面附近空间中任何位置都要受到一个大小和方向都完全确定的重力作用，因而这部分空间中存在着重力场。重力场是保守力场。类似地还可以定义万有引力场和弹性力场、静电场，它们也都是保守力场。

2.系统的势能

由质点系的动能定理可知，即便系统不受外界影响，即外力不做功，系统的内力仍可通过改变各质点间的相对位置，使系统的动能发生变化。而系统内各质点间相互作用的内力又可以按照做功特点分成保守力和非保守力。我们称内力中的保守力为保守内力，非保守力为非保守内力。例如一个物体在固定于地面的斜面上滑动，把物体、斜面和地球视为一个系统时，重力就是保守内力，物体与斜面间的摩擦力就是非保守内力。由于成对出现的保守内力做功的特点是做功与路径无关，只与相互作用物体的始、末相对位置有关，所以当系统由于保守内力做功而使得动能发生改变时，根据功是能量转换的量度，我们就可以理解成是由于系统内与

各质点间相对位置有关的某种能量发生了改变，从而与系统的动能之间发生了相互转换。这种存在于保守力场中只取决于系统内各质点间相对位置的能量，称为系统的势能函数，简称势能，用 E_p 表示。

回顾式(2-30)、式(2-31)和式(2-32)，与动能定理相比较，再结合系统势能的定义，我们就可以发现这三个表达式中与位置有关的各项，就是它们的势能，由此就可以写出保守内力的功与系统势能的差值之间的关系为：

$$A_{保内} = -(E_{p2} - E_{p1}) = E_{p1} - E_{p2} = -\Delta E_p \tag{2-39}$$

上式表明：**系统中成对出现的保守内力所做的功等于与这种保守内力有关的系统势能增量的负值(或势能的减少)**。由于保守内力做功与参考系的选择无关，因此系统的势能差是有其绝对意义的。如果始末空间位置确定了，保守力所做的功是有确定值的，由此就能确定始末系统势能的差值，但不能由此确定各个空间点的势能。若我们选定在某个空间点处系统的势能为零，则相对这点而言，其他位置的势能才能有具体的量值，即系统在某点的势能只有相对意义，其大小正负是相对势能零点而言的。**在保守力场中某一位置处系统的势能，在量值上等于将物体从该点移动到势能零点的过程中保守力所做的功**。势能零点可根据问题需要来选择。选择不同的势能零点，同一位置处势能函数的值不同；而两个位置间系统的势能差则与势能零点的选择无关。

应当强调，**势能属于相互作用的物体系统的**。因为势能既取决于系统内物体之间相互作用的形式，又取决于物体之间的相对位置，所以势能是属于物体系统的，不为单个物体所具有。通常讲的"物体的势能"这句话，只是为了叙述的简便，是不严格的。

因此，我们就可以结合式(2-30)、式(2-31)和式(2-32)，分别定义物体与地球组成的系统的重力势能、弹簧系统的弹性势能和两质点系统的引力势能：

选取参考平面(或地面)为势能零点，重力势能为 $E_p = mgy$

选平衡位置时的弹性势能为势能零点，弹性势能为 $E_p = \frac{1}{2}kx^2$

选 $r \to \infty$ 时的引力势能为势能零点，引力势能为 $E_p = -G\frac{Mm}{r}$

势能是物体机械运动所拥有的能量之一。例如，高处的物体下落到地面可以将地面砸出一个坑，高处的水倾泻下来可以推动水轮机转动并发电，这些是重力对物体做了机械功，重力势能转换为其他形式的能；压紧的弹簧可以将其他物体弹出去，这是弹簧弹性力做的机械功，弹性势能转化为动能；行星绕着恒星转动，这是恒星对行星的万有引力做的机械功的结果。这些保守力做功的结果，都是使物体的相对位置发生了机械变化，所以，势能反映了物体潜在的做机械功的能力。

对物体做机械功，会引起物体机械运动状态的变化，这一变化可以是质点速度的变化，与系统的动能相关联；也可以是质点位置变化或物体的形变，与系统的势能相关联。我们把系统某时刻的动能与势能之和统称为该时刻系统的机械能，用 E 表示，即 $E = E_k + E_p$，机械能是描述宏观机械运动能量的物理量。

2.4.2 功能原理

质点系的内力分为保守内力和非保守内力之后，内力的功也就相应地分成两部分：保守内力的功和非保守内力的功。上面，我们给出了保守内力的功与系统势能增量之间的关系式

(2-39)，将其代入质点系动能定理表达式(2-37) 中，有

$$A_{外}+A_{保内}+A_{非保内}=A_{外}+A_{非保内}-(E_{p2}-E_{p1})=E_{k2}-E_{k1}$$

整理后，有

$$A_{外}+A_{非保内}=(E_{k2}+E_{p2})-(E_{k1}+E_{p1})=E_2-E_1=\Delta E \tag{2-40}$$

上式表明：所有外力和非保守内力对系统内各质点所做功的总和等于系统总机械能的增量。这个结论叫作质点系的功能原理。

质点系的功能原理与动能定理的物理本质是一致的。它们的区别在于如何处理保守内力做功问题。

2.4.3 机械能守恒定律

由功能原理式(2-40) 可知，如果所有外力和非保守内力对系统都不做功，或者说仅有保守内力做功，则系统的机械能保持不变。即

$$若\ A_{外}=0, A_{非保内}=0, 则\ E_2=E_1=常量 \tag{2-41}$$

上式表明：**若一个系统内只有保守内力做功，一切外力和其他内力都不做功，则系统内部的机械能间可以互相转化，但总机械能守恒，这就是**机械能守恒定律。它是能量转化和守恒定律这一物理学普遍规律在力学领域的特例。其中守恒条件 $A_{外}=0$，$A_{非保内}=0$ 要求的是：在这个过程中，外界与系统间没有能量交换；系统内也不发生其他形式的能量与机械能之间的相互转化。在这种条件下，系统的机械能才守恒。

例 2.10 如图 2-13(a) 所示，一轻质弹性橡皮筋，一端悬挂在天花板上，另一端悬挂一质量为 m 的物体。橡皮筋弹性力的大小按 $F=ax^2$ 变化，a 是一个正的恒量，x 是橡皮筋的伸长量。现将物体托到橡皮筋原长处突然释放，求物体能够获得的最大动能和橡皮筋的最大伸长量。

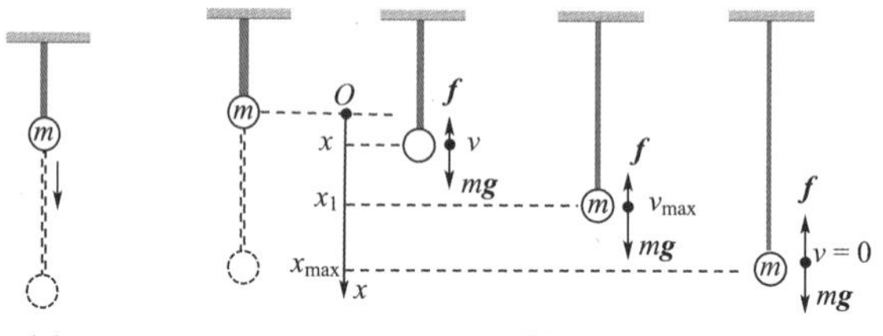

图 2-13

分析：物体在重力作用下开始自由下落，橡皮筋伸长，物体因此受到橡皮筋的弹性力；伸长量变大，弹性力逐渐加大，加速度逐渐减小；当橡皮筋伸长到使弹性力的大小等于重力时，物体下落的加速度等于零，此时物体达到最大速度，动能最大；物体继续下冲，橡皮筋继续伸长，弹性力大于重力，物体开始减速下落；当物体下落的速度减为零时，物体停止下落，开始沿原路反弹，此时橡皮筋达到最大伸长。

解：建立如图 2-13(b) 所示坐标系。物体下落 x 距离，也就是橡皮筋伸长 x 的过程中，弹性力做功为

$$dA=\boldsymbol{F}\cdot d\boldsymbol{r}=-ax^2dx, A=\int dA=-a\int_0^x x^2dx=-\frac{a}{3}x^3$$

(1) 设物体下落橡皮筋伸长量为 x_1 时，弹性力与重力相等，有

$$ax_1^2-mg=0, x_1=\sqrt{\frac{mg}{a}}$$

在这一过程中，橡皮筋的弹性力做功为 $A_{11}=-\dfrac{a}{3}x_1^3$

重力所做的功为 $A_{12}=\int_0^{x_1}mg\,\mathrm{d}x=mgx_1$

此时物体达到最大速度 $v_{\max}$，由质点的动能定理得

$$A=A_{11}+A_{12}=\Delta E_{\mathrm{kmax}}，即-\frac{a}{3}x_1^3+mgx_1=\frac{1}{2}mv_{\max}^2$$

所以最大动能为

$$E_{\mathrm{kmax}}=\frac{1}{2}mv_{\max}^2=mgx_1-\frac{a}{3}x_1^3=\frac{2}{3}mgx_1=\frac{2}{3}mg\sqrt{\frac{mg}{a}}$$

或者，取物体开始自由下落处为重力势能的零点，由功能原理得到

$$A_{11}=\left(\frac{1}{2}mv_{\max}^2-mgx_1\right)-(0+0)，-\frac{a}{3}x_1^3=\frac{1}{2}mv_{\max}^2-mgx_1$$

(2) 当物体下落速度为零时，橡皮筋达到最大伸长量 $x_{\max}$，弹性力和重力做功分别为

$$A_{21}=-\frac{a}{3}x_{\max}^3 \text{ 和 } A_{22}=\int_0^{x_{\max}}mg\,\mathrm{d}x=mgx_{\max}$$

由动能定理，得到

$$A=A_{21}+A_{22}=\Delta E_{\mathrm{k}}，-\frac{a}{3}x_{\max}^3+mgx_{\max}=0-0，x_{\max}=\sqrt{\frac{3mg}{a}}$$

或者，取物体开始自由下落处为重力势能的零点，由功能原理得到

$$A_{21}=\Delta E，-\frac{a}{3}x_{\max}^3=(0-mgx_{\max})-(0+0)，x_{\max}=\sqrt{\frac{3mg}{a}}$$

此题还可利用牛顿定律进行求解：如图 2-13(b) 所示，由牛顿定律得到

$$mg-ax^2=m\frac{\mathrm{d}v}{\mathrm{d}t}=m\frac{\mathrm{d}v}{\mathrm{d}x}\frac{\mathrm{d}x}{\mathrm{d}t}，(mg-ax^2)\mathrm{d}x=mv\,\mathrm{d}v$$

$$\int_0^x(mg-ax^2)\mathrm{d}x=\int_0^v mv\,\mathrm{d}v，\frac{1}{2}mv^2=mgx-\frac{1}{3}ax^3$$

在橡皮筋伸长 x_1 时，物体达到最大速度

$$\frac{1}{2}mv_{\max}^2=mgx_1-\frac{1}{3}ax_1^3，E_{\mathrm{kmax}}=\frac{1}{2}mv_{\max}^2=mgx_1-\frac{1}{3}ax_1^3=\frac{2}{3}mg\sqrt{\frac{mg}{a}}$$

在橡皮筋伸长 $x_{\max}$ 时，物体达到零速度

$$0=mgx_{\max}-\frac{1}{3}ax_{\max}^3，x_{\max}=\sqrt{\frac{3mg}{a}}$$

例 2.11 如图 2-14(a) 所示，质量为 m 的物块 A 在离平板为 h 的高度处自由下落，落在质量也为 m 的平板 B 上。已知轻质弹簧的劲度系数为 k，物块与平板为完全非弹性碰撞，求碰撞后弹簧的最大压缩量。

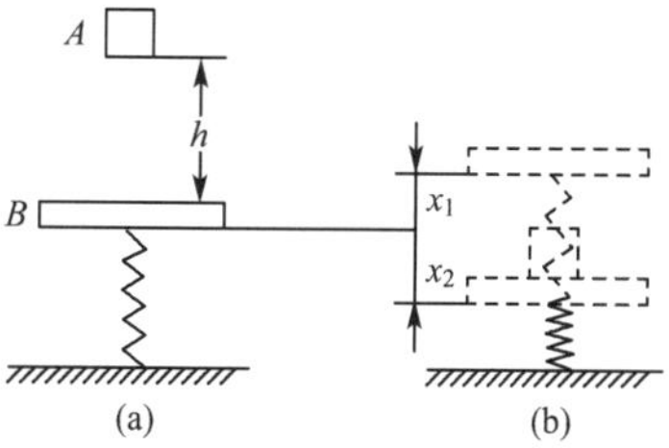

图 2-14

分析：可以将该问题分为物块 A 自由下落、物块 A 与物块 B 碰撞、碰撞后弹簧继续被压缩三个物理过程。在上述过程中，系统的重力势能和弹性势能参与变化，可分别选取弹簧原长处为弹性势能的零点、压缩后平板 B 的最低位置为重力势能的零点进行分析讨论。弹

簧原长位置如图 2-14(b) 所示。平板 B 置于其上后，弹簧的压缩量为 x_1；A 与 B 碰撞后，弹簧的再次压缩量为 x_2 时速度为零，此时物体停止下落，弹簧达到最大压缩量。

解：物块 A 自由下落过程：设其到达将与 B 碰撞时的速率为 v_1，则有

$$v_1^2 = 2gh \tag{1}$$

A 与 B 发生完全非弹性碰撞过程：由于重力和弹簧的弹性力与碰撞时的冲力相比小得多，可以忽略不计，故 A 与 B 组成的系统动量守恒，设碰撞后物块与平板的共同速率为 v_2，则有

$$mv_1 = (m + m)v_2 \tag{2}$$

碰撞后弹簧继续被压缩过程：取物块 A、平板 B、弹簧和地球作为研究系统，由于系统只有保守内力（重力和弹性力）做功，所以系统的机械能守恒，有

$$E_0 = E = \text{常量}$$

或

$$\Delta E = \Delta E_k + \Delta E_p = 0 \tag{3}$$

因弹簧被压缩最大时，A 和 B 的速度为零，所以达到最大压缩量时，系统的动能变化为

$$\Delta E_k = 0 - \frac{1}{2}(m + m)v_2^2$$

选取弹簧原长处为弹性势能零点、压缩后平板 B 的最低位置为重力势能零点，当 A 和 B 碰撞的瞬时，系统的势能为$(m + m)gx_2 + \frac{1}{2}kx_1^2$；当压缩最甚时，势能变为$\frac{1}{2}k(x_1 + x_2)^2$，则系统的势能变化为

$$\Delta E_p = \frac{1}{2}k(x_1 + x_2)^2 - (m + m)gx_2 - \frac{1}{2}kx_1^2$$

将 ΔE_k 和 ΔE_p 代入式(3)，得

$$-\frac{1}{2}(m + m)v_2^2 + \frac{1}{2}k(x_1 + x_2)^2 - (m + m)gx_2 - \frac{1}{2}kx_1^2 = 0 \tag{4}$$

在 A、B 未发生碰撞前，平板 B 受重力 mg 和弹簧弹性力 kx_1 作用而保持平衡，故有

$$mg = kx_1 \tag{5}$$

将式(1)(2)(5) 代入式(4)，整理得

$$x_2^2 - \frac{2mg}{k}x_2 - \frac{mgh}{k} = 0$$

解得

$$x_2 = \frac{mg}{k} \pm \sqrt{\left(\frac{mg}{k}\right)^2 + \frac{mg}{k}h}$$

因为要求 $x_2 > 0$，所以负根舍去。则碰撞后弹簧的最大压缩量为

$$x_{\max} = x_1 + x_2 = \frac{2mg}{k} + \sqrt{\left(\frac{mg}{k}\right)^2 + \frac{mg}{k}h}$$

* 2.5 相对论力学中的几个重要结论

根据狭义相对论的相对性原理，物理规律在一切惯性参考系中都应具有不变性。在经典时空观理论中，牛顿力学规律在伽利略变换下具有不变性，但是在洛伦兹变换下就不具有不变性了。并且我们知道，经典力学（牛顿力学）只适用于解决物体的低速运动问题。因此，为了使力学基本方程经洛伦兹变换后在各惯性参考系中具有不变性，使之能够适合物体高速运动

的情况，就要对牛顿力学的基本概念进行适当地改造。改造要遵循的原则是：必须符合相对论的基本假设，在坚持“相对性原理”和“光速不变原理”的前提下，让动量守恒(定理)、能量守恒(定理)在任何惯性参考系中都成立，通过对牛顿力学的基本概念(如质量、动量、动能、能量等)进行修改使之适合相对论，使动力学方程满足洛伦兹变换下的不变性。同时，要使修改后的力学概念必须在物体运动速度远小于光速时趋近于牛顿力学概念。

2.5.1 相对论质量

时间、长度、质量是力学中的三个基本量。其中的时间和长度都是与惯性参考系有关的相对量，因此我们有理由认为，质量也是一个相对量。

在狭义相对论中，质量是随着速率而改变的，以速率 v 运动的物体的质量为

$$m=\frac{m_0}{\sqrt{1-v^2/c^2}} \tag{2-42}$$

上式称为相对论质量表达式，又称为质－速关系。其中 m_0 是物体相对于观察者静止时的质量，一般称为物体的静质量，对特定的粒子来说是一个常量。m 是物体相对于观察者以速率 v 运动时，观察者测出的质量，一般称为物体的动质量。在相对论中，物体的动质量具有相对性，在不同的惯性参考系中测量物体的动质量得到的结果是不同的；唯一可以确定的是物体的静止质量，静止质量最小。

当 $v \ll c$ 时，$m \approx m_0$，可以认为物体的质量与速率无关，等于静止质量。在宏观物体所能达到的速度范围内，质量随速率的变化非常小，因而可以忽略不计。这就是牛顿力学的情况，也就是说牛顿力学的结论是相对论力学在速度非常小时的近似。

在微观粒子的实验中，粒子的速率会达到接近光速的程度，质量随速率的变化就不能忽略。例如 $v=0.866c$ 时，$m \approx 2m_0$；$v=0.98c$ 时，$m \approx 5m_0$。

当 $v>c$ 时，m 将成为虚数而无实际意义。这也就是说，在真空中，光速是一切物体运动速度的极限。有一种粒子，例如光子，具有质量，但总是以 c 运动；在 m 有限的情况下，只可能是 $m_0=0$；这也就是说，以光速运动的粒子的静止质量为零。

粒子的运动质量是爱因斯坦假设，只有这样假设，力学规律才符合相对性原理。这种假设正确与否，只能靠实践检验。1901 年考夫曼在研究 β 射线(电子束)的荷质比(e/m)的实验中发现电子的荷质比与电子的速率有关；1909 年布雪勒以很高的精度重新做了电子荷质比实验。电子质量随运动速度变化的实验结果与狭义相对论给出的质－速关系理论曲线符合得非常好。在电子偏转实验中、高能粒子加速器的实验中的大量实验结果，都可以看作是狭义相对论质－速关系的强有力实验验证和实验基础。

2.5.2 相对论动力学基本方程

1.相对论动量

在狭义相对论中，我们仍可将动量定义为质量与速度的乘积，其表达式为

$$\boldsymbol{p}=m\boldsymbol{v}=\frac{m_0\boldsymbol{v}}{\sqrt{1-v^2/c^2}} \tag{2-43}$$

按照这样的形式定义动量，可以使动量守恒定律在洛伦兹变换下保持不变。相对论动量也是一个相对量，但它不再像牛顿力学中那样与速度成正比关系。在普遍情况下，动量的数值大于 m_0v，只有当物体的速度 $v \ll c$ 时，相对论动量表达式才退化为牛顿力学中动量的定义式。

2.相对论动力学基本方程

在狭义相对论中，质量随着速度的增加而增大，因此牛顿第二定律不能再取 $\boldsymbol{F}=m\boldsymbol{a}$ 的形式，而应写成如下形式：

$$\boldsymbol{F}=\frac{\mathrm{d}\boldsymbol{p}}{\mathrm{d}t}=\frac{\mathrm{d}}{\mathrm{d}t}\left(\frac{m_0\boldsymbol{v}}{\sqrt{1-v^2/c^2}}\right) \tag{2-44}$$

这就是相对论力学的基本方程，式中 $\boldsymbol{F}$、$\boldsymbol{p}$、t 都是在同一惯性系中的观测值。当 $v\ll c$ 时，式(2-44)又恢复成经典牛顿第二定律的形式。

在牛顿力学中，认为质量是恒量，一个物体在恒力作用下，加速度是恒量，只要力作用时间足够长，物体速度可以无限制地增大。而在相对论中，物体在恒力的作用下，不会有恒定的加速度。随着速度的增加，物体的加速度不断地减小。无论用多大的力，力的作用时间多么长，都不可能把一个物体从静止加速到等于或大于光速。相对论力学与牛顿力学的本质差异，就在于相对论力学具有普遍意义，而牛顿力学只不过是相对论力学在低速下的近似。

2.5.3 相对论能量

1.相对论动能

在相对论中，动能在数值上仍等于使物体的速度由 0 增加到 $\boldsymbol{v}$ 的过程中，作用在物体上的合力 $\boldsymbol{F}$ 对物体所做的功，即

$$E_k=\int_{v=0}^{v=v}\boldsymbol{F}\cdot\mathrm{d}\boldsymbol{r}=\int_{v=0}^{v=v}\frac{\mathrm{d}\boldsymbol{p}}{\mathrm{d}t}\cdot\mathrm{d}\boldsymbol{r}=\int_{v=0}^{v=v}\frac{\mathrm{d}\boldsymbol{r}}{\mathrm{d}t}\cdot\mathrm{d}\boldsymbol{p}=\int_{v=0}^{v=v}\boldsymbol{v}\cdot\mathrm{d}(m\boldsymbol{v})$$

由于 $\boldsymbol{v}\cdot\mathrm{d}(m\boldsymbol{v})=m\boldsymbol{v}\cdot\mathrm{d}\boldsymbol{v}+\boldsymbol{v}\cdot\boldsymbol{v}\mathrm{d}m=mv\mathrm{d}v+v^2\mathrm{d}m$，而

$$\mathrm{d}m=\frac{m_0}{(1-v^2/c^2)^{\frac{3}{2}}}\left(\frac{1}{2}\right)\frac{2v}{c^2}\mathrm{d}v=\frac{mv}{c^2-v^2}\mathrm{d}v,\ mv\mathrm{d}v=(c^2-v^2)\mathrm{d}m$$

所以 $\boldsymbol{v}\cdot\mathrm{d}(m\boldsymbol{v})=m\boldsymbol{v}\cdot\mathrm{d}\boldsymbol{v}+\boldsymbol{v}\cdot\boldsymbol{v}\mathrm{d}m=c^2\mathrm{d}m$。

因此，得到动能表达式

$$E_k=\int_{m_0}^{m}c^2\mathrm{d}m=mc^2-m_0c^2,\ E_k=mc^2-m_0c^2=\frac{m_0c^2}{\sqrt{1-v^2/c^2}}-m_0c^2 \tag{2-45}$$

这就是相对论动能公式，其中 m 为相对论质量。

由于 $\dfrac{1}{\sqrt{1-v^2/c^2}}=1+\dfrac{1}{2}\dfrac{v^2}{c^2}+\dfrac{3}{8}\dfrac{v^4}{c^4}+\cdots$，则动能公式化为

$$E_k=\frac{m_0c^2}{\sqrt{1-v^2/c^2}}-m_0c^2=\frac{1}{2}m_0v^2+\frac{3}{8}m_0\frac{v^4}{c^2}+\cdots$$

当 $v\ll c$ 时，$E_k=\dfrac{m_0c^2}{\sqrt{1-v^2/c^2}}-m_0c^2\approx\dfrac{1}{2}m_0v^2$，这又回到了牛顿力学的动能公式。

在不同的惯性系中，物体的动能是不同的，动能是相对量。将动能公式变化为

$$v^2=c^2\left[1-\left(1+\frac{E_k}{m_0c^2}\right)^{-2}\right]$$

此式表明，当粒子的动能 E_k 由于力对它做的功增多而增大时，它的速率也逐渐增大。但无论 E_k 增到多大，速率 v 都不能无限增大，而有一极限值 c。我们又一次看到，对粒子来说，存在着一个极限速率，它就是光在真空中的速率。

2.相对论能量

在相对论动能公式 $E_k = mc^2 - m_0c^2$ 中,等号右端两项都具有能量的量纲,因此 mc^2 和 m_0c^2 也应该是某种“能量”。m_0 为物体的静止质量,爱因斯坦将 m_0c^2 称之为静能,表示物体静止时具有的能量;m 为物体以速率 v 运动时的质量,mc^2 称之为物体运动时所具有的总能量,表示物体以速率 v 运动时所具有的能量;相对论动能与静能之和就是总能量。

在相对论中,定义物体(粒子)的总能量为

$$E = mc^2,\text{或 } E = \frac{m_0c^2}{\sqrt{1 - v^2/c^2}} \tag{2-46}$$

这就是著名的质能关系。在不同的惯性系中,总能量是不同的,是相对量。在物体(粒子)速率等于零时,总能量就是静能。

把粒子的能量 E 与它的质量 m(甚至是静质量 m_0)直接联系起来的结论是相对论最有意义的结论之一。一定的质量相应于一定的能量,二者的数值只相差一个恒定的因子。

在相对论中,物体(粒子)的能量是一个相对量;在不同的惯性参考系中,物体(粒子)的能量是不同的。静能是物体(粒子)的最小能量,对于一定的物体(粒子),静能是常量。

如果在一个物理过程(如核反应)中,粒子系统的总静止质量有损失,就意味着粒子系统的静能有损失,就意味着该物理过程释放了一定的能量。以 $\Delta m_0 = m_{02} - m_{01}$ 表示物理过程中粒子系统的静止质量损失,称为质量亏损;以 ΔE 表示物理过程释放的能量,则

$$\Delta E = \Delta m_0 c^2 \tag{2-47}$$

这是质能关系的又一种表述方式。它表明:一个系统、一个物体、一个粒子能量变化的同时都伴随着质量的变化,任何质量的变化都同时相应地有能量的变化。物理过程中释放一定的能量相应于一定的质量亏损。这是关于原子能的一个基本公式,是人类开发利用核能的理论依据。1 g 物质如果全部湮灭(消失),将释放 9×10^{13} J 的能量;而 1 kg 的 TNT 炸药所释放的解离化学键的能量约为 4.54×10^6 J;1 g 物质蕴藏着相当于 2 万吨 TNT 炸药完全爆炸所释放的能量!原子弹和氢弹技术以及核动力等就是狭义相对论质能关系的具体应用,这些成功的应用也成为狭义相对论的实验验证。核能现已广泛运用于军事、能源、工业、航天等各个领域。开发核能的途径主要有两条:核聚变和核裂变。我国的“华龙一号”是中国核电创新发展的重大标志性成果,是具有完全自主知识产权的三代压水堆核电技术。2021 年 1 月 30 日,全球第一台“华龙一号”核电机组投入商业运行。“机组装机容量 116 万千瓦,每年发电近 100 亿度,能够满足中等发达国家 100 万人口的生产和生活年度用电需求。同时相当于每年减少标准煤消耗 310 万吨、减少二氧化碳排放 800 多万吨,相当于植树造林 7 000 多万棵。”

2.5.4 相对论动量与能量的关系

将相对论能量公式 $E = mc^2$ 与动量公式 $\boldsymbol{p} = m\boldsymbol{v}$ 相比较,得到 $\boldsymbol{v} = \frac{c^2}{E}\boldsymbol{p}$,将此 $\boldsymbol{v}$ 值代入能量公式 $E = mc^2 = \frac{m_0c^2}{\sqrt{1 - v^2/c^2}}$,整理后,得到相对论动量 - 能量关系式为

$$E^2 = p^2c^2 + m_0^2c^4 \tag{2-48}$$

此外,我们还可以由式(2-48)推导出相对论动能与动量的关系:

由于 $E_k = E - E_0 = E - m_0c^2$,$E^2 = p^2c^2 + m_0^2c^4$,所以有

$$p^2c^2 = E^2 - m_0^2c^4 = (E - m_0c^2)(E + m_0c^2) = E_k(E + m_0c^2)$$

由此可以得出动能与动量的关系为

$$E_k=\frac{p^2c^2}{E+m_0c^2}=\frac{p^2c^2}{E+m_0c^2}=\frac{p^2c^2}{mc^2+m_0c^2}=\frac{p^2}{m+m_0} \tag{2-49}$$

当 $v \ll c$ 时，$m=m_0$，得到

$$E_k=\frac{p^2}{m+m_0}\approx\frac{p^2}{m_0+m_0}=\frac{p^2}{2m_0}$$

这就是经典牛顿力学的动量-能量关系式。

光子没有静质量和静能，却有动质量和动量。利用式(2-48)我们可以写出光子的动量和动质量的表达式分别为

$$p=\frac{E}{c},m=\frac{E}{c^2}=\frac{p}{c}$$

光线经过大星体旁时会发生弯曲，就是由于光子具有动质量，因而受到大星体的万有引力所导致的。实验中观察到当光照射到物体表面时，会产生光压，是由于光子具有动量的缘故。

例 2.12 在一种热核反应：${}_1^2H+{}_1^3H\rightarrow{}_2^4He+{}_0^1n$ 中，各种粒子的静止质量分别是

氘核(${}_1^2H$)：$m_D=3.343\,7\times10^{-27}$ kg；氚核(${}_1^3H$)：$m_T=5.004\,9\times10^{-27}$ kg

氦核(${}_2^4He$)：$m_{He}=6.642\,5\times10^{-27}$ kg；中子(${}_0^1n$)：$m_n=1.675\,0\times10^{-27}$ kg

求：这一热核反应释放的能量。

解：该反应的质量亏损为

$$\Delta m_0=(m_D+m_T)-(m_{He}+m_n)=0.031\,1\times10^{-27}\ \text{kg}$$

因此，该反应释放的能量为

$$\Delta E=\Delta m_0c^2=0.031\,1\times10^{-27}\times(3\times10^8)^2=2.799\times10^{-12}\ \text{J}$$

练习题

1. 如题 2-1 图所示的皮带运输机，设砖块与皮带之间的摩擦因数为 μ，砖块的质量为 m，皮带的倾斜角为 α。求：(1) 皮带向上匀速输送砖块时，它对砖块的静摩擦力；(2) 皮带向上匀速输送砖块时，为保证砖块与皮带之间无相对运动，皮带的倾斜角；(3) 皮带向上加速输送砖块时，为保证砖块与皮带之间无相对运动，皮带的加速度。

2. 在水平桌面上有两个物体 A 和 B，它们的质量分别为 $m_1=1.0$ kg，$m_2=2.0$ kg，它们与桌面间的滑动摩擦因数 $\mu=0.5$，现在 A 上施加一个与水平成 36.9° 角的指向斜下方的力 $\boldsymbol{F}$，恰好使 A 和 B 做匀速直线运动，如题 2-2 图所示。求所施力的大小和物体 A 与 B 间的相互作用力的大小。(已知 $\cos 36.9°=0.8$)

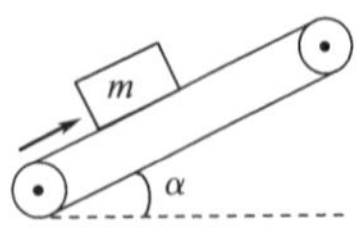

题 2-1

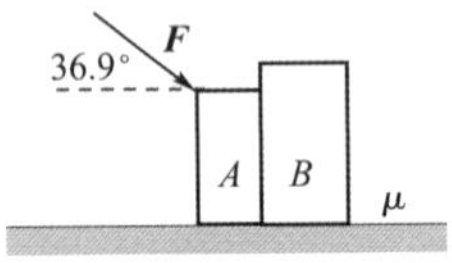

题 2-2

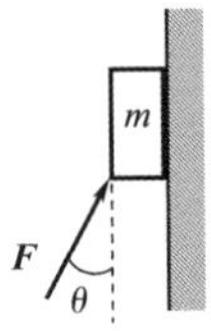

题 2-3

3. 如题 2-3 图所示，质量为 m 的物体放在墙面上，物体与斜面之间的摩擦因数为 μ，受到一个与墙面成 θ 角的斜向上的推力 $\boldsymbol{F}$。请分析：推力 $\boldsymbol{F}$ 的大小满足什么条件时，该物体向上滑动？满足什么条件时，该物体向下滑动？满足什么条件时，该物体有向上滑动的趋势？满足什么条件时，该物体有向下滑动的趋势？写出此时静摩擦力的表达式。

4.质量分别为 m 和 M 的滑块 A 和 B 叠放在一起(A 置于 B 之上),放在光滑水平面上,A、B 间静摩擦因数为 μ_s,滑动摩擦因数为 μ_k。系统原先处于静止状态。今将一水平力 $\boldsymbol{F}$ 作用于 B 上,要使 A、B 间不发生滑动,试证明:$F \leqslant \mu_s(m+M)g$。

5.如题 2-4 图所示,已知 $F=4$ N,$m_1=0.3$ kg,$m_2=0.2$ kg,两物体与平面间的摩擦因数均为 0.2。求:质量为 m_2 的物体的加速度以及绳子对它的拉力(绳子与滑轮质量均不计)。

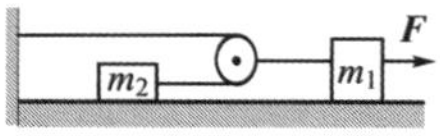

题 2-4

6.一质量为 1 kg 的物体在力 $\boldsymbol{F}=(12t+4)\boldsymbol{i}+(12t^2+4)\boldsymbol{j}$ (SI) 作用下在平面内运动,物体在 $t=0$ s 时的速度为零,求:$t=3$ s 时的速度大小。

*7.一质量为 m 的轮船,在停靠码头前,发动机停止工作,此时船的速率为 v_0.设水对船的阻力与船速成正比,比例系数为 k,求:轮船停机后还能前进的最大距离。

8.将质量 $m=0.8$ kg 的物体,以初速 $\boldsymbol{v}_0=20\boldsymbol{i}$ m/s 抛出。取 $\boldsymbol{i}$ 水平向右,$\boldsymbol{j}$ 竖直向下,忽略阻力。试计算并作出矢量图:

(1) 物体抛出后,第 2 s 末和第 5 s 末的动量($g \approx 10$ m/s^2);(2) 第 2 s 末至第 5 s 末的时间间隔内,作用于物体的重力的冲量。

9.用棒打击水平方向飞来的小球,小球的质量为 0.3 kg,速率为 20 m/s。小球受棒打击后,竖直向上运动 10 m,即达到最高点。若棒与球的接触时间是 0.02 s,并忽略小球的自重,求棒受到球的平均冲力。

10.铁锤从高度 $h=1.5$ m 处开始下落,与被加工的工件碰撞后速度为零。若冲击时间 Δt 分别为 10^{-1},10^{-2},10^{-3},10^{-4} s,试计算在这几种情况下铁锤受到的平均冲力与自重的比值。分析在碰撞、打击等问题中,什么时候能忽略诸如重力这类有限大小的力的作用。

11.某一物体上有一变力作用,它随时间的变化关系如下:在 0.1 s 内,F 均匀地由 0 增加到 20 N,在随后的 0.2 s 内,F 保持不变;再经过 0.1 s,F 又从 20 N 均匀地减少到 0。

(1) 画出 F-t 图;(2) 求这段时间内的冲量及力的平均值;(3) 如果物体的质量为 3 kg,开始时速度的大小为 $v_0=1$ m/s,方向与力的方向一致,则在力刚变为 0 时,物体的速度为多大?

12.一颗子弹在枪筒里前进时所受的合力大小为 $F=400-\dfrac{4\times10^5}{3}t$ (SI),子弹从枪口射出时的速率为 300 m/s。假设子弹离开枪口时合力刚好为零,试求:(1) 子弹走完枪筒全长所用的时间;(2) 子弹在枪筒中所受力的冲量;(3) 子弹的质量。

13.质量为 m 的小球在高为 y_0 处沿水平方向以速率 v_0 抛出,与地面碰撞后跳起的高度为 $y_0/2$,水平速率为 $v_0/2$,求碰撞过程中:(1) 地面对小球的竖直冲量的大小;(2) 地面对小球的水平冲量的大小。

14.质量为 60 kg 的人以 2 m/s 的水平速度从后面跳上质量为 80 kg 的小车上,小车原来的速度为 1 m/s,问:(1) 小车的运动速度将变为多少?(2) 人如果迎面跳上小车,小车的速度又将变为多少?

15.一质量为 m 的物体,最初静止在 x_0 处,在力 $F=-k/x^2$ 的作用下沿 Ox 轴正方向运动,其中 k 为恒量。求物体从 x_0 处运动到 x 处的过程中力 F 所做的功以及物体的运动速度。

16.质量 $m=6$ kg 的物体只能沿 x 轴无摩擦地运动,设 $t=0$ 时,物体静止于原点。求下列两种力所做的功和物体的运动速率:(1) 物体在力 $\boldsymbol{F}=(3+4x)\boldsymbol{i}+(3+4x)\boldsymbol{j}$ (N) 作用下运动了 3 m;(2) 物体在力 $\boldsymbol{F}=(3+4t)\boldsymbol{i}+(3+4t)\boldsymbol{j}$ (N) 作用下运动 3 s。

17.从 10 m 深的井中,把 10 kg 的水匀速上提,若每升高 1 m 漏去 0.2 kg 的水。(1) 画出示意图，设置坐标轴后，写出外力所做元功 $\mathrm{d}A$ 的表达式；(2) 计算把水从水面提到井口外力所做的功。

18.一根弹簧在伸长 x 时，沿它伸长的反方向的作用力为 $F=52.8x+38.4x^2$，式中 x 以 m 为单位，F 以 N 为单位。(1) 试求弹簧非常缓慢地从 $x=0.50$ m 拉长到 $x=1.00$ m 时，外力克服弹簧力所需做的总功。(2) 将弹簧一端固定，在另一端拴质量为 2.17 kg 的物体，然后把弹簧拉到 $x=1.00$ m，开始无初速度地释放物体，试求弹簧缩回到 $x=0.5$ m 时，物体的速率。

19.一条均匀链条，质量为 m，长为 l，呈直线状放在桌面上，已知链条下垂长度为 a 时，链条开始下滑，试用动能定理计算下面两种情况链条刚好全部离开桌面时的速率。(1) 不计链条与桌面间的摩擦；(2) 设链条与桌面间的摩擦因数为 μ。

20.有一保守力 $\boldsymbol{F}=(-Ax+Bx^2)\boldsymbol{i}$ 沿 x 轴作用于质点上，式中 A、B 为常数，x 以 m 为单位，F 以 N 为单位。(1) 取 $x=0$ 处，$E_P=0$，试计算与此力相应的势能；(2) 求质点从 $x=2$ m 运动到 $x=3$ m 势能的变化。

21.用铁锤将一铁钉钉进木板，设木板对铁钉的阻力与铁钉进入木板内的深度成正比。在第一次锤击时，铁钉被钉进木板的深度为 1 cm，求第二次铁钉被钉进木板的深度。假定两次锤击铁钉时的速度相同，且锤与钉的碰撞为完全非弹性碰撞。

22.一质量为 m 的弹丸，穿过如题 2-5 图所示的绳摆后，速率由 v 减少到 $\frac{v}{2}$，已知摆锤的质量为 M，摆线长度为 l，如果摆锤能在竖直平面内完成一个完全的圆周运动，弹丸速度的最小值应为多少？

23.如题 2-6 图所示，劲度系数为 k 的轻弹簧一端与质量为 m_2 的物体连接，另一端与一质量可忽略的挡板相连，它们静止在光滑的桌面上。今有一质量为 m_1、速度为 v_0 的物体向弹簧运动并与挡板发生正面碰撞。求弹簧被压缩的最大距离。

24.打桩时对地基阻力的估算。题 2-7 图是锤打桩示意图。设锤和桩的质量分别为 m_1 和 m_2，锤的下落高度为 h，假定地基阻力恒定不变，落锤一次，木桩打进土中的深度是 d，求地基阻力 F_R 等于多大？

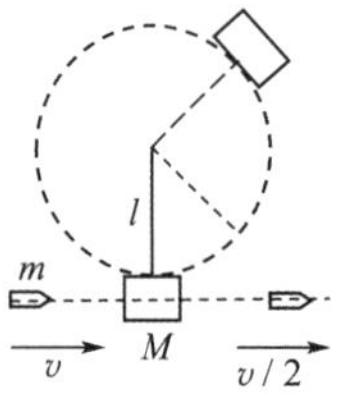

题 2-5

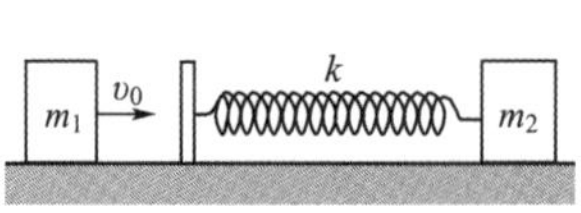

题 2-6

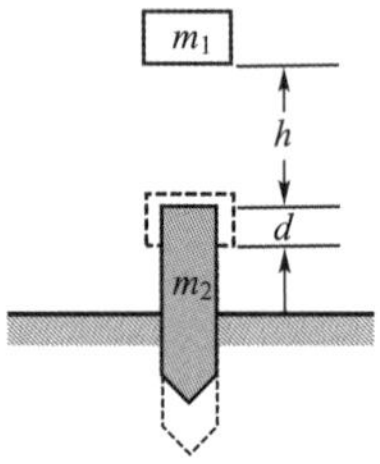

题 2-7

第三章

刚体的定轴转动

前面两章讨论了质点力学的有关问题，质点的运动事实上只代表物体的平动。实际的物体具有形状和大小，它不仅可以做平动，还可以做转动，甚至更为复杂的运动。因此，对于机械运动的研究，只限于质点的情况是不够的。实际物体受力的作用会发生形变。在很多情况下，一般固体在受力和运动过程中，基本上能保持其原来的形状和大小，形变并不显著。为此，人们又引入了一个新的理想模型——刚体，即大小和形状始终保持不变的物体。刚体可以视为由无数个质点组成的系统，由刚体的定义可以确定：**刚体是一种特殊的质点系**，在受力和运动过程中，任意两个质点间的距离始终保持不变。刚体定轴转动所遵从的力学规律，实际上是质点运动的基本概念和原理在刚体中的应用。因此，研究刚体运动的基本方法：从质点或质点系的规律出发来研究刚体的运动。本章主要研究刚体绕定轴的转动。

3.1 刚体定轴转动的描述

3.1.1 刚体的运动形式

平动和转动是刚体的基本运动形式，此外还有比较复杂的一般运动。

平动　如果刚体在运动中，联结体内两点的直线在空间的指向总保持平行，这样的运动称为平动(图 3-1)。如升降机的运动、气缸中活塞的运动等。在平动时，刚体内各质点的运动轨迹都相同，在任意一段时间内，刚体中所有质点的位移都相同。而且在同一时刻它们的速度和加速度也都相等。因此，所有质点的运动学和动力学规律都适用于刚体的平动。在描述刚体的平动时，就可以用一点的运动来表示，通常用刚体质心的运动来表示整个刚体的平动。

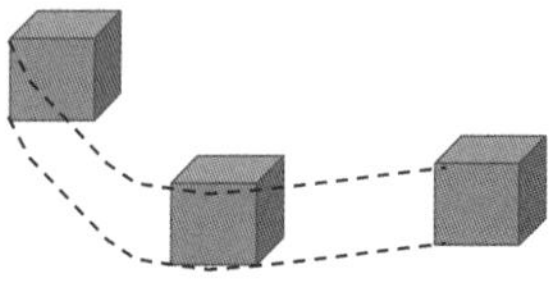

图 3-1　平动

转动　如果刚体的各个质点在运动中都绕同一直线做圆周运动，这种运动形式叫刚体的转动。这条直线叫作转轴。例如车轮的旋转、齿轮的运动、地球的自转等。如果刚体转动过程中,转轴相对于给定的参考系在空间固定不动,这类转动就叫刚体的定轴转动。例如钟表的摆动、门的开关等。机床上各种齿轮的转动也是定轴转动。

一般运动　刚体不受任何限制的任意运动,可以看作是平动和转动的叠加。例如钻床上的转头在工作时就是同时做转动和平动。

3.1.2 刚体定轴转动的描述

刚体定轴转动的过程中,刚体内不在转轴上的任何一个质点都在绕同一直线(转轴)做圆周运动,且各圆心都在这同一条固定的直线上。我们将垂直于转轴的平面叫作转动平面。刚体定轴转动时,刚体上所有的质点都在各自的转动平面上绕轴做不同半径的圆周运动。由于各质点做圆周运动的轨道半径不同,所以各质点的位置矢量、线速度、加速度一般是不同的。但由于定轴转动过程中各质点的相对位置保持不变,所以各质点的半径扫过的角度确是相同的,相应的,随角度变化的各个物理量也都一样。所以采用角量来描述刚体定轴转动比较方便。

我们选择任意一个转动平面来描述刚体定轴转动。转动平面与转轴的交点 O 是该平面上各质点做圆周运动的圆心,从 O 点出发,在此转动平面上任意画一条直线作为参考方向 Ox,则任意时刻,刚体上任一点 P 的位置,就可以用从 O 点指向 P 点的位置矢量 $\boldsymbol{r}$ 与参考方向 Ox 之间的夹角 θ 唯一确定。由于刚体定轴转动过程中,刚体的大小和形状不变,转轴位置固定,所以一旦 P 点位置确定,刚体上各点的位置也就都能确定,从而整个刚体的空间位置就确定了。并且刚体上所有点在相同时间内转过的角度均相同,即各点对应的角位移相同,因此角速度、角加速度均相同。因此,描述刚体上任一点的圆周运动的各角量都能用来描述刚体整体的运动。我们将刚体上任一点的角位置、角位移、角速度、角加速度称为定轴转动刚体的角位置、角位移、角速度、角加速度。在第一章中关于圆周运动的各角量定义、线量和角量的关系,对刚体定轴转动完全适用。角 θ 称为角坐标或角位置,用来描述刚体转动的位置。$\theta=\theta(t)$ 是用角量描述的刚体定轴转动的运动函数,用来描述刚体位置随时间变化的规律;$\Delta\theta=\theta_2-\theta_1$ 是角位移,描述刚体在 Δt 时间内转过的角度,即角位置的变化;$\omega=\dfrac{\mathrm{d}\theta}{\mathrm{d}t}$ 是角速度,反映刚体转动的快慢;$\alpha=\dfrac{\mathrm{d}\omega}{\mathrm{d}t}=\dfrac{\mathrm{d}^2\theta}{\mathrm{d}t^2}$ 是角加速度,反映刚体转动角速度的快慢。需要指出的是:上述描述刚体转动的各角量均是矢量。但对于刚体的定轴转动,只可能有两个转动方向,所以上述各角矢量均用代数量表示,角量的正负代表角矢量的两个方向。一般规定:由转轴 Oz 正向俯视,逆时针转动时,角坐标、角位移、角速度取正值;反之,做顺时针转动时,则取负值。角加速度的正负视角速度的变化情况而定。角速度增加时,角加速度取正,反之为负。

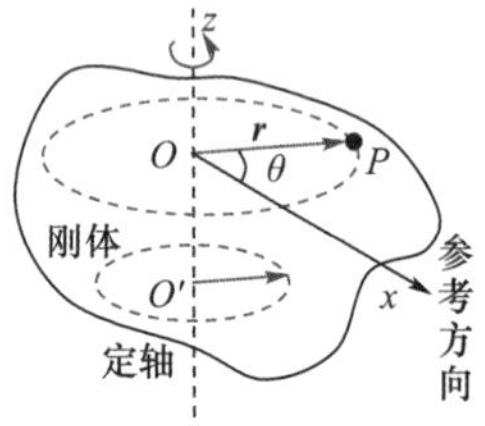

图 3-2　刚体的定轴转动

3.1.3 角速度矢量

为了充分反映刚体转动中轴的方向及刚体转动的快慢和转向,常用矢量来表示角速度,角速度矢量 $\boldsymbol{\omega}$ 是这样规定的:在转轴上画一有向线段,使其长度按一定比例代表角速度的大小,它的方向与刚体转动方向之间的关系按照右手螺旋法则来确定,这就是使右手四指螺旋转动的方向和刚体转动的方向相一致，则螺旋前进（大拇指）的方向便是角速度矢量的正方向。如图 3-3 所示。

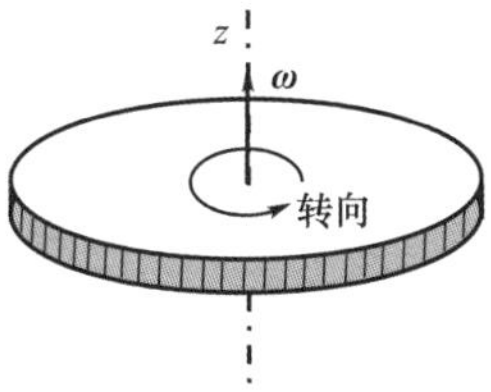

图 3-3　角速度矢量

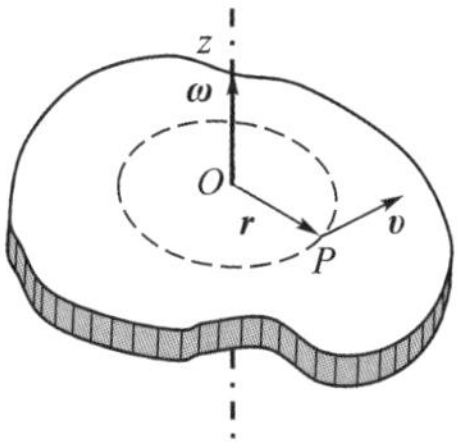

图 3-4　角速度矢量和线速度

在转轴上确定了角速度矢量之后，我们会发现：描述刚体上距离转轴为 r 的任一点 P 的位置矢量 $\boldsymbol{r}$、P 点做圆周运动的（线）速度 $\boldsymbol{v}$、角速度矢量 $\boldsymbol{\omega}$ 三个矢量彼此互相垂直（图 3-4），它们之间的关系式可由下式

$$\boldsymbol{v}=\boldsymbol{\omega}\times\boldsymbol{r} \tag{3-1}$$

表示，利用该式就可以同时表述线速度 $\boldsymbol{v}$ 与角速度 $\boldsymbol{\omega}$ 之间大小和方向上的关系。

特例：刚体匀速转动和匀变速转动的描述

1.刚体做匀速定轴转动，角速度 ω 为常量。已知 $t=0$ 时，$\theta=\theta_0$.则将 $\omega=\dfrac{\mathrm{d}\theta}{\mathrm{d}t}$ 积分，代入初始条件，就可得刚体匀速转动的运动方程为 $\theta=\theta_0+\omega t$；再由 $\alpha=\dfrac{\mathrm{d}\omega}{\mathrm{d}t}$ 得出其角加速度为 $\alpha=0$。

2.刚体做匀变速定轴转动，角加速度 α 为常量。已知 $t=0$ 时，$\theta=\theta_0$，$\omega=\omega_0$。

则将 $\alpha=\dfrac{\mathrm{d}\omega}{\mathrm{d}t}$ 积分，代入初始条件，就可得刚体匀速转动的角速度方程为 $\omega=\omega_0+\alpha t$；再将 $\omega=\dfrac{\mathrm{d}\theta}{\mathrm{d}t}$ 积分，代入初始条件，就可得刚体匀速转动的运动方程为 $\theta=\theta_0+\omega_0 t+\dfrac{1}{2}\alpha t^2$。

此外，我们还可以将 $\alpha=\dfrac{\mathrm{d}\omega}{\mathrm{d}t}$ 改写为 $\alpha=\dfrac{\mathrm{d}\omega}{\mathrm{d}t}\dfrac{\mathrm{d}\theta}{\mathrm{d}\theta}=\omega\dfrac{\mathrm{d}\omega}{\mathrm{d}\theta}$，得到 $\alpha\,\mathrm{d}\theta=\omega\,\mathrm{d}\omega$，对其两边积分，代入初始条件，即可得到刚体匀变速转动中另一个常用的公式：$\omega^2-\omega_0^2=2\alpha\Delta\theta$。

例 3.1　一飞轮做匀减速转动，在 5 s 内角速度由 40π rad/s 减到 10π rad/s，则飞轮在这 5 s 内总共转过多少圈？飞轮再经多长的时间才能停止转动？

解：由于飞轮做匀减速转动，所以由公式 $\omega=\omega_0+\alpha t$ 可求得飞轮转动的角加速度为

$$\alpha=\frac{\omega-\omega_0}{t}=-6\pi\ \ \mathrm{rad\cdot s^{-2}}$$

再由 $\Delta\theta=\dfrac{\omega^2-\omega_0^2}{2\alpha}$ 可得在这 5 s 内转过的角位移为 $\Delta\theta=\dfrac{\omega^2-\omega_0^2}{2\alpha}=125\pi$，则 5 s 内总共转过的圈数为 $N=\dfrac{\Delta\theta}{2\pi}=62.5$ 圈。

设在此之后再经过 t 时间飞轮停止转动，将初角速度 $\omega_0=10\pi\ \mathrm{rad\cdot s^{-1}}$ 和末角速度 $\omega=0$ 代入 $\omega=\omega_0+\alpha t$ 中，得：$t=\dfrac{5}{3}\approx1.67(\mathrm{s})$。

3.2 刚体定轴转动定律

3.2.1 力矩

生活中开关门窗的经验告诉我们，如果作用力与转轴平行或者通过转轴，那么无论用多大的力也不能使门窗开或关。此外，在哪个位置设置把手，也决定了省力与否。因此，一个具有固定转轴的物体，其转动状态如何变化，不仅与力的大小和方向有关，而且还与力作用线相对转轴或转动中心的距离有关。为此，在研究刚体转动时必须研究力矩的作用。

综上，我们知道对于有固定转轴的刚体来说，那些通过转轴或者平行于转轴的力，对其转动状态的改变不起作用，因此在后面的讨论中，我们定义、定理中涉及的力，都是指那些在转动平面上且不通过转轴的力。

如图 3-5 所示，刚体绕定轴 Oz 转动，转轴与转动平面的交点为 O，力 $\boldsymbol{F}$ 位于转动平面内，$\boldsymbol{r}$ 为力的作用点到 P 点的位矢，φ 是 $\boldsymbol{r}$ 与 $\boldsymbol{F}$ 间的夹角，d 是力的作用线到转轴的垂直距离（力臂），则力矩的定义为

$$\boldsymbol{M}=\boldsymbol{r}\times\boldsymbol{F} \tag{3-2}$$

力矩是矢量，其方向用右手螺旋法则判断，大小为

$$M=Fr\sin\varphi=Fd \tag{3-3}$$

在国际单位制中，力矩的单位是牛顿米（N・s）。

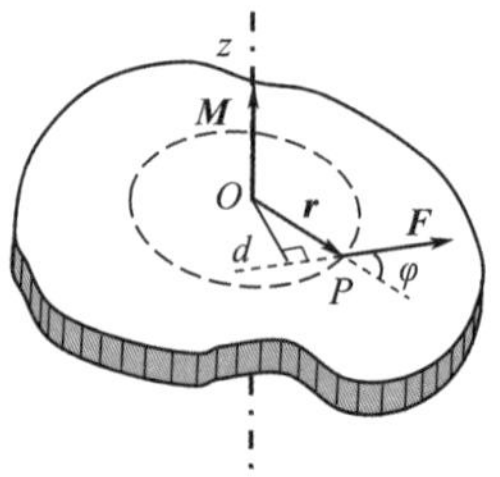

图 3-5　力矩

在定轴转动问题中，力矩只有两个方向，所以力矩不用矢量形式，用代数量 M 表示，其正负号表示方向。我们规定：若力矩使刚体绕轴做逆时针转动，则 M 取正值；反之为负。

若定轴转动的刚体同时受到几个力的作用，每个力的作用点各不相同，则刚体就同时受到几个力矩的作用。合力矩的计算方法是先计算每一个力对转轴的力矩，再求这些力矩的矢量和，就得到了合力矩。在定轴转动中，合力矩就是各力矩的代数和。

3.2.2 定轴转动定律

刚体受到力矩的作用，其转动状态将发生变化。刚体被视作质点系，下面我们从质点和质点系的规律出发，研究力矩与刚体转动状态之间的规律。

如图 3-6 所示，刚体绕定轴 Oz 转动，图中 P 点表示刚体中的任一质点，其质量为 Δm_i，距转轴的距离为 r_i，相应的 P 点的位矢为 $\boldsymbol{r}_i$。设该质点受到的合外力为 $\boldsymbol{F}_i$，刚体内其他质点对它作用的合内力为 $\boldsymbol{f}_i$，它们与 $\boldsymbol{r}_i$ 的夹角分别为 φ_i 和 θ_i，均在转动平面内。

对 P 点处质点 Δm_i 应用牛顿第二定律，有

$$\boldsymbol{F}_i+\boldsymbol{f}_i=\Delta m_i\boldsymbol{a}_i$$

式中 $\boldsymbol{a}_i$ 是该质点的加速度。该质点绕转轴做圆周运动，所以可以将其所受的合外力与合内力沿圆周运动切向和法向分解成 $\boldsymbol{F}_{it}$、$\boldsymbol{f}_{it}$ 和 $\boldsymbol{F}_{in}$、$\boldsymbol{f}_{in}$。其中法向力 $\boldsymbol{F}_{in}$ 和 $\boldsymbol{f}_{in}$ 的作用线通过转轴，通过前面的讨论可知它们的力矩为零，对转动不起作用。只有它们的切向力对转动状态的改变起作用。对上式列出切向分量式，并考虑到 $a_{it}=r_i\alpha$，有

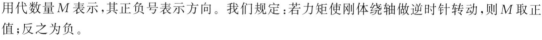

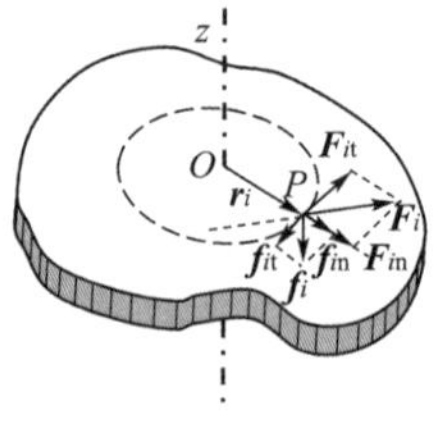

图 3-6　转动定律

$$F_i\sin\varphi_i+f_i\sin\theta_i=\Delta m_ir_i\alpha$$

将上式两边同时乘以 r_i，则有

$$F_i r_i \sin\varphi_i + f_i r_i \sin\theta_i = \Delta m_i r_i^2 \alpha$$

对于构成刚体的全部质点，都可建立与上式相应的关系式。将这些关系式全部相加，有

$$\sum_i F_i r_i \sin\varphi_i + \sum_i f_i r_i \sin\theta_i = \left(\sum_i \Delta m_i r_i^2\right)\alpha$$

其中 $\sum_i F_i r_i \sin\varphi_i$ 是作用在刚体上的所有外力对转轴的合力矩，称作合外力矩 $M_{合}$；$\sum_i f_i r_i \sin\theta_i$ 是所有内力力矩之和，由于每一对作用与反作用的内力都大小相等、方向相反、作用线在同一条直线上，所以所有内力矩之和为零。令 $J=\sum_i \Delta m_i r_i^2$，称为刚体对给定轴的转动惯量，则上式可以写成

$$M_{合} = J\alpha = J\frac{d\omega}{dt} \tag{3-4}$$

上式表明：刚体绕定轴转动时，在合外力矩的作用下，所获得的角加速度与合外力矩的大小成正比，与刚体对轴的转动惯量成反比，角加速度的方向与合外力矩的方向相同。这一结论称为刚体的定轴转动定律。

刚体定轴转动定律是刚体力学的基本定律，它揭示了 $M_{合}$、J、α 三个物理量间的瞬时关系，定量说明力矩是改变刚体转动状态的原因。此外，由转动定律还可以看出，当 $M_{合}$ 一定时，转动惯量 J 越大，角加速度 α 越小，即刚体的角速度越难改变，或者说刚体越能保持其原有转动状态不变。反之，J 越小，α 越大，刚体越容易改变其原有的转动状态。因此，转动定律定量说明：**转动惯量是量度刚体转动时转动惯性大小的物理量。**

3.2.3 刚体的定轴转动惯量

上面我们给出了转动惯量的定义为

$$J = \sum_i \Delta m_i r_i^2 \tag{3-5}$$

即刚体对某转轴的转动惯量等于组成刚体各质点的质量和它们各自到转轴的距离平方的乘积之和。对于质量连续分布的刚体，可把刚体分割成无限多个可以视为质点的微小质量元，简称质元，其质量用 dm 表示。则质量连续分布的刚体对轴的转动惯量定义就可写成

$$J = \int r^2 dm \tag{3-6}$$

要注意两个定义中的 r_i 和 r 指的是质元到转轴的距离。

由定义式(3-5)和(3-6)式可以看出，刚体对轴的转动惯量取决于刚体各部分质量对于给定轴的分布情况。具体的影响因素包含三个方面：① 刚体的总质量；② 刚体质量的分布情况；③ 转轴的位置。不同质量、不同质量分布的刚体对同一转轴的转动惯量是不同的；同一刚体对于不同转轴，其转动惯量也不相同。因此谈到刚体的转动惯量时，一定要先明确是哪个刚体、所选的转轴是哪个。在理解刚体定轴转动定律时，我们还要强调一点：定律中的 $M_{合}$、J、α 必须是对同一转轴而言。

如果把刚体分成若干部分，则整个刚体系统对转轴的总转动惯量等于每一部分对同一转轴的转动惯量 J_i 的代数和，即 $J=\sum_i J_i$。

实际上，只有几何形状简单、质量连续且均匀分布的刚体，才能用上述定义计算得到。形

状复杂的刚体的转动惯量可以通过实验测定。表 3-1 列出了几种几何形状简单的均质刚体对特定轴的转动惯量。

表 3-1　　几种常见刚体的转动惯量

刚体	转轴位置	转动惯量
均质细杆 质量 m，杆长 l	通过中心与细杆垂直	$J=\frac{1}{12}ml^2$
	通过一端与细杆垂直	$J=\frac{1}{3}ml^2$
均质细圆环 质量 m，半径 R	通过中心与环面垂直	$J=mR^2$
	沿直径	$J=\frac{1}{2}mR^2$
均质薄圆盘 质量 m，半径 R	通过中心与盘面垂直	$J=\frac{1}{2}mR^2$
	沿直径	$J=\frac{1}{4}mR^2$
均匀球体，质量 m，半径 R	沿直径	$J=\frac{2}{5}mR^2$
均匀薄球壳，质量 m，半径 R	沿直径	$J=\frac{2}{3}mR^2$

例 3.2　如图 3-7 所示，长度为 L，质量为 m 的均匀细棒 AB，在 B 端粘有质量为 M、大小可以不计的小球。求：整个系统对下面两种给定的转轴的转动惯量：

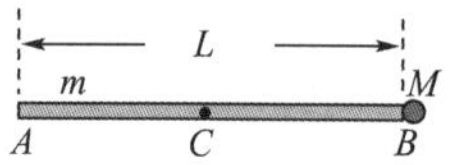

图 3-7

(1) 对于通过棒的 A 端与棒垂直的轴；

(2) 对于通过棒的中点 C 与棒垂直的轴；

解：在细棒上离转轴为 x 处任取一长度元 $\mathrm{d}x$，由题意可知细棒质量的线密度为 $\lambda=\frac{m}{L}$，则该长度元的质量为

$$\mathrm{d}m=\lambda\,\mathrm{d}x=\frac{m}{L}\mathrm{d}x$$

(1) 对于通过棒的 A 端与棒垂直的轴，棒的转动惯量为

$$J_{Am}=\int x^2\mathrm{d}m=\int_0^L x^2\,\frac{m}{L}\mathrm{d}x=\frac{1}{3}mL^2$$

B 端小球对 A 端的轴的转动惯量为

$$J_{AM}=ML^2$$

所以，整个系统对 A 端的轴的转动惯量为

$$J_A=J_{Am}+J_{AM}=\frac{1}{3}mL^2+ML^2$$

(2) 对于通过棒的中点 C 与棒垂直的轴，棒的转动惯量为

$$J_{Cm}=\int_{-\frac{L}{2}}^{\frac{L}{2}}\lambda x^2\mathrm{d}x=\frac{1}{12}mL^2$$

B 端小球对中点 C 的轴的转动惯量为

$$J_{CM}=M\left(\frac{L}{2}\right)^2=\frac{1}{4}ML^2$$

整个系统对中点 C 的轴的转动惯量为

$$J_C=J_{Cm}+J_{CM}=\frac{1}{12}mL^2+\frac{1}{4}ML^2$$

例 3.3 如图 3-8 所示，一个质量为 M，半径为 R 的定滑轮（当作匀匀圆盘）上面绕有细绳。绳的一端固定在滑轮边上。另一端挂一质量为 m 的物体而下垂。忽略轴处摩擦，绳不可伸长。求：物体下落的加速度、滑轮转动的角加速度、绳中的张力。

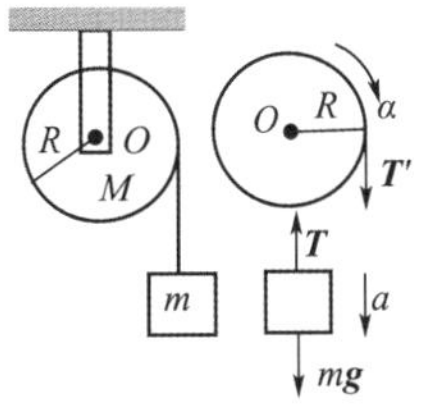

图 3-8

解：分别取滑轮和物体为研究对象，受力分析如图所示。设物体竖直向下运动的加速度为 a，滑轮顺时针转动的角加速度为 α。对物体 m，由牛顿第二定律，有

$$mg - T = ma \tag{1}$$

对定滑轮 M，由转动定律，对于轴 O，有

$$T'R = J\alpha \tag{2}$$

滑轮边缘上质点的切向加速度与重物的加速度相等，有

$$a = R\alpha \tag{3}$$

将 $T = T'$，$J = \dfrac{1}{2}MR^2$ 代入(1)(2)与(3)联立解得

物体下落的加速度为 $$a = \frac{2m}{2m+M}g$$

滑轮转动的角加速度为 $$\alpha = \frac{2m}{2m+M}\frac{g}{R}$$

绳子的张力为 $$T = \frac{mM}{2m+M}g$$

3.3 刚体定轴转动的动能定理

3.3.1 力矩的功

当质点在外力的作用下发生了位移，力就对质点做了功。当刚体在力矩的作用下转动时，力矩也对刚体做功了。下面计算力矩的功。如图 3-9 所示，一个在转动平面内的力 $\boldsymbol{F}$，作用在刚体上 P 点处，$\boldsymbol{r}$ 为力的作用点到 P 点的位矢，$\boldsymbol{r}$ 与 $\boldsymbol{F}$ 的夹角为 φ。设在 $\mathrm{d}t$ 时间内，刚体绕定轴 Oz 转过一个微小的角位移 $\mathrm{d}\theta$，使 P 点产生了位移 $\mathrm{d}\boldsymbol{r}$，$\mathrm{d}\boldsymbol{r}$ 与 $\boldsymbol{F}$ 的夹角为 α，则力 $\boldsymbol{F}$ 所做的元功为

$$\mathrm{d}A = \boldsymbol{F}\cdot\mathrm{d}\boldsymbol{r} = F\cos\alpha\,|\mathrm{d}\boldsymbol{r}|$$

由于 $\mathrm{d}\boldsymbol{r}$ 很小，所以可以认为 $|\mathrm{d}\boldsymbol{r}| = \mathrm{d}s = r\mathrm{d}\theta$，另外 $\alpha + \varphi = \dfrac{\pi}{2}$，所以上式成为

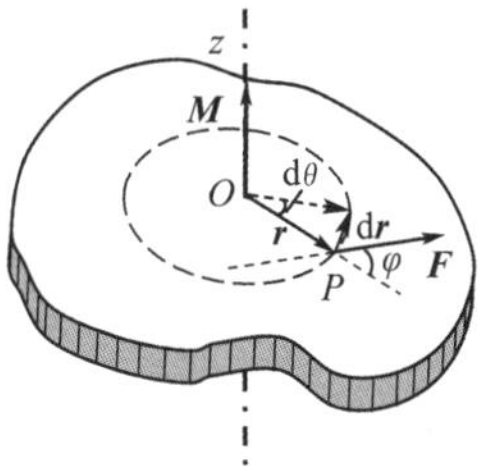

图 3-9 力矩的功

$$\mathrm{d}A = F\sin\varphi r\mathrm{d}\theta = M\mathrm{d}\theta$$

即在刚体转动过程中，外力所做的元功可以用力矩 M 与角位移 $\mathrm{d}\theta$ 的乘积来表示，它就是力矩对刚体所做的元功。当刚体在力矩 M 的作用下，从角位置 θ_1 转到 θ_2，力矩 M 所做的功为

$$A = \int_{\theta_1}^{\theta_2} M\mathrm{d}\theta \tag{3-7}$$

3.3.2 刚体的转动动能

刚体是特殊的质点系，所以刚体转动时的动能应该是组成刚体的所有质元的动能之和。设刚体以角速度 ω 绕轴转动，则刚体上每一个质元都在各自的转动平面上以角速度 ω 做圆周运动。设刚体中第 i 个质元离转轴的距离为 r_i，质量为 Δm_i，速度为 v_i 时该质元的动能为

$$E_{ki}=\frac{1}{2}\Delta m_i v_i^2=\frac{1}{2}\Delta m_i r_i^2\omega^2$$

整个刚体绕固定轴转动的动能为

$$E_k=\sum_i\frac{1}{2}\Delta m_i v_i^2=\frac{1}{2}\left(\sum_i\Delta m_i r_i^2\right)\omega^2$$

式中 $J=\sum_i\Delta m_i r_i^2$ 正是刚体对该固定轴的转动惯量，所以刚体定轴转动的转动动能公式为

$$E_k=\frac{1}{2}J\omega^2 \tag{3-8}$$

3.3.3 刚体定轴转动的动能定理

刚体是特殊的质点系，所以刚体也应服从质点系动能定理：$A_{外}+A_{内}=E_{k2}-E_{k1}$，但是由于刚体是各质点间的距离在运动过程中始终保持不变的特殊质点系，所以组成刚体的所有质点间没有相对位移，内力的功等于零，即 $A_{内}=0$。所以对于刚体来说，它的动能定理就变成了

$$A_{外}=E_{k2}-E_{k1} \tag{3-9}$$

即刚体转动过程中，其动能增量仅仅由外力的功决定。

刚体在绕定轴转动的过程中，若有外力矩持续对刚体施以作用，按照前面的分析可知：合外力矩对刚体所做的功等于刚体转动动能的增量，这就是刚体定轴转动的动能定理。将(3-7)、(3-8)式代入(3-9)式，就可得到刚体定轴转动的动能定理的数学表达式

$$A=\int_{\theta_1}^{\theta_2}M\mathrm{d}\theta=\frac{1}{2}J\omega_2^2-\frac{1}{2}J\omega_1^2 \tag{3-10}$$

如果刚体在转动过程中，还有势能的变化，我们还可以从质点系的功能原理和机械能守恒定律出发，来进一步讨论。

例 3.4 如图 3-10 所示，一均匀细杆，质量为 m，长为 L，可绕通过其一端的光滑水平轴 O 在竖直平面内转动。今使细杆在水平位置由静止开始绕轴 O 转动，不计空气阻力。求：(1) 细杆在水平位置上刚刚启动时的角加速度；(2) 细杆转到竖直位置时的角速度、角加速度；(3) 细杆转到竖直位置时，杆的 A 端和中点 C 处的速度和加速度。

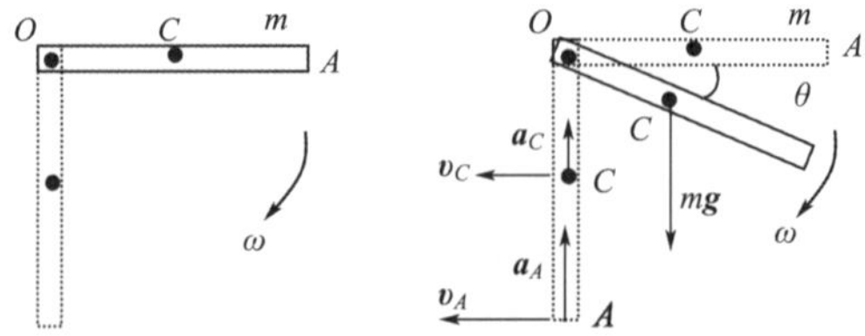

图 3-10

解：以细杆为研究对象，分析它的受力情况：细杆在下落过程中，受到的外力是重力和转轴对细杆的支持力，而支持力通过轴，对轴的力矩为零，不用考虑。

(1) 细杆在水平位置上刚刚启动时，所受重力矩为 $M=mg\dfrac{L}{2}$，细杆对轴的转动惯量 $J=$

$\frac{1}{3}mL^2$，所以由转动定律 $M=J\alpha$ 可得此时细杆的角加速度为

$$\alpha=\frac{M}{J}=\frac{3g}{2L}$$

（2）细杆在下落过程中，所受的重力矩是变力矩。在细杆由水平位置转过 θ 角时，重力对转轴的力矩为 $M_z=\frac{1}{2}mgL\cos\theta$，在此位置继续向下转动 $\mathrm{d}\theta$ 时，重力矩做的元功为

$$\mathrm{d}A=M_z\mathrm{d}\theta=\frac{1}{2}mgL\cos\theta\,\mathrm{d}\theta$$

细杆由水平位置转到竖直位置，重力矩做的总功为

$$A=\int\mathrm{d}A=\int M_z\mathrm{d}\theta=\frac{1}{2}mgL\int_0^{\pi/2}\cos\theta\,\mathrm{d}\theta=\frac{1}{2}mgL$$

由动能定理，得

$$\frac{1}{2}J\omega^2-0=A=\frac{1}{2}mgL$$

将细杆对转轴的转动惯量代入 $J=\frac{1}{3}mL^2$，则细杆由水平位置转到竖直位置时的角速度为

$$\omega=\sqrt{\frac{3g}{L}}$$

细杆转到竖直位置时，所受重力矩为零，所以此时细杆的角加速度也为零。

（3）细杆转到竖直位置时，杆的 A 端和中点 C 处的速度和加速度可分别由关系 $v=r\omega$ 和 $a_n=r\omega^2$ 求解得到，它们分别为

$v_A=L\omega=\sqrt{3gL}$，方向水平向左；$v_C=\frac{L}{2}\omega=\frac{1}{2}\sqrt{3gL}$，方向水平向左；

$a_A=a_{nA}=L\omega^2=3g$，方向指向 O 点；$a_C=a_{nC}=\frac{L}{2}\omega^2=\frac{3}{2}g$，方向指向 O 点。

3.4 定轴转动刚体的角动量定律和角动量守恒定律

3.4.1 定轴转动刚体的角动量定理

1.定轴转动刚体的角动量定理

刚体定轴转动定律是刚体力学的基本定律，由它出发，可以推导出其他刚体定轴转动过程中遵循的规律。在一般情况下，刚体对给定轴的转动惯量为常量，所以转动定律(3-4)式可改写成

$$M=J\alpha=J\frac{\mathrm{d}\omega}{\mathrm{d}t}=\frac{\mathrm{d}(J\omega)}{\mathrm{d}t}$$

移项得

$$M\mathrm{d}t=\mathrm{d}(J\omega)$$

式中 $M\mathrm{d}t$ 称为力对转轴的冲量矩，$J\omega$ 称为物体对轴的角动量或动量矩，符号是 L，即

$$M\mathrm{d}t=\mathrm{d}(J\omega)=\mathrm{d}L \tag{3-11}$$

它表明：在 $\mathrm{d}t$ 时间内，刚体所受力矩的冲量矩等于在这段时间内刚体对轴的角动量的增量。我们还可以进一步写出(3-11)式的积分形式，即

$$\int_{t_1}^{t_2} M\mathrm{d}t = \int_{L_1}^{L_2} \mathrm{d}L = L_2 - L_1 = J\omega_2 - J\omega_1 \tag{3-12}$$

(3-11)和(3-12)式就是定轴转动刚体的角动量定理，它们反映的是力矩对时间的累积作用效果。

2.角动量

(1) 质点的角动量

在牛顿力学中，为了描述质点的圆周或曲线运动，引入了角动量这一概念。它是现代物理学中描述和量度物体运动的一个重要物理量，在物理学的许多领域有着十分重要的应用。

如图 3-11 所示，选定参考点 O，设质量为 m 的质点做曲线运动，某时刻它的动量为 $\boldsymbol{p}=m\boldsymbol{v}$，则质点对参考点 O 的角动量 $\boldsymbol{L}$ 定义为：质点相对于参考点 O 的位置矢量 $\boldsymbol{r}$ 与质点动量 $\boldsymbol{p}$ 的矢积，即

$$\boldsymbol{L} = \boldsymbol{r} \times m\boldsymbol{v} = \boldsymbol{r} \times \boldsymbol{p} \tag{3-13}$$

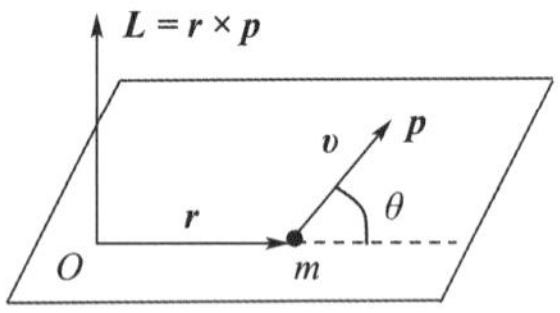

图 3-11 质点的角动量

角动量 $\boldsymbol{L}$ 是矢量，其大小为 $L=rp\sin\theta$，其中 θ 为 $\boldsymbol{r}$ 与 $\boldsymbol{p}$ 之间的夹角($0<\theta<\pi$)。方向用右手螺旋法则判断，垂直于 $\boldsymbol{r}$ 与 $\boldsymbol{p}$ 决定的平面。

若质点 m 做速率为 v 的匀速圆周运动，根据(3-13)式就可以写出该质点角动量的大小为

$$L = rmv = rm(r\omega) = mr^2\omega = J\omega$$

方向为圆周平面的法线方向。可以看出，引入角动量定义后，在质点做匀速圆周运动过程中，质点角动量的大小和方向都不变。

(2) 质点系的角动量

质点系内所有质点对同一定点的角动量的矢量和，称为质点系对此定点的角动量，即

$$\boldsymbol{L} = \sum_i \boldsymbol{r}_i \times \boldsymbol{p}_i \tag{3-14}$$

(3) 刚体的角动量

当刚体绕某一定轴以角速度 $\boldsymbol{\omega}$ 转动时，由于定轴转动时加速度矢量 $\boldsymbol{\omega}$ 只有两个方向，所以它绕该定轴的角动量就写成代数量形式，即

$$L = J\omega \tag{3-15}$$

引入角动量定义之后，再回头看转动定律(3-4)式，可进一步改写成

$$M = \frac{\mathrm{d}(J\omega)}{\mathrm{d}t} = \frac{\mathrm{d}L}{\mathrm{d}t} \tag{3-16}$$

这是用角动量描述的定轴转动定律，它表明：刚体受到的对某给定轴的合外力矩等于刚体对该轴的角动量的时间变化率。它是比(3-4)式适用范围更广的一种表述，它不仅适用于刚体定轴转动问题，还适用于刚体的非定轴转动问题，也适用于非刚体。甚至对于几个物体组成的系统，上述关系式也是成立的。

3.4.2 定轴转动刚体的角动量守恒定律

如果物体绕轴转动的过程中所受的合外力矩为零，则由式(3-11)可得

$$\mathrm{d}L = \mathrm{d}(J\omega) = 0 \quad 或 \quad J\omega = (J\omega)_0 = 恒量 \tag{3-17}$$

它表明：当外力对给定轴的合外力矩为零或不受外力矩的作用时，则物体的角动量保持不变。这就是固定转轴的角动量守恒定律。

由于$L=J\omega$，所以角动量守恒包含两种情况：① 转动过程中物体的转动惯量J不变，所以其角速度也保持大小和方向不变。回转仪（也叫陀螺仪）就是依据该原理制成的定向仪，被广泛应用于飞机、导弹、船只的导向装置中。② 守恒过程中，物体的转动惯量J变化，ω也随之改变，但$J\omega$的乘积保持不变。这一规律被广泛地应用于各种跳、翻、转等体育技巧、舞蹈表演中。表演者通过改变自身姿势，来减小转动惯量以增加角速度，或者通过增大转动惯量以减小角速度。

角动量守恒定律与动量守恒定律、能量守恒定律一样，也是自然界中一条普遍定律。它既适用于宏观物体的机械运动，也适用于原子、原子核、基本粒子等微观粒子的运动。

例 3.5 一长为l、质量为m_1的均匀细棒，可绕通过端点并与棒垂直的轴O无摩擦地转动。它原来静止在平衡位置上，现有一质量为m_2的弹性小球，在棒的下端以水平速度$\boldsymbol{v}$与棒垂直地相撞。撞后，棒从平衡位置处摆动达到的最大角度为$\theta=30°$，如图 3-12 所示。求：(1) 设碰撞为弹性的，试计算小球的初速度$\boldsymbol{v}$的大小；(2) 相撞时，小球受到多大的冲量？

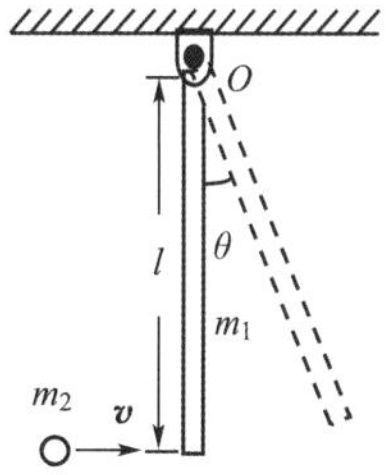

图 3-12

解：在球与棒碰撞瞬间，球、棒所受的重力作用线通过轴O，对轴O的力矩皆为零，且轴处也无摩擦力矩，因此碰撞过程中球与棒组成的系统角动量守恒。

(1) 设碰撞后瞬时，球的速度为v'，棒的角速度为ω，则

$$m_2lv=m_2lv'+J_1\omega \tag{1}$$

由于是弹性碰撞，所以系统动能守恒，有

$$\frac{1}{2}m_2v^2=\frac{1}{2}m_2v'^2+\frac{1}{2}J_1\omega^2 \tag{2}$$

木棒上摆过程中只有重力做功，所以棒与地球组成的系统机械能守恒，棒开始转动时，棒的重心位置为重力势能零点，棒的速度为零时，棒摆动到最大角度$\theta=30°$，此时系统的重力势能为$m_1gh=m_1g\dfrac{l}{2}(1-\cos30°)$，则由机械能守恒定律得

$$\frac{1}{2}J_1\omega^2=m_1g\frac{l}{2}(1-\cos30°) \tag{3}$$

其中

$$J_1=\frac{1}{3}m_1l^2 \tag{4}$$

(1)～(4) 联立，解得小球的初速度v为

$$v=\frac{m_1+3m_2}{12m_2}\sqrt{6gl(2-\sqrt{3})}$$

碰后小球的速度v'为

$$v'=\frac{3m_2-m_1}{12m_2}\sqrt{6gl(2-\sqrt{3})}$$

(2) 对小球应用动量定理，得小球所受的冲量大小为

$$I_{m_1\to m_2}=m_2v'-m_2v=-\frac{m_1}{6}\sqrt{6gl(2-\sqrt{3})}$$

负号表示棒施予小球的冲量与棒的初速反向。

练习题

1.一转速为 1200 r/min 的飞轮因制动而均匀减速，经 10 s 后停止转动。求：(1) 飞轮的角加速度；(2) 开始制动后 5 s 时飞轮的角速度；(3) 从开始制动到停止转动，飞轮总共转过的圈数。

2.半径为 $R=0.5$ m 的飞轮做匀变速转动，初角速度为 $\omega_0=12\ \text{rad}\cdot\text{s}^{-1}$，角加速度为 $\alpha=-6\ \text{rad}\cdot\text{s}^{-2}$，问：$t$ 等于多少秒时，飞轮的角位移为零？并计算此时轮缘上一点的线速度 $\boldsymbol{v}$ 的大小。

3.一发动机曲轴的转速在 12 s 内由 1.2×10^3 r/min 均匀地增加到 2.7×10^3 r/min。求：(1) 曲轴转动的角加速度。(2) 在此时间内，曲轴转了多少圈？

4.电风扇在开启电源后，经过 t_1 时间达到了额定转速，此时相应的角速度为 ω_0，当关电源后，经过 t_2 时间后风扇停转，已知风扇转子的转动惯量为 J，并假定摩擦阻力矩和电机的电磁力矩均为常量。现根据已知量推算电机的电磁力矩。

5.一飞轮的直径为 0.3 m，质量为 500 kg，边缘绕有绳子，现用力拉绳子的一端，使其由静止均匀地加速，经 0.5 s 转速达到 10 r/s，假定飞轮可看作实心圆柱体，求：(1) 飞轮的角加速度及在这段时间里转过的转数；(2) 拉力及拉力做的功；(3) 拉动后 $t=10$ s 时飞轮的角速度及轮边缘上一点的速度和加速度。

6.如题 3-1 图所示，一轻绳跨过一轴承光滑的定滑轮，绳的两端分别悬挂有质量分别为 m_1 和 m_2 的物体，$m_1<m_2$。滑轮可视为均质圆盘，其质量为 m，半径为 r。绳子质量不计且绳子不可伸长，绳与滑轮间无相对滑动。求物体的加速度、滑轮的角加速度和绳中的张力。

7.一半径为 R，质量为 m 的薄圆盘，可绕通过其直径的光滑固定轴 AA' 转动，其转动惯量为 $J=\dfrac{mR^2}{4}$，如题 3-2 图所示，该圆盘从静止开始在恒力矩 M 的作用下转动。求：t 秒后位于圆盘边缘上与 AA' 的垂直距离为 R 的 B 点的切向加速度为多少？法向加速度为多少？

8.质量为 m_1 和 m_2 的两物体 A 和 B 分别悬挂在如题 3-3 图所示的组合轮的两端，设两轮的半径分别为 R 和 r，两轮的转动惯量分别为 J_1 和 J_2，轮与轴承间的摩擦力及绳的质量忽略不计，试求两物体的加速度和绳中张力。

9.一质量为 20.0 kg 的小孩，站在一半径为 3.00 m，转动惯量为 450 $\text{kg}\cdot\text{m}^2$ 的静止水平转台边缘上，此转台可绕通过转台中心的竖直轴转动，转台与轴之间的摩擦力不计，如果此小孩相对转台以 1.00 $\text{m}\cdot\text{s}^{-1}$ 的速率沿转台边缘行走，问转台的角速度有多大？

10.一转台绕其中心的竖直轴以角速度 $\omega_0=\pi\ \text{rad}\cdot\text{s}^{-1}$ 转动，转台对转轴的转动惯量为 $J_0=4.0\times10^{-3}\ \text{kg}\cdot\text{m}^2$，今有砂粒以 $Q=2t(\text{g}\cdot\text{s}^{-1})$ 的流量竖直落至转台，并黏附于台面形成一圆环，若环的半径为 $r=0.1$ m，求砂粒下落 $t=10$ s 时，转台的角速度。

11.如题 3-4 图所示，一长为 l 的均匀木棒，质量为 M，可绕水平轴 O 在竖直平面内转动，开始时棒自然地竖直悬垂。现有质量为 m 的子弹以速率 v 从 A 点射入棒中，假设 A 点与 O 点的距离为 d。求：(1) 棒开始运动时的角速度；(2) 棒的最大偏转角。

12.试列一表格,将质点的直线运动(刚体在直线上平动)和刚体定轴转动的运动学规律和动力学规律做一对比。

13.质量为 m,长为 l 的匀质细杆,可绕过其端点的水平轴在竖直平面内自由转动。如果将细杆置于水平位置,然后让其由静止开始自由下摆。求:(1) 开始转动的瞬间,细杆的角加速度;(2) 细杆转动到与水平方向成 60° 角时的动能;(3) 细杆落至竖直位置时对轴的角动量。

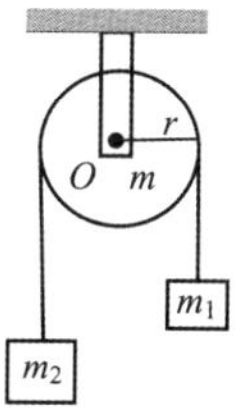

题 3-1

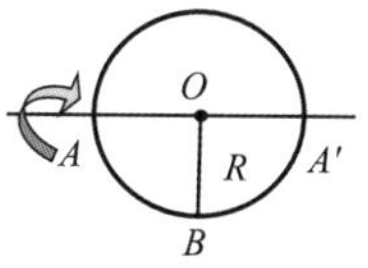

题 3-2

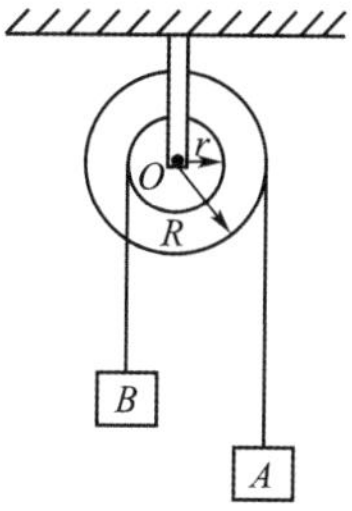

题 3-3

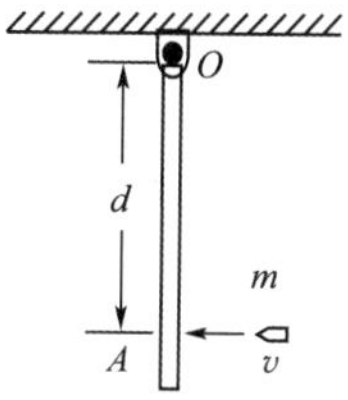

题 3-4

第四章

气体动理论初步

自然界中有很多与温度有关的物理现象,如物体受热后温度升高、体积膨胀等,都统称为热现象。热现象在自然界中十分普遍,它是大量分子做不规则运动(称为热运动)的宏观表现。热运动是热现象的微观本质。研究热现象的规律和理论、研究物体的热运动以及热运动与其他运动形式之间相互转化规律的学科称为热学。

热学的研究方法有两种:一种是依据分子动理论,从物质的微观结构出发,应用统计方法找出微观粒子的速度、能量等微观量与物体的温度、压强等宏观量之间的关系来阐述宏观物体热性质的方法,称为分子物理学(或统计物理学)方法。另一种方法是从宏观角度对热现象进行直接观察、实验,用能量守恒与转换的观点去研究物态变化过程中热功能转换关系、条件及规律,而不涉及物质的微观结构,称为热力学方法。两种方法相辅相成,缺一不可。

本章将以理想气体为研究对象,从物质的微观结构出发,在对每个分子运用力学原理的基础上,对大量分子运用统计方法,找出大量分子热运动所遵循的统计规律,揭示宏观热现象及其规律的微观本质。

4.1 理想气体

4.1.1 热现象的分子论

1.气体分子的无规则运动

宏观物体(固体、液体、气体等)是由大量分子组成的(分子泛指分子、原子、离子等),分子间有间隙。实验表明,1 mol 任何物质中所含的分子(或原子、离子)数都是相同的,都是 6.022×10^{23} 个。分子的质量很小,如氢分子质量为 3.32×10^{-27} kg,氧分子质量为 5.31×10^{-26} kg;分子的直径(或线度)的数量级一般约为 10^{-10} m;气体分子间的距离是分子直径的几十倍。一切物体都可以被压缩,气体比液体、固体的可压缩性大很多。

扩散现象说明物质(气体、液体、固体)中的分子是在永不停息地运动着。但是分子的体积太小,很难直接观察到分子的运动情况,可以通过一些间接的实验观察物质中分子的运动特点。例如在显微镜下观察悬浮在液体中的小颗粒(如花粉的颗粒)时,可以观察到这些小颗粒都在做无规则的运动,这就是著名的布朗运动。布朗运动就是分子无规则运动的典型实验事实。

物质内的分子(原子、离子等)在不停息地运动着,分子之间发生频繁的碰撞,导致分子做无规则的运动。分子的无规则运动导致分子可以到达体积(或容积)内的任何地方,这就是分子的扩散运动。实验表明,分子的扩散运动以及布朗运动的剧烈程度与温度有显著的关系。随着温度的升高,扩散过程加快、布朗运动加剧。这一实验事实说明,分子的无规则运动与温度有关,温度越高,分子的无规则运动就越剧烈。也正是基于此,通常把分子无规则运动称为分子的热运动。分子的热运动与分子的机械运动不同,分子的热运动是大量分子的集体行为,对单个分子谈不上热运动;分子的热运动实际上是大量分子机械运动的统计平均值。

2.分子力

气体虽然很容易压缩但也不能无限制地压缩,液体和固体很难压缩,这说明分子之间存在着相互的排斥力;而物质之所以能够聚集在一起,说明分子之间还有吸引力。分子之间的吸引力使物质中的分子能够趋于聚集在一起,而当分子之间距离过于靠近时,分子之间的排斥力发挥作用使得分子又不能靠得太近。可见,物质中的分子之间是有一定空隙的,物体的体积不是组成物质的分子的体积之和。

一切宏观物体都是由大量分子(原子、离子等)组成的,分子都在永不停息地做无序热运动,分子之间有相互作用的分子力。分子力的作用将使分子聚集在一起,在空间形成某种规则的分子分布,通常称为分子的有序排列;而分子的无规则运动(热运动)将破坏分子的这种有序排列,使分子分散开来。在较低的温度下,分子的无规则热运动不够剧烈,分子在相互作用力的影响下被束缚在各自的平衡位置附近做微小的振动,这时便表现为固体状态;当温度升高,无规则运动(热运动)剧烈到某一限度时,分子力的作用已不能把分子束缚在固定的平衡位置附近做微小的振动,但还不能使分子分散远离,这样便表现为液体状态;当温度再升高,无规则运动(热运动)进一步剧烈到一定的限度时,不但分子没有固定的平衡位置,而且分子之间也不可能维持一定的距离,分子互相分散远离,分子的运动近似为自由运动,物质便表现为气体状态。由于气体分子间距离很大,而分子力的作用范围又很小,因而气体分子间相互作用的分子力,除分子与分子、分子与器壁相互碰撞的瞬间外,是极其微小的;又由于气体分子质量一般很小,因此重力对其作用一般可以忽略,所以气体分子在相邻两次碰撞之间的运动可以看作是在惯性支配下的自由运动。

在标准状态下,$1\ m^3$ 的气体中就约有 2.7×10^{25} 个分子,而气体分子热运动的速率又是很大的,这两种因素决定了分子间的相互碰撞一般说来是极其频繁的。在标准状态下,一秒钟内一个分子和其他分子碰撞次数的数量级约为 10^9,即大约一秒钟内一个分子与其他气体分子要碰撞几十亿次。对单个气体分子来说,由于受到大量其他分子的影响和制约,它的运动过程变得非常复杂。然而,不管运动情况多么复杂,它仍然遵循着力学规律。在碰撞中,分子间仍然是按动量守恒定律和能量守恒定律进行动量与能量的传递与交换。

4.1.2 宏观状态参量

热力学的研究对象是由大量粒子组成的宏观物体或物体系,称为热力学系统,简称系统。由于气体分子的无规则运动(热运动),已经无法准确描述气体中单个分子的力学行为,只能描述气体分子的整体行为(状态)。要描写热力学系统的状态,需要引入一些新的物理量,这些物理量称为状态参量。例如对一定量的气体来说,可以用气体的体积V、压强p、温度T以及气体的物质量(质量m或摩尔数ν)等宏观量来描述气体的状态,这是描述气体状态的基本参量。

体积V　因为气体没有固定的形态,由于热运动,气体分子可以到达整个容器所占有的空间,所以气体的体积V就等于容纳气体的容器的体积。国际单位制中,体积的单位是立方米(m^3)。

压强p　是指气体作用在单位面积容器壁上的垂直作用力,它是气体中大量分子对器壁碰撞而产生的宏观效果。国际单位制中,压强的单位是帕斯卡(Pa,$1\ Pa = 1\ N/m^2$)。

温度T　在本质上与物体内部大量分子热运动的剧烈程度密切相关;但在宏观上可以简单地把它看成是物体冷热程度的量度,并规定较热的物体具有较高的温度。温度的数值表示方法称为温标。物理学中常用两种温标:一是热力学温标,所确定的温度用T表示,单位是开尔文(K);另一种是摄氏温标,所确定的温度用t表示,单位是摄氏度(℃)。规定1 K等于水的三相点的热力学温度的273.16分之一,即水的三相点的温度为273.16 K;2019年5月20日起,1开尔文被定义为"对应玻尔兹曼常数为$1.380\,649 \times 10^{-23}\ J \cdot K^{-1}$的热力学温度"。热力学温度描述的是客观世界真实的温度,同时也是制定国际协议温标的基础。热力学温度又被称为绝对温度,是热力学和统计物理学中的重要参数之一。一般所说的绝对零度指的便是0 K。热力学温度与摄氏温度之间的数值关系是

$$T = 273.15 + t$$

一定量气体,在一定容器中具有一定体积,如果各部分具有相同的温度和相同的压强,我们就说气体处于一定的状态。需要指出,只有当气体的温度处处相等,压强也处处相等,才能用p、V、T来描述其状态。

4.1.3 平衡态

考虑一定质量且具有一定体积的气体系统,如果忽略重力及外界的各种影响,那么不管气体系统起初处于什么状态,经过一段时间后,气体系统中各部分的温度、压强以及分子数密度等都将趋于稳定不变,气体系统的状态参量p、V、T都有宏观上的确定的数值。如果保持气体不受外界影响,气体系统内部也没有任何形式的能量转化(如化学变化、原子核变化等),则气体系统将始终保持这一状态而不会发生宏观变化,气体系统的状态参量也将不随时间变化。一个气体系统的各种宏观性质不随时间改变的状态称为平衡态。只有在平衡态下,气体系统的宏观性质才可以用一组确定的参量来描写。因此,状态参量实际上就是描写系统平衡态的参量。一组参量值表示气体系统的某一平衡态,而另一组参量值则表示气体系统的另一平衡态。平衡态是一个理想的概念,是在一定条件下对实际情况的概括和抽象。但在许多实际问题中,往往可以把系统的实际状态近似地当作平衡态来处理,从而比较简便地得出与实际情况基本相符的结论。

在平衡态下,气体系统的宏观状态参量就是单个分子运动的微观参量(如质量、速度、能量等)的统计平均值。

4.1.4 理想气体状态方程

1.理想气体

通常将在任何条件下都遵循玻意耳－马略特定律、盖·吕萨克定律和查理定律的气体称

为理想气体。实际气体在温度不太低(与室温相比)、压强不太大(与标准大气压相比)时就可近似看作理想气体,理想气体就是对稀薄气体系统建立的一个理想化的模型。其模型应该具有以下特点:

(1) 分子间的平均距离远大于分子自身的线度,因而可以忽略气体分子的大小,而将其视为质点;

(2) 气体分子除了与其他气体分子碰撞的瞬间以及与容器壁碰撞瞬间外,其他时间气体分子是自由运动的;

(3) 气体分子之间的碰撞以及气体分子与容器壁之间的碰撞是完全弹性碰撞。

由于分子之间的作用力(分子力)是保守力,气体分子之间的碰撞以及气体分子与容器壁之间的碰撞都是弹性碰撞,即碰撞前后气体分子的动能不变化,或者说碰撞前后气体分子的速率不变化。

理想气体的微观模型表明,理想气体分子好像是一个个没有大小并且除碰撞瞬间外没有相互作用的弹性球。也就是把理想气体看成一个质点系,这些看成质点的理想气体分子除了碰撞的瞬间外,都在做自由的惯性运动。由这个理想化了的气体分子微观模型所得出的宏观结果在一定条件下与真实气体的性质相当接近。

2.理想气体状态方程

在玻意耳－马略特定律、盖·吕萨克定律、查理定律等经验定律基础上,综合有关理想气体的实验定律,1834 年法国科学家克拉珀龙给出了理想气体状态参量所满足的关系,即

$$pV=\frac{m}{M}RT=\nu RT \tag{4-1}$$

称为理想气体状态方程,又称理想气体定律、普适气体定律,是描述理想气体在处于平衡态时,压强 p、体积 V、物质的量 ν 与温度 T 之间关系的状态方程。式中 m 为所研究的理想气体的质量,M 为该气体分子的摩尔质量,R 为普适气体常数或称摩尔气体常数,其取值与 p、V、T 所选用的单位有关。如果这三个量均选用国际单位制,则 $R=8.31\ \mathrm{J\cdot mol^{-1}\cdot K^{-1}}$。

由于理想气体状态方程是根据实验定律导出的,而这些实验定律又都是在一定的实验条件下得到的,反映的都是实际气体的近似性质,所以各种实际气体只是近似地遵守这一状态方程。实验表明,在温度不太低、压强不太大的情况下,各种常见的氢气、氧气、氮气都能较好地服从这个方程。而且气体越稀薄,服从这个方程的精确程度越高。

如果用分子数 N 表示理想气体系统的气体的量,则(4-1) 式可写成

$$pV=\frac{N}{N_A}RT=NkT$$

式中 N_A 为阿伏伽德罗常量,表示 1 mol 气体中含有的分子数,$N_A=6.022\times10^{23}\ \mathrm{mol^{-1}}$;$k$ 为玻尔兹曼常量,$k=\frac{R}{N_A}=1.38\times10^{-23}\ \mathrm{J\cdot K^{-1}}$。

如果用气体分子的数密度 $n=\frac{N}{V}$ 表示理想气体系统的气体的量,则(4-1) 式可写成

$$p=\frac{N}{V}kT=nkT$$

例 4.1 一实验室每天需用 1.0 atm、80 L 的氧气。氧气厂提供的氧气瓶容积为 30 L,充满氧气后压强为 130 atm。但氧气厂规定,当压强降到 10 atm 时就应重新充气。问一

瓶氧气可用多少天？设氧气可视为理想气体。($1\ \text{L}=1\times10^{-3}\ \text{m}^3$，$1\ \text{atm}=1.013\times10^5\ \text{Pa}$)

解：按照题意，氧气在使用过程中温度不变。设充气后瓶内氧气的质量为 m_1，氧气瓶中剩余不可使用的氧气质量为 m_2，每天使用氧气的质量为 m_3，并用 V 表示氧气瓶的容积，p_1 表示充气后瓶内氧气的压强，p_2 表示氧气瓶中不可使用的剩余氧气的压强，p_3 表示使用氧气的压强，v 表示每天使用(在 p_3 下) 氧气的体积，由理想气体状态方程得

$$m_1=\frac{Mp_1V}{RT},m_2=\frac{Mp_2V}{RT},m_3=\frac{Mp_3v}{RT}$$

所以，可用的天数为

$$t=\frac{m_1-m_2}{m_3}=\frac{(p_1-p_2)V}{p_3v}=\frac{(130-10)\times30}{1\times80}=45(\text{d})$$

4.2 理想气体的压强与温度的微观机制

由于气体系统中气体分子的数量极为巨大，单个分子的运动情况千变万化，非常复杂，偶然性占主导地位。就单个分子而言，虽然可以认为仍遵循力学规律，但对于数量如此巨大、碰撞如此频繁的所有分子来说，要想跟踪每个分子的运动，根据力学规律确定出它们的运动方程进而确定系统的整体规律，不仅非常困难，实际上也没有必要。实验和理论研究表明，一定条件下，大量偶然随机事件的整体具有确定的规律性，这种规律称为统计规律。一定量的气体处于平衡态时，虽然从微观上看，描述每个分子的质量、速度、能量等微观量可能有任意的值；但是从宏观上看，描述大量气体分子集体特征的宏观量，如气体的温度、压强、密度等却是均匀、可测量的且有确定的量值。同时，所有分子中各种速率的分子数所占比率也有确定的规律，等等。这些规律就是统计规律。即在平衡态下，理想气体系统中单个气体分子服从经典力学规律，但气体分子的整体却要服从统计性规律。这就是由量变(分子数变化) 到质变(服从的规律变化)。所以，要运用统计方法，求出大量分子的一些微观量的统计平均值，才能解释从实验中直接观测到的物体的宏观性质，解释物质宏观热现象的本质。下面用理想气体模型，来揭示气体的宏观压强与温度的实质。

4.2.1 理想气体分子的运动服从统计规律

设系统粒子总数为 N。为了求得粒子的某一物理量 A 的统计平均值 $\overline{A}$，需要把 N 个粒子按物理量 A 的大小(甚至方向) 分为若干组：$A_1,A_2,\cdots,A_i,\cdots$，每组含的粒子数分别为：$N_1$，$N_2,\cdots,N_i,\cdots$；认为第 i 组的 N_i 个粒子的物理量 A 都是 A_i。这样，粒子的物理量 A 的统计平均值为

$$\overline{A}=\frac{N_1A_1+N_2A_2+\cdots+N_iA_i+\cdots}{N_1+N_2+\cdots+N_i+\cdots}=\frac{\sum\limits_i N_iA_i}{\sum\limits_i N_i}=\frac{\sum\limits_i N_iA_i}{N}$$

对于理想气体系统，设容器中储有一定量的气体，分子总数为 N，气体不受任何外场的作用并处于平衡态。将所有分子分成若干组，每组分子具有相同的速度(包括大小和方向)。将速度分别为 $\boldsymbol{v}_1$、$\boldsymbol{v}_2\cdots\boldsymbol{v}_i\cdots$ 的分子数分别用 N_1、$N_2\cdots N_i\cdots$ 表示，显然 $N_1+N_2+\cdots+N_i+\cdots=\sum\limits_i N_i=N$。按统计学原理，所有气体分子速率统计平均值 $\overline{v}$(常称平均速率) 定义为

$$\overline{v}=\frac{N_1v_1+N_2v_2+\cdots+N_iv_i+\cdots}{N_1+N_2+\cdots+N_i+\cdots}=\frac{\sum_i N_iv_i}{N}$$

所有气体分子速率平方的统计平均值$\overline{v^2}$定义为

$$\overline{v^2}=\frac{N_1v_1^2+N_2v_2^2+\cdots+N_iv_i^2+\cdots}{N_1+N_2+\cdots+N_i+\cdots}=\frac{\sum_i N_iv_i^2}{N}$$

设理想气体系统内气体分子的速度 $\boldsymbol{v}_1$、$\boldsymbol{v}_2\cdots\boldsymbol{v}_i\cdots$ 沿 x、y、z 三个坐标轴的投影分别为(v_{1x},v_{1y},v_{1z})、$(v_{2x},v_{2y},v_{2z})\cdots(v_{ix},v_{iy},v_{iz})\cdots$，按统计学原理，所有分子的速度沿 x、y、z 三个坐标轴的投影的统计平均值$\overline{v_x}$、$\overline{v_y}$、$\overline{v_z}$定义为

$$\overline{v_x}=\frac{N_1v_{1x}+N_2v_{2x}+\cdots+N_iv_{ix}+\cdots}{N_1+N_2+\cdots+N_i+\cdots}=\frac{\sum_i N_iv_{ix}}{N}$$

$$\overline{v_y}=\frac{N_1v_{1y}+N_2v_{2y}+\cdots+N_iv_{iy}+\cdots}{N_1+N_2+\cdots+N_i+\cdots}=\frac{\sum_i N_iv_{iy}}{N}$$

$$\overline{v_z}=\frac{N_1v_{1z}+N_2v_{2z}+\cdots+N_iv_{iz}+\cdots}{N_1+N_2+\cdots+N_i+\cdots}=\frac{\sum_i N_iv_{iz}}{N}$$

考虑到气体处于平衡状态时，气体分子沿各个方向运动的概率相等，也就是沿正负坐标轴方向运动的气体分子数相等，故有

$$\overline{v_x}=\overline{v_y}=\overline{v_z}=0$$

所有分子的速度沿 x、y、z 三个坐标轴投影平方的统计平均值$\overline{v_x^2}$、$\overline{v_y^2}$、$\overline{v_z^2}$定义为

$$\overline{v_x^2}=\frac{N_1v_{1x}^2+N_2v_{2x}^2+\cdots+N_iv_{ix}^2+\cdots}{N_1+N_2+\cdots+N_i+\cdots}=\frac{\sum_i N_iv_{ix}^2}{N}$$

$$\overline{v_y^2}=\frac{N_1v_{1y}^2+N_2v_{2y}^2+\cdots+N_iv_{iy}^2+\cdots}{N_1+\Delta N_2+\cdots+N_i+\cdots}=\frac{\sum_i N_iv_{iy}^2}{N}$$

$$\overline{v_z^2}=\frac{N_1v_{1z}^2+N_2v_{2z}^2+\cdots+N_iv_{iz}^2+\cdots}{N_1+N_2+\cdots+N_i+\cdots}=\frac{\sum_i N_iv_{iz}^2}{N}$$

考虑到气体处于平衡状态时，气体分子沿各个方向运动的概率相等，故有

$$\overline{v_x^2}=\overline{v_y^2}=\overline{v_z^2}$$

又因为 $v_i^2=v_{ix}^2+v_{iy}^2+v_{iz}^2$，则气体分子速率平方的统计平均值又可表示为

$$\overline{v^2}=\frac{N_1v_1^2+N_2v_2^2+\cdots+N_iv_i^2+\cdots}{N}=\frac{\sum_i N_iv_{ix}^2}{N}+\frac{\sum_i N_iv_{iy}^2}{N}+\frac{\sum_i N_iv_{iz}^2}{N}$$

由此可得$\overline{v^2}=\overline{v_x^2}+\overline{v_y^2}+\overline{v_z^2}$。注意到$\overline{v_x^2}=\overline{v_y^2}=\overline{v_z^2}$，故有

$$\overline{v_x^2}=\overline{v_y^2}=\overline{v_z^2}=\frac{1}{3}\overline{v^2}\tag{4-2}$$

上述论点实际上是根据实验事实做出的关于分子无规则运动的统计假设，只适用于平衡态下的大量分子集体。理想气体系统内分子的统计学特性为研究理想气体系统的宏观参量与气体分子微观运动之间的关系提供了理论基础，使得我们能够进一步研究理想气体系统宏观量的物理机制。

4.2.2 理想气体的压强公式

容器中的气体之所以对器壁产生压力，是大量气体分子对器壁不断碰撞的平均结果。在容器中，无规则运动（热运动）的气体分子不断地与器壁相碰撞，就某一个气体分子而言，对器壁的碰撞是断续和偶然的，但对于大量气体分子系统而言，任一时刻都会有大量的沿不同方向和不同速率（也就是不同动量）的气体分子碰撞器壁，因此在宏观上就表现为对器壁的一个恒定的、持续不断的压力。单位面积器壁上受到的气体分子压力的统计平均值就是器壁受到的压强，即气体的压强。下面从理想气体模型和统计假设出发，推导气体压强公式。

设在容积为 V（实际上就是气体的体积）的容器内有分子质量为 m_0 的 N 个理想气体分子。在平衡态下，由于平均来看气体分子是均匀分布于容器内的，所以，气体分子的数密度为 $n=N/V$。由于气体分子可以有各种各样的速度，所以按气体分子的速度将气体分子分成若干组。$n_i=N_i/V$ 是速度为 $\boldsymbol{v}_i$ 的气体分子的数密度；与气体分子运动速度 $\boldsymbol{v}_1$、$\boldsymbol{v}_2\cdots\boldsymbol{v}_i$ 对应的气体分子数分别为 $N_1,N_2\cdots N_i$，则有 $n=\sum\limits_i n_i=\sum\limits_i N_i/V$。

在平衡态下，容器壁上各处的压强相等，所以我们可以取容器壁上任意一个小面元 $\mathrm{d}A$，计算气体分子单位时间内受到小面元 $\mathrm{d}A$ 的冲量，就是面元 $\mathrm{d}A$ 受到的气体分子的冲力，单位面积上的冲力就是容器壁受到的压强，也就是气体的压强。

如图 4-1 所示，沿垂直于容器壁上面元 $\mathrm{d}A$ 并由气体指向面元 $\mathrm{d}A$ 的方向为 x 轴正方向建立直角坐标系 $Oxyz$。首先考虑单个气体分子对容器壁上面元 $\mathrm{d}A$ 的作用。速度为 $\boldsymbol{v}_i$ 的某气体分子向面元 $\mathrm{d}A$ 冲去，将速度 $\boldsymbol{v}_i$ 分解为沿三个坐标轴的分量 (v_{ix},v_{iy},v_{iz})。由于气体系统是理想气体系统，气体分子与容器壁的碰撞是完全弹性碰撞，碰撞前后气体分子在 (y,z) 两个方向的速度分量保持不变，$v'_{iy}=v_{iy}$，$v'_{iz}=v_{iz}$；而在 x 方向的速度分量大小不变、方向相反，$v'_{ix}=-v_{ix}$。由此得到该气体分子与容器壁碰撞前后动量的改变为

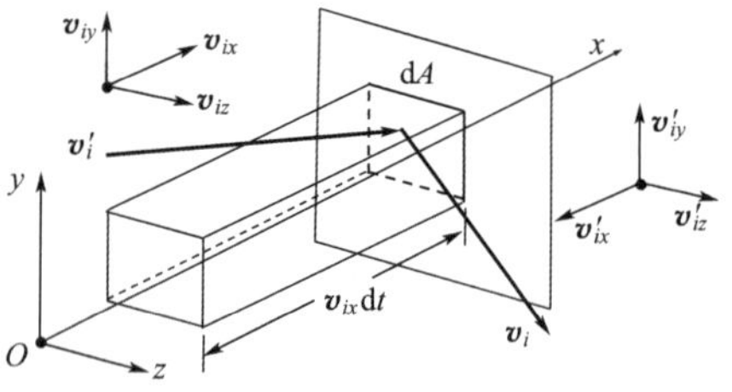

图 4-1　气体分子在容器壁处的反射

$$(-m_0v_{ix})-(m_0v_{ix})=-2m_0v_{ix}$$

方向沿 x 轴的反方向。按动量定理，这就等于面元 $\mathrm{d}A$ 施予该气体分子的冲量；再由牛顿第三定律，可知该气体分子施予面元 $\mathrm{d}A$ 的冲量为 $2m_0v_{ix}$，与之反向。

再来确定在一段时间 $t\sim t+\mathrm{d}t$ 内所有分子施予面元 $\mathrm{d}A$ 的总冲量，如图 4-1 所示。在全部 N_i 个速度为 $\boldsymbol{v}_i$ 的分子中，在时间 $\mathrm{d}t$ 内能与面元 $\mathrm{d}A$ 相碰的只是位于以面元 $\mathrm{d}A$ 为底、$v_{ix}\mathrm{d}t$ 为高的长方体内的那部分气体分子；该长方体的体积为 $v_{ix}\mathrm{d}t\mathrm{d}A$，因此该体积内含有速度为 $\boldsymbol{v}_i$ 的气体分子数为 $N_iv_{ix}\mathrm{d}t\mathrm{d}A/V=n_iv_{ix}\mathrm{d}t\mathrm{d}A$；这些速度为 $\boldsymbol{v}_i$ 的气体分子若能在时间 $\mathrm{d}t$ 内到达面元 $\mathrm{d}A$ 并与之完全弹性碰撞，就会对面元 $\mathrm{d}A$ 受到的冲量有所贡献；而速度为 $\boldsymbol{v}_i$ 的气体分子只要能够与面元 $\mathrm{d}A$ 碰撞，给予面元 $\mathrm{d}A$ 的冲量都是 $2m_0v_{ix}$。因此，速度为 $\boldsymbol{v}_i$ 的一组分子在时间 $\mathrm{d}t$ 内施予面元 $\mathrm{d}A$ 的总冲量为

$$2m_0v_{ix}N_iv_{ix}\mathrm{d}t\mathrm{d}A/V=2N_im_0v_{ix}^2\mathrm{d}t\mathrm{d}A/V=2n_im_0v_{ix}^2\mathrm{d}t\mathrm{d}A$$

注意到在气体系统中存在各种速度 $\boldsymbol{v}_1$、$\boldsymbol{v}_2\cdots\boldsymbol{v}_i$ 的气体分子，每种速度的气体分子都有可能在 $\mathrm{d}t$ 时间内到达面元 $\mathrm{d}A$ 并与之碰撞，从而对面元 $\mathrm{d}A$ 受到的冲量有所贡献；只是能够到达

面元 $\mathrm{d}A$ 的气体分子的数量占该种速度气体分子数的比例不同而已（这取决于该种速度所决定的长方体的高度）。例如速度为 $\boldsymbol{v}_1$ 的气体分子，长方体的高度为 $v_{1x}\mathrm{d}t$，长方体的体积为 $v_{1x}\mathrm{d}t\mathrm{d}A$，在 $\mathrm{d}t$ 时间内能够到达面元 $\mathrm{d}A$ 的气体分子数为 $N_1v_{1x}\mathrm{d}t\mathrm{d}A/V$，因此，速度为 $\boldsymbol{v}_1$ 的气体分子在 $\mathrm{d}t$ 时间内施予面元 $\mathrm{d}A$ 的总冲量为

$$2m_0v_{1x}N_1v_{1x}\mathrm{d}t\mathrm{d}A/V=2N_1m_0v_{1x}^2\mathrm{d}t\mathrm{d}A/V=2n_1m_0v_{1x}^2\mathrm{d}t\mathrm{d}A$$

同样，速度为 $\boldsymbol{v}_2$ 的气体分子在 $\mathrm{d}t$ 时间内施于面元 $\mathrm{d}A$ 的总冲量为

$$2m_0v_{2x}N_2v_{2x}\mathrm{d}t\mathrm{d}A/V=2N_2m_0v_{2x}^2\mathrm{d}t\mathrm{d}A/V=2n_2m_0v_{2x}^2\mathrm{d}t\mathrm{d}A$$

等等。因此，在 $\mathrm{d}t$ 时间内施予面元 $\mathrm{d}A$ 的总冲量应该是对所有速度取和，即

$$\mathrm{d}I_1=\sum_{v_{ix}>0}2\frac{N_i}{V}m_0v_{ix}^2\mathrm{d}t\mathrm{d}A=\sum_{v_{ix}>0}2n_im_0v_{ix}^2\mathrm{d}t\mathrm{d}A$$

这里，之所以将对速度的取和限定为 $v_{ix}>0$，是因为在长方体内还有 $v_{ix}<0$ 的气体分子，这部分气体分子远离面元 $\mathrm{d}A$ 且不可能在 $\mathrm{d}t$ 时间内到达面元 $\mathrm{d}A$，从而对面元 $\mathrm{d}A$ 受到的冲量没有贡献。同时我们还注意到，由于气体分子的无规则运动，在长方体中平均分布，即 $v_{ix}>0$ 的气体分子数与 $v_{ix}<0$ 的气体分子数各占一半，则 $\sum\limits_{v_{ix}>0}2n_im_0v_{ix}^2\mathrm{d}t\mathrm{d}A=\sum\limits_{v_{ix}<0}2n_im_0v_{ix}^2\mathrm{d}t\mathrm{d}A$；如果我们取消求和时对 $v_{ix}>0$ 的限制，则得到的和应该是面元 $\mathrm{d}A$ 真正受到的冲量的 2 倍；因而，最终我们得到，在 $\mathrm{d}t$ 时间内面元 $\mathrm{d}A$ 受到的冲量为

$$\mathrm{d}I=\sum_i\frac{N_i}{V}m_0v_{ix}^2\mathrm{d}t\mathrm{d}A=\sum_i n_im_0v_{ix}^2\mathrm{d}t\mathrm{d}A$$

由此，在 $\mathrm{d}t$ 时间内面元 $\mathrm{d}A$ 受到的平均冲力为

$$\mathrm{d}F=\frac{\mathrm{d}I}{\mathrm{d}t}=\sum_i\frac{N_i}{V}m_0v_{ix}^2\mathrm{d}A=\sum_i n_im_0v_{ix}^2\mathrm{d}A$$

因此，面元 $\mathrm{d}A$ 受到的压强，也就是气体的压强表示为

$$p=\frac{\mathrm{d}F}{\mathrm{d}A}=m_0\sum_i\frac{N_i}{V}v_{ix}^2=m_0\sum_i n_iv_{ix}^2$$

由 $\overline{v^2}=\dfrac{\sum\limits_i N_iv_i^2}{N}$，得 $\sum\limits_i N_iv_{ix}^2=N\,\overline{v_x^2}$，则气体压强还可表示为

$$p=\frac{1}{V}m_0\sum_i N_iv_{ix}^2=\frac{N}{V}m_0\,\overline{v_x^2}=nm_0\,\overline{v_x^2}$$

再考虑式(4-2)，最终得到气体的压强公式为

$$p=nm_0\,\overline{v_x^2}=\frac{1}{3}nm_0\,\overline{v^2}\text{ 或 }p=\frac{2}{3}n\left(\frac{1}{2}m_0\,\overline{v^2}\right)=\frac{2}{3}n\bar{\varepsilon}_{\mathrm{t}}\tag{4-3}$$

$$\bar{\varepsilon}_{\mathrm{t}}=\frac{1}{2}m_0\,\overline{v^2}\tag{4-4}$$

式中，m_0 为气体分子的质量；n 为气体分子的数密度；$\bar{\varepsilon}_{\mathrm{t}}$ 为气体分子的平均平动动能。

理想气体的压强公式把宏观量压强与微观量分子平均平动动能以及气体分子微观运动速率平方的平均值（或者气体分子的方均根速率）联系了起来，从而揭示了压强的微观本质和统计意义。理想气体的压强取决于单位体积内气体分子数（气体分子数密度）和分子的平均平动动能。气体分子数密度越大，单位时间内碰撞单位面积容器壁的气体分子数越多；气体分子的平均平动动能越高，单个气体分子碰撞容器壁后给予容器壁的冲量越大。所以，气体分子数密度越大、气体分子的平均平动动能越高，气体的压强越大。

从前面的推导可以看出，气体的压强是分子对器壁的碰撞力在较长时间内、较大面积上对大量分子的一个统计平均量，是一个统计规律。气体的压强所描述的是大量分子的集体行为，离开了大量分子，压强就失去了意义。

4.2.3 理想气体的温度

根据理想气体状态方程和压强公式，有 $p=\frac{2}{3}n\bar{\varepsilon}_t=nkT$，由此得到理想气体分子的平均平动动能与温度的关系为

$$\bar{\varepsilon}_t=\frac{1}{2}m\overline{v^2}=\frac{3}{2}kT \tag{4-5}$$

理想气体分子的平均平动动能与热力学温度成正比，并只与气体系统的温度有关。

由此得理想气体温度公式为

$$T=\frac{2}{3k}\bar{\varepsilon}_t \tag{4-6}$$

因此可以说：气体的绝对温度是分子平均平动动能的量度。这就是从分子动理论角度定义的温度。温度反映了物体内部分子无规则运动的激烈程度。温度越高，物体内部分子热运动越剧烈(分子平均平动动能越大)。温度是一个统计概念，温度只能用来描述大量分子的集体状态，对单个分子来说，谈论它的温度是毫无意义的。

由式(4-5)可得

$$\sqrt{\overline{v^2}}=\sqrt{\frac{3kT}{m_0}}=\sqrt{\frac{3RT}{M}} \tag{4-7}$$

$\sqrt{\overline{v^2}}$ 称为气体分子的方均根速率，是分子速率的一种统计平均值，它与分子的平均平动动能(或气体温度)及分子质量密切相关，是气体分子运动研究中常用的物理量。在同一温度下，质量大的分子其方均根速率小。

例 4.2 在标准状态下，1.60 m^3 气体中含有 4.30×10^{25} 个分子，问此状态下分子的平均平动动能是多少？气体的温度是多少？

解：标准状态下，压强 $p=1.013\,25\times10^5$ Pa，由公式 $p=\frac{2}{3}n\bar{\varepsilon}_t$，得

分子的平均平动动能 $\bar{\varepsilon}_t=\frac{3p}{2n}=\frac{3pV}{2N}=5.66\times10^{-21}$ J

在由 $T=\frac{2}{3k}\bar{\varepsilon}_t$(或 $\bar{\varepsilon}_t=\frac{3}{2}kT$) 可得气体的温度 $T=\frac{2}{3k}\bar{\varepsilon}_t=273$ K

例 4.3 某容器内氧气的温度为 27 ℃，压强为 1.33 Pa，氧气分子的质量为 5.31×10^{-26} kg。求：氧气分子的平均平动动能、单位体积内氧气的分子数以及它们总的平均动能。

解：将 $T=300$ K 代入 $\bar{\varepsilon}_t=\frac{3}{2}kT$ 中，得

分子的平均平动动能 $\bar{\varepsilon}_t=6.21\times10^{-21}$ J

再由理想气体状态方程 $p=nkT$ 得

单位体积内氧气的分子数 $n=\dfrac{p}{kT}=3.21\times10^{20}\ \text{m}^3$

它们总的平均动能 $E=n\bar{\varepsilon}_t=1.99\ \text{J}$

4.3 能量均分定理 理想气体的内能

4.3.1 自由度

确定物体的空间位置所需要的独立坐标的数目，称为物体的自由度，用 i 来标记。例如一个质点被限制在一条直线或者曲线上运动，只需要 1 个坐标就可以确定它的位置，自由度数目为 1；如果它被限制在一个平面或者曲面上运动，则需要两个独立坐标来确定其位置，故自由度 $i=2$；而对空间自由运动的质点来说，需要三个独立坐标来描述其位置，故自由度 $i=3$。对于一个自由运动的刚体来说，其运动可以分解为平动和转动。因此就需要 3 个平动坐标和 3 个转动坐标共 6 个独立坐标来确定其位置，因而刚体的自由度 $i=6$。

分子是由原子构成，按分子中原子个数多少，可分为单原子分子、双原子分子、多原子分子等。为简化起见，我们假设组成分子的各原子间的相对位置不变，是“刚性”的。单原子分子就可看作自由运动的质点，应该有 3 个平动自由度，即 $i=3$。把双原子分子的键看成刚性处理，则分子的中心需要 3 个平动自由度外，还需要 2 个转动自由度(分子还能绕过中心的两个垂直的轴转动)，故 $i=5$。多原子分子如果能视为刚体，则自由度 $i=6$。实际的多原子分子中原子间距离可以变化，并非刚性的，还要加上原子间的振动自由度；温度不太高时，可以不用考虑振动自由度。一般情况下，对于 n 个原子组成的分子，这个分子最多有 $3n$ 个自由度，3 个平动自由度，3 个转动自由度，其余 $3n-6$ 个振动自由度。

4.3.2 能量均分定理

对于确定温度下的理想气体分子，分子的平均平动动能 $\bar{\varepsilon}_t=\dfrac{1}{2}m_0\overline{v^2}=\dfrac{3}{2}kT$，而由气体分子的统计学特性可知 $\overline{v_x^2}=\overline{v_y^2}=\overline{v_z^2}=\dfrac{1}{3}\overline{v^2}$，$\overline{v^2}=\overline{v_x^2}+\overline{v_y^2}+\overline{v_z^2}$，可得

$$\bar{\varepsilon}_t=\frac{1}{2}m_0\overline{v^2}=\frac{1}{2}m_0\overline{v_x^2}+\frac{1}{2}m_0\overline{v_y^2}+\frac{1}{2}m_0\overline{v_z^2}=\frac{3}{2}kT$$

$$\frac{1}{2}m_0\overline{v_x^2}=\frac{1}{2}m_0\overline{v_y^2}=\frac{1}{2}m_0\overline{v_z^2}=\frac{1}{2}kT$$

因为气体分子沿(x,y,z)三个方向做平动，有 3 个平动自由度。上述两式可以理解为分子的平均平动动能是三个平动自由度的平均平动动能之和，而且每个平动自由度的平均平动动能相同，即分子平均平动动能平均分配到 3 个平动自由度上，得

$$\bar{\varepsilon}_t=\bar{\varepsilon}_{tx}+\bar{\varepsilon}_{ty}+\bar{\varepsilon}_{tz}=\frac{3}{2}kT,\quad \bar{\varepsilon}_{tx}=\bar{\varepsilon}_{ty}=\bar{\varepsilon}_{tz}=\frac{1}{2}kT$$

可见，分子的每个平动自由度的平均平动动能均为 $kT/2$。

这一结论可以推广到分子的转动动能和振动动能，并且可以用玻尔兹曼统计加以证明，得到如下结论：

在温度为 T 的平衡状态下，物质（气体、液体、固体）分子的每一个自由度都具有相同的平均动能，其值为 $kT/2$。这就是能量按自由度均分定理，简称能量均分定理。

根据能量均分定理可知，如果某种气体的分子有 t 个平动自由度、r 个转动自由度、s 个振动自由度，则气体分子的平均总能量为 $\frac{1}{2}(t+r+2s)kT$。这是因为分子振动时不但有（振动）动能还有（振动）势能。由经典力学可知，谐振动在一个周期内的平均动能与平均势能近似相等。由于分子内原子的微振动可近似地看作谐振动，因此对于每一个振动自由度，分子除了具有 $kT/2$ 的平均动能外，还具有 $kT/2$ 平均势能。如果分子的振动自由度为 s，则分子的平均振动势能 $\bar{\varepsilon}_p = skT/2$，因此，分子的平均总能量中振动项为 $2s$。

实验和理论分析表明，在常温下（或低温下），分子振动可以不考虑，也就没有振动动能和振动势能。这种情况下，我们把分子称为刚性分子，刚性分子只有平动动能和转动动能。

后面为了讨论方便，均按刚性分子来处理。对于刚性分子的自由度，我们接下来用符号 i 来表示 $r+t$，因此，刚性分子的平均总能量是分子平均平动动能与平均转动动能之和，即

$$\bar{\varepsilon} = \frac{i}{2}kT \tag{4-8}$$

对于刚性单原子分子来说，$\bar{\varepsilon} = \frac{3}{2}kT$；对于刚性双原子分子来说，$\bar{\varepsilon} = \frac{5}{2}kT$；对于刚性多原子分子来说，$\bar{\varepsilon} = \frac{6}{2}kT = 3kT$。

必须指出：能量均分定理是关于分子热运动动能的统计规律，是对大量分子统计平均所得到的结果，是经典统计力学的基本原理。分子的动能之所以会按自由度均分完全是依靠分子的无规则碰撞实现的。在经典物理学中，有关分子平均能量的结论和能量均分定理也适用于液体和固体分子的无规则运动。但个别分子在某一瞬间的动能则不能用上述定理求出。

4.3.3 理想气体的内能

实际气体分子不仅具有动能以及分子内原子间的振动势能，还由于分子间存在相互作用力，气体分子还具有分子间相互作用的势能。我们将气体内部所有分子的动能和势能的总和，称为气体的内能。由于理想气体完全忽略分子间的相互作用，所以认为分子势能为零。因此理想气体的内能就仅仅由分子的各种运动形式的动能之和决定。

由于每个分子的平均总能量 $\bar{\varepsilon} = \frac{i}{2}kT$，所以 1 mol 理想气体的内能为

$$E_0 = N_A \frac{i}{2}kT = \frac{i}{2}RT \tag{4-9}$$

对于质量为 m、摩尔质量为 M 的理想气体，其内能为

$$E = \frac{m}{M}\frac{i}{2}RT \tag{4-10}$$

即一定量的理想气体所具有的内能仅由分子的自由度 i 和气体的温度 T 所决定，而与体积和压强无关。由此可知，当理想气体状态变化时，只要温度保持不变，则其内能就保持不变；对于不同的状态变化来说，只要温度的变化量相同，则其内能的变化量也必相同，而与过程无关。所以理想气体的内能仅仅是温度的单值函数，用 $E=f(T)$ 表示。

4.4 气体分子的速率分布规律

在平衡态下,气体中各个分子以各种速度沿着各个方向运动,并且由于分子间频繁的相互碰撞,每个分子的速度都在不断改变着。对任何一个气体分子来说,在任何时刻它的速度的方向和大小完全具有偶然性,因而是不能预知的。然而,就大量气体分子的总体来说,在一定条件下,它们的速率分布却遵从着一定的统计规律。有关规律在 1859 年由麦克斯韦应用统计概念首先导出。

4.4.1 气体分子的速率分布函数

气体分子的分布,最基本的含义指的是:将气体系统内的全部气体分子按某一微观物理量的可能取值分成若干个组,指出每一组的气体分子数或每一组气体分子数占总分子数的百分比;若气体分子的微观物理量是可以连续取值的,则需要给出微观物理量全部可能的取值,指出各个可能取值附近单位微观物理量内的气体分子数占总分子数的百分比。最容易说明的是气体分子数按速率的分布。

在平衡态下,由于气体分子的无规则运动,气体系统内分子的速率可以取 $0 \sim \infty$ 的所有值,但取每一值的概率可能不同。而所谓气体分子的分布,实际上就是要寻找这一概率。

设气体系统的总分子数为 N,将气体分子的速率区间 $0 \sim \infty$ 分成若干小的区间 Δv,并设速率在 $v \to v+\Delta v$ 区间的分子数为 ΔN。则 $\dfrac{\Delta N}{N}$ 表示速率在 $v \to v+\Delta v$ 区间的分子数占总分子数的百分比。$\dfrac{\Delta N}{N\Delta v}$ 表示速率在 $v \to v+\Delta v$ 附近单位速率间隔的分子数占总分子数的百分比,显然,这一百分比与速率 v 和速率间隔 Δv 有关;当速率间隔 $\Delta v \to 0$ 时,$\dfrac{\Delta N}{N\Delta v}$ 的极限值就只是速率 v 的函数 $f(v)$,而 $f(v)$ 就是气体分子的速率分布函数,有

$$\lim_{\Delta v \to 0} \frac{\Delta N}{N\Delta v} = \frac{1}{N} \lim_{\Delta v \to 0} \frac{\Delta N}{\Delta v} = \frac{1}{N}\frac{\mathrm{d}N}{\mathrm{d}v} = \frac{\mathrm{d}N}{N\mathrm{d}v} = f(v)$$

这里,$f(v)=\dfrac{\mathrm{d}N}{N\mathrm{d}v}$ 表示在速率 v 附近单位速率间隔的分子数占总分子数的百分比;$\dfrac{\mathrm{d}N}{N} = f(v)\mathrm{d}v$ 表示气体分子的速率在 $v \to v+\mathrm{d}v$ 范围内气体分子数占总分子数的百分比;$\mathrm{d}N = Nf(v)\mathrm{d}v$ 表示速率在 $v \to v+\mathrm{d}v$ 范围内的气体分子数。

全部分子的速率必定分布在 $0 \sim \infty$ 的速率范围内,因此速率分布函数 $f(v)$ 对整个速率区间的积分一定等于 1,即满足归一化条件

$$\int_0^\infty f(v)\mathrm{d}v = 1 \tag{4-11}$$

由 $\mathrm{d}N$ 和 $f(v)$ 的物理意义,可以得到 $\int_0^N \mathrm{d}N = \int_0^\infty Nf(v)\mathrm{d}v = N$。

有了归一化的速率分布函数 $f(v)$,就可以计算与速率 v 有关的物理量 $A(v)$ 在某一速率区间 $v_1 \sim v_2$ 的统计平均值。$A(v)Nf(v)\mathrm{d}v$ 表示速率在 $v \to v+\mathrm{d}v$ 范围内气体分子物理量 $A(v)$ 的总和,$\int_{v_1}^{v_2} A(v)Nf(v)\mathrm{d}v$ 表示速率范围在 $v_1 \sim v_2$ 时气体分子物理量 $A(v)$ 的总和,则

速率范围在 $v_1 \sim v_2$ 时气体分子物理量 $A(v)$ 的统计平均值为

$$\overline{A(v)} = \frac{\int_{v_1}^{v_2} A(v) N f(v) \mathrm{d}v}{\int_{v_1}^{v_2} N f(v) \mathrm{d}v} = \frac{\int_{v_1}^{v_2} A(v) f(v) \mathrm{d}v}{\int_{v_1}^{v_2} f(v) \mathrm{d}v} \tag{4-12}$$

如果气体分子的速率区间为 $0 \sim \infty$,则

$$\overline{A(v)} = \frac{\int_{0}^{\infty} A(v) N f(v) \mathrm{d}v}{\int_{0}^{\infty} N f(v) \mathrm{d}v} = \frac{\int_{0}^{\infty} A(v) f(v) \mathrm{d}v}{\int_{0}^{\infty} f(v) \mathrm{d}v} \tag{4-13}$$

例如,令 $A(v)=v$,就是用来计算 $\overline{v}$;令 $A(v)=v^2$,就是用来计算 $\overline{v^2}$。

由于速率范围在 $v \to v+\mathrm{d}v$ 时气体分子数 $\mathrm{d}N = Nf(v)\mathrm{d}v$ 是一个统计平均量,因此速率分布函数 $f(v)=\dfrac{\mathrm{d}N}{N\mathrm{d}v}$ 也是一个统计平均量,只有对大量分子组成的系统才有意义。

4.4.2 麦克斯韦速率分布律

麦克斯韦从理论上推导出了理想气体系统处于平衡态时的气体分子速率分布函数,即

$$f(v) = 4\pi \left(\frac{m_0}{2\pi kT}\right)^{3/2} v^2 \exp\left(-\frac{m_0 v^2}{2kT}\right) \tag{4-14a}$$

称为麦克斯韦速率分布函数。式中,m_0 为气体分子的质量,T 为气体系统的温度。

因此,处于平衡态下的理想气体系统,气体分子的速率分布在 $v \sim v+\mathrm{d}v$ 的气体分子数占气体分子总数的比率为

$$\frac{\mathrm{d}N}{N} = f(v)\mathrm{d}v = 4\pi \left(\frac{m_0}{2\pi kT}\right)^{3/2} v^2 \exp\left(-\frac{m_0 v^2}{2kT}\right) \mathrm{d}v \tag{4-14b}$$

这就是麦克斯韦速率分布律。要特别指出的是,速率分布函数 $f(v)$、气体分子的速率分布在 $v \sim v+\mathrm{d}v$ 的气体分子数 $\mathrm{d}N$ 都是统计平均值,它们都存在涨落。

以 v 为横轴,$f(v)$ 为纵轴,按照式(4-14a)做速率分布函数的曲线如图 4-2 所示,称为麦克斯韦速率分布曲线,它非常直观地描绘出了气体分子按速率分布的具体情况。图中曲线下面宽度为 $\mathrm{d}v$ 的小窄条面积就表示气体分子的速率分布在 $v \sim v+\mathrm{d}v$ 区间内的分子数占分子总数的百分比 $\mathrm{d}N/N$。而 $v_1 \sim v_2$ 内曲线下的面积则表示气体分子的速率分布在 $v_1 \sim v_2$ 区间内的分子数占分子总数的百分比 $\Delta N/N$。当然,曲线下的总面积为 1,这是归一化条件的要求。

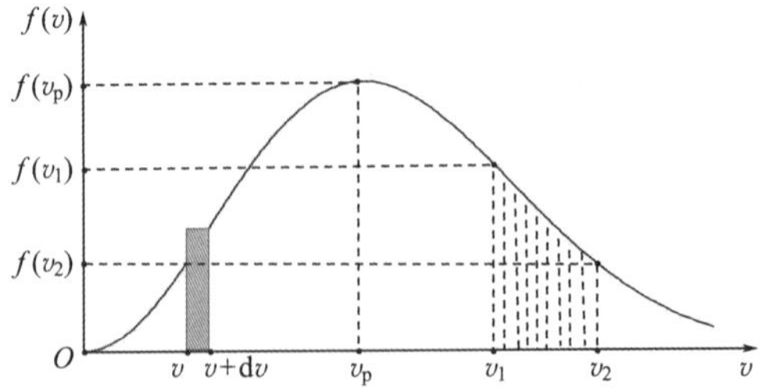

图 4-2 理想气体系统分子麦克斯韦速率分布曲线

由麦克斯韦速率分布曲线可见,气体分子速率分布曲线由坐标原点出发,经过一个极大值后,随着气体分子速率的增大而逐渐趋近于横坐标轴。这说明,气体分子的速率可以取 $0 \sim \infty$ 的一切数值;由曲线还可以看出,速率很大和很小的气体分子数实际上都很少,而具有中等速率的气体分子数却很多。

4.4.3 三种统计速率

1.最概然速率

从图 4-2 可以看出，在某一速率 v_p 处函数 $f(v)$ 有一极大值，v_p 称为最概然速率，其物理意义是，如果把整个速率范围分成许多相等的小区间，则 v_p 所在的区间内的分子数占分子总数的百分比最大；或者说，速率分布在 v_p 附近单位速率间隔的气体分子数占气体分子总数的比率最大。将麦克斯韦速率分布函数 $f(v)$ 对速率 v 求一阶导数，并令其等于零，即

$$\frac{\mathrm{d}f(v)}{\mathrm{d}v}\Big|_{v_p}=0$$

就可以求出最概然速率 v_p 为

$$v_p=\sqrt{\frac{2kT}{m_0}}=\sqrt{\frac{2RT}{M}} \tag{4-15}$$

可见，最概然速率 v_p 随温度 T 的升高而增大，并随气体分子的质量 m_0 增大而减小。

2.算术平均速率

由麦克斯韦速率分布函数可以求得与气体分子速率有关的统计平均值。根据计算统计平均值的方法，平衡态下的理想气体系统，气体分子平均速率为

$$\bar{v}=\int_0^{\infty}vf(v)\mathrm{d}v=\int_0^{\infty}4\pi\left(\frac{m_0}{2\pi kT}\right)^{3/2}v^3\exp\left(-\frac{m_0v^2}{2kT}\right)\mathrm{d}v=\sqrt{\frac{8kT}{\pi m_0}}$$

$$\bar{v}=\sqrt{\frac{8kT}{\pi m_0}}=\sqrt{\frac{8RT}{\pi M}}\approx 1.60\sqrt{\frac{RT}{M}} \tag{4-16}$$

3.方均根速率

平衡态下的理想气体系统，气体分子方均根速率可通过下面的计算得到，即

$$\overline{v^2}=\int_0^{\infty}v^2f(v)\mathrm{d}v=\int_0^{\infty}4\pi\left(\frac{m_0}{2\pi kT}\right)^{3/2}v^4\exp\left(-\frac{m_0v^2}{2kT}\right)\mathrm{d}v=\frac{3kT}{m_0}$$

$$v_{\mathrm{rms}}=\sqrt{\overline{v^2}}=\sqrt{\frac{3kT}{m_0}}=\sqrt{\frac{3RT}{M}}\approx 1.73\sqrt{\frac{RT}{M}} \tag{4-17}$$

三个速率值 v_p，$\bar{v}$，v_{rms} 都是在统计意义上说明大量分子的运动速率的典型值。它们都与 $\sqrt{T}$ 成正比，与 $\sqrt{m_0}$ 成反比。其中 v_{rms} 最大，$\bar{v}$ 次之，v_p 最小。一般在讨论速率分布时，要用到最概然速率；计算分子运动的平均距离时，要用到算术平均速率；计算分子的平均平动动能时，要用到方均根速率。

由方均根速率和气体压强公式，得

$$p=\frac{2}{3}n\bar{\varepsilon}_t=\frac{2}{3}n\,\frac{1}{2}m_0\overline{v^2}=\frac{2}{3}n\,\frac{1}{2}m_0\,\frac{3kT}{m_0}=nkT=\frac{N}{V}kT,\quad pV=\nu RT$$

这就是理想气体状态方程，说明麦克斯韦速率分布律与理想气体系统宏观参量的微观机制是自洽的，也说明麦克斯韦速率分布律与理想气体系统的宏观实验事实是相符的。麦克斯韦速率分布律能够正确地反映理想气体系统中气体分子的速率分布。

例 4.4 试计算室温下（$T=300$ K）氮气的三种统计速率。已知氮气的摩尔质量为 $M=2.8\times10^{-2}\ \mathrm{kg\cdot mol^{-1}}$。

解：$v_p=\sqrt{\dfrac{2RT}{M}}=422\ \mathrm{m\cdot s^{-1}}$，

$$\overline{v}=\sqrt{\frac{8RT}{\pi M}}=476\ \mathrm{m\cdot s^{-1}},$$

$$v_{\mathrm{rms}}=\sqrt{\overline{v^2}}=\sqrt{\frac{3RT}{M}}=517\ \ \mathrm{m\cdot s^{-1}}。$$

*4.4.4 玻尔兹曼分布律

麦克斯韦速率分布律只考虑气体分子的平动运动，玻尔兹曼将麦克斯韦速率分布律推广到了气体分子在保守力场中运动的情况。在保守力场中，分子的能量应该是分子动能与势能之和，即 $\varepsilon=\varepsilon_{\mathrm{k}}+\varepsilon_{\mathrm{p}}$。由此，玻尔兹曼得到：当系统在力场中处于平衡态时，分子位置坐标值在 $x\sim x+\mathrm{d}x$、$y\sim y+\mathrm{d}y$、$z\sim z+\mathrm{d}z$，同时分子速度分量值在 $v_x\sim v_x+\mathrm{d}v_x$、$v_y\sim v_y+\mathrm{d}v_y$、$v_z\sim v_z+\mathrm{d}v_z$ 的分子数为

$$\mathrm{d}N=n_0\left(\frac{m_0}{2\pi kT}\right)^{3/2}\exp\left(-\frac{\varepsilon_{\mathrm{k}}+\varepsilon_{\mathrm{p}}}{kT}\right)\mathrm{d}v_x\,\mathrm{d}v_y\,\mathrm{d}v_z\,\mathrm{d}x\,\mathrm{d}y\,\mathrm{d}z$$

式中，n_0 表示在势能 ε_{p} 为零时单位体积内具有各种速度的分子总数。这就是玻尔兹曼分子按能量分布定律，简称玻尔兹曼分布律。

由玻尔兹曼分布律可以得到分布在坐标 $x\sim x+\mathrm{d}x$、$y\sim y+\mathrm{d}y$、$z\sim z+\mathrm{d}z$ 时单位体积内的分子数为

$$n=n_0\exp\left(-\frac{\varepsilon_{\mathrm{p}}}{kT}\right)$$

这是分子按势能的分布规律。

练习题

1.容积为 $1.0\times10^{-2}\ \ \mathrm{m^3}$ 的瓶中盛有温度为 300 K 的氧气。在室温不变的情况下，使用一段时间后，瓶内压强由 2.5×10^5 Pa 降至 1.3×10^5 Pa。问用去了多少氧气？

2.标准状态下的理想气体，1.0 $\mathrm{cm^3}$ 体积中含有多少个气体分子？此时气体分子之间（相邻两分子中心之间）的平均距离为多大？

3.某实验室获得的真空的压强为 1.33×10^{-8} Pa，试问在 27 ℃ 时此真空中的气体分子数密度是多少？气体分子的平均平动动能是多少？

4.已知一容器内的理想气体在温度为 273 K、压强为 1.013×10^3 Pa 时，密度为 $1.24\times10^{-2}\ \ \mathrm{kg\cdot m^{-3}}$，则该气体的摩尔质量是多少？单位体积内分子总平动动能是多少？分子的方均根速率是多少？

5.分子的平均动能公式为 $\overline{\varepsilon}=\frac{i}{2}kT$（$i$ 为分子的自由度），请写出它的适用条件。若室温下，1 mol 双原子分子的理想气体的压强为 p、体积为 V，写出它的平均动能。

6.在温度为 300 K 时，1 mol 氢气分子的总平动动能、总转动动能、气体的内能各是多少？

7.(1) 质量为 4×10^{-3} kg 的氧气，在温度为 300 K 时的内能是多少？(2) 当氧气压强为 2.026×10^5 Pa、体积为 $3\times10^{-3}\ \ \mathrm{m^3}$ 时，该氧气的内能是多少？

8.已知 $f(v)$ 是速率分布函数，说明下列各式的意义：

(1)$f(v)\mathrm{d}v$；　(2)$\int_{v_1}^{v_2}vf(v)\mathrm{d}v$；　(3)$\int_{v_1}^{v_2}Nf(v)\mathrm{d}v$；　(4)$\int_{v_1}^{v_2}N_vf(v)\mathrm{d}v$。

9.在体积为 $3\times10^{-2}\ m^3$ 的容器中装有 2×10^{-2} kg 的气体，容器内的压强为 5.065×10^4 Pa。求气体分子的最概然速率、算术平均速率、方均根速率。

10.质量均为 2 g 的氦气和氢气分别装在两个容积相同的封闭容器内，温度也相同。设氢气分子可视为刚性分子。试问：(1) 氢分子与氦分子的平均平动动能之比是多少？(2) 氢气与氦气的压强之比是多少？(3) 氢气和氦气的内能之比是多少？

第五章

热力学基础

热力学是研究物质热现象与热运动规律的一门学科，它是从宏观角度对热现象进行直接观察、实验，用能量守恒与转换的观点去研究物态变化过程中功能转化关系、条件及规律，而不涉及物质的微观结构。

5.1 热力学第一定律

一定量的气体分子组成的系统内，由于气体分子在其中的无规则运动与系统的温度有关，所以这样的系统称为热力学系统。经验告诉我们，当热力学系统受到外界的作用时，系统的宏观状态参量(压强、体积和温度等) 随之发生变化。对气体系统做功(比如压缩气体系统)和对系统传递热量是改变热力学系统状态的两种手段。热力学系统宏观状态参量随外界作用而变化的过程，称为热力学过程。

如果气体系统的宏观性质随时间变化，则气体系统所处的状态称为非平衡态。在非平衡态下，气体系统各部分的性质一般说来可能各不相同，并且在不断地变化，所以就不能用统一的参量来描述系统的状态。系统在无外界影响的情况下，由非平衡态过渡到新的平衡态所需要的时间叫作弛豫时间。

平衡态只是一种宏观上的寂静状态，在微观上气体系统并不是静止不变的。在平衡态下，组成系统的大量分子还在不停地无规则地运动着，这些微观运动的总效果也随时间不停地急速地变化着，只不过它们总的平均效果不随时间变化。因此，热力学中的平衡态从微观的角度看，实质上是一种动态平衡，通常把这种平衡称为热动平衡。

当气体与外界交换能量时，它的状态就要发生变化。系统从一个状态向另一个状态的过渡，叫作过程。当气体从一个状态经不断变化达到另一状态时，如果所经历的每一个中间状态都无限接近平衡态，这种过程称为准静态过程。显然，这也是一个理想过程，是热力学研究中一个重要的理想模型。对于准静态过程，每一时刻都可以谈论系统的压强、温度、体积等宏观状态参量。也就是说，准静态过程的每一步，系统都有确定的压强、温度、体积等宏观状态参量。而由气体状态方程可知，气体系统的压强、温度、体积三个宏观状态参量中只有两个是独立的，因此，热力学过程的每一步都可以用三个宏观状态参量中的两个来表示。这样，热力学系统的准静态过程就可以用 p-V、p-T、V-T 图上的一条曲线来描述。

虽然实际过程都是非平衡过程，但在线度不太大的实际系统中，如果气体的温度、密度等由不均匀趋向均匀所需的弛豫时间都不太长，因而变化不太剧烈的过程，即使达不到无限缓慢，一般也可认为是准静态过程。我们这里只研究准静态过程，接下来研究的各种过程，没有特别强调，指的都是准静态过程。

5.1.1 内能、功和热量

1.内能

对于热力学系统而言，当外界与系统之间发生相互作用时，一般不考虑系统整体的机械运动，所以外界对系统做功，只会引起系统的热运动状态的改变，即会改变系统的内能。上一章介绍过，气体内部所有分子的动能和势能的总和就是系统的内能，它是系统状态的单值函数，是状态量。而对于理想气体来说，其内能仅由分子的动能决定，仅仅是温度的单值函数。因此，当系统的状态发生变化时，不管其经历何种状态变化过程，只要始末状态确定，其内能的改变量总是一定的。

2.功

通过对气体系统做功或者外界对系统传递热量，都会使系统的状态发生改变，或使系统的内能发生变化，这两种手段从能量传递角度来看是等效的。功和热量都是系统能量变化的量度，都是与系统状态变化过程有关的物理量，是过程量。在国际单位制中，它们的单位都是焦耳(J)。

做功是通过系统与外界物体之间产生宏观的相对位移来完成的，是外界物体的有规则运动和系统内分子无规则热运动之间发生能量交换，从而改变系统内能的过程。热量传递是通过系统与外界边界处分子之间的碰撞来完成的，是系统外物体分子无规则热运动与系统内物体分子无规则热运动之间交换能量的过程。

下面以气缸中的气体为例，来讨论理想气体状态发生变化时的气体做功问题。

如图 5-1 所示，理想气体系统被活塞限制在气缸内，活塞可以无摩擦地左右移动，从而可以改变气体的体积。活塞的面积为 S，设气缸内气体体积为 V 时，气体的压强为 p。由于气体系统处于平衡态，各处的压强是均匀的，气体给予活塞一个均匀的推力 $F=pS$；在活塞向右移动微小距离 $\mathrm{d}l$（气体体积膨胀 $\mathrm{d}V=S\mathrm{d}l$）的过程中，气体所做的功（元功）为

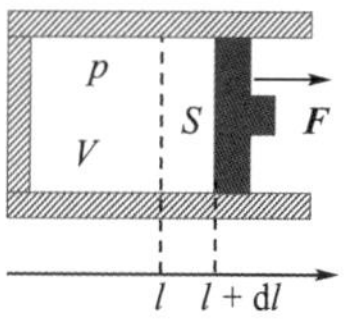

图 5-1　气缸内气体做功

$$\text{đ}A=F\mathrm{d}l=pS\mathrm{d}l=p\mathrm{d}V \tag{5-1a}$$

这就是理想气体系统准静态过程中，气体做功的表达式。气体膨胀 $\mathrm{d}V>0$，气体做正功 $\text{đ}A>0$，也称气体对外界做功；如果气体收缩 $\mathrm{d}V<0$，气体做负功 $\text{đ}A<0$，也称外界对气体做功。在一个有限的准静态过程中，气体系统由状态 1(p_1,V_1,T_1) 变化到状态 2(p_2,V_2,T_2) 的过程中，气体系统对外界所做的总功为

$$A=\int\text{đ}A=\int p\mathrm{d}V=\int_{V_1}^{V_2}p(V)\mathrm{d}V \tag{5-1b}$$

气体做功的具体数值要根据准静态过程中压强 p 与体积 V 的函数关系 $p(V)$ 以及理想气体状

态方程 $pV=\nu RT$ 来计算。在此要明确，在功的表达式(5-1a)和(5-1b)中，是气体本身对外界所做的功或外界对气体本身做的功，这才是气体做功的真正物理含义。

由于理想气体系统的准静态过程的每一个过程点都是平衡态，可以由气体系统的宏观参量$\left(p,V,T=\dfrac{pV}{\nu R}\right)$表示，准静态过程可以由 p-V 图上一条曲线(过程线)表示，用箭头表示过程进行的方向，如图 5-2 所示。由理想气体系统准静态过程中气体做功的表达式和准静态过程的 p-V 图 5-2 可见，p-V 图中狭长矩形面积表示气体所做的元功 $đA$，曲线(实线)下的面积就是从状态 $1(p_1,V_1,T_1)$ 变化到状态 $2(p_2,V_2,T_2)$ 这一准静态过程中气体所做的总功。如果在此过程中气体体积增大，则气体做正功；如果气体体积减小，则气体做负功。

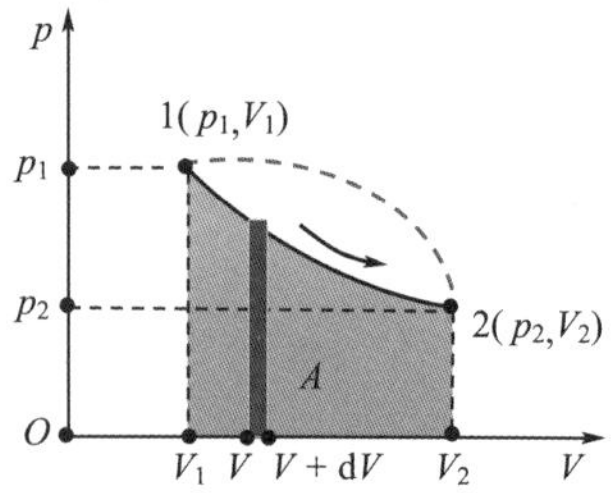

图 5-2　气体膨胀做功示意图

应该指出，理想气体系统准静态过程中，气体做功是与过程有关的。气体系统由状态 $1(p_1,V_1,T_1)$ 变化到状态 $2(p_2,V_2,T_2)$，经历的过程不同，气体做功的数值也不同。从图 5-2 可以看出，系统从状态 1 变化到状态 2，可以沿实线所示的过程进行，也可以沿虚线所示的过程进行。两个过程中，p-V 图中两条过程曲线下的面积不相等，所以两个过程气体所做的功不相等。这是由于不同的准静态过程，压强 p 与体积 V 的函数关系 $p(V)$ 不同所致。

3.热量

大量的实践和科学实验表明，当对系统加热或系统放热时，系统的宏观状态量将发生变化。我们将系统放出的热或加给系统的热的数值称为热量。

做功和热量传递都可以引起系统的宏观状态参量变化，因此，我们可以认为二者之间存在着某种等价性。从 1840 年到 1879 年，焦耳进行了 400 余次的实验，精确地求得了功和热量互相转化的数值关系，即"热功当量"，测量出了这种等效性。

科学地说，热量不是传递着热质，而是传递着能量。热量是因为各部分温度不一致而发生的能量传递，通过分子间的相互作用来完成能量的传递。

5.1.2 热力学第一定律

在一般情况下，外界既可以对系统做功也可能向系统传递热量，外界与系统的这两种相互作用都有可能改变系统的内能。在做功和热传递同时存在的过程中，系统内能的变化，则要由做功和所传递的热量共同决定。系统经过某一热力学过程从平衡态 $1(p_1,V_1,T_1)$ 变化到平衡态 $2(p_2,V_2,T_2)$，设在这个过程中系统从外界吸收的热量为 Q，系统对外界所做的功为 A、使得系统内能由 E_1 变为 E_2(或说系统内能的增量为 ΔE)，则根据能量转化和守恒定律，可以得出

$$Q=(E_2-E_1)+A=\Delta E+A \tag{5-2a}$$

这就是热力学第一定律的数学表达式。热力学第一定律说明，在某一过程中，外界传递给系统的热量 Q，一部分用来增加系统的内能，一部分用来对外界做功。它是包含热现象在内的能量转化和守恒定律。我们规定：当系统从外界吸收了热量时，Q 为正；当系统向外界放出了热量时，Q 为负。当系统对外界做功时，A 为正；当外界对系统做功时，A 为负。如果系统内能增加，$\Delta E>0$；如果系统内能减少，$\Delta E<0$。系统从外界"吸收"的热量，一部分用来"增加"系统的内能，另一部分用来"系统对外界"做功；系统向外界"释放"的热量，一部分来自系统内能的

“减少”，另一部分来自“外界对系统”所做的功。

对于系统状态的微小变化过程，热力学第一定律的表达式为

$$\text{đ}Q = \mathrm{d}E + \text{đ}A \tag{5-2b}$$

这实际上是热力学第一定律的微分形式。由于系统的内能是状态量，所以 dE 表示微小热力学过程末始态的内能增量；热量和功都是过程量，所以 $\text{đ}A$ 表示微小热力学过程中系统对外界所做的微量功、$\text{đ}Q$ 表示微小热力学过程中外界向系统传递的微量热量。

热力学第一定律指出，若使系统对外做功，必然要消耗系统的内能，或由外界为系统传递热量，或者二者兼而有之。历史上，有人曾企图设计一种机器，使它不断对外做功而又不需要任何动力和燃料。这被称为第一类永动机。显然，第一类永动机违反了热力学第一定律，是不可能制成的。

5.1.3 热力学系统的热容和摩尔热容

在热力学过程中，热力学系统的热容和摩尔热容是非常重要的物理量，它们决定了一个热力学系统温度变化所需要吸收(或放出)的热量，也就是系统温度变化所需要的代价。

1.热容的定义

对于一个确定的热力学系统(质量为 m，或摩尔数为 ν)，经历过程 x 后，系统由平衡态 $1(p_1, V_1, T_1)$ 变化到平衡态 $2(p_2, V_2, T_2)$，在整个热力学过程中系统吸收(或放出)的热量为 Q_x，则这一热力学过程中热力学系统的平均热容定义为

$$\overline{c}_x = \frac{Q_x}{\Delta T} = \frac{Q_x}{T_2 - T_1}$$

单位质量系统的平均热容定义为平均比热容

$$\overline{c}_{x,m} = \frac{\overline{c}_x}{m} = \frac{Q_x}{m\Delta T} = \frac{1}{m}\frac{Q_x}{T_2 - T_1}$$

单位摩尔(1 mol)系统的平均热容定义为平均摩尔热容

$$\overline{C}_{x,m} = \frac{\overline{c}_x}{\nu} = \frac{Q_x}{\nu\Delta T} = \frac{1}{\nu}\frac{Q_x}{T_2 - T_1}$$

为了精准地定义热容，我们必须考虑微小的热力学过程中热力学系统温度的微小变化和热力学系统在温度微小变化下吸收的热量。为此，对于一个确定的热力学系统(质量为 m，或摩尔数为 ν)，经历过程 x 后，系统由平衡态 $1(p_1, V_1, T_1)$ 变化到平衡态 $2(p_2, V_2, T_2)$，在某一温度变化区间 $T \sim T + \Delta T$，热力学过程中系统吸收(或放出)的热量为 ΔQ_x。那么，热力学过程 x 的热容定义为

$$c_x = \lim_{\Delta T \to 0}\frac{\Delta Q_x}{\Delta T} = \lim_{\Delta T \to 0}\frac{\Delta A_x + \Delta E}{\Delta T} = \frac{\text{đ}Q_x}{\mathrm{d}T} = \frac{\text{đ}A_x}{\mathrm{d}T} + \frac{\mathrm{d}E}{\mathrm{d}T} \tag{5-3}$$

比热容定义为

$$c_{x,m} = \lim_{\Delta T \to 0}\frac{\Delta Q_x}{m\Delta T} = \lim_{\Delta T \to 0}\frac{\Delta A_x + \Delta E}{m\Delta T} = \frac{1}{m}\frac{\text{đ}Q_x}{\mathrm{d}T} = \frac{1}{m}\frac{\text{đ}A_x}{\mathrm{d}T} + \frac{1}{m}\frac{\mathrm{d}E}{\mathrm{d}T} \tag{5-4}$$

摩尔热容定义为

$$C_{x,m} = \lim_{\Delta T \to 0}\frac{\Delta Q_x}{\nu\Delta T} = \lim_{\Delta T \to 0}\frac{\Delta A_x + \Delta E}{\nu\Delta T} = \frac{1}{\nu}\frac{\text{đ}Q_x}{\mathrm{d}T} = \frac{1}{\nu}\frac{\text{đ}A_x}{\mathrm{d}T} + \frac{1}{\nu}\frac{\mathrm{d}E}{\mathrm{d}T} \tag{5-5}$$

如果已知平均热容(平均比热容、平均摩尔热容)，则可以求得热力学系统在热力学过程中系统吸收(放出)的热量

$$Q_x = \bar{c}_x \Delta T = m\bar{c}_{x,m} \Delta T = \nu \bar{C}_{x,m} \Delta T$$

如果已知热容(比热容、摩尔热容),则可以求得热力学系统在热力学过程中系统吸收(放出)的热量

$$Q_x = \int \text{đ}Q_x = \int_{T_1}^{T_2} c_x \mathrm{d}T = m\int_{T_1}^{T_2} c_{x,m} \mathrm{d}T = \nu \int_{T_1}^{T_2} C_{x,m} \mathrm{d}T \tag{5-6}$$

对于热力学系统的绝热过程,在温度变化的过程中,系统不吸收(放出)热量,$\text{đ}Q_Q = 0$。因此,热力学系统的绝热过程热容($c_Q, c_{Q,m}, C_{Q,m}$)为零。

对于热力学系统的等温热力学过程,无论吸收(放出)热量多少,热力学系统的温度保持不变,$\mathrm{d}T = 0$。因此,热力学系统的等温过程热容($c_T, c_{T,m}, C_{T,m}$)为无限大。如果热力学过程系统从外界吸收热量,则热容为正无限大;如果热力学过程系统向外界放出热量,则热容为负无限大。

2.理想气体系统定体摩尔热容

由于在热力学系统的等体热力学过程中,气体系统的体积不变,气体系统在等体热力学过程中不做功,$\text{đ}A_V = 0$。按摩尔热容的定义,理想气体系统定体摩尔热容为

$$C_{V,m} = \lim_{\Delta T \to 0} \frac{\Delta Q_V}{\nu \Delta T} = \frac{1}{\nu}\frac{\text{đ}Q_V}{\mathrm{d}T} = \frac{1}{\nu}\frac{\text{đ}A_V}{\mathrm{d}T} + \frac{1}{\nu}\frac{\mathrm{d}E}{\mathrm{d}T} = \frac{1}{\nu}\frac{\mathrm{d}E}{\mathrm{d}T}, C_{V,m} = \frac{1}{\nu}\frac{\mathrm{d}E}{\mathrm{d}T} \tag{5-7a}$$

对于理想气体系统,内能表示为 $E = \frac{i}{2}NkT = \frac{i}{2}\nu RT = \frac{i}{2}\frac{m}{M}RT$,所以,理想气体系统的定体摩尔热容为

$$C_{V,m} = \frac{1}{\nu}\frac{\mathrm{d}E}{\mathrm{d}T} = \frac{1}{\nu}\frac{\mathrm{d}}{\mathrm{d}T}\left(\frac{i}{2}\nu RT\right) = \frac{i}{2}R, C_{V,m} = \frac{i}{2}R \tag{5-7b}$$

理想气体系统的定体摩尔热容与系统的温度无关,而是与气体分子种类有关的常量。

对于单原子分子、刚性双原子分子、刚性多原子分子组成的理想气体系统(分子自由度分别为 $i=3$、$i=5$、$i=6$),定容摩尔热容分别为

$$C_{V,m} = \frac{3}{2}R, C_{V,m} = \frac{5}{2}R, C_{V,m} = 3R$$

理想气体系统的定体摩尔热容 $C_{V,m}$ 是一个仅仅与气体分子种类有关的常量,它不依赖于任何热力学过程。由于理想气体系统的内能表示为 $E = \frac{i}{2}NkT = \frac{i}{2}\nu RT = \frac{i}{2}\frac{m}{M}RT$,所以,理想气体系统由平衡态 $1(p_1, V_1, T_1)$ 变化到平衡态 $2(p_2, V_2, T_2)$ 时,系统内能的增量为

$$\Delta E = \frac{i}{2}Nk\Delta T = \frac{i}{2}\frac{m}{M}R\Delta T = \frac{i}{2}\nu R\Delta T = \nu C_{V,m}\Delta T = \nu C_{V,m}(T_2 - T_1) \tag{5-8}$$

可见,对于确定的理想气体系统,无论怎样的热力学过程,只要始末态确定,系统内能的增量就可以用理想气体系统的定体摩尔热容和始末状态的热力学温度来表示出来。

3.理想气体系统定压摩尔热容

对于理想气体系统的定压热力学过程(p 恒定),由理想气体状态方程 $pV = \nu RT$ 得到,$p\mathrm{d}V = \nu R\mathrm{d}T$。因此,理想气体系统的定压热力学过程气体做功为

$$\text{đ}A_p = p\mathrm{d}V = \nu R\mathrm{d}T$$

按照摩尔热容的定义,理想气体系统的定压摩尔热容为

$$C_{p,m} = \lim_{\Delta T \to 0}\frac{\Delta Q_p}{\nu \Delta T} = \frac{1}{\nu}\frac{\text{đ}A_p}{\mathrm{d}T} + \frac{1}{\nu}\frac{\mathrm{d}E}{\mathrm{d}T} = \frac{1}{\nu}\left(\nu R + \frac{i}{2}\nu R\right) = \left(\frac{i}{2} + 1\right)R$$

$$C_{p,m}=\left(\frac{i}{2}+1\right)R=R+C_{V,m} \tag{5-9}$$

理想气体系统的定压摩尔热容与系统的温度无关，而是与气体分子种类有关的常量。

对于单原子分子、刚性双原子分子、刚性多原子分子组成的理想气体系统（分子自由度分别为 $i=3$、$i=5$、$i=6$），定压摩尔热容分别为

$$C_{p,m}=\frac{5}{2}R,C_{p,m}=\frac{7}{2}R,C_{p,m}=4R$$

4.比热容比

比热容比定义为定压摩尔热容与定体摩尔热容之比。对于理想气体系统，比热容比为

$$\gamma=\frac{C_{p,m}}{C_{V,m}}=\frac{C_{V,m}+R}{C_{V,m}}=\frac{iR/2+R}{iR/2}=\frac{i+2}{i},\gamma=\frac{i+2}{i} \tag{5-10}$$

式中，i 为理想气体分子自由度。

对于单原子分子、刚性双原子分子、刚性多原子分子组成的理想气体系统（分子自由度分别为 $i=3$、$i=5$、$i=6$），比热容比分别为

$$\gamma=\frac{i+2}{i}=\frac{3+2}{3}=\frac{5}{3},\gamma=\frac{i+2}{i}=\frac{5+2}{5}=\frac{7}{5},\gamma=\frac{i+2}{i}=\frac{6+2}{6}=\frac{4}{3}$$

5.2 理想气体的几个典型准静态过程

典型的理想气体系统准静态过程主要有：等体过程、等压过程、等温过程和绝热过程。接下来讨论在理想气体这几种特殊的准静态过程中热力学第一定律的应用。

5.2.1 等体过程

在理想气体系统的准静态等体过程中，系统的体积保持不变，即 $V=c_1=V_0$ 或 $\mathrm{d}V=0$，这是等体过程的特征。由理想气体系统状态方程，得到

$$p=\frac{\nu R}{V}T=\frac{\nu R}{V_0}T=\alpha_1 T,p=\alpha_1 T \tag{5-11}$$

这里，比例系数 $\alpha_1=\nu R/V_0$ 是由过程的初始状态决定的常量。对同一个等体过程，该比例系数不变；等体过程的初始状态不同，该比例系数不同。

在等体过程中，系统的压强与系统的热力学温度成正比；升温过程也就是升压过程，降温过程也就是降压过程。如果系统由平衡态 1（p_1,V_0,T_1）变化到平衡态 2（p_2,V_0,T_2），则始末态宏观状态参量的关系为 $p_1=\frac{\nu R}{V_0}T_1,p_2=\frac{\nu R}{V_0}T_2;\frac{T_2}{T_1}=\frac{p_2}{p_1}$。理想气体系统的准静态等体过程，在 p-V 图中可表示为平行于 p 轴的一条直线段；在 p-T 图中可表示为延长线过原点的一条斜直线段；在 V-T 图中可表示为平行于 T 轴的一条直线段。如图 5-3 所示。

等体过程中，$\mathrm{d}V=0$，系统不对外做功，$đA_V=0$，由热力学第一定律有

$$đQ_V=\mathrm{d}E+đA_V=\mathrm{d}E=\nu C_{V,m}\mathrm{d}T=\frac{i}{2}\nu R\mathrm{d}T \tag{5-12a}$$

理想气体系统由平衡态 1（p_1,V_0,T_1）变化到平衡态 2（p_2,V_0,T_2），系统吸收的热量为

$$Q_V=\int đQ_V=\int_{T_1}^{T_2}\nu C_{V,m}\mathrm{d}T=\nu C_{V,m}(T_2-T_1)=\frac{i}{2}\nu R(T_2-T_1)=E_2-E_1 \tag{5-12b}$$

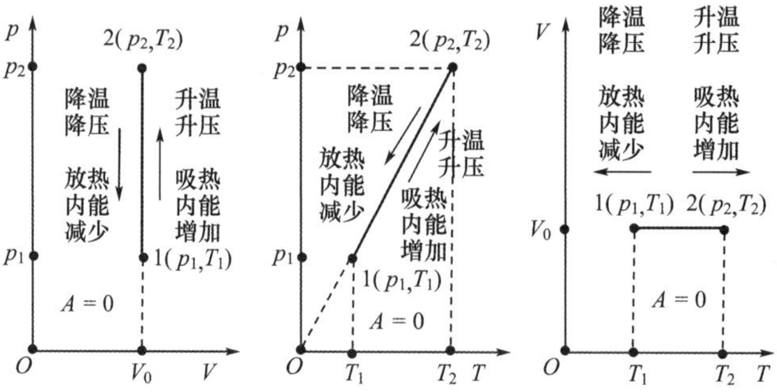

图 5-3　理想气体系统准静态定体过程

理想气体系统在准静态等体升温过程中，$\Delta T = T_2 - T_1 > 0$，系统要从外界吸收热量，$Q > 0$，吸收的热量全部用来增加系统的内能，$\Delta E = E_2 - E_1 = Q > 0$；理想气体系统在准静态等体降温过程中，$\Delta T = T_2 - T_1 < 0$，系统要向外界放出热量，$Q < 0$，放出的热量全部来自系统的内能减少，$Q = \Delta E = E_2 - E_1 < 0$。

由理想气体系统状态方程，可以将在等体过程中吸收的热量化为

$$Q_V = E_2 - E_1 = \nu C_{V,m}(T_2 - T_1) = \frac{V_0}{R} C_{V,m}(p_2 - p_1) \tag{5-13}$$

这是理想气体系统在等体过程中吸收的热量与系统压强增量 $\Delta p = p_2 - p_1$ 的关系。

理想气体系统在准静态等体过程的热容为

$$c_V = \frac{đQ_V}{\mathrm{d}T} = \nu C_{V,m} = \frac{i}{2}\nu R$$

即等体过程的热容与系统温度无关，而且是正的常量，吸热与温升呈线性关系。系统从外界吸收热量，系统温度升高；系统向外界放出热量，系统温度降低。

5.2.2 等压过程

在理想气体系统的准静态等压过程中，系统的压强保持不变，即 $p = c_2 = p_0$，$\mathrm{d}p = 0$，这是等压过程的特征。由理想气体系统状态方程，得到

$$V = \frac{\nu R}{p} T = \frac{\nu R}{p_0} T = \alpha_2 T, V = \alpha_2 T \tag{5-14}$$

这里，比例系数 $\alpha_2 = \nu R / p_0$ 是由过程的初始状态决定的常量。对同一个等压过程比例系数不变；等压过程的初始状态不同，该比例系数不同。

在理想气体系统的准静态等压过程中，气体系统的体积与气体系统的热力学温度成正比；升温过程也就是气体膨胀过程，降温过程也就是气体收缩过程。如果系统由平衡态 $1(p_0, V_1, T_1)$ 变化到平衡态 $2(p_0, V_2, T_2)$，则始末态宏观状态参量的关系为 $V_1 = \frac{\nu R}{p_0} T_1$，$V_2 = \frac{\nu R}{p_0} T_2$；$\frac{T_2}{T_1} = \frac{V_2}{V_1}$。理想气体系统的准静态等压过程，在 p-V 图中可表示为平行于 V 轴的一条直线段；在 p-T 图中可表示为平行于 T 轴的一条直线段；在 V-T 图中可表示为延长线过原点的一条斜直线段。如图 5-4 所示。

等压过程中，$\mathrm{d}p = 0$；由理想气体系统状态方程，得到，$p\,\mathrm{d}V + V\mathrm{d}p = \nu R\,\mathrm{d}T$；由此得到等压过程气体系统所做的元功表达式为

$$đA_p = p\,dV = \nu R\,dT \tag{5-15a}$$

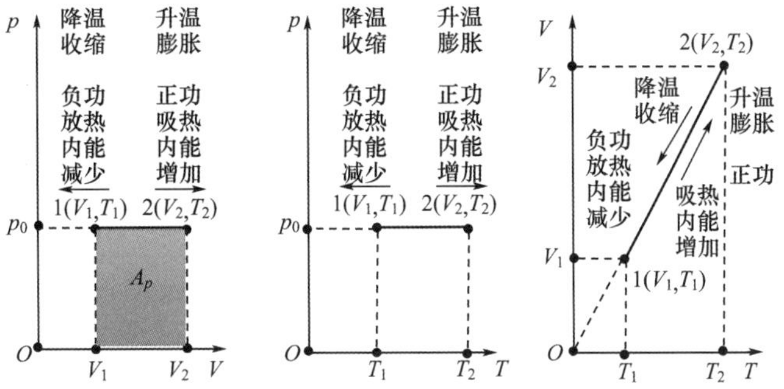

图 5-4　理想气体系统准静态定压过程

理想气体系统由平衡态 $1(p_0, V_1, T_1)$ 变化到平衡态 $2(p_0, V_2, T_2)$，系统所做的功为

$$A_p = \int A_p = \int_{T_1}^{T_2} \nu R\,dT = \nu R(T_2 - T_1) \tag{5-15b}$$

也可以直接从 p-V 图中读出系统所做的功

$$A_p = p_0(V_2 - V_1) = p_0V_2 - p_0V_1 = \nu RT_2 - \nu RT_1 = \nu R(T_2 - T_1)$$

由热力学第一定律，可得等压过程气体系统吸收热量的表达式为

$$đQ_p = dE + đA_p = \nu C_{V,m}\,dT + \nu R\,dT = \nu C_{p,m}\,dT,\ đQ_p = \nu C_{p,m}\,dT \tag{5-16a}$$

由平衡态 $1(p_0, V_1, T_1)$ 变化到平衡态 $2(p_0, V_2, T_2)$，系统吸收的热量为

$$Q_p = \int đQ_p = \int_{T_1}^{T_2} \nu C_{p,m}\,dT = \nu C_{p,m}(T_2 - T_1) = \nu(R + C_{V,m})(T_2 - T_1) \tag{5-16b}$$

系统内能的增量为 $\Delta E = E_2 - E_1 = \nu C_{V,m}(T_2 - T_1)$。

理想气体系统在等压升温膨胀过程中，$\Delta T = T_2 - T_1 > 0$，系统要从外界吸收热量，$Q > 0$，吸收的热量一部分用来增加系统的内能，$\Delta E = E_2 - E_1 = \nu C_{V,m}(T_2 - T_1) > 0$，另一部分用来膨胀对外做功，$A_p = \nu R(T_2 - T_1) > 0$；理想气体系统在准静态等压降温过程中，$\Delta T = T_2 - T_1 < 0$，系统要向外界放出热量，$Q < 0$，放出的热量一部分来自系统的内能减少，$\Delta E = E_2 - E_1 < 0$，另一部分来自系统收缩外界对系统所做的功，$A_p = \nu R(T_2 - T_1) < 0$。

理想气体系统在准静态等压过程的热容为

$$c_p = \frac{đQ_p}{dT} = \nu C_{p,m} = \frac{i+2}{2}\nu R$$

同样与系统温度无关，是正的常量，吸热与温升呈线性关系。系统从外界吸收热量，系统温度升高；系统向外界放出热量，系统温度降低。

5.2.3 等温过程

在理想气体系统的准静态等温过程中，系统的温度保持不变，即 $T = c_3 = T_0$，$dT = 0$，这是等温过程的特征。由理想气体系统状态方程，得到

$$pV = \nu RT_0 = \alpha_3,\ pV = \alpha_3 \tag{5-17}$$

这里，比例系数 $\alpha_3 = \nu RT_0$ 是由过程的初始状态决定的常量，说明对同一个等温过程，pV 的值相同；初始状态不同，过程进行中 pV 的值不同。

在等温过程中，气体系统的压强与气体系统的体积成反比；气体膨胀过程也就是降压过程，气体收缩过程也就是升压过程。如果系统由平衡态 $1(p_1, V_1, T_0)$ 变化到平衡态 $2(p_2,$

V_2, T_0)，则始末态宏观状态参量的关系为 $p_1V_1=\nu RT_0, p_2V_2=\nu RT_0$；$\dfrac{p_2}{p_1}=\dfrac{V_1}{V_2}$。理想气体系统的准静态等温过程，在 p-V 图中为一条双曲线段，称为等温线；在 p-T 图中为平行于 p 轴的一条直线段；在 V-T 图中为平行于 V 轴的一条直线段。如图 5-5 所示。

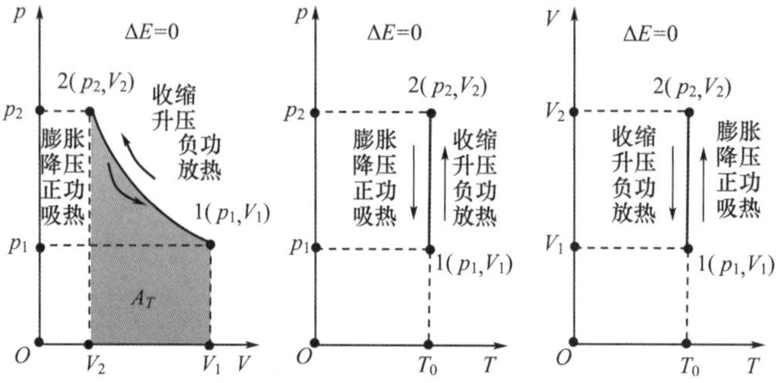

图 5-5　理想气体系统准静态等温过程

等温过程中，$\mathrm{d}T=0$，系统的内能不变，$\mathrm{d}E=0$，$\Delta E=E_2-E_1=0$；由热力学第一定律，理想气体系统准静态等温过程气体系统所做的元功与吸收热量相等。因此，等温过程气体系统吸收热量的表达式为

$$\text{đ}Q_T=\mathrm{d}E+\text{đ}A_T=\text{đ}A_T=p\,\mathrm{d}V=\nu RT_0\frac{\mathrm{d}V}{V} \tag{5-18a}$$

理想气体系统由平衡态 $1(p_1, V_1, T_0)$ 变化到平衡态 $2(p_2, V_2, T_0)$，系统做功和吸收的热量为

$$Q_T=A_T=\int \text{đ}A_T=\int_{V_1}^{V_2}\nu RT_0\frac{\mathrm{d}V}{V}=\nu RT_0\ln\frac{V_2}{V_1}=p_1V_1\ln\frac{V_2}{V_1}=p_2V_2\ln\frac{V_2}{V_1} \tag{5-18b}$$

理想气体系统在准静态等温膨胀降压过程中，$V_2>V_1$，系统要从外界吸收热量，$Q>0$，吸收的热量全部用来对外做功，$A_T>0$；理想气体系统在准静态等温收缩升压过程中，$V_2<V_1$，系统要向外界放出热量，$Q<0$，放出的热量全部来自外界做功，$A_T<0$。

由理想气体系统状态方程，还可以将吸收热量和做功表示为

$$Q_T=A_T=\nu RT_0\ln\frac{p_1}{p_2}=p_1V_1\ln\frac{p_1}{p_2}=p_2V_2\ln\frac{p_1}{p_2} \tag{5-18c}$$

系统吸收的热量 Q_T 和做功 A_T 的值都等于 p-V 图中等温线下的面积。

5.2.4 绝热过程

系统与外界没有热量交换的过程叫绝热过程。例如在热水瓶内或者被石棉等绝热材料包起来的容器内所进行的过程，就可以近似地看作绝热过程。有的过程进行很迅速，使系统在过程中来不及与外界交换热量，这样的过程也可近似地看作绝热过程，例如内燃机气缸里的气体被迅速压缩的过程或爆炸后急速膨胀的过程。

在绝热过程中，系统始终不与外界交换热量，$\text{đ}Q_Q=0$，因此，由热力学第一定律可知，微小的准静态绝热过程，系统做功为

$$\text{đ}A_Q=\text{đ}Q_Q-\mathrm{d}E=-\mathrm{d}E=-\nu C_{V,m}\mathrm{d}T, \text{đ}A_Q=-\nu C_{V,m}\mathrm{d}T \tag{5-19}$$

这表明：在绝热过程中，系统内能的增量，仅仅由外界对系统所做的功决定。

理想气体在绝热过程中，p、V、T 三个参量都发生变化。利用绝热过程的特点与理想气体状态方程，消去 p、V、T 中的任一个参量（推导过程略），可得到绝热过程中任意两个参量之间的关系如下：

$$pV^{\gamma}=常量 \tag{5-20a}$$

$$TV^{\gamma-1}=常量 \tag{5-20b}$$

$$p^{\gamma-1}T^{-\gamma}=常量 \tag{5-20c}$$

以上三式就是在绝热过程中理想气体的状态参量 p、V、T 所满足的关系，称为泊松方程，也称为绝热方程。

绝热过程的 p-V 图为一条曲线段，称为绝热线。图 5-6 中画出了一条绝热线（实线）和一条等温线（虚线），它们相交于 A 点。在 A 点比较两条曲线，会发现两条曲线的斜率不同，绝热线比等温线要陡一些。通过比较会发现，在相同的体积膨胀（dV）时，绝热膨胀时压强的减小量比较大。这是因为，等温膨胀时压强只随体积增大而减小；而在绝热膨胀时，压强不仅要随体积增大而减小，还要随温度减小而减小。

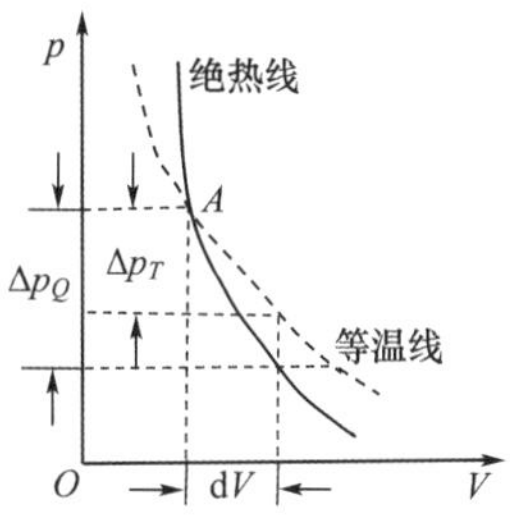

图 5-6 绝热线与等温线比较

绝热过程中，$đQ_Q=0$，系统做功等于系统内能的减少，$đA_Q=-\mathrm{d}E=-\nu C_{V,m}\mathrm{d}T$，则系统由平衡态 $1(p_1,V_1,T_1)$ 变化到平衡态 $2(p_2,V_2,T_2)$，气体做功为

$$\begin{aligned}A_Q&=-\Delta E=-\nu C_{V,m}\Delta T=\nu C_{V,m}(T_1-T_2)=\frac{\nu R}{\gamma-1}(T_1-T_2)\\&=\frac{C_{V,m}}{R}(p_1V_1-p_2V_2)=\frac{1}{\gamma-1}(p_1V_1-p_2V_2)\end{aligned} \tag{5-21}$$

系统内能的增量为

$$\Delta E=\nu C_{V,m}(T_2-T_1)=\frac{C_{V,m}}{R}(p_2V_2-p_1V_1)=\frac{1}{\gamma-1}(p_2V_2-p_1V_1) \tag{5-22}$$

在理想气体系统的准静态绝热过程中，如果膨胀（气体体积增加），则系统降压，系统对外做正功，系统内能减少，温度降低，系统内能的减少全部用来对外做功；如果收缩（气体体积减小），则系统升压，系统对外做负功，系统内能增加，温度升高，外界对系统所做的功全部用来增加系统的内能。

对于绝热过程来说，系统的温度可能会变化，但系统不吸收热量也不放出热量，即与外界没有热量交换，因此，绝热过程热容量为零。

例 5.1 如图 5-7 所示，1 mol 理想气体（设比热比为 $\gamma=1.40$）分别经历 3 个热力学过程由 a 状态变化到 b 状态；其中，a 状态气体的体积为 20 m³，b 状态气体的体积为 40 m³。分别求以下 3 个热力学过程中气体系统吸收的热量、内能的变化和系统所做的功。

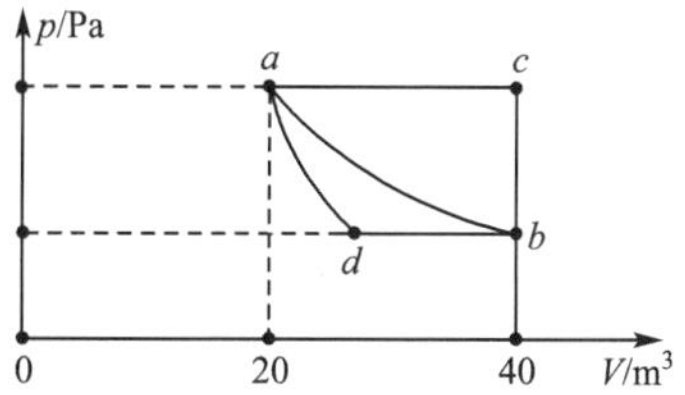

图 5-7

(1) $a\rightarrow c\rightarrow b$，其中，$a\rightarrow c$ 为等压过程，$c\rightarrow b$ 为等体过程；

(2) $a\rightarrow b$，为热力学温度 $T=300$ K 的等温过程；

(3) $a\rightarrow d\rightarrow b$，其中，$a\rightarrow d$ 为绝热过程，$d\rightarrow b$ 为等压过程。

解：由题图可得 $V_a=20\ m^3$、$V_b=V_c=40\ m^3$；$T_a=T_b=300$ K。由理想气体状态方程，得

$$p_a=R\frac{T_a}{V_a}=124.65\ \text{Pa},\qquad p_b=R\frac{T_b}{V_b}=62.325\ \text{Pa}$$

由此得到

$$p_c=p_a=124.65\ \text{Pa},\qquad p_d=p_b=62.325\ \text{Pa}$$

由于 $a\to c$ 为等压过程，所以有

$$\frac{T_c}{T_a}=\frac{V_c}{V_a},T_c=\frac{V_c}{V_a}T_a=\frac{40}{20}\times 300=600(\text{K})$$

由于 $a\to d$ 为绝热过程，所以有

$$p_aV_a^\gamma=p_dV_d^\gamma,V_d=\left(\frac{p_a}{p_d}\right)^{\frac{1}{\gamma}}V_a=\left(\frac{124.65}{62.325}\right)^{\frac{1}{\gamma}}\times 20=32.8(\text{m}^3)$$

再由理想气体状态方程，得

$$T_d=\frac{p_dV_d}{R}=\frac{62.325\times 32.8}{8.31}=246(\text{K})$$

由于3个准静态热力学过程的始末温度相同，内能不变，所以

$$\Delta E_{acb}=\Delta E_{adb}=\Delta E_{ab}=0$$

(1) 由于 $a\to c$ 为等压过程，所以 $a\to c$ 过程做功为

$$A_{ac}=\int đA_{ac}=\int_{V_a}^{V_c}p_a\mathrm{d}V=p_a(V_c-V_a)=124.65\times(40-20)=2\ 493(\text{J})$$

由于 $c\to b$ 为等体过程，不做功，$A_{cb}=0$，所以 $a\to c\to b$ 过程系统做功为

$$A_{acb}=A_{ac}+A_{cb}=A_{ac}=2\ 493\ \text{J}$$

由于 $a\to c\to b$ 过程系统内能不变，$\Delta E_{acb}=0$，所以 $a\to c\to b$ 过程系统吸收热量为

$$Q_{acb}=\Delta E_{acb}+A_{acb}=A_{acb}=2\ 493\ \text{J}$$

(2) 由于 $a\to b$ 为热力学温度 $T=300$ K 的等温过程，所以 $a\to b$ 过程系统做功为

$$A_{ab}=\int đA_{ab}=\int_{V_a}^{V_b}p\mathrm{d}V=\int_{V_a}^{V_b}RT_a\frac{\mathrm{d}V}{V}=RT_a\ln\frac{V_b}{V_a}=8.31\times 300\times\ln\frac{40}{20}=1\ 727.65(\text{J})$$

由于 $a\to b$ 过程系统内能不变，$\Delta E_{ab}=0$，所以 $a\to b$ 过程系统吸收热量为

$$Q_{ab}=A_{ab}+\Delta E_{ab}=A_{ab}=1\ 727.65\ \text{J}$$

(3) 由于 $a\to d$ 为绝热过程，所以 $a\to d$ 过程做功为

$$A_{ad}=\int đA_{ad}=\int_{V_a}^{V_d}p_aV_a^\gamma\frac{\mathrm{d}V}{V^\gamma}=\frac{p_aV_a^\gamma}{1-\gamma}(V_d^{1-\gamma}-V_a^{1-\gamma})=\frac{1}{1-\gamma}(p_dV_d^\gamma V_d^{1-\gamma}-p_aV_a^\gamma V_a^{1-\gamma})$$

$$=\frac{1}{1-\gamma}(p_dV_d-p_aV_a)=\frac{R}{1-\gamma}(T_d-T_a)=\frac{8.31}{1-1.40}\times(246-300)=1\ 121.85(\text{J})$$

由于 $d\to b$ 为等压过程，所以 $d\to b$ 过程系统做功为

$$A_{db}=\int đA_{db}=\int_{V_d}^{V_b}p_d\mathrm{d}V=p_d(V_b-V_d)=R(T_b-T_d)=8.31\times 54=448.74\ \text{J}$$

由此得到 $a\to d\to b$ 过程气体所做的功为

$$A_{adb}=A_{ad}+A_{db}=1\ 121.85+448.74=1\ 570.59(\text{J})$$

由于 $a\to d\to b$ 过程系统内能不变，$\Delta E_{adb}=0$，所以 $a\to d\to b$ 过程系统吸收热量为

$$Q_{adb}=A_{adb}+\Delta E_{adb}=A_{adb}=1\ 570.59\ \text{J}$$

5.3 循环过程

研究热力学系统的循环效率对有效和充分利用热能、节能减排是非常重要的。

5.3.1 热力学系统的循环过程

1.循环过程

在长期的生产实践中，人们研制出能将热量持续地转变为功的装置，称为热机。例如蒸汽机、内燃机等。在工程技术中，一般将被利用来吸收热量并对外做功的物质(系统)称为工作物质，简称工质。热机的基本工作是这样的：借助某种工质从外界吸收热量，在膨胀过程中推动活塞、叶片等做功。各种热机都是重复地进行着某些热力学过程，不断吸热做功，而热机中的工质则经历了由某一初始状态经过一系列的热力学过程后又回到它的初始状态。工质(热力学系统)所经历的这个状态变化过程称为循环过程，简称循环。

热力学系统的循环是可以周而复始进行的。由于系统的内能是系统状态的函数，因而循环过程的最大特点是：一次循环下来，热力学系统恢复原状，系统的内能不变，即 $\Delta E=0$。理想气体系统的准静态热力学循环过程可以在 p-V 图上用闭合曲线来表示。如果在 p-V 图上，循环过程沿顺时针方向进行，称此循环为正循环；反之为逆循环。热机原理就是工作物质(热力学系统)的正循环；制冷机原理就是工作物质(热力学系统)的逆循环。下面以正循环为例，介绍一下循环过程。

如图 5-8 所示，一定的热力学系统经历一次正循环，$a\to b\to c\to d\to a$。系统从状态 a 经状态 b 达到状态 c 的过程中，系统膨胀，系统对外做功，系统对外做功数值 A_1 等于曲线段 abc 下面到 V 轴之间的面积；系统从状态 c 经状态 d 回到状态 a 的过程中，系统收缩，外界对系统做功，数值 $|A_2|$ 等于曲线段 cda 下面到 V 轴之间的面积。一次循环过程中系统对外做的净功的数值为 $A=A_1-|A_2|>0$(即 p-V 图上闭合曲线 $abcda$ 所围的面积)，这是正循环(热机)的效益。如果一次循环系统从外界吸收(各个吸热过程)的热量的总数值(这是正循环即热机的代价)为 Q_1、系统向外界放出(各个放热过程)的总热量数值(循环的热量损失，只表示数值)为 $|Q_2|$，则由于一次循环系统回到了初态，内能不变，根据热力学第一定律，系统吸收的净热量($Q_1-|Q_2|$)应该等于系统对外做的净功 A，即

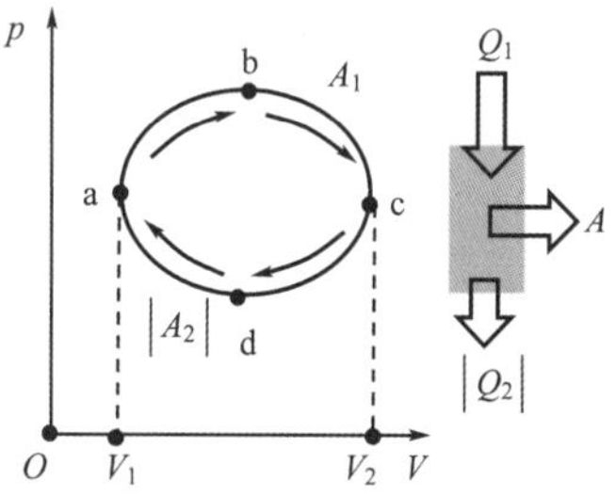

图 5-8

$$A=Q_1-|Q_2|$$

系统以传热方式从高温热库得到的热量(代价)，有一部分仍以传热的方式放给低温热库，二者的差额等于系统对外做的净功。

2.热机效率

对于热机(正循环)，热力学系统吸收热量 Q_1(代价)对外界做净功 A(效益)。热机的循环效率是在一次循环过程中系统对外所做的净功占它从高温热库吸收的热量的比率，即

$$\eta=\frac{A}{Q_1}=1-\frac{|Q_2|}{Q_1} \tag{5-23}$$

这是反映热机效能的一个重要指标。在一次热力学系统循环过程中，系统能够对外做功越多、

而所需从外界吸收的热量越少,则循环效率越高、热机的性能越好。

5.3.2 卡诺热机循环

为了提高热机效率,不少人进行了理论上的研究。1824 年法国青年工程师卡诺提出了一个理想循环:在热力学系统的热力学循环过程中,工质(热力学系统)只与两个恒温热库交换热量。这种循环称为卡诺循环,按卡诺循环工作的热机称为卡诺机。卡诺循环由准静态的两个绝热过程和两个等温过程组成。下面以理想气体为工质,研究卡诺循环及其效率。

如图 5-9 所示的正循环是理想卡诺热机工作原理图。高温热库(源)的热力学温度恒定为(如锅炉)T_1,低温热库(源)的热力学温度恒定为(如室外)T_2。

$a \to b$ 过程:准静态等温(T_1)膨胀(降压)过程,系统由状态 $a(p_1,V_1,T_1)$ 变化到状态 $b(p_2,V_2,T_1)$;系统温度不变(T_1),系统内能不变($\Delta E_{11}=0$),系统膨胀对外做功为正($A_{11}>0$),系统从外界吸收热量($Q_{11}>0$),系统吸收热量与系统对外做功等值

$$Q_{11}=A_{11}=\int p\,\mathrm{d}V=\int_{V_1}^{V_2}\nu RT_1\frac{\mathrm{d}V}{V}=\nu RT_1\ln\frac{V_2}{V_1}$$

$b \to c$ 过程:准静态绝热($Q_{12}=0$)膨胀(降压、降温)过程,系统由状态 $b(p_2,V_2,T_1)$ 变化到状态 $c(p_3,V_3,T_2)$;系统温度由 T_1 降为 T_2,系统内能减少($\Delta E_{12}<0$),系统膨胀对外做功为正($A_{12}>0$),系统对外做功与系统内能减少等值

$$A_{12}=-\Delta E_{12}=-\nu C_{V,m}(T_2-T_1)=\nu C_{V,m}(T_1-T_2)$$

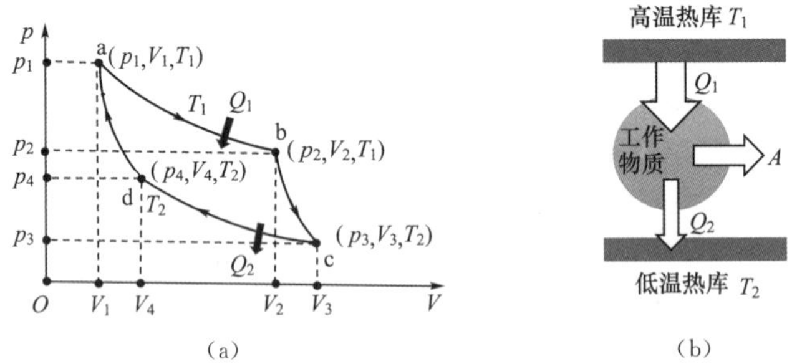

图 5-9 卡诺循环

$c \to d$ 过程:准静态等温(T_2)收缩(升压)过程,系统由状态 $c(p_3,V_3,T_2)$ 变化到状态 $\mathrm{d}(p_4,V_4,T_2)$;系统温度不变(T_2),系统内能不变($\Delta E_{21}=0$),系统收缩对外做功为负($A_{21}<0$),系统向外界放出热量($Q_{21}>0$),系统放出热量与系统对外做功等值

$$Q_{21}=A_{21}=\int p\,\mathrm{d}V=\int_{V_3}^{V_4}\nu RT_2\frac{\mathrm{d}V}{V}=\nu RT_2\ln\frac{V_4}{V_3}$$

$d \to a$ 过程:准静态绝热($Q_{22}=0$)收缩(升压、升温)过程,系统由状态 $\mathrm{d}(p_4,V_4,T_2)$ 变化到状态 $a(p_1,V_1,T_1)$,完成一次循环;系统温度由 T_2 升为 T_1,系统内能增加($\Delta E_{22}>0$),系统收缩对外做功为负($A_{22}<0$),系统对外做功与系统内能增加等值

$$A_{22}=-\Delta E_{22}=-\nu C_{V,m}(T_1-T_2)=\nu C_{V,m}(T_2-T_1)$$

一次循环,系统从高温热源吸收热量和向低温热源放出热量分别为

$$Q_1=Q_{11}=\nu RT_1\ln\frac{V_2}{V_1},Q_2=|Q_{21}|=\left|\nu RT_2\ln\frac{V_4}{V_3}\right|=\nu RT_2\ln\frac{V_3}{V_4}$$

一次循环,系统对外界做净功为

$$A=Q_1-Q_2=\nu RT_1\ln\frac{V_2}{V_1}-\nu RT_2\ln\frac{V_3}{V_4}$$

或由各个过程做功之和求得净功

$$A = A_{11} + A_{12} + A_{21} + A_{22}$$
$$= \nu RT_1 \ln\frac{V_2}{V_1} + \nu RC_{V,m}(T_1 - T_2) + \nu RT_2 \ln\frac{V_4}{V_3} + \nu RC_{V,m}(T_2 - T_1)$$
$$= \nu RT_1 \ln\frac{V_2}{V_1} + \nu RT_2 \ln\frac{V_4}{V_3} = \nu RT_1 \ln\frac{V_2}{V_1} - \nu RT_2 \ln\frac{V_3}{V_4}$$

由此可以得到循环效率

$$\eta = \frac{A}{Q_1} = \frac{\nu RT_1 \ln\frac{V_2}{V_1} - \nu RT_2 \ln\frac{V_3}{V_4}}{\nu RT_1 \ln\frac{V_2}{V_1}} = 1 - \frac{T_2 \ln\frac{V_3}{V_4}}{T_1 \ln\frac{V_2}{V_1}}$$

再由理想气体系统准静态绝热过程，得到

$$T_1 V_2^{\gamma-1} = T_2 V_3^{\gamma-1}, T_1 V_1^{\gamma-1} = T_2 V_4^{\gamma-1}; \left(\frac{V_2}{V_1}\right)^{\gamma-1} = \left(\frac{V_3}{V_4}\right)^{\gamma-1}; \frac{V_2}{V_1} = \frac{V_3}{V_4}$$

由此最终求得卡诺循环的效率为

$$\eta_C = \frac{A}{Q_1} = 1 - \frac{T_2}{T_1} \tag{5-24}$$

以理想气体为工作物质的卡诺循环的效率，只由热库的温度决定，与工质的性质无关。可以看出，T_1 越大，T_2 越小，效率越高。可以证明(需要热力学第二定律)，卡诺循环的效率是实际热机的可能效率的最大值。

例 5.2 图 5-10 所示为一四冲程内燃机气缸内气体工作原理 p-V 图。设气缸内的气体为理想气体，比热比为 γ。试求该循环的热效率。

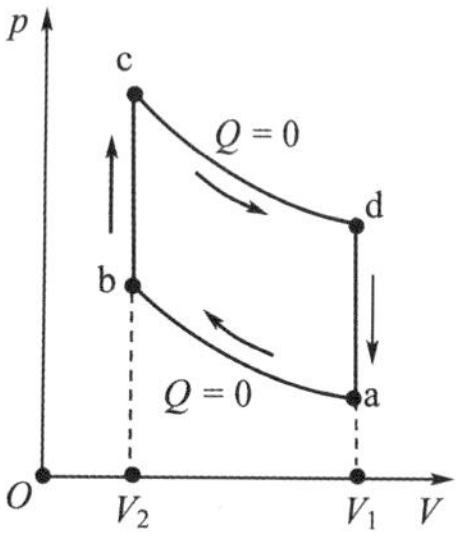

图 5-10

解：设循环系统气体的摩尔数为 ν。由气体比热比 γ 可以求得气体的定体摩尔热容

$$\gamma = \frac{C_{p,m}}{C_{V,m}} = \frac{C_{V,m} + R}{C_{V,m}}, C_{V,m} = \frac{R}{\gamma - 1}$$

由此求得一次循环的吸热(Q_1)与放热(Q_2)的数量为

$$Q_1 = \nu C_{V,m}(T_c - T_b) = \frac{\nu R}{\gamma - 1}(T_c - T_b), Q_2 = \nu C_{V,m}(T_d - T_a) = \frac{\nu R}{\gamma - 1}(T_d - T_a)$$

由此，循环的效率表示为

$$\eta = \frac{A}{Q_1} = \frac{Q_1 - Q_2}{Q_1} = 1 - \frac{Q_2}{Q_1} = 1 - \frac{T_d - T_a}{T_c - T_b}$$

由于 $a \to b$ 过程和 $c \to d$ 过程都是绝热过程，因此有

$$\frac{T_b}{T_a} = \left(\frac{V_1}{V_2}\right)^{\gamma-1}, \frac{T_c}{T_d} = \left(\frac{V_1}{V_2}\right)^{\gamma-1}; \frac{T_b}{T_a} = \frac{T_c}{T_d};$$
$$T_b T_d = T_a T_c; T_b T_d - T_b T_a = T_a T_c - T_b T_a$$
$$\frac{T_b}{T_a} = \frac{T_c - T_b}{T_d - T_a}; \frac{T_c - T_b}{T_d - T_a} = \frac{T_b}{T_a} = \left(\frac{V_1}{V_2}\right)^{\gamma-1}; \frac{T_d - T_a}{T_c - T_b} = \frac{1}{(V_1/V_2)^{\gamma-1}}$$

由此得到循环效率为

$$\eta = 1 - \frac{1}{(V_1/V_2)^{\gamma-1}} = 1 - \frac{1}{\delta^{\gamma-1}}$$

通常把 $\delta = V_1/V_2$ 称为绝热压缩比。就循环效率来讲，只与绝热压缩比有关，与气体系统的体积 V_1 和 V_2 的具体数值无关，与压强和温度的具体数值无关，也与气体的量无关。

5.4 热力学第二定律

热力学第二定律是在研究如何提高热机效率的推动下逐步发展起来的，并与热力学第一定律一起，构成了热力学的理论基础。

5.4.1 热力学第二定律

1.热力学第二定律的开尔文表述

为提高热机效率，人们进行了长期的探索研究。在实践中人们认识到不可能制造出效率大于1的热机，因为这违反热力学第一定律。那么，能不能制造出效率等于1的热机呢？这可不违反热力学第一定律。如果可行，就可以把从高温热源吸收的热量全部用来对外做功，而不必向低温热源放热。人们把这一类永动机称为第二类永动机。然而大量事实说明，这种热机不可能制造出来。

根据这些事实，英国物理学家开尔文总结出以下结论：

不可能制成一种循环动作的热机，只从一个热源吸取热量使之全部变为有用的功，而不产生其他影响。

这就是热力学第二定律的开尔文表述。热力学第二定律的开尔文表述还可表述为：第二类永动机不可能制成。

2.热力学第二定律的克劳修斯表述

1850年克劳修斯根据热量传递的特殊规律，给出了热力学第二定律的另一种表述：

热量不可能自动地从低温物体传向高温物体。

这是热力学第二定律的克劳修斯表述。

热力学第二定律的两种表述只是对同一客观规律的不同说法，二者本质相同，可以用反证法证明两种表述是等价的(证明从略)。

5.4.2 热力学过程的方向性

开尔文表述指出热功转化过程的方向性，即在不引起其他变化的条件下，功可以完全转化为热；而在同样的条件下，热却不可能完全转化为功。而克劳修斯表述则指出了热传导过程的方向性，即热量可以自动地由高温物体传递给低温物体；但反方向的过程不可能自动发生。两种表述均指明了自然界某些实际过程进行的方向性。

由于自然界中一切与热现象有关的实际宏观过程都涉及功热转化或热传导，因此可以说，一切实际的热力学过程都只能按一定的方向进行，或者说，一切实际的热力学过程都是不可逆的。人们从大量事实中认识到，其实不仅是功热转化和热传导过程，一切自发过程(不受外界影响的相同内部自然发生的过程)的进行都有一定的方向性，其反方向却不可能自动发生。例如利用摩擦生热、瀑布自高山飞流直下等等，其逆过程均不可能自发进行。

5.4.3 可逆过程和不可逆过程

为进一步研究热力学过程的方向性问题，接下来介绍一下可逆过程和不可逆过程的概念。

一个系统由某一状态出发经某一过程到达另一状态，如果过程沿反方向进行，可以经过和原来一样的那些中间状态重新回到初始态，而外界未发生任何变化，这种过程就是可逆过程。否则，就是不可逆过程。

不可逆过程是自然界中普遍存在的过程，而可逆过程则只是一个理想概念，实际上并不存在。只有完全消除了摩擦、耗散等因素，并进行得无限缓慢的过程才是可逆的。所有无摩擦地进行的准静态过程都是可逆过程。可逆过程是在一定条件下对实际过程进行的理想化抽象。讨论可逆过程，主要是为了简化处理过程，有利于阐明实际过程的本质。

引入可逆过程和不可逆过程的概念之后，可进一步认识热力学第二定律的实质。开尔文表述实际上是指出了热功转化过程的不可逆性，克劳修斯表述则指出了热传导过程的不可逆性。自然界所有不可逆过程都是相联系的，由一个过程的不可逆性，可以推断另一个过程的不可逆性，而一切自然过程具有方向性正表明自然界中一切与热现象有关的实际宏观过程都是不可逆的，这也正是热力学第二定律的实质所在，指明有热现象参与的不可逆过程的自发进行方向。

热力学第一定律其实是包括热现象在内的能量转化和守恒定律。热力学第二定律则是指明了过程进行的方向与条件的另一条基本定律。它们一起构成了热力学的理论基础。

练习题

1.判断下列关于内能与热量的说法是否正确，并简要说明理由。(1) 物体的温度越高，则热量越多；(2) 物体的温度越高，则内能越大。

2.为什么气体的热容值可以有无穷多个？什么情况下，气体的摩尔热容是零？什么情况下，气体的摩尔热容是无穷大？

3.利用热力学第一定律，简要分析下面两种情况：(1) 对物体加热而其温度不变，有可能吗？(2) 没有热交换而系统的温度发生变化，有可能吗？

4.试从物理本质上分析说明理想气体在绝热膨胀过程中内能、温度与压强的变化。

5.压强为 1.013×10^5 Pa 时，体积为 1×10^{-3} m^3 的氧气，自温度 0 ℃ 加热到 160 ℃，问：(1) 当压强不变时，需要多少热量？(2) 当体积不变时，需要多少热量？(3) 在等压和等体过程中，增加了多少内能？各对外做了多少功？

6.1 摩尔质量的氢气，在压强为 1.013×10^5 Pa，温度为 20 ℃，体积为 V_0 时，(1) 先保持体积不变，加热使其温度升高到温度 80 ℃，然后令其做等温膨胀，体积变为 $2V_0$；(2) 先使其做等温膨胀至体积变为 $2V_0$，然后保持体积不变，加热使其温度升高到温度 80 ℃。试分别计算以上两种过程中，气体吸收的热量、对外所做的功和内能增量。

7.在标准状态下，14 g 氮气分别通过等温过程和绝热过程将体积压缩为原来的一半。画出两个过程的 p-V 图，并计算两个过程中，气体所做的功、吸收的热量以及其内能的改变。

8.如题 5-1 图所示，一定质量的氮气(视为刚性双原子理想气体) 由状态 a($T_a=300$ K) 出发，经历 $a\to b\to c\to d$ 的过程到达状态 d。试根据过程 p-V 图中给出的数据，求整个热力学过程中，气体系统内能的变化、气体系统做功、气体系统吸收的热量，以及整个热力学过程系统的热容和摩尔热容。

9.一热机在 1 000 K 和 300 K 的两热源之间工作。如果有以下两种情况:(1) 高温热源提高到 1 100 K;(2) 低温热源降到 200 K。求理论上的热机效率各增加多少？为了提高热机效率哪一种方案更好?

10.如题 5-2 图所示为一理想气体系统正循环的工作原理 p-V 图。系统一次循环经历两个等压过程和两个等温过程,设比热比为 γ。试求该循环的热效率。

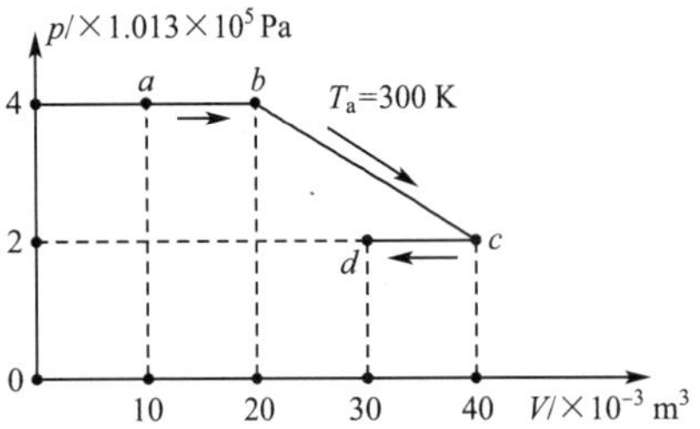

题 5-1

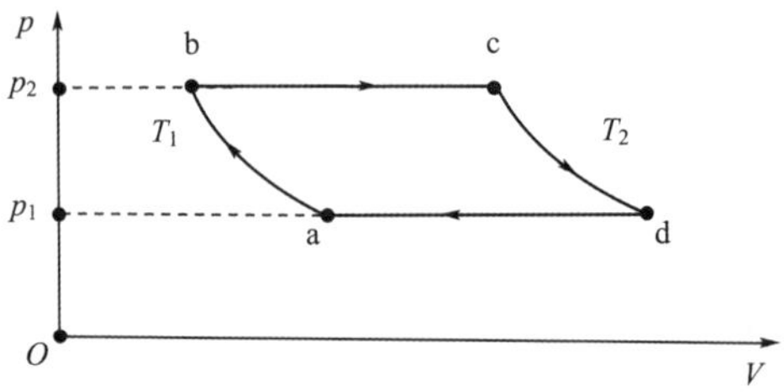

题 5-2

第六章

振动学基础

物体在一定位置附近所做的来回往复运动称为机械振动。它广泛地存在于宏观世界和微观领域。例如机械钟表摆轮的摆动、气缸中活塞的运动、一切发声体如琴弦、鼓膜的运动、机器运转时各部分的微小颤动、高温下分子的振动等等都属于机械振动。此外，振动也不仅局限于机械运动的范畴。例如电路中的电荷量和电流、电场强度和磁场强度在某一定值附近随时间的周期性变化，也称之为振动，即电磁振荡。广义地说，任何一个描写物质运动状态的物理量在某一定值附近的周期性变化，都称为振动。振动是声学、地震学、建筑学、交流电工学、原子物理学等学科的理论基础，广泛应用于音乐、建筑、医疗、制造、建材、探测、军事等各领域。

机械振动的基本规律是研究其他形式的振动及波动的基础。在不同的振动现象中，最简单、最基本的振动是简谐振动。任何复杂的振动都可看作由若干个简谐振动的合成。本章主要研究机械振动中简谐振动的规律、描述及合成。

6.1 简谐振动的规律

在忽略阻力的情况下，弹簧振子的小幅度振动以及单摆的小角度振动都是做自由谐振动。下面以弹簧振子为例，研究简谐振动的规律。

6.1.1 简谐振动的规律

如图 6-1 所示，一劲度系数为 k 的轻弹簧左端固定，右端系一质量为 m 可视为质点的物体，放在光滑的水平面上。我们将系统处于静止时质点所处的位置称为平衡位置，即图中 O 点。在弹簧的弹性限度内，把物体从平衡位置向右拉开或向左压缩一段距离后，放开，在忽略一切阻力的情况下，物体就会在弹性力及自身惯性的作用下，以平衡位置 O 为中心做周期性的来回往复运动，也就是接下来要研究的简谐振动。这样的系统称为弹簧振子，是一个理想化的简谐振动模型。为了描述物体的运动，我们以平衡位置 O 为坐标原点，水平向右为 x 轴的正方向。

1.简谐振动的动力学特征

在弹簧振子振动的过程中，物体所受的弹性力大小和方向都在发生变化。由胡克定律可知，物体在任意时刻所受的弹性力为

$$F=-kx \tag{6-1}$$

式中 x 为物体任意时刻的位置，也表示物体相对于平衡位置 O 的位移，负号表示弹性力的方向始终与位移方向相反。

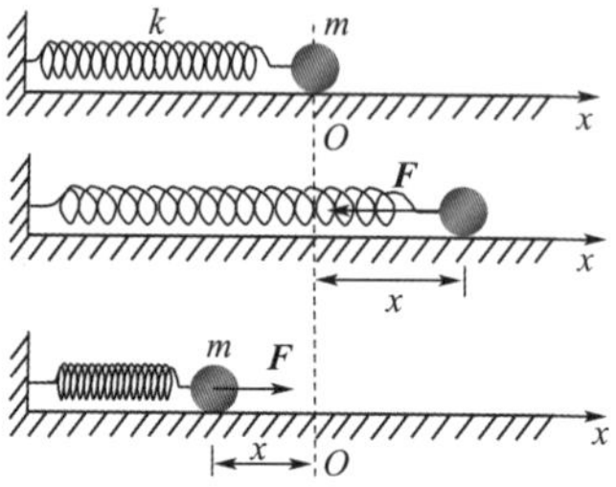

图 6-1　弹簧振子的振动

由牛顿第二定律 $F=ma$ 以及 $a=\frac{\mathrm{d}^2x}{\mathrm{d}t^2}$ 得

$$a=\frac{\mathrm{d}^2x}{\mathrm{d}t^2}=\frac{F}{m}=-\frac{k}{m}x$$

对于给定的弹簧振子，k 和 m 都是正值常量，我们令 $\omega^2=\frac{k}{m}$，代入上式，整理得

$$\frac{\mathrm{d}^2x}{\mathrm{d}t^2}+\omega^2x=0 \tag{6-2}$$

上式是由系统动力学过程分析推导得出的，揭示了弹簧振子振动过程中的动力学特点，称为简谐振动的动力学方程，也叫简谐振动的运动方程。

由于弹簧振子模型高度概括了简谐振动的特点和规律，不仅是力学系统，任何物理系统做简谐振动时，描述其系统的物理量均满足微分方程(6-2)式的数学形式，因此，我们可以广义地对简谐振动做如下定义：

任一物理量 x 随时间 t 的变化关系如果满足微分方程

$$\frac{\mathrm{d}^2x}{\mathrm{d}t^2}+\omega^2x=0$$

其中 ω 是由系统固有性质决定的常数，则此物理量 x 做简谐振动，简称谐振动。所以，简谐振动的动力学方程 $\frac{\mathrm{d}^2x}{\mathrm{d}t^2}+\omega^2x=0$ 也可以作为简谐振动的定义式，是判断物体是否做简谐振动的依据。

2.简谐振动的运动学特征

微分方程(6-2)式的解为

$$x=A\cos(\omega t+\varphi) \tag{6-3}$$

式中 A 为振动的振幅、φ 是振动的初相位，它们均是由初始条件确定的常数，各自的物理意义和确定方法将在后面单独讨论。(6-3)式给出了弹簧振子在振动过程中任意时刻位置 x 随时间 t 变化的函数关系，反映了简谐振动的运动学规律，称为简谐振动的运动学方程，或称简谐振动表达式、振动方程。

根据简谐振动的运动学方程(6-3)式，我们还可以这样定义简谐振动：物体运动时，如果离开平衡位置的位移(或角位移)按余弦函数(或正弦函数)的规律随时间变化，这种运动称为简谐振动。

根据速度和加速度的定义，我们可以分别得到物体做简谐振动的速度和加速度表达式：

$$v=\frac{\mathrm{d}x}{\mathrm{d}t}=-\omega A\sin(\omega t+\varphi) \tag{6-4}$$

$$a=\frac{d^2x}{dt^2}=-A\omega^2\cos(\omega t+\varphi) \tag{6-5}$$

由简谐振动表达式(6-3)、速度表达式(6-4)、加速度表达式(6-5)可以看出，描述简谐振动的位置 x、速度 v、加速度 a 等物理量均随时间 t 呈周期性变化，因此，呈周期性变化是简谐振动的一个明显特征。

3.简谐振动的能量特征

下面，我们从能量的观点来分析简谐振动的特征。由(6-4)式，可以写出 t 时刻弹簧振子的动能为

$$E_k=\frac{1}{2}mv^2=\frac{1}{2}m\omega^2A^2\sin^2(\omega t+\varphi)=\frac{1}{2}kA^2\sin^2(\omega t+\varphi) \tag{6-6}$$

以弹簧原长处为弹性势能零点，则 t 时刻弹簧振子的势能为

$$E_p=\frac{1}{2}kx^2=\frac{1}{2}kA^2\cos^2(\omega t+\varphi) \tag{6-7}$$

t 时刻弹簧振子的总机械能为

$$E=E_k+E_p=\frac{1}{2}mv^2+\frac{1}{2}kx^2=\frac{1}{2}kA^2 \tag{6-8}$$

上述三式表明：弹簧振子振动过程中，系统的动能和势能都随时间发生周期性变化。在位移最大处势能最大，动能为零；在平衡位置处，势能为零，动能最大。但总的机械能在任一时刻都是恒量，且与振幅的平方成正比。这就是简谐振动的能量特征。图6-2给出了 $\varphi=0$ 时谐振子的动能、势能、总能量随时间变化的曲线，可以清楚地看出这一能量特点。弹簧振子的总机械能守恒，是由于弹簧振子在振动过程中只受到保守力(弹性力)的作用，没有受到其他外力和非保守力的作用的缘故。

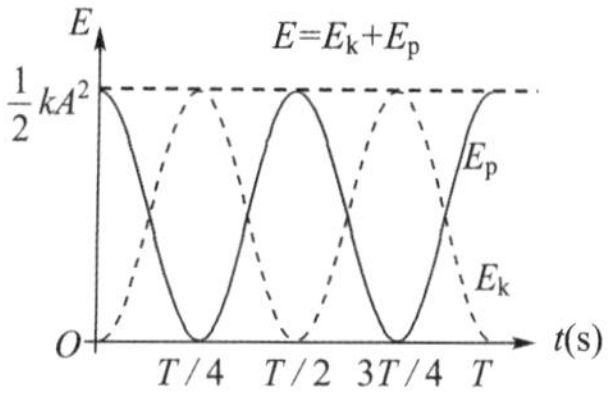

图6-2 简谐振动的动能、势能、总能量与时间的关系

以上，我们从三个不同侧面分析了弹簧振子的振动规律和特点。其中动力学方程(6-2)式是最本质的，它支配了运动规律和能量变换关系。

通过弹簧振子的振动分析可知，如果在质点振动过程中，质点在某位置所受的合外力(或沿运动方向受的合外力)的大小总是与质点相对于平衡位置的位移成正比、且方向始终与位移的方向相反，则称这种力为线性回复力。我们也可以直接通过判断质点所受合外力是否为线性回复力来判断其运动是否为简谐振动。

例 6.1 如图6-3所示，一根长度为 l，质量可以忽略不计并且不会伸缩的细线，上端固定，下端系一质量为 m 可看作质点的重物，就构成了一个单摆。证明单摆的微小摆动是简谐振动。

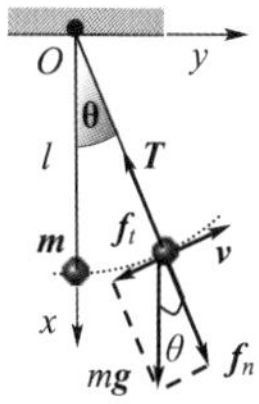

图6-3 单摆

证明：取逆时针方向为角位移 θ 的正方向。当摆线与其平衡位置(竖直方向)成 θ 角时，忽略空气阻力，摆球只受重力矩作用，有

$$M=-mgl\sin\theta$$

式中负号表示重力矩使单摆产生的加速转动趋势始终与单摆的角位移 θ 反向。当角位移 θ 很小时，$\sin\theta\approx\theta$，所以有

$$M\approx-mgl\theta$$

由转动定律 $M=J\alpha=J\dfrac{d^2\theta}{dt^2}$,得

$$J\frac{d^2\theta}{dt^2}=-mgl\theta$$

其中 $J=ml^2$,整理,得

$$\frac{d^2\theta}{dt^2}+\frac{g}{l}\theta=0$$

令 $\omega^2=\dfrac{g}{l}$,上式变为

$$\frac{d^2\theta}{dt^2}+\omega^2\theta=0$$

上式满足简谐振动的定义式(6-2),且 ω 是由系统固有性质决定的常数,符合简谐振动的动力学特征。所以单摆的微小摆动是简谐振动。该微分方程的解为

$$\theta=\theta_{max}\cos(\omega t+\varphi)$$

也与简谐振动的运动学方程(6-3)式形式一致。

此处力矩 M 与角位移 θ 成正比(线性),方向与角位移 θ 相反(回复),促使质点(摆球)返回平衡位置。力矩 M 就是单摆这一质点振动系统做简谐振动的线性回复力矩。对机械振动,我们可以用线性回复力、线性回复力矩的概念定义简谐振动。

6.1.2 描述简谐振动的特征量

从式(6-3)可以看出,知道了 A、ω 和 φ,就可以写出简谐振动表达式,从而能掌握简谐振动的全部特征,因此这三个物理量就是描述简谐振动的特征量。

1.振幅

由简谐振动的运动学方程 $x=A\cos(\omega t+\varphi)$ 可以看出,物体的振动范围在 $+A$ 和 $-A$ 之间,A 在数值上等于振动物体离开平衡位置的最大位移的绝对值,它反映了振动物体往复运动的范围和幅度,称为振幅。从振动能量的几个表达式还可以看出,振幅还能反映振动系统的能量和振动强度。振幅 A 由初始条件决定。

2.周期和频率

振动区别于其他运动最明显的特征是具有周期性。振动物体的运动状态每经过一个固定时间后又恢复到原来的状态,就是完成了一次完全振动。振动物体完成一次完全振动所需要的时间称为周期,用 T 表示。振动物体在单位时间内完成完全振动的次数称为频率,用符号 ν 表示,单位是赫兹(Hz)。周期 T 和频率 ν 互为倒数,都是反映振动快慢的物理量。由简谐振动的周期性可知,振动物体经过一个周期后其振动状态又回到原来状态,所以有

$$x=A\cos[\omega(t+T)+\varphi]=A\cos(\omega t+\varphi)$$

由此可知满足上述方程的 T 的最小值应为 $\omega T=2\pi$,所以有

$$\nu=\frac{1}{T}=\frac{\omega}{2\pi}$$

或

$$\omega=\frac{2\pi}{T}=2\pi\nu \tag{6-9}$$

所以 ω 表示在 2π s 时间内完成完全振动的次数,称为振动的角频率,也称圆频率,单位是 $rad\cdot s^{-1}$(或 s^{-1})。T、ν 和 ω 都是反映谐振动周期性的物理量。

在推导(6-2)式的时候,我们令 $\omega^2=\frac{k}{m}$,因此对于弹簧振子,有 $\omega=\sqrt{\frac{k}{m}}$,所以

$$T=2\pi\sqrt{\frac{m}{k}},\nu=\frac{1}{2\pi}\sqrt{\frac{k}{m}}$$

由于弹簧振子质量和劲度系数都是其本身固有的性质,所以周期和频率完全决定于振动系统本身的性质,因此谐振动的周期、频率和圆频率称为固有周期、固有频率和固有圆频率。

根据圆频率、频率和周期三者的关系,简谐振动的运动学方程可以表示为

$$x=A\cos(\omega t+\varphi)=A\cos(2\pi\nu t+\varphi)=A\cos(\frac{2\pi}{T}t+\varphi)$$

3.相位

从表达式(6-3)、(6-4)、(6-5)可以看出,在圆频率 ω 和振幅 A 已知的简谐振动中,描述振动物体在任一时刻运动状态的物理量(位置 x、速度 v、加速度 a)都由$(\omega t+\varphi)$决定。$(\omega t+\varphi)$称为振子在 t 时刻的相位,也叫位相,是用来决定简谐振动物体运动状态的物理量。而 φ 则是 $t=0$ 时刻的相位,称为初相位或初相,其数值决定于起始条件(初始位移和初始速度),用来决定 $t=0$ 时刻的振动状态。例如,当相位 $\omega t+\varphi=0$ 时,$x=A$,$v=0$,$a=-A\omega^2$,振动物体位于正向最大位移处,速度为零,准备加速向 x 轴负方向运动返回平衡位置;当相位 $\omega t+\varphi=\frac{\pi}{2}$ 时,$x=0$,$v=-\omega A<0$,$a=0$,振动物体到达平衡位置并以最大速率向 x 轴负方向运动(加速度为零)。可见,不同的相位表示不同的运动状态。凡是位移和速度都相同的运动状态,它们所对应的相位都相差 0 或 2π 的整数倍。因此,相位是反映周期性特点、用来描述运动状态的重要物理量。“相位(相)”是一个十分重要的概念,它在振动、波动及光学、近代物理、交流电、无线电技术等方面都有着广泛的应用。

简谐振动是一种理想的运动过程。处于稳定平衡的系统在阻力可以忽略时,它对平衡状态发生一个微小偏离后所产生的运动,都可以近似地视作简谐振动。而在实际的振动中,由于阻尼的作用,振动系统的振幅会不断衰减,这种振动称为阻尼振动。摩擦阻尼总是客观存在的,只能减小而不能完全消除它。实际中,常常利用一个周期性的外力(策动力)持续地作用在振动系统上来维持其做等幅振动,这种振动称为受迫振动。许多实际的振动属于受迫振动。如利用声波引起耳膜振动。在简谐振动的方程中,加上反映阻力因素的阻尼项,便可得出阻尼振动的规律;加上反映策动力的因子,就可得出受迫振动的规律。

6.2 简谐振动的描述

从简谐振动的运动学方程 $x=A\cos(\omega t+\varphi)$ 可以看出,对于一个简谐运动,如果知道了 A、ω 和 φ 这三个特征量,就可以写出它的完整的表达式。其中 ω(T 或 ν)是由系统本身性质决定的,系统确定了,ω(T 或 ν)就确定了。无论初始状态如何,ω(T 或 ν)都是唯一的。

采用各种方法来确定简谐振动的运动学方程,进而掌握简谐振动的运动规律,就是简谐振动的描述。

6.2.1 振动方程法(代数解析法)

设某简谐振动系统的振动方程为 $x=A\cos(\omega t+\varphi)$。若已知在起始时刻,即在 $t=0$ 时,物

体的初位移为 x_0、初速度为 v_0，将其代入式(6-3) 和式(6-4) 中，有

$$x_0 = A\cos\varphi$$

$$v_0 = -A\omega\sin\varphi$$

由上述两式平方之和，可得振幅为

$$A = \sqrt{x_0^2 + \frac{v_0^2}{\omega^2}} \tag{6-10}$$

将 x_0 和 v_0 的表达式消去振幅 A，可得

$$\tan\varphi = -\frac{v_0}{x_0\omega} \tag{6-11}$$

根据式(6-11) 可求出 φ 在区间$[0,2\pi]$的两个解。之后根据 x_0 和 v_0 的符号来判断 $\cos\varphi$ 和 $\sin\varphi$ 的符号，确定初相位 φ 究竟取哪一个值。

这种根据初始条件，采用代数解析的方法，通过求解式(6-10) 和式(6-11) 确定振幅 A 和初相位 φ，进而确定振动方程的方法就是振动方程法，或者代数解析法。它是描述简谐振动的一种常用方法。

例 6.2 如图 6-1 所示的水平弹簧振子中，设弹簧的劲度系数 $k=1.6\ \text{N}\cdot\text{m}^{-1}$，物体的质量 $m=0.4$ kg。今把物体向右拉至距平衡位置 0.1 m 处，并给以一向右的初速度，大小为 $0.2\ \text{m}\cdot\text{s}^{-1}$，然后放手。试写出：(1) 物体的振动方程；(2) 物体在放手后第 3 s 末的运动状态。

解：(1) 由已知可得振动的圆频率为

$$\omega = \sqrt{\frac{k}{m}} = 2\ \text{s}^{-1}$$

由题意，以平衡位置为坐标原点、水平向右为 x 轴正方向建立坐标轴，可确定初始条件为 $x_0 = 0.1$ m，$v_0 = 0.2\ \text{m}\cdot\text{s}^{-1}$，则由式(6-10) 可得振幅 A 为

$$A = \sqrt{x_0^2 + \frac{v_0^2}{\omega^2}} = 0.14\ \text{m}$$

再由式(6-11) 得

$$\tan\varphi = -\frac{v_0}{x_0\omega} = -1$$

得

$$\varphi = \frac{3}{4}\pi \text{ 或 } \varphi = -\frac{1}{4}\pi$$

由 $x_0 > 0$，$v_0 > 0$，可以判断 $\cos\varphi > 0$，$\sin\varphi < 0$，所以 φ 应在第四象限，即振动的初相 φ_0 为

$$\varphi = -\frac{1}{4}\pi$$

物体的振动方程为

$$x = 0.14\cos\left(2t - \frac{\pi}{4}\right)\ (\text{m})$$

(2) 由上式可得振动速度表达式为

$$v = -0.28\sin\left(2t - \frac{\pi}{4}\right)\ (\text{m}\cdot\text{s}^{-1})$$

将 $t=3$ s 分别代入振动方程和速度表达式中，得

$$x(3) \approx 0.07(\mathrm{m}), v(3) \approx 0.25(\mathrm{m \cdot s^{-1}})$$

即在放手后第 3 s 末，物体将位于平衡位置右方 0.07 m 处，并以 0.25 $\mathrm{m \cdot s^{-1}}$ 的速度向右运动。（还可以进一步求加速度、受力等）

6.2.2 简谐振动的旋转矢量表示法

为了直观地领会简谐振动表达式中 A、ω 和 φ 的含义，并为后面简谐振动的合成提供简捷的方法，下面介绍简谐振动的旋转矢量表示法。这种图示法的依据是简谐振动与匀速圆周运动有一个很简单的关系，可以充分利用匀速圆周运动是周期性运动的特性。

如图 6-4 所示，在图平面过原点 O 任画一坐标轴 Ox 作为参考方向，过 O 点做一个矢量 $\overrightarrow{OM}$，矢量的长度等于振幅 A，让该矢量绕原点 O、以数值等于圆频率 ω 的角速度在平面内做逆时针方向的匀速转动，这个旋转的矢量称为振幅矢量，用 $\boldsymbol{A}$ 表示。

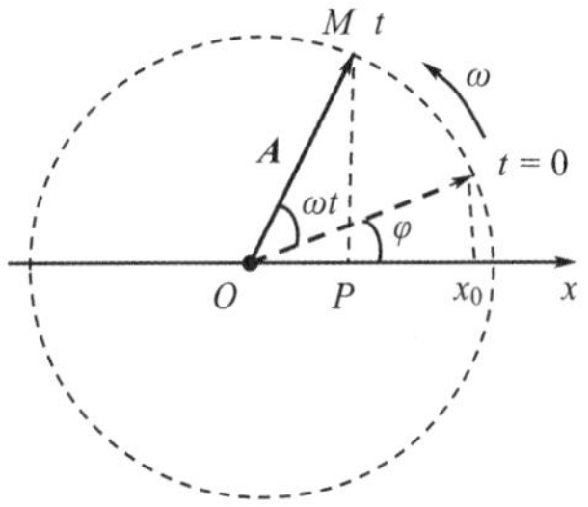

图 6-4　简谐振动的旋转矢量表示法

设 $t=0$ 时刻，振幅矢量 $\boldsymbol{A}$ 与 x 轴夹角为 φ，等于简谐振动的初相。则在任意时刻 t，振幅矢量 $\boldsymbol{A}$ 与 x 轴夹角就为 $(\omega t+\varphi)$，等于简谐振动在 t 时刻的相位 $(\omega t+\varphi)$。在 $\boldsymbol{A}$ 矢量旋转的过程中，尽管其端点绕圆心 O 做匀速圆周运动，但是其端点在 x 轴上的投影点 P 却以原点 O 为平衡位置做来回往复运动。下面分析投影点 P 的运动规律：

$t=0$ 时刻，投影点 P 在 x 轴上的位置 $x_0=A\cos\varphi$；

任一 t 时刻，投影点 P 在 x 轴上的位置 $x=A\cos(\omega t+\varphi)$。

因此，当振幅矢量 $\boldsymbol{A}$ 绕原点 O、以圆频率 ω 的值为角速度做逆时针方向的匀速转动时，$\boldsymbol{A}$ 矢量的端点在 x 轴上的投影点 P 所做的运动就是一个简谐振动。这样，我们借助一个旋转矢量 $\boldsymbol{A}$ 就可以形象地表示出简谐振动，并且描述简谐振动的三个特征量 A、ω 和 φ 的含义也能直观地体现出来。旋转矢量与简谐振动之间的对应关系是，旋转矢量的长度 A 为投影点 P 所做简谐振动的振幅；旋转矢量转动的角速度为 P 点所做简谐振动的圆频率 ω；旋转矢量在 t 时刻与 x 轴的夹角就是简谐振动的相位 $(\omega t+\varphi)$；起始时刻，旋转矢量与 x 轴夹角为简谐振动的初相位 φ；旋转矢量 $\boldsymbol{A}$ 旋转一周所需的时间就是简谐振动的周期 T。

此外，由于规定了旋转矢量 $\boldsymbol{A}$ 总是沿逆时针方向转动，则在 $\boldsymbol{A}$ 转动的过程中，不仅能够通过投影点的位置确定简谐振动的位置，还能确定投影点速度的大小和方向。

例 6.3 一质点沿 x 轴做简谐振动，已知其周期为 2 s，振幅为 0.12 m。当 $t=0$ 时质点的位移为 0.06 m，且沿 x 轴正方向运动。求：(1) 振动的初相及振动方程；(2) 当质点处于 $x=-0.06$ m 处，且沿 x 轴负方向运动时，质点的速度和加速度；从此位置回到平衡位置所需的最短时间；(3) 当 x 为多大时，系统的势能为总能量的一半？

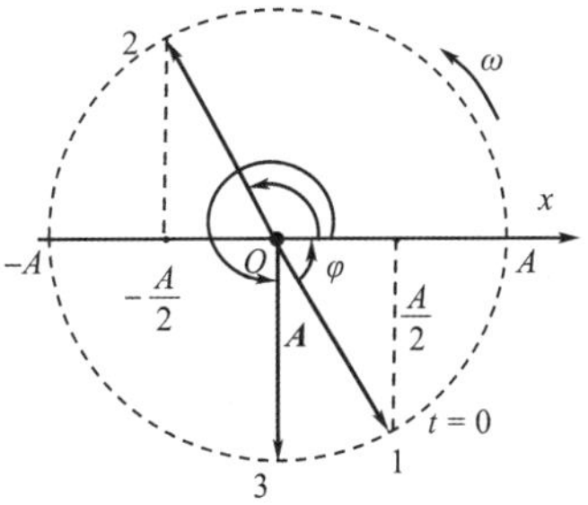

图 6-5

解：(1) 设振动方程为 $x=A\cos(\omega t+\varphi)$，

由 $T=2$ s，可知 $\omega=\dfrac{2\pi}{T}=\pi$ rad/s。

依题意做旋转矢量图 6-5，图中位置 1 代表初始时刻旋转矢量的位置，由此可知：

振动的初相位为

$$\varphi = -\pi/3$$

所以振动方程为

$$x = 0.12\cos(\pi t - \pi/3)(\mathrm{m})$$

(2) 依题意由旋转矢量法可知，当质点处于 $x = -0.06$ m 处，且沿 x 轴负方向运动时，对应的状态用图 6-5 中位置 2 处的旋转矢量来表示，所以该点的相位为$\dfrac{2\pi}{3}$，由此可知：

此时质点的速度为 $v = -0.12\pi\sin(2\pi/3) = -0.33\ \mathrm{m/s}$

加速度为 $a = -0.12\pi^2\cos(2\pi/3) = 0.59\ \mathrm{m/s^{-2}}$

从此位置回到平衡位置所需的最短时间应为图 6-5 中旋转矢量由位置 2 转到位置 3 的过程中所需的时间，这两个位置对应的相位分别为$\dfrac{2}{3}\pi$和$\dfrac{3}{2}\pi$，相位角的变化 $\Delta\varphi$ 与所经历的时间 Δt 的关系为 $\Delta\varphi = \omega\Delta t$，所以有

$$\Delta\varphi = \frac{3\pi}{2} - \frac{2\pi}{3} = \frac{5\pi}{6} = \omega\Delta t \Rightarrow \Delta t = \frac{\Delta\varphi}{\omega} = \frac{5}{6} \approx 0.833(\mathrm{s})$$

(3) 当系统的势能为总能量的一半时，有

$$\frac{1}{2}kx^2 = \frac{1}{2}\cdot\frac{1}{2}kA^2 \Rightarrow x = \pm\frac{\sqrt{2}}{2}A \approx \pm 0.085(\mathrm{m})$$

6.2.3 振动曲线

以时间变量 t 为横轴、位移变量 x 为纵轴，将式(6-3)所描述的振动物体位移随时间周期性变化的曲线画出来，就得到了简谐振动的振动曲线。振动曲线是描述简谐振动的一种直观的方法。

如图 6-6 所示的简谐振动曲线，非常直观地描述了振动质点的位移随时间周期性的变化。由振动曲线可以直接读出振幅 A 和周期 T 等简谐振动的特征量。可以从振动曲线上读出某一时刻 $t = t_0$(如 $t = 0$ 时刻) 振动物体的位移 $x = x_0$，从而由 $x_0 = A\cos(\omega t_0 + \varphi)$ 得到初相位 φ 的两个可能的取值；再由振动曲线上读出下一个微小时刻 $t_0 + \Delta t$ 振动物体的位移(位置) 并与 $t = t_0$ 时刻振动物体的位移(位置) 比较，判断 $t = t_0$ 时刻振动物体的运动方向；根据 $t = t_0$ 时刻振动物体运动速度 $v_0 = -\omega A\sin(\omega t_0 + \varphi)$ 的正负，确定 φ 的两个可能的取值中的一个，最终确定初相位 φ 的取值。

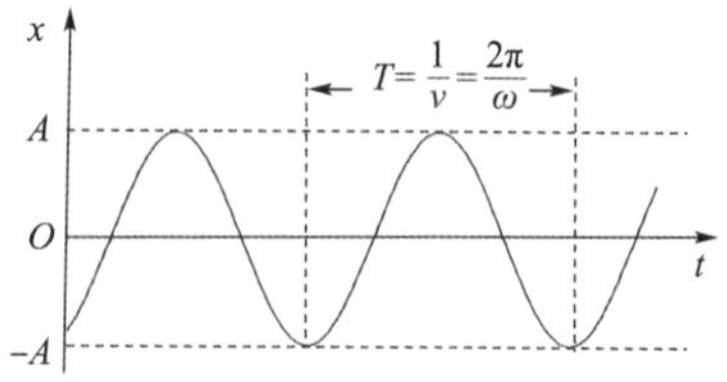

图 6-6 简谐振动曲线

在实际过程中，这三种描述方法可以结合到一起进行简谐振动的描述。

例 6.4 已知一水平放置的弹簧谐振子的振动曲线如图 6-7(a) 所示，试求：(1) $t = 0$ s 和 $t = 0.5$ s 时，谐振子的振动状态以及相应的相位；(2) 谐振子的振动函数。

解：(1) 由曲线可知，该谐振动的振幅 $A = 4\ \mathrm{cm} = 4\times10^{-2}\ \mathrm{m}$。

由于 $x - t$ 曲线在 t 处的斜率$\dfrac{\mathrm{d}x}{\mathrm{d}t}$就等于 t 时刻谐振子的运动速度，因此由振动曲线可知，当 $t = 0$ 时，谐振子的振动状态为 $x_0 = -\dfrac{\sqrt{2}}{2}A$，$v_0 > 0$，做旋转矢量 $\boldsymbol{A}_0$，如图 6-7(b) 所示，可知 $t = 0$ 时，$\varphi = \dfrac{5}{4}\pi$。

当 $t=0.5$ s时，振动状态为 $x_1=0, v_1>0$，做旋转矢量 $\boldsymbol{A}_1$[图 6-7(b)]，可知 $t=0.5$ s时，$\omega t+\varphi=\frac{3}{2}\pi$。

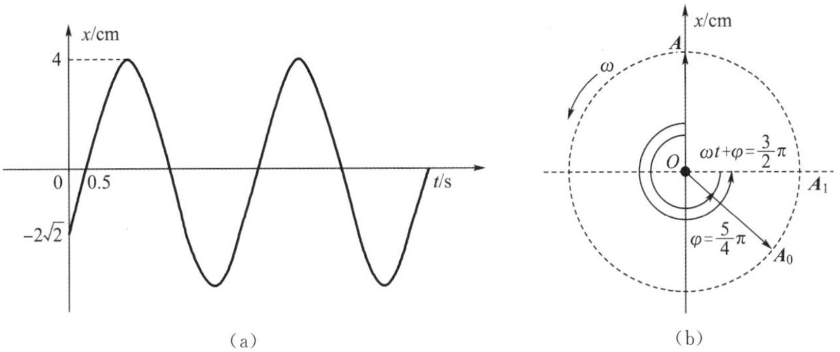

图 6-7

(2) 由图 6-7(b) 可知，在 $t=0$ s 到 $t=0.5$ s 时间内，旋转矢量转过的角度为

$$\Delta\varphi=\omega\Delta t=\frac{3}{2}\pi-\frac{5}{4}\pi=\frac{\pi}{4}$$

所以圆频率为

$$\omega=\frac{\pi}{2}\ \text{s}^{-1}$$

由上面求得的 A、ω 和 φ，可确定该谐振子的振动函数为

$$x=4\times10^{-2}\cos\left(\frac{\pi}{2}t-\frac{3}{4}\pi\right)\ (\text{m})$$

6.3 两个同方向、同频率简谐振动的合成

在实际问题中，常会遇到一个质点同时参与两个甚至多个振动的情况。根据运动叠加原理，质点的振动是这些振动的线性合成。振动合成的基本知识在声学、光学、交流电工学及无线电技术等方面都有着广泛的应用。一般的振动合成问题比较复杂，我们接下来只研究两个同方向同频率简谐振动的合成。

6.3.1 相位差

若两个振动方向相同、频率相同(振幅可能不同)的简谐振动的运动学方程分别为 $x_1=A_1\cos(\omega t+\varphi_1)$ 和 $x_2=A_2\cos(\omega t+\varphi_2)$，则两个简谐振动的相位之差为

$$\Delta\varphi=(\omega t+\varphi_2)-(\omega t+\varphi_1)=\varphi_2-\varphi_1$$

称为相位差，简称相差。对于同频简谐振动，相位差等于初相之差。如果 $0<\Delta\varphi=\varphi_2-\varphi_1<\pi$，称简谐振动 x_2 的相位超前于简谐振动 x_1 的相位；如果 $\pi<\Delta\varphi=\varphi_2-\varphi_1<2\pi$，称简谐振动 x_2 的相位落后于简谐振动 x_1 的相位。如果两个频率相同的简谐振动的初相差为 0 或 2π 的整数倍时，则它们在任意时刻的相位差都是 0 或 2π 的整数倍，这时两振动物体同时到达平衡位置、正最大位移、负最大位移，同时变换运动方向，即两个简谐振动步调完全相同，我们称这两个简谐振动同相。如果两个频率相同的简谐振动的初相差为 π 或 π 的奇数倍时，则它们在任意时刻的相位差都是 π 或为 π 的奇数倍，两振动物体一个到达正最大位移时，另一个振动物体

就到达负最大位移，这两个振动物体同时到达平衡位置但运动方向相反，即两个简谐振动步调完全相反，我们称这两个简谐振动反相。

相位差的定义一方面可以用来反映两个振动步调上的差异，另一方面它对于研究简谐振动的合成、波的叠加、光的干涉等问题都很重要。

6.3.2 两个同方向、同频率的简谐振动的合成规律

若质点参与了两个同方向、同频率的简谐振动，它们的运动方程分别为

$$x_1 = A_1\cos(\omega t + \varphi_1)$$
$$x_2 = A_2\cos(\omega t + \varphi_2)$$

式中，A_1、A_2 和 φ_1、φ_2 分别为两个简谐运动的振幅和初相，ω 为它们共同的频率。x_1 和 x_2 分别为在同一直线方向上、距同一平衡位置的位移。

故质点合位移仍在同一直线上，等于分位移的代数和，因此，在任意时刻合振动的位移为

$$x = x_1(t) + x_2(t) = A_1\cos(\omega t + \varphi_1) + A_2\cos(\omega t + \varphi_2)$$

应用三角函数的等式关系将上式展开，可以证明，x_1 和 x_2 两个振动合成的结果得到的合振动仍然是简谐振动，振动方向和圆频率均不变，即

$$x = A\cos(\omega t + \varphi)$$

合振动的振幅 A 及相位 φ 分别由下两式确定，即

$$A = \sqrt{A_1^2 + A_2^2 + 2A_1A_2\cos(\varphi_2 - \varphi_1)} \tag{6-12}$$

$$\tan\ \varphi = \frac{A\sin\ \varphi}{A\cos\ \varphi} = \frac{A_1\sin\ \varphi_1 + A_2\sin\ \varphi_2}{A_1\cos\ \varphi_1 + A_2\cos\ \varphi_2} \tag{6-13}$$

为了简便、直观地得出合振动的规律，下面我们用旋转矢量合成法进行研究，同样可得上述结果。如图 6-8 所示，两个同一直线方向同频率的简谐振动为

$$x_1 = A_1\cos(\omega t + \varphi_1)$$
$$x_2 = A_2\cos(\omega t + \varphi_2)$$

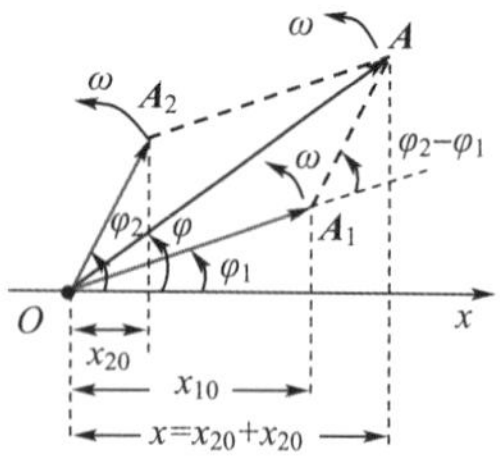

图 6-8 两个同方向同频率简谐振动的合成

它们的振幅矢量（旋转矢量）分别为 $\boldsymbol{A}_1$ 和 $\boldsymbol{A}_2$，$\boldsymbol{A}_1$ 和 $\boldsymbol{A}_2$ 以相同的匀角速度 ω 绕 O 点逆时针旋转，初始时刻($t=0$)$\boldsymbol{A}_1$ 和 $\boldsymbol{A}_2$ 与 x 轴的夹角 φ_1 和 φ_2 就是两个简谐振动 x_1 和 x_2 的初相位。$t=0$ 时刻的矢量 $\boldsymbol{A}_1$、$\boldsymbol{A}_2$ 的矢量和为 $\boldsymbol{A}=\boldsymbol{A}_1+\boldsymbol{A}_2$，$\boldsymbol{A}$ 与 x 轴的夹角为 φ。由于 $\boldsymbol{A}_1$ 和 $\boldsymbol{A}_2$ 长度都不变，并且以相同的角速度 ω 绕 O 点逆时针旋转，因此在振幅矢量 $\boldsymbol{A}_1$ 和 $\boldsymbol{A}_2$ 旋转过程中，以 $\boldsymbol{A}_1$ 和 $\boldsymbol{A}_2$ 为邻边的整个平行四边形性质保持不变，整个平行四边形以角速度 ω 绕 O 点逆时针旋转，因此它们的合矢量 $\boldsymbol{A}$ 也是以匀角速度 ω 绕 O 点逆时针旋转，长度也不变。因此合矢量 $\boldsymbol{A}$ 就是两个简谐振动 x_1 和 x_2 合振动 x 的振幅矢量。$\boldsymbol{A}$ 在 x 轴上的投影 x 所代表的运动也是简谐振动，而且它的频率与 $\boldsymbol{A}_1$ 和 $\boldsymbol{A}_2$ 矢量投影所代表的简谐振动频率相同。t 时刻，$\boldsymbol{A}$、$\boldsymbol{A}_1$ 和 $\boldsymbol{A}_2$ 共同转过的角度为 ωt，所以 t 时刻 $\boldsymbol{A}$、$\boldsymbol{A}_1$ 和 $\boldsymbol{A}_2$ 与 x 轴的夹角分别为($\omega t+\varphi$)、($\omega t+\varphi_1$)和($\omega t+\varphi_2$)。根据矢量投影定理可知，合矢量 $\boldsymbol{A}$ 在 x 轴上的投影 x 等于矢量 $\boldsymbol{A}_1$ 和 $\boldsymbol{A}_2$ 在 x 轴上投影 x_1 和 x_2 的代数和，即

$$x = x_1 + x_2 = A_1\cos(\omega t + \varphi_1) + A_2\cos(\omega t + \varphi_2) = A\cos(\omega t + \varphi)$$

利用余弦定理可求得式(6-12)，利用图示的几何关系和三角函数关系可求得式(6-13)。与代数解析法求得的结果一致。

两个同一直线方向、同频率的简谐振动合成仍然是一个简谐振动，合振动的振幅 A 不仅

与两个分振动的振幅A_1、A_2有关,还与两个分振动的初相差($\varphi_2-\varphi_1$)有关。以下就几种特殊情况加以讨论。

1.如果相位差$\varphi_2-\varphi_1=2k\pi$,$k=0,\pm1,\pm2,\cdots$,两分振动同相,那么

$$A=\sqrt{A_1^2+A_2^2+2A_1A_2}=A_1+A_2$$

即合振幅等于原来两个简谐振动振幅之和,此时合振幅最大。振动曲线(实线)如图6-9所示。

2.如果相位差$\varphi_2-\varphi_1=(2k+1)\pi$,$k=0,\pm1,\pm2,\cdots$,两分振动反相,那么

$$A=\sqrt{A_1^2+A_2^2-2A_1A_2}=|A_1-A_2|$$

即合振幅等于原来两个简谐振动振幅之差,合振幅最小。振动曲线(实线)如图6-10所示。

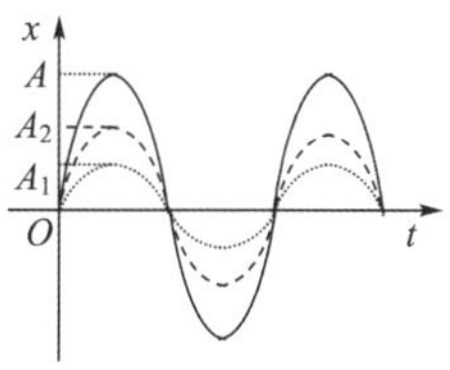

图6-9 同相简谐振动的合成

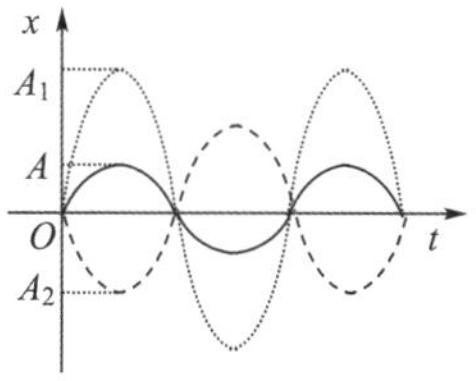

图6-10 反相简谐振动的合成

3.一般情况下,相位差($\varphi_2-\varphi_1$)不是π的整数倍,合振幅的值就介于(A_1+A_2)与$|A_1-A_2|$之间。

两个同方向同频率简谐振动的合成,是我们后续研究波的干涉现象的基础知识。

例6.5 质点同时参与两个同方向、同频率的简谐振动,它们的振动方程分别为$x_1=4\cos(2\pi t+\pi)$ cm,$x_2=3\cos(2\pi t+\pi/2)$ cm。求:合成谐振动的振动方程。

解:由已知可作出两个分振动在$t=0$时的旋转矢量图,如图6-11所示,由图可见$\boldsymbol{A}_1$与$\boldsymbol{A}_2$垂直,所以合振动的振幅为

$$A=\sqrt{A_1^2+A_2^2}=\sqrt{4^2+3^2}=5(\text{cm})$$

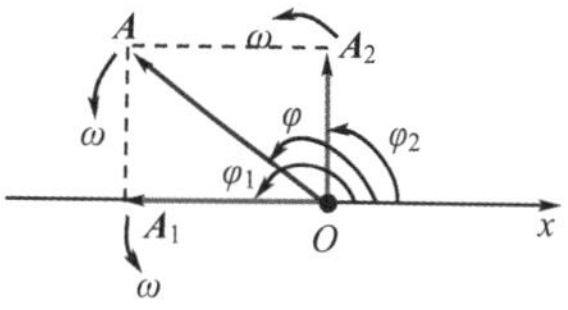

图6-11

由图可以判定,合振动的初始旋转矢量$\boldsymbol{A}$位于第Ⅱ象限,因此合振动的初相位为

$$\tan\varphi=-\frac{A_2}{A_1}=-\frac{3}{4},\varphi\approx\frac{4\pi}{5}$$

所以合振动的振动方程为

$$x=5\cos\left(2\pi t+\frac{4\pi}{5}\right)(\text{cm})$$

练习题

1.试判断下列运动中,哪些是简谐振动?哪些不是简谐振动?(不计阻力)

(1)小球在半径很大的光滑凹球面底部做短距离滚动时球心的运动;

(2)小球在地面上做完全弹性的上下跳动;

(3)质点做匀加速圆周运动时,质点在直径上的投影点的运动;

(4)浮在水里、密度小于水的均匀正三棱锥体,锥顶向上,在水中上下浮动。

2.把单摆的摆球从平衡位置拉开,使摆线与竖直方向成一微小角度q,然后由静止放手任其摆动。若以放手之时为计时起点,试问此q角是否就是振动的初相位?摆球绕悬点转动的

角速度是否就是振动的角频率?

3.把弹簧竖直悬挂,在它的下端系一质量为 m 的重物,使其在弹性限度内上下振动。设弹簧的劲度系数为 k。(1) 证明此振动为简谐振动;(2) 求振动的周期。(提示:以挂重物后物体的平衡位置为原点进行分析)

4.一质量为 10 g 的物体做简谐运动,其振幅为 24 cm,周期为 4 s,当 $t=0$ 时,位移为 $+24$ cm。求:(1) 该物体的振动方程;(2) $t=0.5$ s 时,物体的位置、速度、加速度和物体所受的力;(3) 由起始位置运动到 $x=12$ cm 处所需最少时间。

5.一弹簧悬挂 0.01 kg 砝码时伸长 8 cm。现将这根弹簧悬挂 0.025 kg 的物体,使它做自由振动。请分别对下述三种情况列出初始条件,求出振幅和初相位,最后建立振动方程(以平衡位置为坐标原点,竖直向下为 x 轴正方向)。

(1) 开始时,使物体从平衡位置向下移动 4 cm 后由静止松手;

(2) 开始时,物体在平衡位置并给以向上 $21\ \mathrm{cm\cdot s^{-1}}$ 的初速度,使其振动;

(3) 把物体从平衡位置拉下 4 cm 后,又给以向上 $21\ \mathrm{cm\cdot s^{-1}}$ 的初速度,同时开始计时。

6.一质点沿 x 轴做简谐振动,振幅 $A=0.12$ m,周期 $T=2$ s,$t=0$ 时,位移 $x_0=0.06$ m,$v_0>0$。求:(1) 简谐振动的振动方程;(2) 画出质点简谐振动的振动曲线;(3) $t=T/4$ 时,质点速度的大小和方向;(4) 质点第一、二次通过平衡位置的时间;(5) 质点第一次到达最大正位移的时间和第一次到达最大负位移的时间。

7.如题 6-1 图所示的弹簧振子沿 x 轴做简谐振动,振子的质量 $m=2.5$ kg,弹簧的原长为 l_0、质量不计,弹簧的劲度系数 $k=250\ \mathrm{N\cdot m^{-1}}$,当振子处于平衡位置右方且向 x 轴的负方向运动时开始计时($t=0$),此时的动能 $E_{k0}=0.45$ J,势能 $E_{p0}=0.8$ J,试计算:

(1) $t=0$ 时,振子的位移和速度;(2) 系统的振动方程。

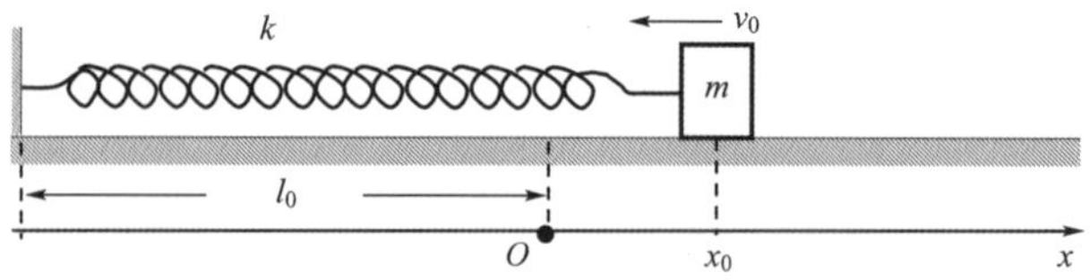

题 6-1

8.一原长为 $l_0=1.20$ m 的弹簧,上端固定,下端挂一质量为 $m=0.04$ kg 的砝码。当砝码静止时,弹簧的长度为 $l=1.60$ m。(重力加速度取 $g=10\ \mathrm{m\cdot s^{-2}}$)

(1) 证明砝码上下运动为简谐振动,并求此简谐振动的角频率;

(2) 若将砝码向上推,使弹簧恢复到原长,然后放手,砝码自由振动,从放手时开始计时,求此简谐振动的振动方程;(取向下为正)

(3) 若系统处于平衡状态时,突然给砝码一个向下的初速度 $v_0=1.5\ \mathrm{m\cdot s^{-1}}$,求简谐振动的振动方程。(取向下为正)

(4) 若从弹簧的长度为 $l=1.60$ m 时,向下拉 $\Delta l=0.30$ m,静止放手,求振动方程。

9.质量 $m=0.10$ kg 的物体以 $A=0.01$ m 的振幅做简谐振动,其最大加速度为 $4.0\ \mathrm{m\cdot s^{-2}}$,求:(1) 振动周期;(2) 物体通过平衡位置时的总能量与动能;(3) 当动能和势能相等时,物体的位移是多少?(4) 当物体的位移为振幅的一半时,动能、势能各占总能量的多少?

10.一物体做简谐振动。(1) 当它的位置在振幅一半处时,试利用旋转矢量计算它的相位可能为哪几个值,并做出这些旋转矢量;(2) 谐振子在这些位置时,其动能、势能各占总能量的百分比为多少?

11.某振动质点的 x-t 曲线如题 6-2 图所示，试求：(1) 运动方程；(2) 点 P 对应的相位；(3) 到达 P 点相应位置所需的时间。

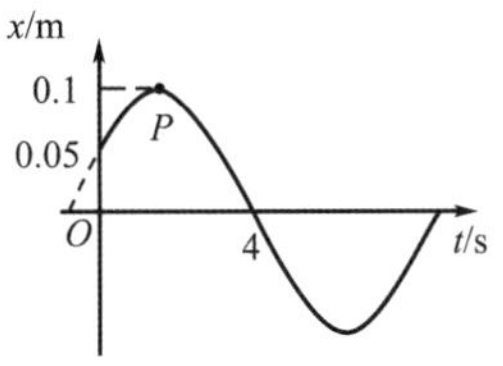

题 6-2

12.有两个同方向、同频率的简谐振动，它们的振动表式为

$$x_1=0.05\cos\left(10t+\frac{3}{4}\pi\right),x_2=0.06\cos\left(10t+\frac{1}{4}\pi\right)\ (\text{SI 制})$$

(1) 求它们合成振动的振幅和初相位；

(2) 若另有一振动 $x_3=0.07\cos(10t+\varphi_3)$，问 φ_3 为何值时，x_1+x_3 的振幅为最大；φ_3 为何值时，x_2+x_3 的振幅为最小。

13.两个同方向、同频率的简谐振动，其合振动的振幅为 0.2 m，合振动的相位与第一个简谐振动的相位差为 $\pi/6$，若第一个简谐振动的振幅为 $\sqrt{3}/10$ m，求：(1) 第二个简谐振动的振幅；(2) 第一与第二两个简谐振动的相位差。

14.质点同时参与两个谐振动，它们的振动方程分别为 $x_1=4\cos(2\pi t+\pi)$，$x_2=3\cos(2\pi t+\pi/2)$，求：合成谐振动的振动方程。

第七章 波动学基础

振动的传播过程称为波动，简称波。波动是物质运动的一种很普遍的形式。机械振动在介质中的传播称为机械波，如水面的涟漪、声波、地震波等。变化的电场和变化的磁场在空间的传播，称为电磁波，如无线电波、微波、红外线、可见光、紫外线、X 射线、γ 射线等。机械波和电磁波统称为经典波，它们代表的是某种实在的物理量在空间的传播。此外，近代物理的理论揭示，像电子、质子、中子、原子、分子等实物粒子也具有波动性，这种波称为物质波。虽然各类波动过程产生的机制、物理本质不尽相同，但它们却有着共同的波动特征和规律。

本章主要讨论机械波的特征和基本规律。

7.1 波动的基本概念

7.1.1 机械波的形成及产生条件

波动是振动状态的传播，实际上是振动源(波源)的振动能量在空间的传播。因此，产生机械波首先要有波源，其次还要有弹性介质。弹性介质可看作大量质元的集合，各质元相互之间通过弹性力联系在一起，宏观上呈连续状态。弹性介质可以是气体，也可以是液体或固体。当弹性介质中某一质元因受外界的扰动而离开自己的平衡位置时，由于形变，与其邻近的质元将对它施加弹性力的作用，使它在平衡位置附近做振动；与此同时，该质元也将对其邻近质元施以弹性力的作用，使邻近的质元也在自己的平衡位置附近做振动。这样，当弹性介质中某一个质元受到外界策动而持续、稳定地振动时，依靠着质元之间的弹性力，这一振动将会以一定速度在弹性介质中由近及远地传播出去，就形成了机械波。如果忽略各质元间的内摩擦力、黏滞力等因素，且介质无吸收，此振动就可保持其原有的振动特点，一直传播下去。显然，在波产生的过程中，波源与弹性介质两个条件缺一不可。

根据介质中各质元的振动方向与波的传播方向之间的关系，可将波分为横波和纵波两类。质元的振动方向与波的传播方向垂直的波称为横波，质元的振动方向与波的传播方向一致的波称为纵波。

7.1.2 波动传播过程的物理实质

下面以在弹性绳索上传播的一维简谐横波为例，分析波动过程的物理实质。

如图 7-1 所示，假设一条拉直的弹性绳索可以看成是编号为 1、2、3…… 的许多质元均匀排列组成的系统，它们彼此之间依靠弹性力联系在一起。如果质元 1 受到外力的策动而在与绳索垂直的方向上做持续的简谐振动，就会有一列简谐横波在绳索中传播。以质元 1 的平衡位置为坐标原点，向上为 y 轴正向，质元依次排布的方向为 x 轴正向。设在某一起始时刻 $t=0$，质元 1 受到扰动，开始以速度 v_m 离开平衡位置向上做振幅为 A、周期为 T 的简谐振动。

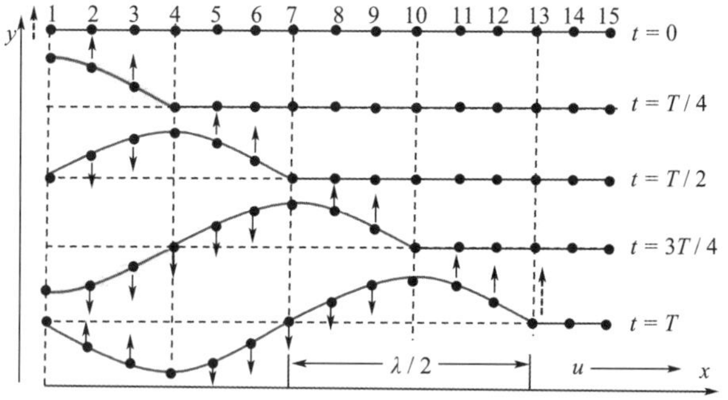

图 7-1 简谐横波在介质中的形成与传播示意图

在 $t=0$ 时刻，质元 1 受到扰动开始以速度 v_m 离开自身平衡位置向上做简谐振动。

在 $t=T/4$ 时刻，质元 1 运动到其简谐振动的正向最大位移处、运动速度为零；此时质元 1 在 $t=0$ 时刻的运动状态传递给质元 4，质元 4 开始以速度 v_m 离开自身平衡位置向上做简谐振动。

在 $t=T/2$ 时刻，质元 1 返回其平衡位置、以速度 v_m 向 y 轴负向运动；此时质元 4 运动到其简谐振动的正向最大位移处；此时，质元 7 刚好接到信号，开始以速度 v_m 离开自身平衡位置向上做简谐振动，即质元 1 在 $t=0$ 时刻的振动状态已传递给了质元 7。

在 $t=3T/4$ 时刻，质元 1 运动到其简谐振动的负向最大位移处、运动速度为零；质元 4 返回其平衡位置、以速度 v_m 向 y 轴负向运动；质元 7 运动到其简谐振动的正向最大位移处；此时，质元 10 开始以速度 v_m 离开自身平衡位置向上做简谐振动，即质元 1 在 $t=0$ 时刻的振动状态已传递给了质元 10。

在 $t=T$ 时刻，质元 1（波源）完成了一次完全振动回到起始振动状态；质元 4 运动到其简谐振动的负向最大位移处、运动速度为零；质元 7 返回其平衡位置、以速度 v_m 向 y 轴负向运动；质元 10 运动到其简谐振动的正向最大位移处；此时，质元 13 开始以速度 v_m 离开自身平衡位置向上做简谐振动，即质元 1 在 $t=0$ 时刻的振动状态已传递给了质元 13。

随后，质元 1（波源）开始下一个周期的简谐振动，它所经历过的振动状态就继续传播下去。如果振源持续地振动，振动过程将会不断地在绳索上由近及远地向前传播，形成一列简谐横波。

通过以上波动过程分析，我们对波动过程的物理实质有如下认识：

(1) 波的传播过程实质上应是波源的振动状态（振动相位）的传播过程。振动在介质中传播时，振源的状态随时间周期性变化，它所经历的每一个振动状态都顺次向前传递给前方的质元。

(2) 从能量的角度来看,波动是能量在空间(弹性介质)中的传播。这是因为在波的传播过程中,外界必须不断为波源馈入能量,才能维持波源持续振动。而随着振动状态在介质中的传递,每一个质元都要不断地从后面的质元获取能量,然后不断地引发前面质元振动而向前传递能量。

(3) 在振动状态和能量向前传递的过程中,介质中的各质元并不随波前进。忽略各种阻力、不考虑吸收的情况下,每个质元都只在自身的平衡位置附近做同方向、同频率、同振幅的简谐振动,但是同一时刻各个质元的相位各不相同,它们遵循一定的规律变化:

沿着波的传播方向,各质元的相位依次递减。

所以,波动过程是介质中所有质元保持一定相位联系的集体振动。

这种振动状态和能量都在传播的波称为行波。

7.1.3 波动过程的几何描述

在弹性介质中形成波时,各质元间的相位关系和传播方向可以用几何图形来形象地加以描述。波在传播时,离波源较远的质元的振动比离波源较近的振动有一定的滞后,体现在振动相位上就是有一定的相位落后。在波传播的任一时刻,振动相位相同的各点组成的曲面称为波面,或同相面。在某一时刻波所到达的最前面的那个波面称为波前或波阵面。在任一时刻,只有一个波前。我们可以按照波阵面的形状,将波分成平面波、球面波等。波阵面是平面的波动称为平面波[图 7-2(a)];波阵面是球面的波动称为球面波[图 7-2(b)]。在离波源很远的球面波波面上的很小区域内,波面可视为平面,这种波就可近似为平面波。表示波的传播方向的射线称为波线。在各向同性介质中,波线始终与波面垂直。

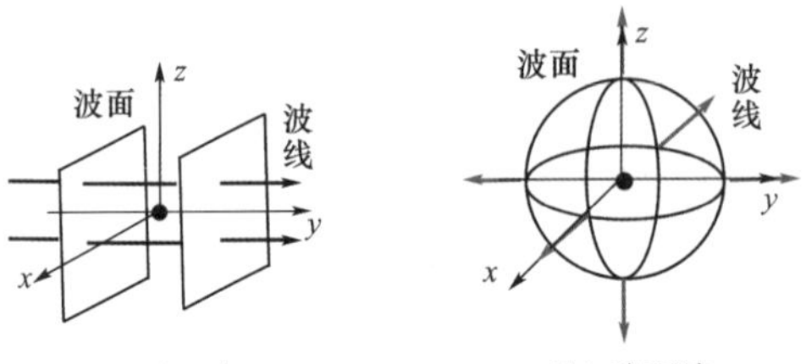

(a) 平面波　　(b) 球面波

图 7-2　波的几何描述

在波传播的空间并不存在真正的“面”和“线”,引入波面、波线等概念,是为了用类似图 7-2 这样的几何图形,来形象、直观地描绘波传播的物理图景。通过这些几何描述,可以想象出:从波源发出的波面不断向前推进,后面波面一个个接踵而来。

惠更斯原理　1690 年惠更斯在对波动过程的描述过程中提出:在波的传播过程中,波阵面上的每一点都可以看作是发射子波的波源(点波源),其后任一时刻,这些子波(球面波)的包迹就是该时刻新的波阵面,这就是惠更斯原理。惠更斯原理不仅适用于机械波,也适用于电磁波。只要知道某一时刻的波阵面,就可以用几何作图法确定下一时刻的波阵面,因而可以在很广泛的范围内解决波的传播问题。利用惠更斯原理,可以解释波的反射和折射定律,还可以对波的衍射做出定性解释。可以解决衍射以及反射和折射时波的传播方向问题。

在图 7-3 中用惠更斯原理、采用几何作图法绘出了球面波和平面波的传播过程。如图 7-3(a) 所示,设球面波在 t 时刻的波面是半径为 R_1 的球面 S_1,根据惠更斯原理,S_1 上各点都可看作是发射子波的波源,则以 S_1 面上的各点为中心、以 $r=u\Delta t$ 为半径沿波传播方向做一些半球面形子波波面，那么这些子波波面的包迹面 S_2 即 $t+\Delta t$ 时刻的新波面。显然，对于球面波，波面 S_2 是以点波源 O 为中心，以 $R_2=R_1+u\Delta t$ 为半径的球面。由于波的传播方向与波面垂直，可以画出波线是沿着径向的，因此球面波是沿球半径方向传播。在平面波的传播过程中，也可以用同样的方法求得新波阵面的位置，如图 7-3(b) 所示。

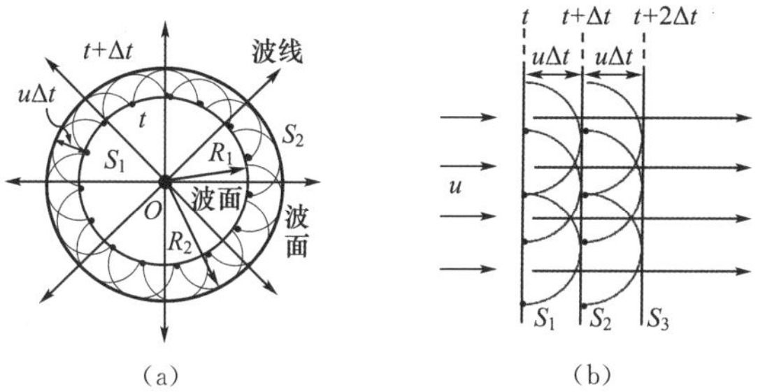

图 7-3　用惠更斯原理求作新的波阵面

7.1.4 描述波动的特征物理量

为了描述波动过程，我们引入波长、周期、频率、波速等常用物理量。

1.波长

在波传播过程中，同一波线上相位相差 2π 的两个质元，它们的振动状态完全一样，我们将它们之间的距离，即一个完整波的长度，称为波长，用 λ 表示。

2.周期和频率

一定的振动相位向前传播一个波长的距离所需要的时间，或一个完整的波通过波线上某点所需的时间，叫作波的周期，用 T 表示。由图 7-1 可知，波源完成一次全振动，相位就向前传播一个波长，所以波的周期在数值上等于波源的振动周期。

单位时间内波前进的距离中所包含的完整波的数目，即周期的倒数，称为波的频率，用 ν 表示，有 $\nu=\dfrac{1}{T}$。

3.波速

在波动过程中，单位时间内振动状态向前传播的距离，称为波速，用 u 表示。由于波动本身就是振动相位的传播，因此实质上波速是相位传播的速度，也把波速称为相速度。

根据上述定义，显然有

$$u=\lambda\nu=\frac{\lambda}{T} \tag{7-1}$$

波长 λ、周期 T（频率 ν）、波速 u 是描述波动过程的基本物理量。其中波长描述了波在空间上的周期性，与介质有关。同一介质中，不同频率的波的波长不同；同一波源发出的波在不同介质中传播时的波长不同。周期（或频率）描述了波在时间上的周期性，波的周期（或频率）都仅由波源的振动周期（或频率）决定，与介质无关。机械波的波速的大小与介质的性质以及波的类型有关。

7.2 平面简谐波

实际的波动过程都是比较复杂的。若在平面波的传播过程中，波源做简谐振动，波所经历的所有质元都按余弦（或正弦）规律做简谐振动，则称为平面简谐波。由于所有周期性的波，无论是连续波还是脉冲波，都可以看成是若干个简谐波的叠加，因此平面简谐波是一种简单基本的波动过程。在平面简谐波的传播过程中，各质元相对自身平衡位置的位移随时间和质元空间位置变化的函数关系称为平面简谐波的波函数。本节主要研究平面简谐波的波函数及其物理意义。

7.2.1 平面简谐波的波函数

由于平面简谐波的波面是一组平行的平面，波线垂直于波面，是一组平行的射线，因此各波线上振动传播的情况都相同。只需研究任一波线上波的传播过程即可。现假定有一平面简谐波在均匀的、不吸收能量的无限大介质中传播。波传播过程中，介质中各质元依次在做同方向、振幅为 A、圆频率为 ω 的简谐振动。设该简谐波以波速 $\boldsymbol{u}$ 沿 Ox 轴正方向传播，Ox 轴是平面简谐波传播过程中任取的一条波线。质元在波线上的平衡位置用坐标 x 表示，质元相对平衡位置的位移用 y 表示，如图 7-4 所示。设原点 O 的振动函数为

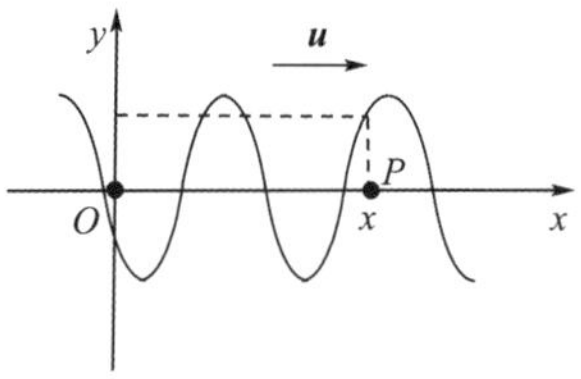

图 7-4 推导平面简谐波的波函数

$$y_0(0,t)=A\cos(\omega t+\varphi_0)$$

式中，φ_0 为点 O 质元简谐振动的初相位；$y_0(0,t)$ 为 $x=0$ 处的质元在 t 时刻离开自身平衡位置 O 的位移（包括大小和方向，即振动状态）。

根据波动的定义，这一振动状态传播到 x 处的点 P 需要耗时 $\Delta t=x/u$；或者说，x 处（点 P）的质元 t 时刻将重复 $x=0$ 处的质元在 $\left(t-\dfrac{x}{u}\right)$ 时刻的振动状态，即 x 处的质元在 t 时刻的振动状态与 $x=0$ 处的质元在 $\left(t-\dfrac{x}{u}\right)$ 时刻的相同，则 x 处的质元 t 时刻相对于自身平衡位置 P 的位移为

$$y=A\cos\left[\omega\left(t-\frac{x}{u}\right)+\varphi_0\right] \tag{7-2}$$

我们还可以从相位落后的角度出发推导出 x 处的质元的振动方程。波动是所有质元保持一定相位联系的集体振动，沿着波的传播方向各质元相位依次递减。同一时刻，x 处的质元比原点 O 处质元的相位落后 $\Delta\varphi$。由于任一时刻同一波线上相距 λ 的两点间的振动相位差为 2π，因此相距为 x 的两点间的振动相位差应为

$$\Delta\varphi=\frac{2\pi x}{\lambda} \tag{7-3}$$

由此可推得 x 处质元的振动方程为

$$y=A\cos\left(\omega t-\frac{2\pi}{\lambda}x+\varphi_0\right) \tag{7-4}$$

式(7-2)和式(7-4)给出了波线上所有质元的运动规律，它们就是我们要建立的沿 x 轴正向传播的平面简谐波的波函数。如果此平面简谐波沿 x 轴负向传播，那么 x 处质元的振动应超前于原点 O 处质元，相应的波函数为

$$y=A\cos\left[\omega\left(t+\frac{x}{u}\right)+\varphi_0\right] \text{ 和 } y=A\cos\left(\omega t+\frac{2\pi}{\lambda}x+\varphi_0\right)$$

概括波的两种可能的传播方向，再利用关系式 $u=\dfrac{\lambda}{T}$ 和 $\omega=2\pi\nu=\dfrac{2\pi}{T}$，平面简谐波的波函数可写成以下多种标准形式：

$$\left.\begin{aligned}
y&=A\cos\left(\omega t\mp\frac{2\pi x}{\lambda}+\varphi_0\right)\\
y&=A\cos\left[\omega\left(t\mp\frac{x}{u}\right)+\varphi_0\right]\\
y&=A\cos\left[2\pi\left(\frac{t}{T}\mp\frac{x}{\lambda}\right)+\varphi_0\right]\\
y&=A\cos\left[2\pi\left(\nu t\mp\frac{x}{\lambda}\right)+\varphi_0\right]
\end{aligned}\right\}\tag{7-5}$$

7.2.2 平面简谐波的物理意义

现分析介质中一条波线上某一给定处质元($x=x_0$)的运动情况。将 $x=x_0$ 代入式(7-4),可得

$$y(x=x_0)=A\cos\left(\omega t-\frac{2\pi}{\lambda}x_0+\varphi_0\right)\tag{7-6}$$

这是 $x=x_0$ 处质元相对于自身平衡位置的位移随时间的变化规律,实际上就是 $x=x_0$ 处质元的振动方程。上式中 $\varphi(x_0)=-\frac{2\pi x_0}{\lambda}+\varphi_0$ 表示 x_0 处质元的初相位,比原点处质元的相位落后 $\frac{2\pi x_0}{\lambda}$。由此可以看出,沿着波线方向,随着 x_0 值的增大,相位落后值逐渐增大。这正是波线上各质元之间振动相位内在联系的定量描述,体现了沿着波的传播方向各质元相位依次递减的传播规律。由式(7-6)可以绘出 $x=x_0$ 处质元的振动曲线(图 7-5)。

将 $t=t_0$ 代入式(7-4),可得

$$y(t=t_0)=A\cos\left(\omega t_0-\frac{2\pi}{\lambda}x+\varphi_0\right)\tag{7-7}$$

这给出了 $t=t_0$ 时刻各个质元相对于自身平衡位置的位移情况,这就好像用相机拍摄了某时刻波传播的形貌。因此以 x 为横轴、y 为纵轴,做出 y-x 曲线,就是 $t=t_0$ 时刻的波形曲线(图 7-6)。

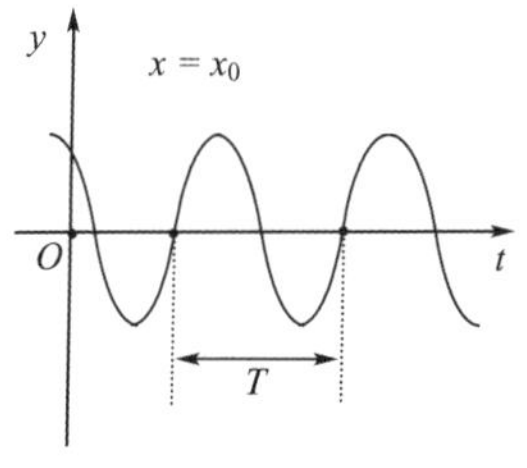

图 7-5 x_0 处质元的振动曲线

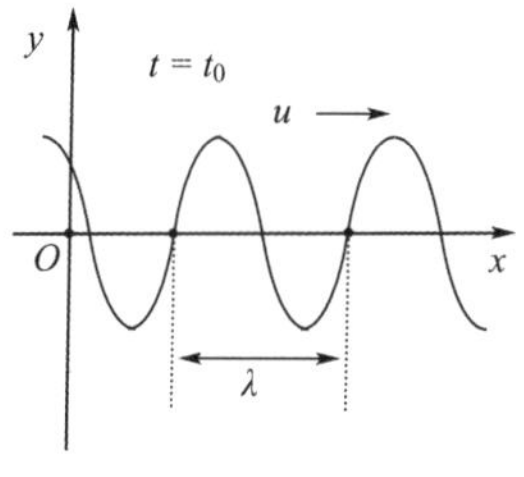

图 7-6 t_0 时刻的波形曲线

如果 x 和 t 都在变化,则波函数表示的是波线上各个不同质元在不同时刻的位移情况。由于在波的传播过程中,任一给定的相位都以速度 u 向前移动,所以波的传播在空间上就表现为整个波形曲线以速度 u 向前平移。图 7-7 画出了波形曲线的平移情况,实线表示 t 时刻的波形,虚线表示 $t+\Delta t$ 时刻的波形。我们看到,$t+\Delta t$ 时刻、$x+\Delta x$ 处质元 b 的振动状态与 t 时刻、x 处质元 a 的振动状态相同,即

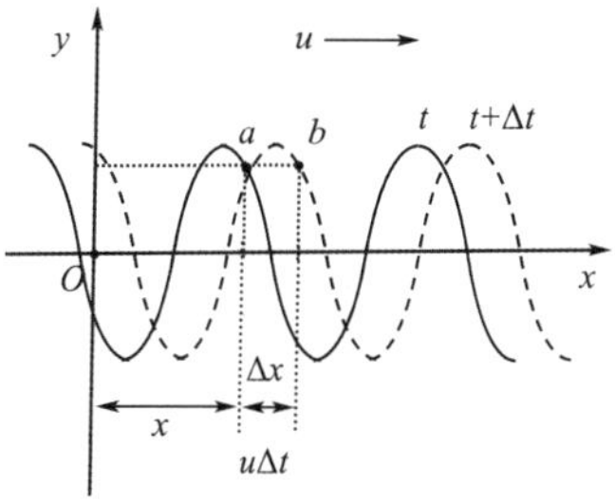

图 7-7 波的传播

$$\varphi(t,x)=\left[\omega\left(t-\frac{x}{u}\right)+\varphi_0\right]=\varphi(t+\Delta t,x+\Delta x)=\left[\omega(t+\Delta t)-\omega\left(\frac{x+\Delta x}{u}\right)+\varphi_0\right]$$

显然有

$$\Delta t=\frac{\Delta x}{u}\text{ 或 }\Delta x=u\Delta t\text{ 或 }u=\frac{\Delta x}{\Delta t}$$

即在 Δt 时间内，整个波形向前平移了 $u\Delta t$ 的一段距离。同时也说明简谐波的传播速度 u 就是振动相位的传播速度。所以，在波动过程中，波形以速度 u 不断向前推进，振动状态不断向前传播。

*7.2.3 波动方程

将式(7-2)分别对 t 和 x 求二阶偏导数，得

$$\frac{\partial^2 y}{\partial t^2}=f''\left(t\pm\frac{x}{u}\right)\text{ 和 }\frac{\partial^2 y}{\partial x^2}=\frac{1}{u^2}f''\left(t\pm\frac{x}{u}\right)$$

比较上述两式，得

$$\frac{\partial^2 y}{\partial x^2}-\frac{1}{u^2}\frac{\partial^2 y}{\partial t^2}=0 \tag{7-8}$$

如果从式(7-4)出发，所得结果与式(7-8)完全相同。这就是波所满足的一维波动方程。这说明，行波 $y(t,x)=f\left(t-\frac{x}{u}\right)$ 和 $y(t,x)=f\left(t+\frac{x}{u}\right)$ 都是波动方程的解。

波动方程称为亥姆霍兹方程，是波动过程的动力学方程，是物理学中最重要的方程之一，具有普遍意义。平面简谐波是亥姆霍兹方程的一个解。在一维空间中，随时间变化的任何物理量 $y(t,x)$（可以是位移、温度、压强、电磁场等），如果满足式(7-8)，那么该物理量就按波的形式传播，u 就是这种波的传播速度。

可以证明：在三维空间中传播的一切波动过程，只要介质是无吸收的各向同性均匀介质，都适合以下波动方程的形式，即

$$\frac{\partial^2 \xi}{\partial x^2}+\frac{\partial^2 \xi}{\partial y^2}+\frac{\partial^2 \xi}{\partial z^2}-\frac{1}{u^2}\frac{\partial^2 \xi}{\partial t^2}=0 \tag{7-9}$$

式中为了避免混淆改用 ξ 代表三维空间中随时间变化的物理量（如空气中的声压分布或密度分布）。任何物质运动，只要它的运动规律符合式(7-9)，就可以肯定它是以 u 为传播速度的波动过程。

例 7.1 一平面波沿 x 轴正方向传播，波速 $u=10\ \text{m}\cdot\text{s}^{-1}$，已知 $x=1$ m 处质点的振动函数为 $y=4\cos\left(5\pi t-\frac{\pi}{4}\right)$（SI 制），求：(1) 该波的波函数；(2) 画出 $t=0.1$ s 时的波形曲线；(3) 画出 $x=1.5$ m 处的振动曲线。

解：由振动函数可知 $\omega=5\pi\ \text{rad}\cdot\text{s}^{-1}$，因此该波的波长为

$$\lambda=\frac{u}{\nu}=2\pi\frac{u}{\omega}=2\pi\times\frac{10}{5\pi}=4(\text{m})$$

(1) 由于该波沿 x 轴正方向传播，设波函数为

$$y=A\cos\left(\omega t-\frac{2\pi}{\lambda}x+\varphi_0\right)=4\cos\left(5\pi t-\frac{\pi}{2}x+\varphi_0\right)$$

将 $x=1$ m 代入上式，得 $x=1$ m 处质元的振动为

$$y|_{x=1}=4\cos\left(5\pi t-\frac{\pi}{2}\times 1+\varphi_0\right)=4\cos\left(5\pi t-\frac{\pi}{2}+\varphi_0\right)\ (\text{m})$$

与已知的 $x=1$ m 处质元的振动函数比较，得到

$$5\pi t-\frac{\pi}{2}+\varphi_0=5\pi t-\frac{\pi}{4},\varphi_0=\frac{\pi}{4}$$

因此，波函数为

$$y=4\cos\left(5\pi t-\frac{\pi}{2}x+\frac{\pi}{4}\right)$$

(2) 将 $t=0.1$ s 代入波函数得此时的波形函数为

$$y|_{t=0.1}=4\cos\left(5\pi\times 0.1-\frac{\pi}{2}x+\frac{\pi}{4}\right)=4\cos\left(\frac{\pi}{2}x-\frac{3\pi}{4}\right)\ (\text{m})$$

由此，可以描绘出 $t=0.1$ s 时的波形曲线，如图 7-8 所示。

(3) 将 $x=1.5$ m 代入波函数，得该处的振动函数为

$$y|_{x=1.5}=4\cos\left(5\pi t-\frac{\pi}{2}\times 1.5+\frac{\pi}{4}\right)=4\cos\left(5\pi t-\frac{\pi}{2}\right)=4\sin(5\pi t)\ (\text{m})$$

由此，可画出 $x=1.5$ m 处的振动曲线，如图 7-9 所示。

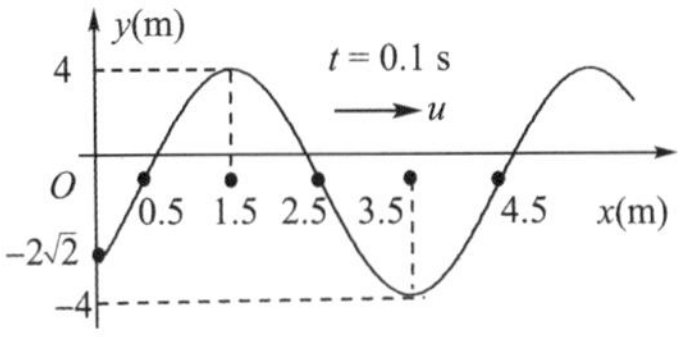

图 7-8

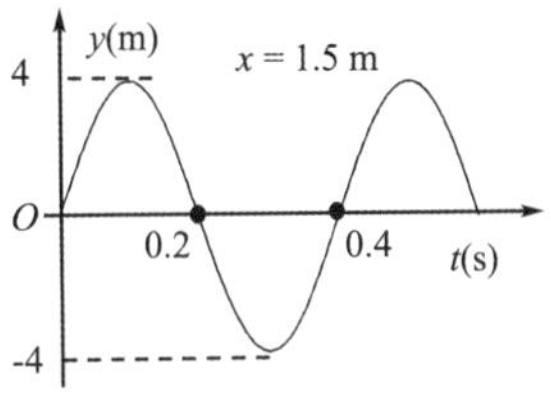

图 7-9

例 7.2 一波源做简谐振动，频率为 100 Hz，振幅为 0.1 m，以波源经平衡位置向 y 轴正方向运动时作为计时起点。设此振动以 $u=400$ m/s 的速度沿直线传播，以波源为原点，波传播方向为 x 轴正向。求：(1) 该波的波函数；(2) $x_1=16$ m 处的质点在 $t_1=0.01$ s 时的运动状态(位移和振动速度)；(3) 此运动状态在 $t_2=0.07$ s 时传到波线上哪一点？

解：(1) 依题意，可得 $\omega=2\pi\nu=200\pi$ rad/s，由旋转矢量法求得波源的振动初相位为 $\varphi_0=-\frac{\pi}{2}$，则波源的振动方程为 $y=0.1\cos\left(200\pi t-\frac{\pi}{2}\right)$ (m)，所以该波的波函数为

$$y=0.1\cos\left[200\pi\left(t-\frac{x}{400}\right)-\frac{\pi}{2}\right]\ (\text{m})$$

(2) 因为 $v=\frac{\partial y}{\partial t}=-0.1\times 200\pi\sin\left[\left(t-\frac{x}{400}\right)-\frac{\pi}{2}\right]$ (m/s)

所以将 $x_1=16$ m 和 $t_1=0.01$ s 分别代入 y 和 v 的表达式中，得

$$y(16,0.01)=0.1\cos\left[200\pi\left(0.01-\frac{16}{400}\right)-\frac{\pi}{2}\right]=0.1\cos(-6.5\pi)=0(\text{m})$$

$$v(16,0.01)=-0.1\times 200\pi\sin\left[200\pi\left(0.01-\frac{16}{400}\right)-\frac{\pi}{2}\right]=-20\pi\sin(-6.5\pi)=62.8(\text{m/s})$$

(3) 依题意可知 $\varphi(x_1,t_1)=\varphi(x_2,t_2)$，即

$$200\pi\left(t_1-\frac{x_1}{400}\right)-\frac{\pi}{2}=200\pi\left(t_2-\frac{x_2}{400}\right)-\frac{\pi}{2}$$

将 $x_1=16\ \text{m}$、$t_1=0.01\ \text{s}$ 以及 $t_2=0.07\ \text{s}$ 代入上式，解得

$$x_2=40\ \text{m}$$

此问还可以用以下解法，即

$$\Delta x=u\Delta t=u(t_2-t_1)=24\ \text{m}$$

所以

$$x_2=x_1+\Delta x=40\ \text{m}$$

7.3 波的能量

波在弹性介质中传播时，弹性介质中的各个质元都依次在各自的平衡位置附近振动，同时由于弹性力的作用，各质元还要发生周期性的形变，因而介质中的质元周期性地获得了弹性势能和动能。波动引起的弹性介质的能量称为波的能量，它是从波源传播过来的。随着波动的不断向前传播，波的能量也不断向前传播。

7.3.1 波动过程中能量在介质中的传播

假设平面简谐横波在密度为 ρ、均匀、无吸收、各向同性的无限大介质中传播，其波函数为

$$y=A\cos\omega\left(t-\frac{x}{u}\right)$$

则每一个质元的振动速度为

$$v=\frac{\partial y}{\partial t}=-A\omega\sin\ \omega\left(t-\frac{x}{u}\right)$$

设每个质元的体积为 $\mathrm{d}V$，其质量为 $\mathrm{d}m=\rho\mathrm{d}V$，则每个质元具有的振动动能为

$$\mathrm{d}E_\mathrm{k}=\frac{1}{2}\rho\mathrm{d}VA^2\omega^2\sin^2\omega\left(t-\frac{x}{u}\right) \tag{7-10}$$

可以证明，每一个质元由于形变而具有的弹性势能与动能相等，即

$$\mathrm{d}E_\mathrm{p}=\frac{1}{2}\rho\mathrm{d}VA^2\omega^2\sin^2\omega\left(t-\frac{x}{u}\right) \tag{7-11}$$

质元的总能量为

$$\mathrm{d}E=\mathrm{d}E_\mathrm{k}+\mathrm{d}E_\mathrm{p}=\rho\mathrm{d}VA^2\omega^2\sin^2\omega\left(t-\frac{x}{u}\right) \tag{7-12}$$

由此可以看出波动过程中能量的传播特点如下：

波动过程中，介质中任一质元的振动动能、弹性势能以及总能量均随时间和空间呈周期性变化。每个质元的动能和势能具有相同的形式，同一质元在任一时刻的动能与势能是相等的，即每一个质元的动能和势能的变化是同步的。

通过上述分析可知，波动的能量与简谐振动的能量显著不同。简谐振动的能量是一个做谐振动的孤立系统的能量。在振动中，谐振子的机械能是守恒的。其动能的增加必然以势能的减少为代价。而在波动中，波源处必须有驱动力连续做功输出能量，因此所有的质元实际上都做受迫振动，服从简谐振动的运动学规律。对于介质中的任一质元，它都不是孤立的，它与其他质元之间依靠弹性力联系在一起。在波的传播过程中，每一个质元都不断地从后面的质元吸取能量来改变自身的运动状态，同时又不断地向前面的质元放出能量而迫使前面的质元

改变运动状态。通过质元不断地吸收和不断地传递能量，能量便伴随着波的振动状态从介质的一部分传递到另一部分。总之，波的传播总是伴随着能量的传播，故波动是能量传播的一种形式。

波传播过程中，单位体积介质中的波动能量称为波的能量密度，以 w 表示，即

$$w=\frac{\mathrm{d}E}{\mathrm{d}V}=\rho A^2\omega^2\sin^2\omega\left(t-\frac{x}{u}\right) \tag{7-13}$$

一个周期内能量密度的平均值称为波的平均能量密度，以 $\overline{w}$ 表示，即

$$\overline{w}=\frac{1}{T}\int_0^T w\,\mathrm{d}t=\frac{1}{T}\int_0^T \rho\omega^2A^2\sin^2\omega\left(t-\frac{x}{u}\right)\mathrm{d}t=\frac{1}{2}\rho\omega^2A^2 \tag{7-14}$$

可见，机械波的平均能量密度与频率的平方、振幅的平方以及介质的密度成正比。这一公式虽然是从平面简谐波的特殊情况导出的，但它适用于任何弹性波。

7.3.2 能流和能流密度

为了描述波动过程中能量的传播，引入能流的概念。通过某一面积的能流即单位时间内通过该面的平均能量；单位时间内通过垂直于波的传播方向上的单位面积的能量，或者说，通过垂直于波的传播方向上的单位面积的能流，称为该处波的能流密度。

在介质中垂直于波的传播方向取一面积 ΔS。以 ΔS 为底，以 $u\mathrm{d}t$ 为长度的体积内的能量 $wu\mathrm{d}t\Delta S$ 在 $\mathrm{d}t$ 时间内刚好全部通过 ΔS，则 ΔS 面上的能流密度为

$$\frac{wu\,\mathrm{d}t\,\Delta S}{\Delta S\,\mathrm{d}t}=uw=u\rho\omega^2A^2\sin^2\omega\left(t-\frac{x}{u}\right) \tag{7-15}$$

能量的传播速度是 u，对于介质中一个垂直于波的传播方向的面积 S 而言，单位时间内通过 S 面传播的平均能量称为平均能流，用 $\overline{P}$ 表示，即

$$\overline{P}=\overline{w}uS \tag{7-16}$$

单位时间内通过垂直于波传播方向上单位面积的平均能量称为平均能流密度(波的强度)，即

$$I=\frac{\overline{P}}{S}=\overline{w}u=\frac{1}{2}\rho A^2\omega^2u \tag{7-17}$$

可见，波的强度与振幅的平方成正比，与频率的平方成正比。对均匀介质中传播的确定的行波来说，ρu 和 ω 均不变，于是波的强度 I 与振幅的平方成正比，因而可用振幅的平方来代表波的强度。波的强度的单位是瓦特每平方米($\mathrm{W\cdot m^{-2}}$)。

对平面波来说，若不计介质对能量的吸收，则根据能量守恒，由一束波线所限定的两个相同面积的波面上的平均能流必然相等，说明波的强度各处相同，波在传播过程中振幅不变。如图 7-10 所示，$S_1=S_2=S$，单位时间内穿过这两个平面的能量分别为

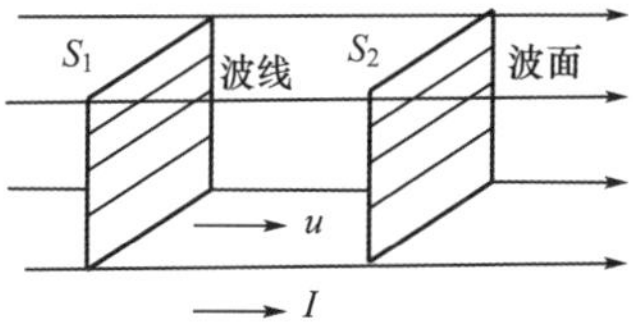

图 7-10 平面波能量的传播

$$\overline{P}_1=I_1S_1=\frac{1}{2}\rho A_1^2\omega^2uS$$

$$\overline{P}_2=I_1S_2=\frac{1}{2}\rho A_2^2\omega^2uS$$

其中，A_1 和 A_2 分别为 S_1 和 S_2 两个平面处波的振幅，I_1 和 I_2 分别为 S_1 和 S_2 两个平面处波的波强。

由于能量守恒，$\overline{P}_1 = \overline{P}_2$，即

$$A_1 = A_2, I_1 = I_2$$

在不计介质吸收的情况下，平面波在各向同性均匀介质，振幅和波的强度均保持不变。

对于球面波（点波源发出）来说，如图 7-11 所示，根据能量守恒，单位时间内穿过半径分别为 r_1 和 r_2 的两个球面的能量相等，即

$$I_1 4\pi r_1^2 = I_2 4\pi r_2^2, \frac{1}{2}\rho u\omega^2 A_1^2 4\pi r_1^2 = \frac{1}{2}\rho u\omega^2 A_2^2 4\pi r_2^2$$

由此得到球面波传播过程中，波的强度和振幅与到波源（点波源）的关系为

$$\frac{I_1}{I_2} = \frac{r_2^2}{r_1^2}, \frac{A_1}{A_2} = \frac{r_2}{r_1}$$

球面波是发散波，波的强度与到波源的距离的平方成反比。

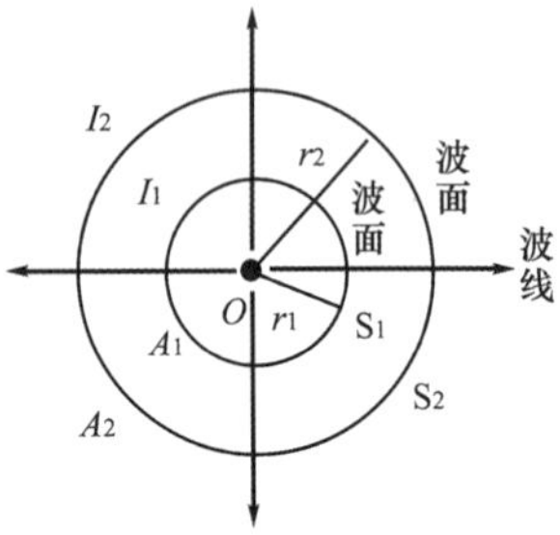

图 7-11 球面波中能量的传播

*7.3.3 声波简介

频率在 20 ～ 20 000 Hz 的机械振动称为声振动，在这个频率范围内的机械波能引起人类产生听觉，称为声波。频率低于 20 Hz 的是次声波，频率高于 20 000 Hz 的是超声波。在流体中传播的声波是纵波。

1. 声强和声强级

声波的平均能流密度称为声强，即

$$I = \frac{1}{2}\rho u\omega^2 A^2$$

人类可以听到的声强范围极为广泛，例如，对于 1 000 Hz 的声音，能够勉强听到声音的声强为 10^{-12} W·m^{-2}、能够在耳中引起强烈振动有压力感甚至痛觉的声强为 10 W·m^{-2}，强弱相差 13 个数量级。因为声强数量级相差悬殊，通常用声强级来描述声波的强弱。常以最低声强 10^{-12} W·m^{-2} 作为标准声强 I_0。定义声强为 I 的声波的声强级为

$$L = \lg\frac{I}{I_0}(\text{B}) = 10\lg\frac{I}{I_0}(\text{dB})$$

声强级的单位为贝尔(B)，实际中常采用分贝(dB) 这个单位。人耳所能忍受的声强约为 1 W·m^{-2}，其声强级是 120 dB，人耳对频率在 2 000 ～ 3 000 Hz 的声波最为敏感，有听觉的最小声强的声强级约为 －5 dB。正常讲话的声音大约为 60 dB，超过 90 dB 就是噪声，炮声大约为 120 dB。

2.超声波和次声波

超声波一般由具有磁致伸缩或压电效应的晶体的振动产生。它的显著特点是频率高，波长短，衍射不严重，因而具有良好的定向传播特性，而且易于聚焦。也由于频率高，因而超声波的声强比一般声波大得多，用聚焦的方法，可以获得声强高达$10^9\ \mathrm{W \cdot m^{-2}}$的超声波。超声波穿透本领很大，特别是在液体、固体中传播时，衰减很小。在不透明的固体中，能穿透几十米的厚度。超声波的这些特性，在技术上得到了广泛的应用。

利用超声波的定向发射性质，可以探测水中物体，如探测鱼群、潜艇等，也可用来测量海水深度。由于海水的导电性良好，电磁波在海水中传播时，吸收非常严重，因而电磁雷达无法使用。利用声波雷达(声呐)，可以探测出潜艇的方位和距离。

因为超声波碰到杂质或介质分界面时有显著的反射，所以可以用来探测工件内部的缺陷。超声探伤的优点是不伤损工件，而且由于穿透力强，因而可以探测大型工件，如用于探测万吨水压机的主轴和横梁等。此外，在医学上可用来探测人体内部的病变，如“B超”仪就是利用超声波来显示人体内部结构的图像。

目前超声探伤正向着显像方向发展，如用声电管把声信号变换成电信号，再用显像管显示出物的像来。随着激光全息技术的发展，声全息也日益发展起来，把声全息记录的信息再用光显示出来，可直接看到被测物体的图像。声全息在地质、医学等领域有着重要的意义。

由于超声波能量大而且集中，所以也可以用来切削、焊接、钻孔、清洗机件，还可以用来处理种子和促进化学反应等。

超声波在介质中的传播特性，如波速、衰减、吸收等与介质的某些特性(如弹性模量、浓度、密度、化学成分、黏度等)或状态参量(如温度、压力、流速等)密切有关，利用这些特性，可以间接测量其他有关物理量。这种非声量的声测法具有测量精度高、速度快等优点。

由于超声波的频率与一般无线电波的频率相近，因此利用超声元件代替某些电子元件，可以起到电子元件难以起到的作用。超声延迟线就是其中一例。因为超声波在介质中的传播速度比电磁波小得多，用超声波延迟时间就方便得多。

次声波又称亚声波，一般指频率在$10^{-4} \sim 20$ Hz的机械波，人耳听不到。它与地球、海洋和大气等的大规模运动密切相关。例如火山爆发、地震、陨石落地、大气湍流、雷暴、磁暴等自然活动中，都有次声波产生，因此已成为研究地球、海洋、大气等大规模运动的有力工具。此外，在核爆炸、火箭发射等过程中也有次声波产生。

次声波频率低，衰减极小，具有远距离传播的突出优点。例如，1883年8月27日在印度尼西亚苏门答腊和爪哇之间的喀拉喀托火山爆发，产生的次声波传播了十几万千米，约绕地球三周，历时108小时。因此对它的研究和应用受到越来越多的重视，已形成现代声学的一个新的分支(次声学)。

例 7.3 一平面简谐波，频率为300 Hz，波速为340 m/s，在截面积为$3\times10^{-2}\ \mathrm{m^2}$的管内的空气中传播。若在10 s内通过截面的能量为2.70×10^{-2} J，求：(1) 通过截面的平均能流；(2) 波的平均能流密度；(3) 波的平均能量密度。

解：(1) 平均能流为

$$\overline{P}=\frac{\overline{E}}{t}=2.70\times10^{-3}\ \mathrm{W}$$

(2) 平均能流密度为

$$I=\frac{\overline{P}}{S}=9.00\times10^{-2}\ \mathrm{W \cdot m^{-2}}$$

(3) 由 $I=\overline{w}u$，可得平均能量密度为

$$\overline{w}=\frac{I}{u}\approx 2.65\times 10^{-4}\ \mathrm{J\cdot m^{-3}}$$

7.4 波的叠加

7.4.1 波的叠加原理

日常生活中，我们发现，若房间里有几个人在谈话，同时还播放着音乐，我们依然能清晰地分辨出每个人的声音；听音乐会的时候尽管有多种乐器同时在演奏，也能辨别出各种乐器。再比如天空中同时有许多无线电波在传播，我们也能很容易地接收到某电台的广播。通过大量类似现象的观察，总结出了波的叠加原理：

如果有数列波同时在空间传播，它们将保持各自原有的振幅、波长、频率、振动方向等特性，互不相干地独立向前传播，好像其他波不存在一样。在相遇的区域内，任一点处质元的振动为各列波单独在该点引起的振动的合振动。

波的叠加原理是波动在波的强度不太大的情况下所遵循的基本定律，是大量实验事实的总结。它的重要性还在于可将一列复杂的波分解为简谐波的组合。遵守叠加原理的波称为线性波，否则称为非线性波。

7.4.2 波的干涉

当频率相等、振动方向相同、相位相同或相位差恒定的两列波相遇时，在两波交叠的区域内，某些点处振动始终加强，另一些点处振动始终减弱或者完全抵消，这种现象称为波的干涉。它是一种简单而又重要的波的叠加现象。能产生干涉现象的波称为相干波，相应的波源称为相干波源。

下面，我们从波的叠加原理出发，利用两个同方向、同频率的机械振动的合成的结论，来研究波的干涉。

设有两相干波源 S_1 和 S_2，它们的振动表达式分别为

$$y_{10}=A_1\cos(\omega t+\varphi_1)$$
$$y_{20}=A_2\cos(\omega t+\varphi_2)$$

假设两个相干波源发出的简谐波在同一均匀介质中传播，在两列波交叠区域内任选一点 P 分析其振动情况，如图 7-12 所示。由波源 S_1 和 S_2 向 P 点分别引两条波线，r_1 和 r_2 代表在波线上两个波源到 P 点的距离。设这两列波到达 P 点时的振幅分别为 A_1 和 A_2，波长为 λ，则这两列波在 P 点所引起的振动方程分别为

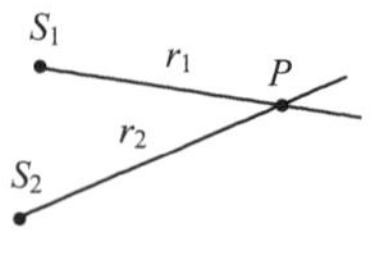

图 7-12 两列波的干涉

$$y_1=A_1\cos\left(\omega t+\varphi_1-\frac{2\pi r_1}{\lambda}\right)$$

$$y_2=A_2\cos\left(\omega t+\varphi_2-\frac{2\pi r_2}{\lambda}\right)$$

因此，P 点的运动就是上面这两个同方向、同频率简谐振动的合振动。由式(6-12)可得其合振幅为

$$A=\sqrt{A_1^2+A_2^2+2A_1A_2\cos\Delta\varphi}$$

式中 $\Delta\varphi$ 为两个分振动在 P 点的相位差，有

$$\Delta\varphi=(\varphi_2-\varphi_1)-2\pi\frac{r_2-r_1}{\lambda} \tag{7-18}$$

可以看出此相位差由两部分构成，其中 $(\varphi_2-\varphi_1)$ 是两波源的初相位差；我们称 (r_2-r_1) 为两波源到 P 点的波程差 δ，有 $\delta=r_2-r_1$，因此 $2\pi\frac{r_2-r_1}{\lambda}=2\pi\frac{\delta}{\lambda}$ 就是由波程差引起的相位差。

下面讨论干涉加强和干涉减弱的条件如下：

当 $\Delta\varphi=\pm2k\pi(k=0,1,2,\cdots)$ 时，$A=A_1+A_2$，合振幅最大，干涉加强；

当 $\Delta\varphi=\pm(2k+1)\pi(k=0,1,2,\cdots)$ 时，$A=|A_1-A_2|$，合振幅最小，干涉减弱。

若两波源的初相位相同，即 $\varphi_1=\varphi_2$，式(7-18) 变为

$$\Delta\varphi=2\pi\frac{r_2-r_1}{\lambda}=2\pi\frac{\delta}{\lambda} \tag{7-19}$$

由此得到两个相干波源具有相同初相位时，波的干涉的加强和减弱条件如下：

当 $\delta=r_2-r_1=\pm k\lambda(k=0,1,2,\cdots)$ 时，$A=A_1+A_2$，合振幅最大，干涉加强；

当 $\delta=r_2-r_1=\pm(2k+1)\frac{\lambda}{2}(k=0,1,2,\cdots)$ 时，$A=|A_1-A_2|$，合振幅最小，干涉减弱。

干涉现象是波动形式所独具的一种重要特性。某种物质运动若能产生干涉现象便可证明其具有波动的特性。干涉现象对于光学、声学等都非常重要，对于近代物理学的发展也有重大的作用。

*7.4.3 驻波

在同一介质中，在同一直线上沿相反方向传播的两简谐波，如果它们的频率、振动方向、振幅相同，即两列等振幅相干的行波沿相反方向传播而叠加时，叠加后就形成驻波。驻波是一种重要的特殊干涉现象。

设有两列振幅、频率、振动方向均相同的平面简谐波，分别沿 x 轴正向、负向传播。它们的波函数分别为

$$y_1(t,x)=A\cos\left(\omega t-2\pi\frac{x}{\lambda}\right)$$

$$y_2(t,x)=A\cos\left(\omega t+2\pi\frac{x}{\lambda}\right)$$

根据波的叠加原理，可以写出驻波的波函数表达式为

$$y(t,x)=y_1(t,x)+y_2(t,x)=2A\cos\frac{2\pi x}{\lambda}\cos\omega t \tag{7-20}$$

在驻波表达式中，$\cos\omega t$ 表示两波交叠区域内的各个质元都做圆频率为 ω 的简谐振动。其振幅为 $\left|2A\cos\frac{2\pi x}{\lambda}\right|$，这表明波线上各点的振幅是不同的，它们随着质元位置 x 变化呈周期性分布，但与时间无关。现对驻波表达式展开讨论：

1.凡满足 $\left|\cos\left(2\pi\frac{x}{\lambda}\right)\right|=0$，亦即位置满足

$$x=(2k+1)\frac{\lambda}{4}\quad(k=0,\pm1,\pm2,\cdots) \tag{7-21}$$

的各质元振幅为零，静止不动，这些质元点称为波节。

2.凡满足 $\left|\cos\left(2\pi\frac{x}{\lambda}\right)\right|=1$，亦即位置满足

$$x=k\frac{\lambda}{2}\quad(k=0,\pm1,\pm2,\cdots)\tag{7-22}$$

等处的各质元的振幅最大，这些质元点称为波腹。

由式(7-21)和式(7-22)可以得到驻波波腹与波节位置分布的普遍规律：两相邻波腹(节)之间的距离为$\frac{\lambda}{2}$；任一波节与相邻波腹之间的距离为$\frac{\lambda}{4}$。即驻波的波腹和波节是沿 x 轴等间距、相间分布的。

其他质元振动的振幅在 $0\sim2A$。

3.驻波中各点的相位特点。

两波节之间各点处质元的振动相位相同；波节两边各点处质元的振动相位相反。即两波节之间各点处质元沿相同方向达到振动的最大值，又同时沿相同方向通过平衡位置；波节两边各点处的质元同时沿相反方向达到振动的最大值，又同时沿相反方向通过平衡位置。

两列同频等振幅沿相反方向传播的简谐波合成的驻波是分段振动的简谐振动，各个质元简谐振动的振幅是不同的。波节处质元的振幅为零(不振动)，波腹处的质元简谐振动的振幅最大 $2A$。相邻的两个波节内的质元称为一段。由于波节处的质元不振动，形成驻波后，振动的能量无法通过波节，振动的能量无法传播，能量被限制在各个段内，因此称为驻波。在驻波波形的变化中，波形不向前传播，只有波形幅度大小的变化，且波腹和波节的位置固定不变。

由此可见，驻波与行波不同，驻波中没有振动状态(相位)和波形的传播，没有能量的传播。驻波是一种常见的特殊的干涉现象。

驻波在无线电、激光、雷达等领域有重要应用，可以利用它来测定波长和确定振动系统的频率。例如各种管、弦、膜、板乐器的演奏，都是驻波振动。像超声驻波还可用于无损检测。

*7.5 多普勒效应

我们前面讨论的各种波动现象中，都是假定波源、介质和观察者三者是相对静止的。但日常生活和科学观测中的事实表明，当波源或观察者相对于介质运动，或者波源与观察者同时相对于介质运动时，都会发生使观察者观测的波的频率有所变化的现象。由于波源与观察者之间的相对运动而使观察者观测到的波的频率与波源发出的波的频率不同的现象，称为多普勒效应，这是奥地利物理学家多普勒在1842年发现的。当波源与观察者二者相互接近时，接收到的频率变高；当二者相互分离时接收到的频率变低。多普勒效应引起的频率变化称为多普勒频移，多普勒频移的大小与媒质(波速)、波源发出的波的频率、波源和观察者相对静止媒质的运动速度有关。

波源完成一次全振动，向外发出一个波长的波，频率表示单位时间内完成的全振动的次数，因此波源的频率等于单位时间内波源发出的完全波的个数；而观察者所接收到的频率，是由单位时间接收到的完全波的个数决定的。当波源和观察者有相对运动时，观察者接收到的频率会改变。当波源与观察者相互靠近时，在单位时间内，观察者接收到的完全波的个数增多，所以接收到的频率增大(蓝移)；同样的道理，当观察者远离波源，观察者在单位时间内接收

到的完全波的个数减少，所以接收到的频率减小(红移)。根据波红(蓝)移的程度，可以计算出波源循着观测方向运动的速度。

我们设波源和观察者的运动在同一条直线上。波在介质中传播速度为 u、波长为 λ、频率为 ν。用 v_s 和 v_R 分别表示波源和观察者相对于介质的运动速度，用 ν_s、ν_R 分别表示波源的频率和观察者接收到的频率。下面分三种情况讨论：

1.波源相对介质静止 $v_s=0$，观察者以速度 v_R 相对于介质运动

首先讨论观察者以速度 v_R 朝向波源运动。若观察者不动时，单位时间内接收到的完整波形数目为 $\frac{u}{\lambda}$。现在观察者以速度 v_R 朝向波源运动，则观察者在单位时间内多接收到了 $\frac{v_R}{\lambda}$ 个完整波，所以观察者接收到的完全波的数目(接收频率 ν_R)应为

$$\nu_R=\frac{u}{\lambda}+\frac{v_R}{\lambda}=\frac{u+v_R}{u}\nu_s$$

此时，观察者接收到的频率高于波源的频率。

若观察者以速度 v_R 远离波源运动，则观察者在单位时间内少接收到了 $\frac{v_R}{\lambda}$ 个完整波，所以观察者的接收频率 ν_R 为

$$\nu_R=\frac{u}{\lambda}-\frac{v_R}{\lambda}=\frac{u-v_R}{u}\nu_s$$

此时，观察者接收到的频率低于波源的频率。

2.观察者相对介质静止 $v_R=0$，波源以速度 v_s 相对于介质运动

当波源朝向观察者运动时，波源的运动不影响波速，但影响波在介质中的分布。波源每一次振动向外传播时，它就在各向同性均匀介质中形成一个个球面波。由于波源的移动，所以每个振动形成的波阵面的球心都相对于前一个波阵面前移 v_sT 的距离，于是各个波阵面都向前"压缩"了。这样。可计算出通过观察者所在处的波长为

$$\lambda'=\lambda-v_sT=(u-v_s)T$$

因此，在这种情况下，由于波速不变，波长变短，所以观察者接收到的频率为

$$\nu_R=\frac{u}{\lambda'}=\frac{u}{u-v_s}\nu_s$$

此时，观察者接收到的频率高于波源的频率。

若波源远离观察者，将上式中的 v_s 用负值代入即可得到此时观察者接收到的频率为

$$\nu_R=\frac{u}{u+v_s}\nu_s$$

此时，观察者接收到的频率低于波源的频率。

3.观察者与波源同时相对于介质运动

综合上面两种分析，就可以分别推出二者相向运动和相背运动时，观察者的接收频率。

当二者相向运动时，观察者的接收频率为

$$\nu_R=\frac{u+v_R}{u-v_s}\nu_s$$

当二者相背运动时，观察者的接收频率为

$$\nu_R=\frac{u-v_R}{u+v_s}\nu_s$$

当波源与观察者不沿同一直线运动时，将速度在连线上的分量作为 v_s 和 v_R 代入上面的公式即可。

多普勒效应不仅适用于机械波，对于包括光在内的电磁波，也存在多普勒效应。但是涉及电磁波的多普勒效应时，需要考虑相对论效应，由相对论可知，在各向同性媒质中(真空)，无论什么参考系(惯性与非惯性)，电磁波(包括光波)都以确定的波速 c 传播，因此电磁波与声波的多普勒效应不同。

电磁波在真空中的传播速度为 c，频率为 ν，当电磁波辐射源与观察者的相对速度为 v 时，观察者接收到的频率为

$$\nu_R = \sqrt{\frac{c-v}{c+v}}\nu$$

当电磁波源接近观察者时，上式中的 v 为负值，即 $\nu_R > \nu$；当电磁波源远离观察者时，上式中的 v 为正值，即 $\nu_R < \nu$。

当二者的相对运动方向与其连线垂直时，有

$$\nu_R = \sqrt{1-\frac{v^2}{c^2}}\nu$$

这被称作横向多普勒效应。

对声波来说，波源运动引起的多普勒频移一般与观察者以同样速度运动引起的频移不同；而对电磁波来说，多普勒频移仅与二者相对运动速度有关，而不论是波源运动还是观察者在运动。当波源和观察者运动的方向与二者之间的连线成直角时，声波没有多普勒频移；对于电磁波，是存在多普勒频移的。与声波不同，电磁波在媒质中传播时，观测到的波频率不受媒质运动的影响。

多普勒效应在科学技术上有许多应用。例如声波的多普勒效应可以用于医学的诊断，也就是我们平常说的彩超。当声源与接收体(探头和反射体)之间有相对运动时，回声的频率有所改变，此种频率的变化称为频移，D 超包括脉冲多普勒、连续多普勒和彩色多普勒血流图像。交通警察向行进中的车辆发射频率已知的超声波同时测量反射波的频率，根据反射波的频率变化的多少就能知道车辆的速度。科学家爱德文·哈勃使用多普勒效应得出宇宙正在膨胀的结论。他发现远处银河系的光线频率在变低，即移向光谱的红端。这就是红色多普勒频移，或称红移。若银河系正移向蓝端，光线就称为蓝移。在卫星移动通信中，当飞机移向卫星时，频率变高；远离卫星时，频率变低。而且由于飞机的速度十分快，因此我们在卫星移动通信中要充分考虑“多普勒效应”。

练习题

1.某波动沿 x 轴传播，设其波长为 λ。试问：在 x 轴上相距为 $\frac{\lambda}{4}$ 的两质点在同一时刻的相位差是多少？若相距为 Δx 呢？

2.频率为 2 000 Hz 的声波以 1 260 $m \cdot s^{-1}$ 的速度沿某一波线传播，先经过波线上的 A 点，再传到 B 点。设 $AB=21$ cm，试求：(1) 同一时刻 A、B 两点振动的相位差 $\Delta\varphi$。与 A 点相比较，B 点的振动是超前还是落后？(2) 同一振动状态从 A 点传到 B 点所需的时间。

3.一波源做简谐振动，振幅为 A，周期为 $T=0.02$ s。若该振动以 $u=100$ m/s 的速度沿直线传播，设 $t=0$ 时，波源处的质点经平衡位置向负方向运动。求：(1) 该波的波函数；(2) 距波

源 5.0 m 和 15.0 m 两处质点的振动方程和各自的初相位；(3) 距波源为 16.0 m 和 17.0 m 的两质点间的相位差。

4.一平面简谐波的波函数为 $y=0.2\cos\left[\pi(200t-5x)+\frac{\pi}{2}\right]$ (SI 制)，(1) 求振幅、波长、频率、周期、波速和初相；(2) 分别画出 $t=0$，$t=0.0025$ s，$t=0.005$ s 时刻的波形曲线。(3) 分别画出 $x=0$，$x=0.1$ m，$x=0.2$ m 处质元的振动曲线。

5.一平面简谐波的一条波线上有 A、B 两点，它们之间的距离为 0.02 m，B 点的相位比 A 点落后 $\pi/6$，已知振动周期为 2 s。试求：(1) 该波的波长和波速；(2) 若 $t=0$ 时刻，A 点正位于 $y=-\frac{A_0}{2}$ 处且向 y 轴正方向运动($A_0=20$ cm 为振幅)，试以 B 点为坐标原点、波传播方向为 x 轴正方向，写出该波的波函数。

6.一横波沿绳子传播，该波的表达式为 $y=0.05\cos(100\pi t-2\pi x)$，式中 x，y 的单位为 m，t 的单位为 s。试求：(1) 此波的振幅、波速、频率和波长；(2) 绳子上各质点的最大振动速度和最大振动加速度；(3) $x_1=0.2$ m 处和 $x_2=0.7$ m 处两个质点振动的相位差。

7.一平面简谐波的波函数为 $y=0.1\cos\left[200\pi\left(t-\frac{x}{400}\right)-\frac{\pi}{2}\right]$，式中 x，y 的单位为 m，t 的单位为 s。试求：(1) 在该波传播的过程中，$x_1=16$ m 处的质元在 $t_1=0.01$ s 时的位移和振动速度；(2) 此运动状态经多长时间传到波线上 $x_2=40$ m 处的质元？

8.一平面简谐波沿 x 轴负向传播，波速为 $u=4$ m/s，已知 $x=-1.0$ m 处的质点的振动规律为 $y=5\cos\left(8\pi t+\frac{3}{8}\pi\right)$ (SI 制)。求：(1) 该波的波函数；(2) $x=-\frac{23}{16}$ m 处的质点的振动方程，并画出该质点的振动曲线；(3) 写出 $t=\frac{1}{64}$ s 时的波形方程，并画出该时刻的波形曲线。

9.一简谐波沿 x 轴正方向传播，波长 $\lambda=4$ m，周期 $T=4$ s，已知 $x=0$ 处质元的振动曲线如题 7-1 图所示。(1) 写出 $x=0$ 处质元的振动函数；(2) 写出波的表达式；(3) 画出 $t=1$ s 时刻的波形曲线；(4) 画出 $x=1$ m 处质元的振动曲线。

10.有一平面波沿 x 轴负方向传播，$t=1$ s 时的波形如题 7-2 图所示，波速 $u=2$ m/s，求：(1) 该波的波函数；(2) 画出 $t=2$ s 时刻的波形曲线；(3) 画出 $x=1$ m 处质元的振动曲线。

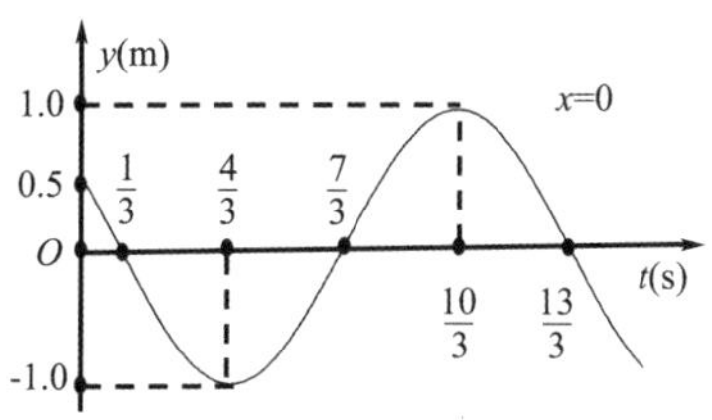

题 7-1

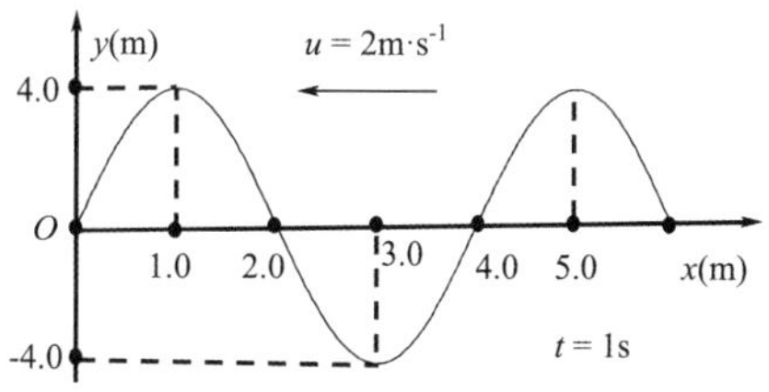

题 7-2

11.一平面简谐波沿 x 轴正向传播，波的振幅 $A=10$ cm，波的角频率 $\omega=7\pi$ rad·s^{-1}。当 $t=1.0$ s 时，$x=10$ cm 处的 a 质点正通过其平衡位置向 y 轴负方向运动，而 $x=20$ cm 处的 b 质点正通过 $y=5$ cm 处向 y 轴正方向运动。设该波波长 $\lambda>10$ cm，求该平面波的表达式。

12.有一列波在介质中传播，其波速为 10^3 m·s^{-1}，振幅为 $A=1.0\times10^{-4}$ m，频率为 $\nu=10^3$ Hz，若介质的密度为 800 kg·m^{-3}，试求：(1) 该波的平均能流密度；(2)1 min 内垂直通过一面积为 $S=4\times10^{-4}$ m^2 的总能量。

13. 一平面简谐波的频率为 500 Hz，在空气中以波速 340 m/s 传播，到达人耳时，振幅为 $A=10^{-4}$ cm，试求：人耳接收到声波的平均能量密度和声强（空气的密度为 1.29 kg·m^{-3}）。

14. 设 S_1 和 S_2 为两相干波源，振幅均为 A，相距 $\lambda/4$（λ 为波长），S_1 的相位比 S_2 的相位落后 $\pi/2$。问：在 S_1，S_2 连线上的 S_1 和 S_2 外侧各点合振幅如何？

15. 两个相干波源 S_1 和 S_2，相位差为 π，相距 30 m，其振幅相等，周期均为 0.01 s，在同一介质中传播，波速均为 400 m·s^{-1}。试求 S_1，S_2 连线上因干涉而静止的各点位置。

第八章

静电场

电磁运动是物质的基本运动形式之一，广泛存在于自然界中，电磁运动的规律被广泛应用于人们日常的生产、生活以及科学研究等各个方面。我们从本章开始研究电磁运动的基本规律及应用，主要包括电场和磁场的一些基本性质、电场和磁场的相互联系、电场和磁场对宏观物体（实物）的作用及所引起的各种效应等。

相对于观察者为静止的电荷在其周围空间激发的电场，称为静电场。本章主要研究静电场的基本性质和规律。

8.1 电荷　库仑定律

8.1.1 电荷

1.电荷

人类对电的认识，最初来自自然界的雷电和摩擦起电现象。例如公元 3 世纪，西晋学者张华在《博物志》中记载："今人梳头著髻时，有随梳解结有光者，亦有咤声。"这是关于摩擦起电产生火花并发出声音的记载。据目前所知，这是世界上关于摩擦起电现象的较早记录。1747 年，美国的富兰克林在实验基础上指出自然界只存在两种电荷，并且首先以正电荷、负电荷命名这两种电荷。随着研究的深入，人们逐渐认识到，中性原子和带电的离子都是由原子核与电子依靠电相互作用而构成的。电子带负电。原子核中有两种核子，一种是带正电的质子，一种是不带电的中子。宏观物体的电磁现象实质上都来源于微观粒子的状态和运动。现在，大量的实验、理论研究已经证明：自然界中只存在两种电荷，一种是正电荷，一种是负电荷。同种电荷相互排斥，异种电荷相互吸引。这种相互作用称为电性力。

电荷是物质的一种物理性质。带有电荷的物质称为"带电物质"。根据带电体之间相互作用力的强弱，我们能够确定物体所带电荷的多寡。表示物体所带电荷多寡程度的物理量称为电荷量。在国际单位制里,电荷量的单位是库仑(C)。

2. 电荷的量子化

实验表明,在自然界中,电荷量总是以一个基本单元的整数倍出现的。电荷量的这种只能取分立的、不连续量值的性质称为电荷的量子化。将电子的电荷量的绝对值 e 称为电荷的基本单元,$e=1.6021766\times10^{-19}$ C,所有带电体或其他微观粒子所带的电荷都是基本电荷 e 的整数倍。粒子物理理论认为强子(质子和中子等)由夸克(也称为层子)、反夸克、胶子等组成,夸克的电量为 $\pm e/3$ 或 $\pm 2e/3$。证实夸克存在的研究工作荣获了1990年的诺贝尔物理学奖。只是迄今为止,尚未在实验中找到自由状态下的夸克。不过即便今后真的发现了自由夸克,仍不会改变电荷量子化的结论。

3. 电荷守恒定律

正常状态下,原子内的电子数与原子核内的质子数相等,整个原子呈电中性,因而通常的宏观物体处于电中性状态。如果由于某些原因,物体内少了电子,就呈带正电状态;若多了电子,就呈带负电状态。大量实验证明,在一个与外界没有电荷交换的系统内,无论经过怎样的物理过程,系统内正、负电荷的代数和总是保持不变,这称为电荷守恒定律。电荷守恒定律是物理学中的一条基本定律,是从大量实验事实中总结归纳出来的。直到现在为止,在一切已经发现的宏观过程和微观过程中,电荷守恒定律都是正确的。

此外,还要指出,电荷是一个相对论不变量,即电荷量与运动状态无关。电荷量不会因参考系的变换而改变,也不会因为电荷或观察者的运动状态变化而改变。

8.1.2 库仑定律

1. 点电荷

为了使所讨论的问题简单起见,在静电现象的研究中,我们经常要用到点电荷的概念。点电荷与质点、刚体等概念类似,也是物理学中一个理想模型。当一个带电体本身的几何线度与所研究问题中涉及的距离相比可忽略时,就可认为该带电体是一个电荷集中的几何点,即点电荷。点电荷是在一定条件下的近似,只具有相对意义。

2. 库仑定律

1785 年,库仑从扭秤实验结果中总结出了点电荷之间相互作用的静电力所服从的基本规律,即著名的库仑定律:在真空中,两个静止点电荷之间的相互作用力(或称静电力)的大小与两点电荷的电荷量乘积成正比,与两点电荷之间距离的平方成反比;作用力的方向沿着这两点电荷的连线,同号电荷相斥,异号电荷相吸(图 8-1)。

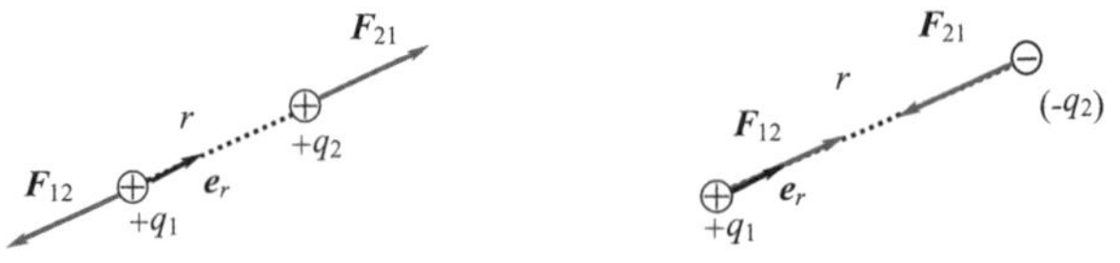

(a) 同号电荷　　(b) 异号电荷

图 8-1　两个点电荷之间的静电作用力

设两个点电荷的电荷量分别为 q_1 和 q_2,它们之间的距离为 r,若 q_2 对 q_1 的作用力用 $\boldsymbol{F}_{12}$ 表示,q_1 对 q_2 的作用力用 $\boldsymbol{F}_{21}$ 表示,用 $\boldsymbol{e}_r$ 表示由 q_1 指向 q_2 的单位矢量,则库仑定律的数学表达式为

$$\boldsymbol{F}_{21}=-\boldsymbol{F}_{12}=k\frac{q_1q_2}{r^2}\boldsymbol{e}_r=\frac{1}{4\pi\varepsilon_0}\frac{q_1q_2}{r^2}\boldsymbol{e}_r \tag{8-1}$$

上式中各个物理量的单位采用国际单位制，根据实验测得的在真空中的比例系数为

$$k = 8.987\,5 \times 10^{9}\ \mathrm{N \cdot m^{2} \cdot C^{-2}}$$

式中的常量 ε_0 称为真空电容率或真空中介电常量，是电磁学中的一个基本常量，2010 年国际推荐值为

$$\varepsilon_0 = \frac{1}{4\pi k} \approx 8.854\ 187\ 817 \times 10^{-12}\ \mathrm{C^{2} \cdot N^{-1} \cdot m^{-2}}$$

库仑定律是直接由实验总结出来的规律，它是静电场的理论基础。到目前，实验上已经测得库仑定律中的静电作用力与电荷之间的距离的平方反比中的幂 2 的误差不超过 10^{-16}。实验结果表明，两个点电荷之间的距离在 $10^{-14} \sim 10^{7}$ m 数量级范围内，库仑定律都是正确的。理论计算还表明，两个点电荷之间的静电作用力远远大于两个点电荷之间的万有引力，因此，在研究带电粒子之间的相互作用时，一般可以忽略万有引力。

8.1.3 静电力的叠加原理

实验表明，当空间存在两个以上静止点电荷时，作用在某一点电荷上的静电力等于其他点电荷单独存在时对该点电荷所施静电力的矢量和，这一结论称为静电力的叠加原理。叠加原理表明，两个点电荷之间的作用力并不因第三个点电荷的存在而有所改变；静电作用力的叠加是线性叠加。

由点电荷 $q_0, q_1, q_2, \cdots, q_n$ 组成的电荷体系对点电荷 q_0 施加的静电力为

$$\boldsymbol{f} = \boldsymbol{f}_1 + \boldsymbol{f}_2 + \cdots + \boldsymbol{f}_n = \sum_{i=1}^{n} \boldsymbol{f}_i \tag{8-2}$$

式中

$$\boldsymbol{f}_1 = \frac{1}{4\pi\varepsilon_0}\frac{q_0 q_1}{r_1^2}\boldsymbol{e}_{r1},\ \boldsymbol{f}_2 = \frac{1}{4\pi\varepsilon_0}\frac{q_0 q_2}{r_2^2}\boldsymbol{e}_{r2},\ \cdots,\ \boldsymbol{f}_n = \frac{1}{4\pi\varepsilon_0}\frac{q_0 q_n}{r_n^2}\boldsymbol{e}_{rn}$$

库仑定律与叠加原理配合使用，原则上可以求解静电学的全部问题。

8.2 电场 电场强度

8.2.1 电场

力是物体之间的相互作用。如果两个物体彼此不接触，那么它们之间的相互作用就必须依赖其间的物质作为媒介来传递。由库仑定律可知，真空中两个相互没有接触的点电荷可以发生相互作用，这说明电荷之间的相互作用不需要由原子、分子构成的物质作为传递媒介。磁铁吸引铁钉等的磁力、电流之间的相互作用力等也与此类似。因此，在法拉第之前，很长一段时间，人们认为两个相隔一定距离的带电体、磁体或电流之间的相互作用是所谓的“超距作用”，即这些作用的传递不需要媒介，也不需要时间。

近代物理学的发展证明，“超距作用”的观点是错误的。电磁相互作用是通过电场和磁场来传递的，这种传递速度与光速相同。现代科学的理论和实践已经证明，场是物质存在的一种形式，它分布在一定范围的空间里。电磁场也同实物（由原子、分子组成的物质）一样具有能量、动量、质量等属性，并通过交换场量子来实现相互作用的传递。不同的是电磁场的静质量为零。另外，场是可叠加的，即若干个电磁场可以同时占据同一空间。

理论和实践证明，任何电荷（无论静止还是运动）都在其周围空间激发电场，而电场又对处在其中的任何电荷都有力的作用。因此电荷之间的相互作用，是通过一个电荷所激发的电场来传递对另一个电荷的作用。

相对于观察者为静止的电荷在其周围所激发的电场称为静电场。本章后面没有特别强调，提到的电场都是指静电场。在以后的讨论中，凡未指明介质时，均为真空中的情况。

8.2.2 电场强度

电场对放入其中的电荷有电场力的作用，利用电场的这一特性，可以找出能够反映电场性质的某个物理量。我们在电场中放入一个试验电荷 q_0，通过电场对它的作用力来研究电场各处的性质。为确定起见，通常规定试验电荷带正电。要求试验电荷的电荷量 q_0 必须足够小，才不会对原场有显著影响；线度要足够小，可以视为点电荷，从而可以研究空间各点的电场性质。

实验指出，把同一试验电荷 q_0 放置在电场中不同点处，一般情况下 q_0 受到的电场力 $\boldsymbol{F}$ 的大小和方向是逐点不同的。但在电场中给定点处，q_0 所受力 $\boldsymbol{F}$ 的大小和方向却是完全一定的。如果在电场中某给定点处我们改变试验电荷 q_0 的量值，将发现试验电荷所受力的方向仍然不变，但力 $\boldsymbol{F}$ 的大小却随 q_0 的量值成正比地改变。可见，试验电荷所受的电场力不仅与试验电荷 q_0 所在的电场性质有关，还与试验电荷本身的电荷量有关。但是，实验还发现，试验电荷所受到的电场力 $\boldsymbol{F}$ 与试验电荷带电量 q_0 的比值 $\boldsymbol{F}/q_0$ 却与试验电荷无关，而只与试验电荷 q_0 所在的电场性质有关。因此，把试验电荷所受的力 $\boldsymbol{F}$ 与它的电荷量 q_0 的比值，作为描述静电场中给定点处的客观性质的一个物理量，称为该点处（称为场点）的电场强度，用 $\boldsymbol{E}$ 表示，即

$$\boldsymbol{E}=\frac{\boldsymbol{F}}{q_0} \tag{8-3}$$

电场中某点的电场强度 $\boldsymbol{E}$ 是矢量，大小等于单位正电荷在该点所受电场力的大小，方向与正电荷在该点所受电场力的方向相同。在国际单位制中，电场强度的单位是牛顿每库仑（N/C），有时也用 V/m 来表示。

在电场中给定的任一点 $\boldsymbol{r}(x,y,z)$ 处，就有一确定的电场强度 $\boldsymbol{E}$，在电场中不同点处的 $\boldsymbol{E}$ 一般不相同，因此，$\boldsymbol{E}$ 应是场点位置（空间坐标）的函数，在直角坐标系中可记作 $\boldsymbol{E}=\boldsymbol{E}(x,y,z)$，有

$$\boldsymbol{E}=\boldsymbol{E}(x,y,z)=E_x(x,y,z)\boldsymbol{i}+E_y(x,y,z)\boldsymbol{j}+E_z(x,y,z)\boldsymbol{k}$$

空间中各点的电场强度 $\boldsymbol{E}=\boldsymbol{E}(x,y,z)$ 的总体形成一个矢量场。

8.2.3 点电荷的电场强度

设在真空中有一个点电荷 q，由库仑定律式（8-1）定义和电场强度的定义式（8-3），就可计算出距 q 为 r 的 P 点处的电场强度为

$$\boldsymbol{E}=\frac{q}{4\pi\varepsilon_0 r^2}\boldsymbol{e}_r \tag{8-4}$$

式中，r 为从场源点电荷 q 到场点的距离，$\boldsymbol{e}_r$ 为场源点电荷 q 指向场点的单位矢量。

点电荷电场在空间中的分布特点是：点电荷在空间任一点所激发电场的电场强度的大小，与场源点电荷的电荷量 q 成正比，与场源点电荷到场点距离的平方 r 成反比。在以点电荷为中心、半径为 r 的球面上，各点场强大小相等。如果场源点电荷 q 为正电荷，电场强度的方向

与 $\boldsymbol{e}_r$ 的方向一致,即由场源点电荷沿径向指向场点;如果场源点电荷 q 为负电荷,电场强度的方向与 $\boldsymbol{e}_r$ 的方向相反,即沿径向由场点指向场源点电荷。即点电荷激发的静电场是球对称性分布的电场(图 8-2)。

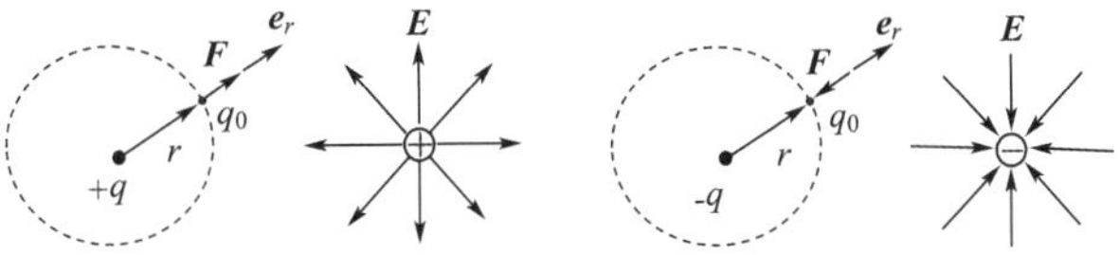

图 8-2　点电荷产生的静电场

8.2.4 点电荷系的电场强度和电场强度叠加原理

如果电场是由 n 个静止的点电荷 $q_1, q_2, \cdots, q_n$ 共同激发的,这些电荷的总体称为点电荷系。根据静电力的叠加原理,试验电荷 q_0 在静电场 P 处所受到的静电作用力等于各个点电荷单独存在时对试验电荷 q_0 的静电作用力的矢量和,即

$$\boldsymbol{F} = \boldsymbol{F}_1 + \boldsymbol{F}_2 + \cdots + \boldsymbol{F}_n = \sum_{i=1}^{n} \boldsymbol{F}_i$$

按电场强度的定义,试验电荷 q_0 所受的静电作用力除以试验电荷的带电量 q_0 就是静止的点电荷系 $q_1, q_2, \cdots, q_n$ 所激发的静电场在场点 P 处的电场强度,有

$$\boldsymbol{E} = \frac{\boldsymbol{F}}{q_0} = \frac{\boldsymbol{F}_1}{q_0} + \frac{\boldsymbol{F}_2}{q_0} + \cdots + \frac{\boldsymbol{F}_n}{q_0} = \sum_{i=1}^{n} \frac{\boldsymbol{F}_i}{q_0}$$

按电场强度的定义,$\boldsymbol{F}_i/q_0$ 是第 i 个静止点电荷 q_i 单独存在时激发的静电场在 P 处的电场强度 $\boldsymbol{E}_i$,因此,静止的点电荷 $q_1, q_2, \cdots, q_n$ 共同激发的静电场在 P 处的电场强度表示为

$$\boldsymbol{E} = \boldsymbol{E}_1 + \boldsymbol{E}_2 + \cdots + \boldsymbol{E}_n = \sum_{i=1}^{n} \boldsymbol{E}_i \tag{8-5}$$

其中,$\boldsymbol{E}_i = \dfrac{q_i}{4\pi\varepsilon_0 r_i^2}\boldsymbol{e}_{ri}$,$r_i$ 表示第 i 个场源电荷 q_i 到所研究场点 P 的距离,$\boldsymbol{e}_{ri}$ 表示由 q_i 所在处指向场点 P 的单位矢量。

静止点电荷系产生的静电场在空间某点的电场强度,等于每一个点电荷单独存在时,激发的电场在该点的电场强度矢量和。这被称为电场强度叠加原理,它是电场的基本性质之一,为研究点电荷系的电场提供了理论依据。静电场电场强度的线性可叠加性,不仅对点电荷系成立,对任意连续带电体所激发的静电场也是正确的。

8.2.5 电荷连续分布的带电体的电场强度

任意带电体的电荷分布从宏观看是连续的。如果电荷在整个体积内连续分布,我们称之为体分布;电荷在一定面积上连续分布称为面分布;电荷在一定曲线上连续分布称为线分布。相应的,我们给出电荷的体密度 ρ、面密度 σ 和线密度 λ 的定义分别为

$$\rho = \lim_{\Delta V \to 0} \frac{\Delta q}{\Delta V} = \frac{\mathrm{d}q}{\mathrm{d}V}, \qquad \sigma = \lim_{\Delta S \to 0} \frac{\Delta q}{\Delta S} = \frac{\mathrm{d}q}{\mathrm{d}S}, \qquad \lambda = \lim_{\Delta l \to 0} \frac{\Delta q}{\Delta l} = \frac{\mathrm{d}q}{\mathrm{d}l}$$

如果带电体的大小和形状不能忽略,电荷在带电体上宏观上连续分布,我们就可以将带电体分割成很多小块,对应得到体积元 $\Delta V(\mathrm{d}V)$、面元 $\Delta S(\mathrm{d}S)$、线元 $\Delta l(\mathrm{d}l)$,而 $\mathrm{d}q$ 就分别是 $\mathrm{d}V$、$\mathrm{d}S$、$\mathrm{d}l$ 中的电荷,称为电荷元。相应的电荷元 $\mathrm{d}q$ 可视为点电荷,整个带电体可视为无穷多个点电荷 $\mathrm{d}q$ 组成的点电荷系。因此就可以利用场强叠加原理来计算任意电荷连续分布的带电

体激发的电场的电场强度分布。不过式(8-5)中的求和应换成积分。计算步骤如下：

(1) 分割连续带电体，取电荷元。[$\mathrm{d}q=\rho\mathrm{d}V$(体分布) 或 $\mathrm{d}q=\sigma\mathrm{d}S$(面分布) 或 $\mathrm{d}q=\lambda\mathrm{d}l$(线分布)](图 8-3)。

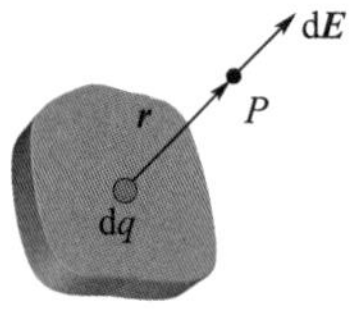

图 8-3 带电体的电场

(2) 利用点电荷电场强度的表达式，写出任一电荷元 $\mathrm{d}q$ 在场点 P 处激发的静电场的电场强度

$$\mathrm{d}\boldsymbol{E}=\frac{\mathrm{d}q}{4\pi\varepsilon_0 r^2}\boldsymbol{e}_r$$

式中，r 为 $\mathrm{d}q$ 到场点 P 处的距离，$\boldsymbol{e}_r$ 为由 $\mathrm{d}q$ 指向场点 P 处的单位矢量。

(3) 根据场强叠加原理，场点 P 处的电场强度为

$$\boldsymbol{E}=\int\mathrm{d}\boldsymbol{E}=\int\frac{\mathrm{d}q}{4\pi\varepsilon_0 r^2}\boldsymbol{e}_r$$

积分区域是电荷分布的区域。上式是矢量积分，在具体计算时要先分析 $\mathrm{d}\boldsymbol{E}$ 的大小和方向，建立合适的坐标系，将 $\mathrm{d}\boldsymbol{E}$ 沿选定的各坐标轴分解成分量，分别积分求出各坐标轴的分量，然后再求出合场强的大小和方向。

例 8.1 计算电偶极子中垂面上任一点 P 处的电场强度。两个等量异号点电荷 $+q$ 和 $-q$，当它们之间的距离 l 比所考察的场点到它们的距离小得多时，此电荷系统称为电偶极子。两个点电荷的连线称为电偶极子的轴线，规定从负电荷指向正电荷的方向为 $\boldsymbol{l}$ 矢量的正方向。矢量 $\boldsymbol{p}=q\boldsymbol{l}$ 称为电偶极矩，简称电矩。

解：如图 8-4 所示，设 P 点到电偶极子中心的距离为 y，到两个点电荷 $-q$ 和 $+q$ 的距离分别为 r_- 和 r_+，经分析可知 $-q$ 和 $+q$ 在场点 P 处产生的电场强度 $\boldsymbol{E}_-$ 和 $\boldsymbol{E}_+$ 大小相等，方向不同，有

$$E_+=E_-=\frac{q}{4\pi\varepsilon_0(y^2+l^2/4)}$$

由对称性分析可知，$\boldsymbol{E}_+$ 和 $\boldsymbol{E}_-$ 在 x 轴的分量大小相等、方向一致；在 y 轴的分量大小相等、方向相反。故 $\boldsymbol{E}_P$ 的大小为

$$E_P=2E_{+x}=\frac{ql}{4\pi\varepsilon_0(y^2+l^2/4)^{3/2}}$$

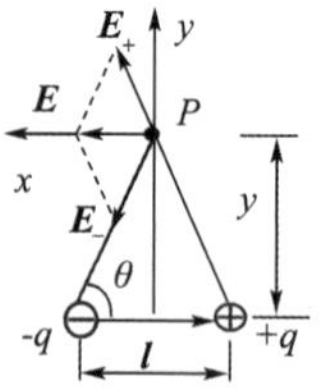

图 8-4 电偶极子的场强

$\boldsymbol{E}_P$ 与电偶极子的轴线 $\boldsymbol{l}$ 方向相反。

考虑到 $\boldsymbol{p}=q\boldsymbol{l}$ 以及($l\ll y$)，电偶极子中垂面上任一点 P 处的电场强度可记为

$$\boldsymbol{E}_P=-\frac{\boldsymbol{p}}{4\pi\varepsilon_0 y^3}$$

例 8.2 一长度为 L 的均匀带电细棒，电荷线密度为 λ，细棒外一点 P 到细棒的距离为 a，点 P 和细棒两端的连线与细棒之间的夹角分别为 θ_1 和 θ_2(图 8-5)。求点 P 的场强。

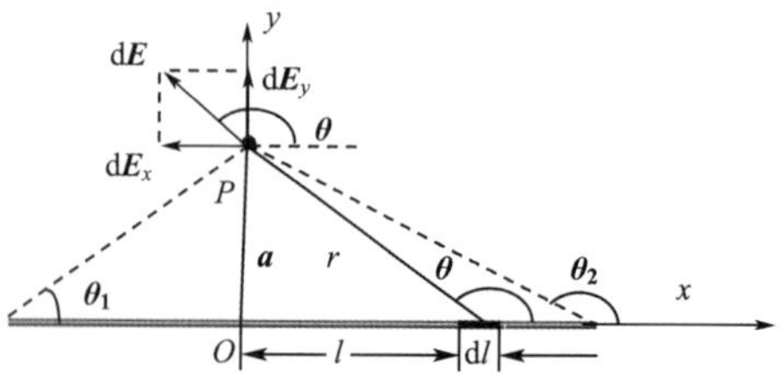

图 8-5 均匀带电细棒外任一点的场强

解：选点 P 在棒上的垂足点为坐标原点，建立如图 8-5 所示的坐标系。由于电荷呈均匀的线分布，所以在距离 O 点为 l 处选一线元 $\mathrm{d}l$，则该点处的电荷元为 $\mathrm{d}q=\lambda\mathrm{d}l$，它在场点 P 处产生的场强大小为

$$\mathrm{d}E=\frac{1}{4\pi\varepsilon_0}\frac{\lambda\,\mathrm{d}l}{r^2}$$

方向如图。将 $\mathrm{d}\boldsymbol{E}$ 沿各坐标轴分解，则有

$$\mathrm{d}E_x=\mathrm{d}E\cos\theta=\frac{\lambda\,\mathrm{d}l}{4\pi\varepsilon_0 r^2}\cos\theta,\ \mathrm{d}E_y=\mathrm{d}E\sin\theta=\frac{\lambda\,\mathrm{d}l}{4\pi\varepsilon_0 r^2}\sin\theta$$

由图可知

$$l=a\cot(\pi-\theta)=-a\cot\theta,\ \mathrm{d}l=a\csc^2\theta\,\mathrm{d}\theta,$$

而

$$r^2=a^2+l^2=a^2+a^2\cot^2\theta=a^2\csc^2\theta$$

统一积分变量，有

$$\mathrm{d}E_x=\frac{1}{4\pi\varepsilon_0}\frac{\lambda\,\mathrm{d}l}{r^2}\cos\theta=\frac{\lambda}{4\pi\varepsilon_0}\frac{a\csc^2\theta\,\mathrm{d}\theta}{a^2\csc^2\theta}\cos\theta=\frac{\lambda}{4\pi\varepsilon_0 a}\cos\theta\,\mathrm{d}\theta$$

同理

$$\mathrm{d}E_y=\frac{1}{4\pi\varepsilon_0}\frac{\lambda\,\mathrm{d}l}{r^2}\sin\theta=\frac{\lambda}{4\pi\varepsilon_0 a}\sin\theta\,\mathrm{d}\theta$$

所以

$$E_x=\int\mathrm{d}E_x=\int_{\theta_1}^{\theta_2}\frac{\lambda}{4\pi\varepsilon_0 a}\cos\theta\,\mathrm{d}\theta=\frac{\lambda}{4\pi\varepsilon_0 a}(\sin\theta_2-\sin\theta_1)$$

$$E_y=\int\mathrm{d}E_y=\int_{\theta_1}^{\theta_2}\frac{\lambda}{4\pi\varepsilon_0 a}\sin\theta\,\mathrm{d}\theta=\frac{\lambda}{4\pi\varepsilon_0 a}(\cos\theta_1-\cos\theta_2)$$

其矢量表示为

$$\boldsymbol{E}=E_x\boldsymbol{i}+E_y\boldsymbol{j}=\frac{\lambda}{4\pi\varepsilon_0 a}(\sin\theta_2-\sin\theta_1)\boldsymbol{i}+\frac{\lambda}{4\pi\varepsilon_0 a}(\cos\theta_1-\cos\theta_2)\boldsymbol{j}$$

$\boldsymbol{E}$ 的大小和方向如下：

$$E=\sqrt{E_x^2+E_y^2},\theta=\arctan(E_y/E_x)$$

讨论：如果这一均匀带电细棒是无限长的(场点离细棒很近，即 $a\ll L$)，也就是 $\theta_1\to 0,\theta_2\to\pi$ 时，有 $E=\dfrac{\lambda}{2\pi\varepsilon_0 a}$。

例 8.3 半径为 R 的均匀带电细圆环，总电量为 Q，试计算圆环中心轴线上与环心相距为 x 的 P 点处的电场强度。

解：建立如图 8-6 所示坐标系，环上任一电荷元 $\mathrm{d}Q=\lambda\mathrm{d}l=\dfrac{Q\mathrm{d}l}{2\pi R}$ 在场点 P 的场强大小为

$$\mathrm{d}E=\frac{\mathrm{d}Q}{4\pi\varepsilon_0 r^2}$$

各电荷元在场点的电场强度大小相等，方向各异。但是在圆环任一直径上对称的两个电荷元 $\mathrm{d}Q$ 与 $\mathrm{d}Q'$ 在场点 P 处产生的场强关于中心轴线对称分布，它们平行于轴的分量大小相等、方向相同；垂直于轴的分量大小相等、方向相反，相互抵消。所以将 $\mathrm{d}E$ 沿平行于轴和垂直于轴方向分解，有

$$\mathrm{d}\boldsymbol{E}=\mathrm{d}\boldsymbol{E}_{/\!/}+\mathrm{d}\boldsymbol{E}_{\perp},\mathrm{d}E_{\perp}=\mathrm{d}E\sin\theta,$$

$$\mathrm{d}E_{/\!/}=\mathrm{d}E\cos\theta=\frac{\mathrm{d}Q}{4\pi\varepsilon_0 r^2}\cos\theta$$

由对称性分析，所有垂直的分量相互抵消，故

$$\boldsymbol{E}_{\perp}=\oint\mathrm{d}\boldsymbol{E}_{\perp}=0,$$

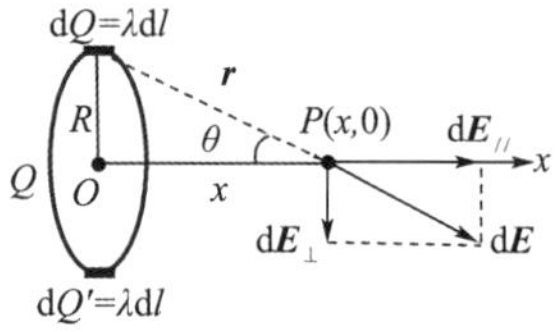

图 8-6　均匀带电细圆环轴线上任一点的场强

$$E_{/\!/}=\oint_L\mathrm{d}E_{/\!/}=\oint_L\cos\theta\,\mathrm{d}E=\oint_L\frac{x}{r}\,\frac{\mathrm{d}Q}{4\pi\varepsilon_0 r^2}=\frac{x\oint_L\mathrm{d}Q}{4\pi\varepsilon_0 r^3}$$

$$=\frac{xQ}{4\pi\varepsilon_0 r^3}=\frac{xQ}{4\pi\varepsilon_0(x^2+R^2)^{3/2}}$$

所以，P 点的电场强度为

$$\boldsymbol{E}=\boldsymbol{E}_{/\!/}+\boldsymbol{E}_{\perp}=\boldsymbol{E}_{/\!/}=\frac{xQ}{4\pi\varepsilon_0\,(x^2+R^2)^{3/2}}\boldsymbol{i}$$

讨论：当 $x\gg R$ 时，$(x^2+R^2)^{3/2}\approx x^3$，则有 $E=\dfrac{Q}{4\pi\varepsilon_0 x^2}$

即在远离环心处，带电细圆环的场强与环上全部电荷集中在环心处的一个点电荷所产生的场强相同。

8.3 静电场的高斯定理

8.3.1 电场线

为了形象地描述电场强度在空间的分布，使电场有一个比较直观的图像，引入电场线的概念。我们在电场中作出一系列的曲线，规定曲线上每一点的切线方向都与该点处的电场强度 $\boldsymbol{E}$ 的方向一致；在场中任一点附近，使穿过垂直于电场强度方向上的单位面积上的电场线的数目（称电场线密度）等于该点处 $\boldsymbol{E}$ 的大小。按此规定绘制的电场线，就可以描述场中各点处电场强度的方向和大小。

需要注意的是，电场线并不代表电荷在电场中的运动轨迹，实际中也并不存在，它只是我们形象描述电场强度分布的一种手段。但是可以借助于实验将电场线模拟出来。图 8-7 给出几种常见电荷静止分布时电场的电场线图。

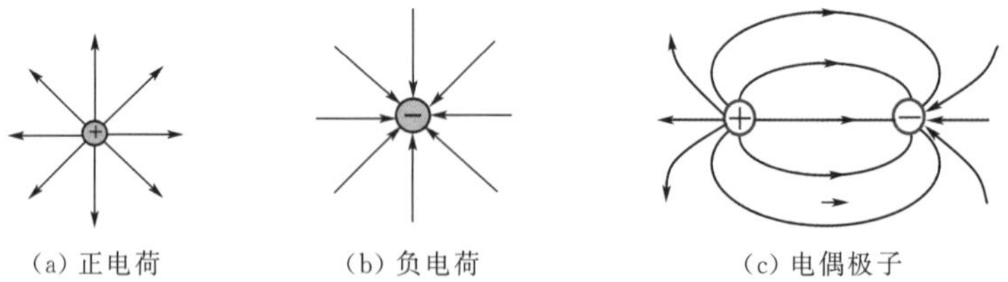
(a) 正电荷　(b) 负电荷　(c) 电偶极子

图 8-7　常见的电荷静止分布时电场的电场线

静电场的电场线具有如下性质：

电场线起自正电荷（或来自无限远处），止于负电荷（或伸向无限远处），不会在没有电荷的地方中断（电场强度为零的奇异点除外）；静电场的电场线不会形成闭合曲线；在没有电荷的空间里，任何两条电场线不会相交。这是由电场强度的单值性所决定的。

8.3.2 电场强度通量

借助于电场线的图像，我们引入电场强度通量这一描述电场的重要概念。设有一电场强度为 $\boldsymbol{E}$ 的均匀电场，用电场线作图表示，其电场线应该是一系列均匀分布的平行直线[图 8-8(a)]。在均匀电场中取一个假想的平面，其面积为 ΔS，并与 $\boldsymbol{E}$ 的方向垂直。在前面引出电场线概念的时候我们规定：电场中某点附近的电场线密度等于该点 $\boldsymbol{E}$ 的大小。在此情况下，穿过均匀电场 $\boldsymbol{E}$ 中与之垂直的平面 ΔS 的电场线总条数等于

$$\Phi_e = E\Delta S$$

穿过某个面积的电场线条数 Φ_e 称为通过该面积 ΔS 的电场强度通量或 E 通量。

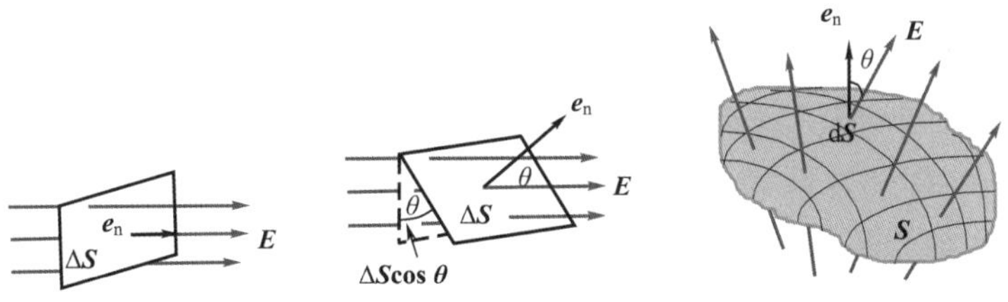

图 8-8 电场强度通量

如果均匀电场中平面 ΔS 的法线方向与电场强度方向成 θ 角[图 8-8(b)]，则穿过平面 ΔS 的 $\boldsymbol{E}$ 通量为

$$\Delta\Phi_e = E\Delta S_{\perp} = E\Delta S\cos\theta = \boldsymbol{E}\cdot\Delta\boldsymbol{S} \tag{8-6}$$

其中，$\Delta\boldsymbol{S} = \Delta S\boldsymbol{e}_n$，$\boldsymbol{e}_n$ 为平面 ΔS 法线方向的单位矢量。对于如图 8-8(c) 所示的非均匀电场和曲面 S，可在曲面 S 上任取一个面积元 $\mathrm{d}S$，面积元 $\mathrm{d}S$ 无限小，可视为平面；面积元 $\mathrm{d}S$ 上的电场强度 $\boldsymbol{E}$ 可视为均匀的。设面积元 $\mathrm{d}S$ 的法线方向 $\boldsymbol{e}_n$ 与该点处的电场强度 $\boldsymbol{E}$ 之间的夹角为 θ，于是穿过面积元 $\mathrm{d}S$ 的 $\boldsymbol{E}$ 通量为

$$\mathrm{d}\Phi_e = E\mathrm{d}S\cos\theta = \boldsymbol{E}\cdot\mathrm{d}S\boldsymbol{e}_n = \boldsymbol{E}\cdot\mathrm{d}\boldsymbol{S} \tag{8-7}$$

因此，穿过整个曲面 S 上的 $\boldsymbol{E}$ 通量为

$$\Phi_e = \iint_S \mathrm{d}\Phi_e = \iint_S E\mathrm{d}S\cos\theta = \iint_S \boldsymbol{E}\cdot\mathrm{d}S\boldsymbol{e}_n = \iint_S \boldsymbol{E}\cdot\mathrm{d}\boldsymbol{S} \tag{8-8}$$

式中的积分是对整个曲面 S 积分。对于空间曲面 S，面积元 $\mathrm{d}S$ 的法线方向 $\boldsymbol{e}_n$ 可以有两种取法，对应的 $\boldsymbol{E}$ 通量可以得到正负两种结果，因此 $\boldsymbol{E}$ 通量是代数量。如果取法线方向 $\boldsymbol{e}_n$ 使得 $0° < \theta < 90°$，$\mathrm{d}\Phi_e$ 为正；如果 $90° < \theta < 180°$，$\mathrm{d}\Phi_e$ 为负；$\theta = 90°$，$\mathrm{d}\Phi_e$ 为零。

如果曲面 S 是闭合曲面，通过它的 $\boldsymbol{E}$ 通量为

$$\Phi_e = \oint_S \mathrm{d}\Phi_e = \oint_S E\mathrm{d}S\cos\theta = \oint_S \boldsymbol{E}\cdot\mathrm{d}S\boldsymbol{e}_n = \oint_S \boldsymbol{E}\cdot\mathrm{d}\boldsymbol{S} \tag{8-9}$$

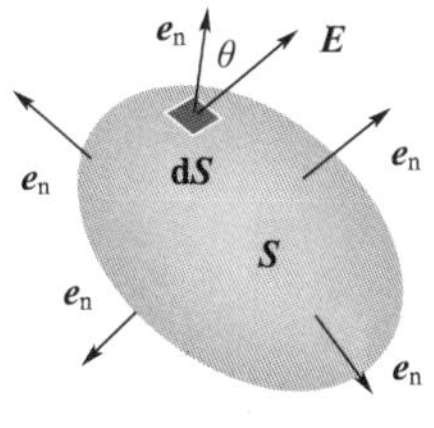

图 8-9 闭合曲面

由于闭合曲面将空间分为内外两部分，**我们规定**：对于闭合曲面，总是取自内向外的方向为面元法线方向单位矢量 $\boldsymbol{e}_n$ 的正向(图 8-9)。因此，有电场线穿出闭合曲面时，$\boldsymbol{E}$ 通量为正；有电场线穿入闭合曲面时，$\boldsymbol{E}$ 通量为负；如果穿出和穿入的电场线数目相等，则 $\boldsymbol{E}$ 通量为零。

8.3.3 高斯定理

高斯定理是表征静电场性质的一条基本定理，它将电场强度的通量与某一区域内的电荷联系在一起。我们先将静电场的高斯定理表述如下：

通过任一闭合曲面 S 的 $\boldsymbol{E}$ 通量 Φ_e，等于该曲面内包围的所有电荷的代数和 $\sum\limits_{(S内)} q_i$ 除以 ε_0，与闭合曲面外电荷无关。其数学表达式为

$$\oiint_S \boldsymbol{E} \cdot \mathrm{d}\boldsymbol{S} = \frac{1}{\varepsilon_0}\sum_{(S内)} q_i \tag{8-10}$$

习惯将上式中的闭合曲面 S 叫作高斯面。式中的 $\boldsymbol{E}$ 是闭合曲面上各点的场强，是闭合曲面 S 内、外所有电荷产生的合场强。

事实上，高斯定理可以由库仑定律和场强叠加原理推导得出。本书只借助电场线的概念，通过对几种特殊情况的分析归纳来加以说明。

(1) 通过包围点电荷 q 的任意闭合曲面 S 的 $\boldsymbol{E}$ 通量

首先计算点电荷 $+q$ 激发的电场中，通过以点电荷 $+q$ 为中心、半径为 r 的同心球面 S_1 的 $\boldsymbol{E}$ 通量[图 8-10(a)]。由点电荷场强公式可知，球面 S_1 上的场强 $\boldsymbol{E}$ 大小处处相等 $E=\frac{q}{4\pi\varepsilon_0 r^2}$，方向沿径向呈辐射状，处处与球面 S_1 的法线单位矢量 $\boldsymbol{e}_n$ 的方向一致，即 $\boldsymbol{e}_n$ 与 $\boldsymbol{E}$ 的夹角 $\theta=0$。所以，通过高斯面 S_1 的电场强度通量

$$\Phi_e = \oiint_S \mathrm{d}\Phi_e = \oiint_S \boldsymbol{E} \cdot \mathrm{d}\boldsymbol{S} = \oiint_S E\mathrm{d}S = E\oiint_S \mathrm{d}S = \frac{q}{4\pi\varepsilon_0 r^2}4\pi r^2 = \frac{q}{\varepsilon_0}$$

可见，穿过闭合曲面 S_1(同心球面) 的 $\boldsymbol{E}$ 通量与闭合曲面包围的电荷量成正比，而与所取同心球面的半径无关。由于点电荷的电场线由正电荷延伸至无限远，这样，以点电荷 q 为球心作尺寸不同的同心球面 S_1、S_2……，通过各同心球面的 $\boldsymbol{E}$ 通量均为 $\frac{q}{\varepsilon_0}$[图 8-10(a)]。显然，换成点电荷 $-q$ 也可得到同样的结果。

如果包围点电荷 q 的高斯面是一个非同心球面 S_2，或者是一个任意的闭合曲面 S_3，如图 8-10(b) 所示。根据静电场中电场线的性质，电场线不会在没有电荷的地方中断，穿过同心球面 S_1 的电场线必定穿过非同心球面 S_2 和任意的闭合曲面 S_3，穿过它们的电场线的条数($\boldsymbol{E}$ 通量) 均为 q/ε_0。因此，在点电荷的电场中，通过包围点电荷 q 的任意闭合曲面的 $\boldsymbol{E}$ 通量均为 q/ε_0，只与闭合曲面包围的电荷量 q 有关，与闭合曲面的形状、尺寸均无关。

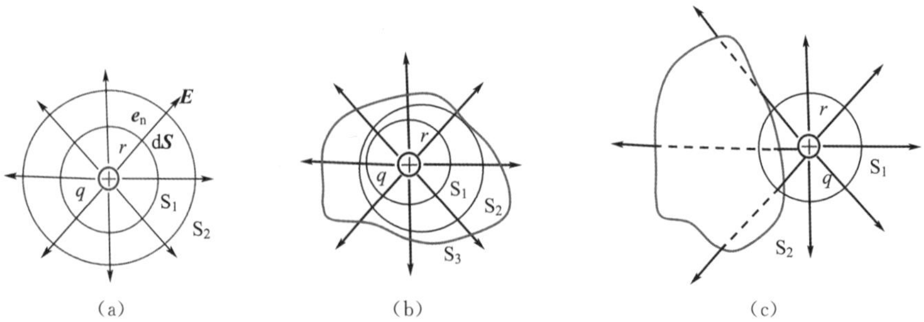

图 8-10 高斯定理的说明

(2) 通过不包围点电荷 q 的任意闭合曲面 S 的 $\boldsymbol{E}$ 通量

如图 8-10(c) 所示，点电荷 q 在闭合曲面 S_2 外面。由于电场线不会在没有电荷的地方中

断，所以穿入该闭合曲面的电场线数目与穿出该曲面的数目相等。因此通过整个任意闭合曲面的 $\boldsymbol{E}$ 通量为零。

(3) 闭合曲面内包围 n 个点电荷时，根据场强叠加原理以及前面 1 和 2 的结论，我们可以证明此时通过闭合曲面 S 的 $\boldsymbol{E}$ 通量为

$$\Phi_{e}=\oiint_{S}\boldsymbol{E}\cdot\mathrm{d}\boldsymbol{S}=\frac{1}{\varepsilon_{0}}\sum_{(S内)}q_{i}$$

此外，对于连续带电体，可以将电荷分割为无限多个电荷元 $\mathrm{d}q$，各个电荷元可视为点电荷，因此有关点电荷系统的上述讨论和结果对连续带电体也适用。用 $\int_{S内}\mathrm{d}q$ 代替 $\sum_{(S内)}q_{i}$ 有

$$\Phi_{e}=\oiint_{S}\boldsymbol{E}\cdot\mathrm{d}\boldsymbol{S}=\frac{1}{\varepsilon_{0}}\int_{S内}\mathrm{d}q$$

静电场的高斯定理还可以写成微分形式

$$\nabla\cdot\boldsymbol{E}=\frac{1}{\varepsilon_{0}}\rho$$

真空中某点的静电场的散度与该点的电荷量的体密度成正比，比例系数依然为 $1/\varepsilon_{0}$。

由高斯定理可知，如果闭合曲面内包围的净电荷(即正负电荷的代数和)不为零而有多余的正电荷时，即 $\sum_{(S内)}q_{i}>0$，则有 $\Phi_{e}>0$，这表明必有电场线穿出闭合曲面；闭合曲面内包围有多余的负电荷时，即 $\sum_{(S内)}q_{i}<0$，则有 $\Phi_{e}<0$，这表明必有电场线穿入闭合曲面。由于此闭合曲面是任意的，所以它可以任意缩小至趋于零，因此，电场线必起自正电荷，又必止于负电荷，即静电场是有源场。静电场的源头是正电荷，尾闾是负电荷。

高斯定理的重要意义在于把电场与产生电场的源电荷联系起来了，它反映了静电场是有源场这一基本性质。库仑定律和高斯定理都是静电场的基本定律。库仑定律把场强和电荷直接联系起来，高斯定理则将场强的通量和某一区域的电荷联系起来。库仑定律只适用于静电场，而高斯定理可以推广到变化的电场中去，即不论是对时间变化的电场还是静电场均适用，也适用于运动电荷和迅速变化的电磁场。

8.3.4 应用高斯定理计算电场强度

应用库仑定律与叠加原理，原则上可以计算任何静电场的电场强度，即解决全部的静电场问题。但在一些特殊情况下，可以利用高斯定理计算电场强度，它为我们求解某些静电场问题，提供了一条简便的途径。当电荷分布具有某些特殊对称性，从而使相应的电场分布也具有一定的对称性，就有可能应用高斯定理来计算电场强度分布。

应用高斯定理求解电场强度，首先，要分析电荷的分布与电场的分布，判断它们是否具有对称性。常见的高对称性分布的电荷体系有：(1) 球对称体系：如点电荷、均匀带电球面或球体或者它们的同心组合等；(2) 轴对称体系：如无限长均匀带电直线、无限长均匀带电圆柱体或圆柱面、无限长均匀带电同轴圆柱面等；(3) 面对称体系：如均匀带电无限大平面或平板、若干个均匀带电无限大平行平面的组合等。其次，要选择合适的高斯面(闭合曲面)。所谓合适，就是设法使高斯定理表达式左边关于场强的积分易于进行。一般选取原则是使高斯面上各面元法线单位矢量 $\boldsymbol{e}_{n}$ 与 $\boldsymbol{E}$ 或平行或垂直。在 $\boldsymbol{e}_{n}$ 与 $\boldsymbol{E}$ 平行的那部分高斯面上，$\boldsymbol{E}$ 的大小要处处相等。

例 8.4 求电荷均匀分布的球面所激发的电场强度。设球的半径为 R，所带电荷量为 Q。

分析：只要空间是均匀且各向同性的，那么场分布的对称性必然与电荷分布的几何空间的对称性相一致。

解：由于电荷均匀分布在球面上，所以这个带电体系具有均匀球对称性，因而其电场分布也具有球对称性，即在任何与该带电球面同心的球面上各点场强的大小均相等，方向沿径向呈辐射状分布。所以选任意的通过场点 P 的、半径为 r 的同心球面作高斯面（图 8-11 中，球面内的高斯面为 S_1，球面外的高斯面为 S_2），则通过此高斯面的电通量为

$$\Phi_e = \oint\!\!\oint_S \boldsymbol{E} \cdot d\boldsymbol{S} = \oint\!\!\oint_S E dS = E \oint\!\!\oint_S dS = 4\pi r^2 E$$

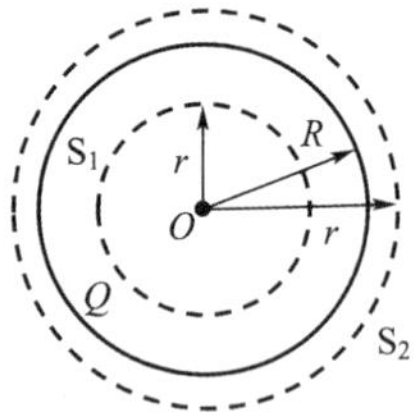

图 8-11

当 $r > R$ 时，高斯面 S 所围的电量为 $\sum q_i = Q$；

由高斯定理，得

$$\Phi_e = 4\pi r^2 E = \frac{Q}{\varepsilon_0},$$

所以 $E = \dfrac{Q}{4\pi\varepsilon_0 r^2}$ 或 $\boldsymbol{E} = \dfrac{Q}{4\pi\varepsilon_0 r^2}\boldsymbol{e}_r \ (r > R)$

当 $r < R$ 时，高斯面 S 所围的电量为 $\sum q_i = 0$，

由高斯定理，得

$$\Phi_e = 4\pi r^2 E = 0,$$

所以 $E = 0 (r < R)$

可见，在球面内，电场强度为零；球面外，球面电荷产生的电场如同一个点电荷；在球面处，电场不连续，这是因为没有考虑球面的厚度。

注：若将此题中的均匀球面换成均匀带电球体，则求解思路一致，差别就在 $r < R$ 区间高斯面内包围的电荷代数和 $\sum q_i$ 不再为零，而是有一定的电荷量。

设带电球体的半径为 R，电荷体密度为 ρ。

对于均匀带电球体，当 $r_1 < R$ 时，高斯面 S 内所围的电量为

$$\iiint_{V_1} dq = \iiint_{V_1} \rho dV = \rho \iiint_{V_1} dV = \frac{4}{3}\pi r_1^3 \rho$$

由高斯定理，得 $4\pi r_1^2 E = \dfrac{4}{3\varepsilon_0}\pi r_1^3 \rho$

所以，球内任一点 P_1 处场强的大小为

$$E = \frac{\rho}{3\varepsilon_0} r_1 \quad (r_1 < R)$$

当 $r_2 > R$ 时，将上面得到的均匀带电球面外部场强表达式 $E = \dfrac{Q}{4\pi\varepsilon_0 r^2}$ 或 $\boldsymbol{E} = \dfrac{Q}{4\pi\varepsilon_0 r^2}\boldsymbol{e}_r$ 中的 Q 用 $Q = \dfrac{4}{3}\pi R^3 \rho$ 代替即可，得

$$E = \frac{Q}{4\pi\varepsilon_0 r_2^2} = \frac{R^3 \rho}{3\varepsilon_0 r_2^2} \quad (r_2 > R)$$

例 8.5 求真空中无限长的均匀带电圆柱面周围的电场强度。已知圆柱面半径为

R，沿轴线每单位长度圆柱面所带电荷量为 λ（即电荷线密度）。

解：经分析，均匀带电圆柱面的轴对称导致其产生的电场分布必具有轴对称性。圆柱面的轴线就是圆柱空间的对称中心，所以选一个与圆柱面同轴的、任意半径为 r、长度为 l 的同轴圆柱面为高斯面，如图 8-12 所示。则通过此高斯面的电通量为

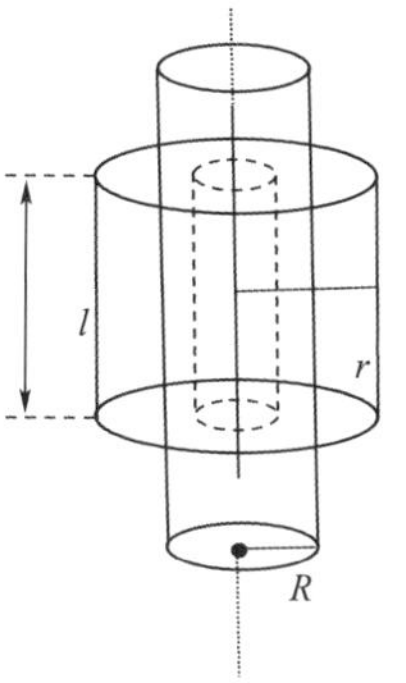

图 8-12

$$\Phi_e = \oint\!\!\!\oint_S \boldsymbol{E} \cdot d\boldsymbol{S} = \iint_{上底} \boldsymbol{E} \cdot d\boldsymbol{S} + \iint_{侧面} \boldsymbol{E} \cdot d\boldsymbol{S} + \iint_{下底} \boldsymbol{E} \cdot d\boldsymbol{S} = E\iint_{S侧} dS = 2\pi rlE$$

当 $r > R$ 时，高斯面所包围的电荷

$$\sum q = l\lambda$$

由高斯定理，得

$$\Phi_e = 2\pi rlE = \frac{q}{\varepsilon_0} = \frac{l\lambda}{\varepsilon_0}$$

所以均匀带电圆柱面外部的场强为

$$E = \frac{\lambda}{2\pi r\varepsilon_0}, \qquad \boldsymbol{E} = \frac{\lambda}{2\pi\varepsilon_0 r}\boldsymbol{e}_r (r > R)$$

当 $r < R$ 时，$\sum q = 0$，所以圆柱面内各点处电场强度 $E = 0 (r < R)$。

例 8.6 均匀带电的无限大平面薄板的电荷面密度为 σ，求电场强度分布。

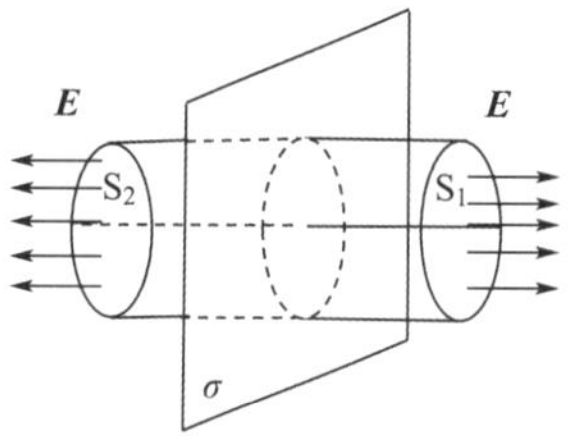

图 8-13

解：由于电荷均匀分布在无限大平面上，因而电场也具有相应的对称性.其电场分布特点是：两侧与平板等间距的两个平行平面上各点场强大小相等，方向处处与平板垂直，平板带正电时指向两侧（带负电时由两侧指向平板）。设 $\sigma > 0$，平面两侧对称点处的场强大小相等，方向处处与平面垂直且指向两侧。为计算场强，可选择高斯面为一柱体的表面，其侧面与带电面垂直，两底面与带电平面平行并与平面等距离（图 8-13）。则通过此高斯面的电通量为

$$\Phi_e = \oint\!\!\!\oint_S \boldsymbol{E} \cdot d\boldsymbol{S} = \iint_{左底} \boldsymbol{E} \cdot d\boldsymbol{S} + \iint_{侧面} \boldsymbol{E} \cdot d\boldsymbol{S} + \iint_{右底} \boldsymbol{E} \cdot d\boldsymbol{S}$$

由于侧面上任意一处的法线都与该处场强垂直，所以上述积分中第二项为零。第一、三两项情况完全相同，积分中 E 的大小处处相等，而且方向与 $d\boldsymbol{S}$ 一致，所以

$$\Phi_e = \oint\!\!\!\oint_S \boldsymbol{E} \cdot d\boldsymbol{S} = \iint_{左底} \boldsymbol{E} \cdot d\boldsymbol{S} + \iint_{右底} \boldsymbol{E} \cdot d\boldsymbol{S} = ES + ES = 2ES$$

高斯面所包围的电荷为 $q = \sigma S$；根据高斯定理，可求得场强为

$$\Phi_e = \oint\!\!\!\oint_S \boldsymbol{E} \cdot d\boldsymbol{S} = 2ES = \frac{q}{\varepsilon_0} = \frac{\sigma S}{\varepsilon_0}, \qquad E = \frac{\sigma}{2\varepsilon_0}$$

即无限大均匀带电平面外的电场是均匀电场。

利用场强叠加原理，可以计算出真空中带等量异号电荷的一对无限大均匀带电的平行平面薄板之间的场强为

$$E = \frac{\sigma}{\varepsilon_0}$$

两板外侧的场强则为零。这一结果后面将经常用到。

8.4 静电场的环路定理　电势

电荷在静电场中会受到电场力的作用，当电荷在电场中运动时，电场力要对电荷做功。下面我们从静电力做功的特点入手，继续研究静电场的性质和规律。

8.4.1 静电场力的功

如图 8-14 所示，设有一点电荷 q 位于真空中某定点 O 处，一试验电荷 q_0 在 q 激发的静电场 $\boldsymbol{E}$ 中沿任一路径 L 从 a 点移动到 b 点。某时刻，试验电荷 q_0 位于路径上的 P 点，位置矢径为 $\boldsymbol{r}$；试验电荷 q_0 沿路径 L 有元位移 $\mathrm{d}\boldsymbol{l}$ 时，位置矢径为 $\boldsymbol{r}'$。元位移 $\mathrm{d}\boldsymbol{l}$ 与电场力 $\boldsymbol{F}$ 之间的夹角为 θ，元位移 $\mathrm{d}\boldsymbol{l}$ 与位置矢径 $\boldsymbol{r}'$ 之间的夹角为 α。由于 $\mathrm{d}\boldsymbol{l}\to 0, \alpha\to\theta, \boldsymbol{e}_r\cdot\mathrm{d}\boldsymbol{l}=\cos\theta\,\mathrm{d}l\to\cos\alpha\,\mathrm{d}l\to\mathrm{d}r$。因此，电场力做的元功为

$$\mathrm{d}A=\boldsymbol{F}\cdot\mathrm{d}\boldsymbol{l}=q_0\boldsymbol{E}\cdot\mathrm{d}\boldsymbol{l}=\frac{qq_0}{4\pi\varepsilon_0 r^2}\boldsymbol{e}_r\cdot\mathrm{d}\boldsymbol{l}=\frac{qq_0}{4\pi\varepsilon_0 r^2}\mathrm{d}r$$

试验电荷 q_0 沿路径 L 从 a 点移动到 b 点，静电场力做功为

$$A_{ab}=\int\mathrm{d}A=\int_{a(L)}^{b}\boldsymbol{F}\cdot\mathrm{d}\boldsymbol{l}=\int_{a(L)}^{b}q_0\boldsymbol{E}\cdot\mathrm{d}\boldsymbol{l}=\int_{r_a}^{r_b}\frac{qq_0}{4\pi\varepsilon_0 r^2}\mathrm{d}r=\frac{qq_0}{4\pi\varepsilon_0}\left(\frac{1}{r_a}-\frac{1}{r_b}\right)\tag{8-11}$$

式中，r_a 和 r_b 分别为试验电荷 q_0 位于路径 L 上的起点 a 和终点 b 到 O 点距离。由此可见，在点电荷 q 所激发的静电场中，静电力对试验电荷所做的功与路径无关，只与试验电荷所带电荷量以及路径的起点和终点的位置有关。

如果试验电荷 q_0 在点电荷系 $q_1, q_2, \cdots, q_n$ 激发的电场 $\boldsymbol{E}$ 中移动，它所受到的电场力为

$$\begin{aligned}\boldsymbol{F}&=\boldsymbol{F}_1+\boldsymbol{F}_2+\cdots+\boldsymbol{F}_n=\sum_{i=1}^{n}\boldsymbol{F}_i=q_0(\boldsymbol{E}_1+\boldsymbol{E}_2+\cdots+\boldsymbol{E}_n)=q_0\sum_{i=1}^{n}\boldsymbol{E}_i\\&=\frac{q_1q_0}{4\pi\varepsilon_0 r_1^2}\boldsymbol{e}_{r1}+\frac{q_2q_0}{4\pi\varepsilon_0 r_2^2}\boldsymbol{e}_{r2}+\cdots+\frac{q_nq_0}{4\pi\varepsilon_0 r_n^2}\boldsymbol{e}_{rn}=\frac{q_0}{4\pi\varepsilon_0}\sum_{i=1}^{n}\frac{q_i}{r_i^2}\boldsymbol{e}_{ri}\end{aligned}$$

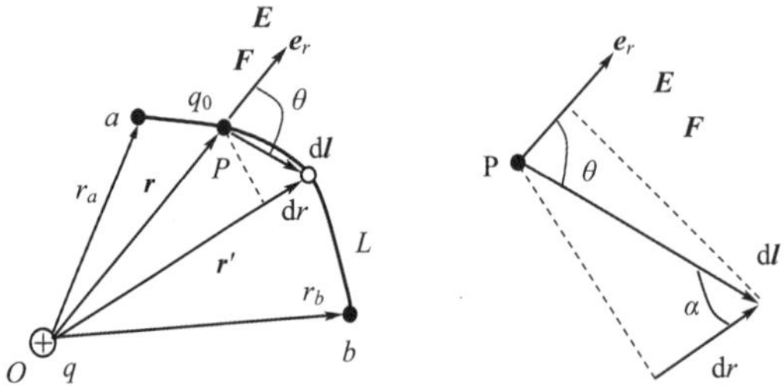

图 8-14　点电荷激发的静电场中电场力做功

由于合力的功等于各分力所做功的代数和，又由于求和项中每一项都与路径无关，只与试验电荷的起点和终点的位置有关，因此试验电荷 q_0 在点电荷系的电场中沿路径 L 从 a 点移动到 b 点，静电场力做功为

$$A_{ab}=A_1+A_2+\cdots+A_n=\sum_{i=1}^{n}\frac{q_iq_0}{4\pi\varepsilon_0}\left(\frac{1}{r_{ia}}-\frac{1}{r_{ib}}\right)\tag{8-12}$$

即在点电荷系激发的静电场中电场力做功只与起点和终点的位置有关，与路径无关。

任意连续带电体激发的电场，可以将电荷分割为无限多个可视为点电荷的电荷元 $\mathrm{d}q$，因此有关点电荷系统的上述讨论和结果对连续带电体也适用。

因此得出如下结论：试验电荷在任何静电场中移动时，电场力所做的功只与此实验电荷所带电荷量以及路径的起点和终点的位置有关，而与路径无关。**这表明静电场力是保守力，静电场是保守力场。**

8.4.2 静电场的环路定理

静电场的保守性还可以有其他的表述方式。由上面的结论可知，若试验电荷 q_0 在静电场中某点出发，经闭合路径 L 又回到原来位置，则电场力对它做功为零，即

$$q_0\oint_L \boldsymbol{E}\cdot \mathrm{d}\boldsymbol{l}=q_0\oint_L E\cos\theta\,\mathrm{d}l=0$$

因为 $q_0\neq 0$，所以上式可以写作

$$\oint_L \boldsymbol{E}\cdot \mathrm{d}\boldsymbol{l}=0 \tag{8-13}$$

式中，$\oint_L \boldsymbol{E}\cdot \mathrm{d}\boldsymbol{l}$ 是电场强度沿闭合路径L 的线积分，称为电场强度的环流。引入环流概念之后，上式表明：静电场中电场强度的环流为零。

这就是静电场的环路定理，是反映静电场基本性质的另一重要定理。它也是静电力做功特点的另一等价描述。**静电场的环路定理揭示了静电场是无旋场，是保守力场（或称有势场）。**由于这种特性，我们便可以在静电场中引入静电势能和电势的概念。

8.4.3 电势能

由于静电力是保守力，所以在这类力场中都可以引进势能的概念。我们可以认为，电荷在电场中一定的位置处，具有一定的势能。而静电力对电荷所做的功，就是对电势能变化的量度。一切势能都属于由保守力相联系的系统，所以电势能是属于电荷 q_0 与它所在电场这个系统的。与上述讨论过程相应的电势能应该说成实验电荷 q_0 在电场 $\boldsymbol{E}$ 中某点具有的电势能，用符号 W 表示。

设 W_a 和 W_b 分别为试验电荷 q_0 在静电场中 a 点和 b 点的静电势能，根据保守力做功等于系统势能增量的负值这一关系，可得

$$A_{ab}=q_0\int_a^b \boldsymbol{E}\cdot \mathrm{d}\boldsymbol{l}=W_a-W_b \tag{8-14}$$

上式给出了试验电荷 q_0 在静电场中 a、b 两点间的电势能之差，没有给出 q_0 在电场中某一点处所具有的电势能。电势能同其他势能一样，都是相对量，都需要先选定一个作为参考的零势能点，再确定某点处势能的量值。零势能点的选取可以是任意的。例如在上式中，我们选取 b 点为零势能点，则 q_0 在静电场中 a 点的电势能为

$$W_a=q_0\int_a^b \boldsymbol{E}\cdot \mathrm{d}\boldsymbol{l}\,(W_b=0) \tag{8-15}$$

即电荷在静电场中某点的电势能，等于将此电荷从该点移动到零势能点处，静电力所做的功。

8.4.4 电势

1.电势

由式(8-15)可以看出，试验电荷 q_0 在静电场中某点 a 具有的电势能是属于q_0 与静电场这个系统的，既与电场性质有关，又与试验电荷 q_0 的带电量有关，该关系式并不能直接描述某一给定点处电场的性质。但比值 W_a/q_0 却与 q_0 无关，只与电场性质有关。我们将这一比值定义为电势，它是表征静电场中给定点处电场性质的物理量。用 U_a 表示 a 点的电势，则有

$$U_a = \frac{W_a}{q_0} = \int_a^b \boldsymbol{E} \cdot \mathrm{d}\boldsymbol{l} \quad (U_b = 0) \tag{8-16}$$

这里，取 b 点的电势为零，即 $U_b=0$。式(8-16)是电势的定义式，它表示：电场中某点的电势在数值上等于单位正电荷放在该点处时的电势能，也等于单位正电荷从该点经任意路径移到零电势参考点处电场力所做的功。电势是电场中场点位置的函数，是从做功这一侧面描述电场的特性。电势是标量，其值可正可负。在国际单位制中，电势单位是焦耳每库仑(J/C)，或称伏特，简称伏，符号是 V。电势是一个相对量，选定了零电势参考点后，任一点的电势才有确定的值。零电势点的选取可以是任意的。通常对于一个有限带电体系激发的电场，习惯选无穷远处为零电势点，这样，式(8-16)就写为

$$U_a = \int_a^\infty \boldsymbol{E} \cdot \mathrm{d}\boldsymbol{l} \quad (U_\infty = 0) \tag{8-16a}$$

在实际应用中，常规定大地或电器的金属外壳(或金属底板)的电势为零。

2.电势差

在实际问题中，需要用到的通常是两点间的电势差，或称电压。

由式(8-16)可以给出静电场中 a、b 两点之间的电势差为

$$U_a - U_b = \frac{W_a}{q_0} - \frac{W_b}{q_0} = \int_a^b \boldsymbol{E} \cdot \mathrm{d}\boldsymbol{l} \tag{8-17}$$

即 a、b 两点之间的电势差，在数值上等于单位正电荷从 a 点经任意路径移到 b 点处电场力所做的功。任意两点之间的电势差与零电势点的选取无关。利用电势差的定义，可以很方便地计算出电荷 q_0 在静电场中由 a 点移动 b 点的过程中，电场力所做的功

$$A_{ab} = \int_a^b \boldsymbol{F} \cdot \mathrm{d}\boldsymbol{l} = q_0 \int_a^b \boldsymbol{E} \cdot \mathrm{d}\boldsymbol{l} = q_0(U_a - U_b), A_{ab} = q_0(U_a - U_b) \tag{8-18}$$

此外，将点电荷 q_0 从 a 点移动到 b 点，电场力所做的功等于系统电势能增量的负值。由此可以写出系统电势能、电场力的功以及电势差之间的关系为

$$W_a - W_b = A_{ab} = q_0 \int_a^b \boldsymbol{E} \cdot \mathrm{d}\boldsymbol{l} = q_0(U_a - U_b) \tag{8-19}$$

8.4.5 电势的计算

1.点电荷电场中的电势

真空中一个静止的点电荷 q 会在其周围激发静电场，选无穷远处为零电势点，则由式(8-16)可计算出 q 的电场中任一点 P 处的电势。设 q 在 O 点，其到场点 P 的距离为 r，选取沿 OP 连线伸向无限远的射线为积分路径，则 P 点的电势为

$$U_P = \int_P^\infty \boldsymbol{E} \cdot \mathrm{d}\boldsymbol{l} = \int_r^\infty \frac{q}{4\pi\varepsilon_0 r^2} \boldsymbol{e}_r \cdot \mathrm{d}\boldsymbol{r} = \int_r^\infty \frac{q}{4\pi\varepsilon_0 r^2} \mathrm{d}r = \frac{q}{4\pi\varepsilon_0 r}$$

于是得到点电荷 q 激发的电场中的电势分布公式为

$$U = \frac{q}{4\pi\varepsilon_0 r} \tag{8-20}$$

当 $q>0$，场中各点电势为正，$U>0$；当 $q<0$，场中各点电势为负，$U<0$。

2.点电荷系电场中的电势

如果电场是由 n 个静止的点电荷 $q_1, q_2, \cdots, q_n$ 组成的系统激发的，则由场强叠加原理可知电荷系的总场强为

$$\boldsymbol{E} = \boldsymbol{E}_1 + \boldsymbol{E}_2 + \cdots + \boldsymbol{E}_n = \sum_{i=1}^n \boldsymbol{E}_i$$

取无限远处为零电势点，空间任一点 P 处的电势为

$$U_P=\int_P^{\infty}\boldsymbol{E}\cdot\mathrm{d}\boldsymbol{l}=\int_P^{\infty}(\boldsymbol{E}_1+\boldsymbol{E}_2+\cdots+\boldsymbol{E}_n)\cdot\mathrm{d}\boldsymbol{l}=\int_P^{\infty}\boldsymbol{E}_1\cdot\mathrm{d}\boldsymbol{l}+\int_P^{\infty}\boldsymbol{E}_2\cdot\mathrm{d}\boldsymbol{l}+\cdots+\int_P^{\infty}\boldsymbol{E}_n\cdot\mathrm{d}\boldsymbol{l}$$

$$=U_{1P}+U_{2P}+\cdots+U_{nP}=\sum_{i=1}^{n}U_{iP} \tag{8-21}$$

上式中，若用 r_i 表示第 i 个点电荷 q_i 到点 P 的距离，由点电荷电势公式可得

$$U_P=\sum_{i=1}^{n}U_{iP}=\sum_{i=1}^{n}\frac{q_i}{4\pi\varepsilon_0 r_i} \tag{8-22}$$

这就是电势叠加原理。它表明：点电荷系的电场中某点的电势，等于各个点电荷单独存在时在该点产生的电势的代数和。

3.任意带电体电场中的电势

如果静电场是由电荷连续分布的带电体激发的，在计算电势的时候，可以先将任意带电体分割为无穷多个无限小的电荷元 $\mathrm{d}q$（可视为点电荷）；再由点电荷的电势公式写出电荷元 $\mathrm{d}q$ 在场点 P 处产生的电势 $\mathrm{d}U=\dfrac{\mathrm{d}q}{4\pi\varepsilon_0 r}$，式中 r 为电荷元 $\mathrm{d}q$ 到场点 P 处的距离；之后利用电势叠加原理，计算整个带电体激发的电场在场点 P 处的电势

$$U=\int\mathrm{d}U=\int\frac{\mathrm{d}q}{4\pi\varepsilon_0 r} \tag{8-23}$$

积分区域是电荷分布的区域。

如果空间中的静电场是由多个带电体激发的，我们可以先利用上面的方法求出每个带电体各自在场点产生的电势，再利用电势叠加原理计算场点处的总电势。利用电势叠加原理求电势的方法，称为电势叠加法。

此外，如果已经知道了电场强度的解析式，且其在积分范围内是可积的，我们还可以由电势定义式(8-16)或式(8-16a)，计算任意带电体电场中某点的电势。这种计算电势的方法称为定义法或场强积分法。

例 8.7 求距电偶极子相当远处任意一点 P 的电势，如图 8-15 所示，设 $r_+\gg l$，$r_-\gg l$。

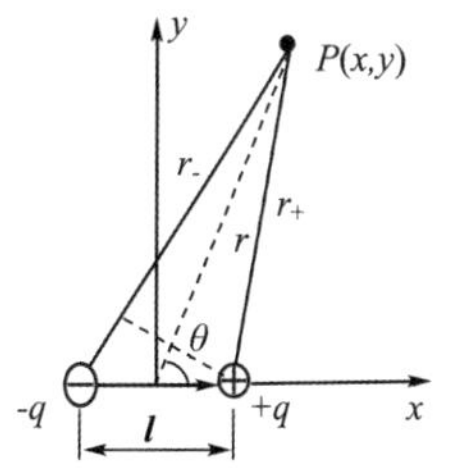

图 8-15

解：根据电势叠加原理，有

$$U_P=U_++U_-=\frac{q}{4\pi\varepsilon_0 r_+}+\frac{-q}{4\pi\varepsilon_0 r_-}=\frac{q}{4\pi\varepsilon_0}\left(\frac{1}{r_+}-\frac{1}{r_-}\right)$$

由题设 $r_+\gg l$，$r_-\gg l$，则有

$$r_+r_-\approx r^2,\quad r_--r_+\approx l\cos\theta$$

所以有

$$U_P\approx\frac{ql\cos\theta}{4\pi\varepsilon_0 r^2}=\frac{pr\cos\theta}{4\pi\varepsilon_0 r^3}\approx\frac{px}{4\pi\varepsilon_0(x^2+y^2)^{3/2}}$$

例 8.8 如图 8-16 所示，半径为 R 的均匀带电细圆环，总电量为 Q，试计算圆环中心轴线上与环心相距为 x 的 P 点处的电势。

解：在带电细圆环上任取一长为 $\mathrm{d}l$ 的线元，则根据点电荷电势公式可得该处的电荷元 $\mathrm{d}q=\lambda\mathrm{d}l$ 在场点处的电势为

$$\mathrm{d}U=\frac{\mathrm{d}q}{4\pi\varepsilon_0 r}=\frac{\lambda\,\mathrm{d}l}{4\pi\varepsilon_0 r}$$

则由电势叠加原理可得整个带电圆环在 P 点的电势为

$$U_P=\int \mathrm{d}U=\int_0^{2\pi R}\frac{\lambda\,\mathrm{d}l}{4\pi\varepsilon_0 r}=\frac{R\lambda}{2\varepsilon_0 r}$$

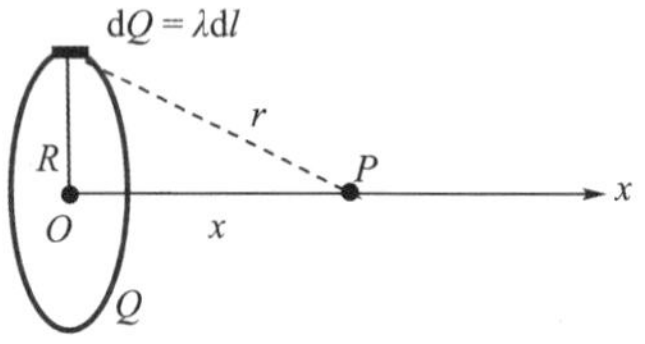

图 8-16

将 $\lambda=\dfrac{Q}{2\pi R}$，$r=\sqrt{x^2+R^2}$ 代入上式，得

$$U_P=\frac{Q}{4\pi\varepsilon_0\sqrt{R^2+x^2}}$$

例 8.9 求半径为 R、带电量为 q 的均匀带电球面内、外的电势分布。

解：根据例 8.4 的结论可知，均匀带电球面内、外的电场分布为

当 $r<R$ 时，$E_1=0$；当 $r>R$ 时，$E_2=\dfrac{q}{4\pi\varepsilon_0 r^2}$，方向沿径向呈辐射状。

选无穷远为零电势点，选过场点沿径向伸向无限远的一条射线为积分路径，则由电势的定义可得球外任一点的电势为

$$U=\int_P^{\infty}\boldsymbol{E}\cdot\mathrm{d}\boldsymbol{l}=\int_r^{\infty}E_2\,\mathrm{d}r=\int_r^{\infty}\frac{q}{4\pi\varepsilon_0 r^2}\mathrm{d}r=\frac{q}{4\pi\varepsilon_0 r}(r>R)$$

球面上任一点的电势为

$$U=\int_P^{\infty}\boldsymbol{E}\cdot\mathrm{d}\boldsymbol{l}=\int_R^{\infty}E_2\,\mathrm{d}r=\frac{q}{4\pi\varepsilon_0 R}(r=R)$$

球面内任一点的电势为

$$U=\int_P^{\infty}\boldsymbol{E}\cdot\mathrm{d}\boldsymbol{l}=\int_r^{R}E_1\,\mathrm{d}r+\int_R^{\infty}E_2\,\mathrm{d}r=\int_R^{\infty}\frac{q}{4\pi\varepsilon_0 r^2}\mathrm{d}r=\frac{q}{4\pi\varepsilon_0 R}(r<R)$$

8.4.6 等势面

前面曾借用假想的电场线来形象地描述电场中场强的分布，现在我们来说明如何用假想的等势面来形象地描述电场中的电势分布。我们将静电场中电势值相等的点所组成的曲面称为等势面。为了使等势面能够更直观地反映静电场的性质，对等势面的画法做如下规定：静电场中任意两个相邻等势面的电势差相等，为一常量；这个常量可以任意指定，越小则等势面越密，对静电场的描述越精确。做了这样的规定之后，就可以用等势面的疏密来图示电场的强弱了：等势面较密集处场强大；较稀疏处场强小。图 8-17(a) 和(b) 分别给出了点电荷和带电平行平板电容器的静电场分布，实线表示电场线，虚线表示等势面。可以看出这些电场线与等势面处处正交，电场线的方向指向电势降落的方向。

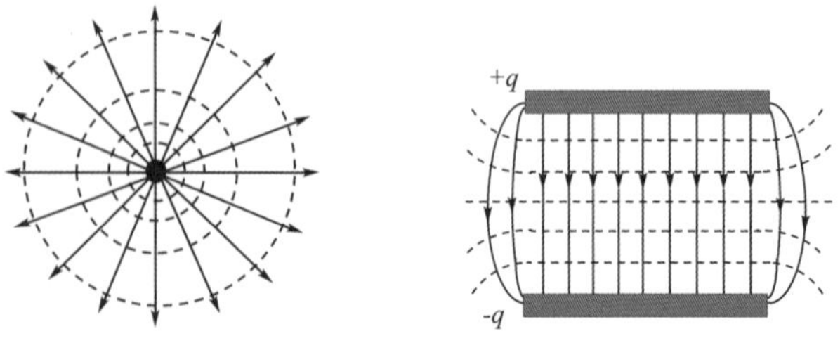

(a) (b)

图 8-17 等势面

在任何带电体的电场中，等势面与电场线处处正交。可以证明如下。

在同一等势面上移动电荷 Q，由于 $U_1=U_2$，所以电场力做功 $A_{12}=Q(U_1-U_2)=0$。因

此，在等势面上移动电荷，电场力不做功。

将点电荷 Q 在同一等势面上移动微小位移 $\mathrm{d}l$，由于电场力不做功，$\mathrm{d}A=Q\boldsymbol{E}\cdot\mathrm{d}\boldsymbol{l}=0$，而 $Q\neq0$，$\boldsymbol{E}\neq0$，$\mathrm{d}\boldsymbol{l}\neq0$，只能是 $\boldsymbol{E}\cdot\mathrm{d}\boldsymbol{l}=0$，即 $\boldsymbol{E}\perp\mathrm{d}\boldsymbol{l}$。即等势面上各点的电场强度 $\boldsymbol{E}$ 与该点的等势面垂直。也就是，等势面与电场线处处正交。

8.5 静电场中的导体和电介质

导体的种类有很多，各种金属和电解质水溶液等都是导体。电介质就是电的绝缘体，通常情况下，将电阻率较大、导电能力差的物质称为电介质。像空气、纯净的水、油类、玻璃、云母等就是常见的电介质。本节只讨论各向同性的均匀金属导体、均匀电介质与静电场的相互作用。

8.5.1 导体的静电平衡条件

金属导体的电结构特征是，在它内部存在大量可以自由移动的电荷（自由电子）。将金属放在静电场中，它内部的自由电子受到外电场力的作用，将逆着外电场的方向做宏观的定向运动，从而引起导体内正负电荷的重新分布。这种现象称为静电感应现象，因静电感应而在导体内部或表面出现的电荷称为感应电荷。反过来，电荷分布的改变又会影响到电场分布。电荷的分布与电场的分布相互影响、相互制约，直到达到平衡为止。我们将导体内部及表面上都没有电荷做宏观定向运动的状态，称为导体的静电平衡状态，简称静电平衡。

由于静电感应，会引起导体上的电荷重新分布，产生感应电荷。感应电荷会在周围空间激发一个附加电场，从而改变空间电场的分布。空间中的总电场就是感应电荷激发的附加电场与原来的静电场的矢量叠加。

导体处于静电平衡状态时，导体内部和表面任何部分都没有电荷做宏观定向运动。由此可以判断，导体内部的自由电子所受合力一定为零，即在导体内部，外电场的场强与附加电场的场强矢量和为零。导体表面处的自由电子如果受到一个沿导体表面的电场力 $\boldsymbol{F}=-e\boldsymbol{E}$ 的作用，自由电子将沿导体表面定向移动，没有达到静电平衡。因此静电平衡时，导体表面处的电荷受到的电场力沿表面方向必为零（沿垂直于表面方向可以不为零），或者说，静电平衡时，导体外表面处的静电场必定垂直于导体的表面。因此，**导体的静电平衡条件为：导体内部的电场强度处处为零；导体表面附近的电场强度处处与表面垂直**。

考虑到场强与电势（或电势差）的关系，静电平衡条件还可以用电势分布等效描述为：**导体内部和表面各点的电势都相等**。或者说，**整个导体是等势体，导体表面是个等势面**。

8.5.2 导体上的电荷分布

1.电荷分布

实验和理论都证明，一个与大地绝缘的带电导体达到静电平衡时，其上的电荷分布具有如下特点：**导体内部处处没有净电荷存在，净电荷只分布在导体的外表面上**。

对带电的空腔导体而言，当空腔内没有其他带电体时，导体的内壁上没有净电荷，净电荷只能分布在空腔的外表面。

如果空腔内有一带电量为 q 的带电体，由于静电感应，在导体处于静电平衡状态时，空腔的内表面会出现与带电体所带电荷等值反号的感应电荷 $-q$，而在腔体外表面上出现与里面带电体所带电荷等值同号的感应电荷 q,此时导体内部其他地方仍没有净电荷。

2.导体表面附近场强与电荷面密度的关系

如图 8-18 所示,P 点为导体表面外附近空间中的一点,在该点附近的导体表面上取面元 ΔS,可以认为 ΔS 上的电荷面密度 σ 处处相等,并且 ΔS 上各点场强$\boldsymbol{E}$ 都与面元法线单位矢量$\boldsymbol{e}_n$ 平行。取包围面元 ΔS 的圆柱面为高斯面,此圆柱面侧面与 ΔS 垂直,上、下底面都与 ΔS 平行,上底面通过 P 点,下底面在导体内部。由于面元 ΔS 足够小,可以认为通过上底面各点的场强大小是均匀的。由于侧面法线方向与 $\boldsymbol{E}$ 垂直,下底面在导体内部 $\boldsymbol{E}=0$,所以通过侧面和下底面的 $\boldsymbol{E}$ 通量都为零。因此,通过整个高斯面的 $\boldsymbol{E}$ 通量为

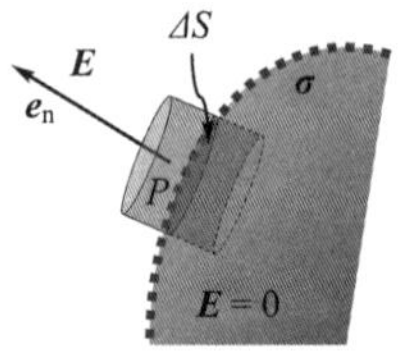

图 8-18 带电导体表面附近的场强

$$\oiint_S \boldsymbol{E}\cdot d\boldsymbol{S}=\iint_{侧}\boldsymbol{E}\cdot d\boldsymbol{S}+\iint_{上底}\boldsymbol{E}\cdot d\boldsymbol{S}+\iint_{下底}\boldsymbol{E}\cdot d\boldsymbol{S}=E\Delta S$$

此高斯面包围的净电荷为 $\sigma\Delta S$,由高斯定理有 $E\Delta S=\dfrac{\sigma\Delta S}{\varepsilon_0}$,所以得到

$$E=\frac{\sigma}{\varepsilon_0} \tag{8-23}$$

即**导体表面外附近场强的大小与该处电荷面密度成正比,场强方向垂直于表面**。这一结论对于孤立导体或处于外电场中的任意导体都普遍适用。但要注意,导体表面附近的场强不单是由该表面处的电荷所激发,它是导体上所有电荷以及周围其他带电体上的电荷所激发的合场强,外界的影响已经在 σ 中体现出来了。

3.孤立导体的电荷分布

孤立导体处于静电平衡时,所带电荷的面密度与表面的曲率有关。凸表面的曲率越大处,表面电荷的面密度 $|\sigma|$ 越大;凹表面上曲率越大处,表面电荷的面密度 $|\sigma|$ 越小。

孤立的无限大带电导体平板,由于其曲率半径为无限大,面电荷是均匀分布的;孤立的带电导体球面、球壳、球体,由于其曲率半径相等,面电荷是均匀分布的。

具有尖端的带电导体,尖端上电荷过多时,带电的尖端附近电场就特别强,可使附近的空气电离,会引起尖端放电现象。为防止尖端放电,高电压器件的表面必须做得光滑并且常常做成球面。利用尖端放电的例子有避雷针、电子点火器和火花放电设备中的电极等。

在静电平衡时,无论实心导体还是空腔导体,电荷只能分布在导体的外表面,导体内部无净电荷。这样,由空腔导体所包围的区域将不受空腔导体外表面的电荷或外电场的影响,此现象称为静电屏蔽。若需要一带电体的电场不影响外界,也可以用静电屏蔽,只要用接地的金属球壳或金属网将带电体罩住就可实现屏蔽作用。

例 8.10 导体板 A,面积为 S、带电量 Q,在其旁边相距很近的地方平行地放入面积也为 S 的导体板 B,忽略边缘效应。求:A、B 上的电荷分布及空间的电场分布。

解:处于静电平衡状态的导体,其全部净电荷都分布在导体的表面,假设 A、B 两个导体的四个表面的电荷面密度分别为σ_1、σ_2、σ_3 和 σ_4。由于两板相距很近,所以四个表面在空间各点产生的场强可以用均匀无限大带电平面的场强来表示,根据场强叠加原理可知空间各点的场强均为它们的叠加。在导体 A 和 B 内部各任取一点 a 和 b,由于处于静电平衡的导体内部场强处处为零,所以有

$$\boldsymbol{E}_a=0,\boldsymbol{E}_b=0$$

规定向右的方向为场强的正方向，由无限大均匀带电平面的场强分布规律可有

对 a 点有 $$\frac{\sigma_1}{2\varepsilon_0}-\frac{\sigma_2}{2\varepsilon_0}-\frac{\sigma_3}{2\varepsilon_0}-\frac{\sigma_4}{2\varepsilon_0}=0$$

对 b 点有 $$\frac{\sigma_1}{2\varepsilon_0}+\frac{\sigma_2}{2\varepsilon_0}+\frac{\sigma_3}{2\varepsilon_0}-\frac{\sigma_4}{2\varepsilon_0}=0$$

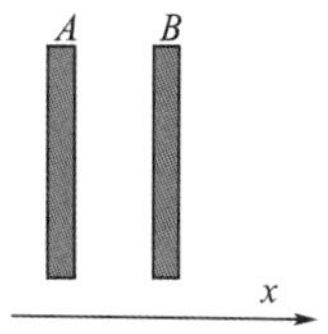

图 8-19

另外，由电荷守恒定律可得

A 板： $$\sigma_1 S+\sigma_2 S=Q$$

B 板： $$\sigma_3 S+\sigma_4 S=0$$

上述各方程联立，解得

电荷分布为 $$\sigma_1=\sigma_4=\frac{Q}{2S},\qquad \sigma_2=-\sigma_3=\frac{Q}{2S}$$

设 A 板左侧的场强为 E_A、B 板右侧场强为 E_B、两板之间场强为 E_C，则有

$$E_A=\frac{\sigma_1}{\varepsilon_0}=\frac{Q}{2\varepsilon_0 S},E_B=\frac{\sigma_2}{\varepsilon_0}=\frac{\sigma_3}{\varepsilon_0}=\frac{Q}{2\varepsilon_0 S},E_C=\frac{\sigma_4}{\varepsilon_0}=\frac{Q}{2\varepsilon_0 S}$$

例 8.11 半径为 R_1 的金属球 A，带电量为 q，外面同心地套着内、外半径分别为 R_2 和 R_3 的金属球壳，金属球壳带电量为 Q。试求：(1) 电荷及场强分布，球心的电势；(2) 如用导线连接 A、B，再做计算。

解：(1) 由静电平衡的性质可以分析出 A 球的电荷 q 均匀地分布在 A 球的表面，在 B 球壳的内表面均匀地分布着 $-q$ 的电荷，在其外表面均匀分布着全部的净电荷 $Q+q$，所以选任意的半径为 r 的同心球面为高斯面，结合高斯定理及静电平衡条件就可以求出各个区间的场强分布为

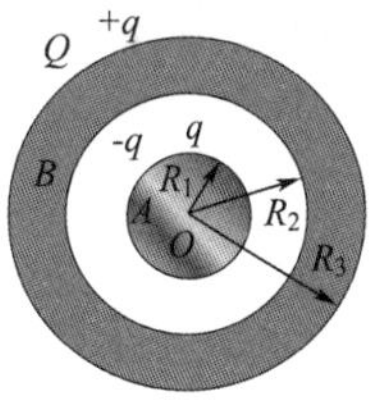

图 8-20

$$E_1=0(r<R_1),E_2=\frac{q}{4\pi\varepsilon_0 r^2}(R_1<r<R_2),$$

$$E_3=0(R_2<r<R_3),E_4=\frac{q+Q}{4\pi\varepsilon_0 r^2}(r>R_3)$$

选无穷远为电势零点，任意的过场点的沿径向的一条射线为积分路径，则球心的电势为

$$U_O=\int_0^\infty \boldsymbol{E}\cdot \mathrm{d}\boldsymbol{l}=\int_0^{R_1}E_1\mathrm{d}r+\int_{R_1}^{R_2}E_2\mathrm{d}r+\int_{R_2}^{R_3}E_3\mathrm{d}r+\int_{R_3}^{\infty}E_4\mathrm{d}r=\frac{q}{4\pi\varepsilon_0}\left(\frac{1}{R_1}-\frac{1}{R_2}\right)+\frac{1}{4\pi\varepsilon_0}\frac{q+Q}{R_3}$$

(2) 如用导线连接 A、B，则 A 球的电荷与 B 球壳内表面的电荷中和，导体 A 和 B 通过导线连成一个整体，体系重新达到新的静电平衡状态，全部的净电荷 $Q+q$ 均匀分布在导体球壳 B 的外表面，导体内部场强处处为零。所以

$$E_1=0(r<R_3),E_2=\frac{q+Q}{4\pi\varepsilon_0 r^2}(r>R_3)$$

同前，可得球心的电势为

$$U_O=\int_0^{R_3}E_1\mathrm{d}r+\int_{R_3}^{\infty}E_2\mathrm{d}r=\frac{Q+q}{4\pi\varepsilon_0 R_3}$$

球壳外任意点的电势为

$$U(r)=\int_r^{\infty}E_2\mathrm{d}r=\frac{q+Q}{4\pi\varepsilon_0 r}$$

8.5.3 电介质的极化

1.电介质的分类

在电介质中，电子受原子核的强烈束缚，因而在常态下，电介质内部自由电子很少，可理想化为没有自由电子。每个电介质分子都是由正负电荷构成的复杂带电系统，所占体积的线度约为 10^{-10} m。当考虑这些电荷在较远处所产生的电场时，或考虑一个分子受外电场作用时，可以认为分子中的全部正电荷用一等效正电荷来代替，全部负电荷用一等效负电荷来代替。等效正、负电荷在分子中所处的位置，分别称为该分子的正、负电荷"中心"。

我们将无外电场时，分子的正、负电荷中心不重合，具有固有电偶极矩 $\boldsymbol{p}$ 的这类分子称为有极分子(或极性分子)，如 CO、H_2O 等；将分子正、负电荷中心重合，没有固有电偶极矩 $\boldsymbol{p}$ 的这类分子称为无极分子(或非极性分子)，如 He、O_2、CO_2 等分子。

2.电介质的极化

如图 8-21 所示，无极分子在外电场的作用下，其正负电荷中心将发生相对位移，形成电偶极子，因而具有了电偶极矩，这种电偶极矩称为感应电矩。感应电矩的方向与外加电场同向。无极分子电介质的这种极化机制称为位移极化。无极分子位移极化的效果是：在均匀电介质内部仍是电中性，但在电介质两端表面出现了一定的正负电荷分布，这种电荷称为极化电荷。分子处在不太强的电场中，$\boldsymbol{p}$ 与 $\boldsymbol{E}$ 近似成正比。感应电矩与温度无关，其大小比极性分子的固有电矩小得多。

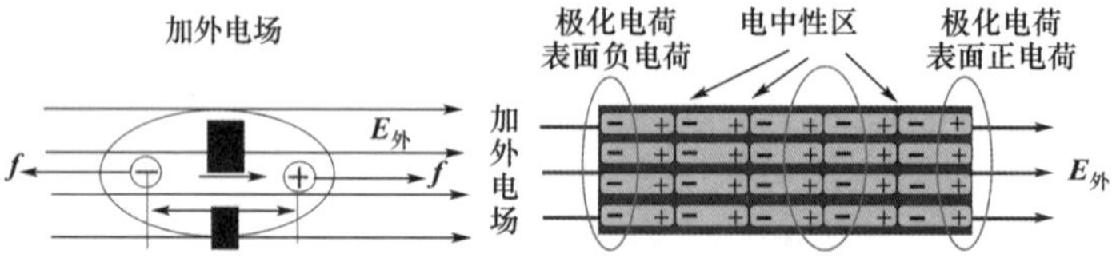

图 8-21 无极分子电介质的位移极化

如图 8-22 所示，对于有极分子，存在固有电偶极矩。无外电场时，由于热运动电介质中固有电偶极矩分布杂乱无章，介质呈电中性。当有外电场作用时，分子将受到力矩作用，使分子的电偶极矩 $\boldsymbol{p}$ 转向外电场的方向，宏观上看，在电介质与外电场垂直的两表面也会出现极化电荷。有极分子电介质的这种极化机制称为取向极化。分子的无规则热运动始终存在着，又在很大程度上干扰了固有电偶极矩的这种排列趋向。外电场越强，固有电偶极矩排列趋向越明显，而温度越高，干扰越大。常温下，电介质中与 $\boldsymbol{E}$ 成锐角的固有电偶极矩比成钝角的多一些，从而对外表现出这类电介质与温度有关的电特性。当加外电场产生的取向极化与无规则热运动达到平衡时，宏观极化停止。

实际上，有极分子电介质也存在位移极化，但取向极化是主要的，它比位移极化约大一个数量级。电场频率很高时，分子惯性较大，取向极化跟不上外电场的变化，只有惯性很小的电子才能紧跟高频电场的变化而产生位移极化，只有电子位移极化机制起作用。

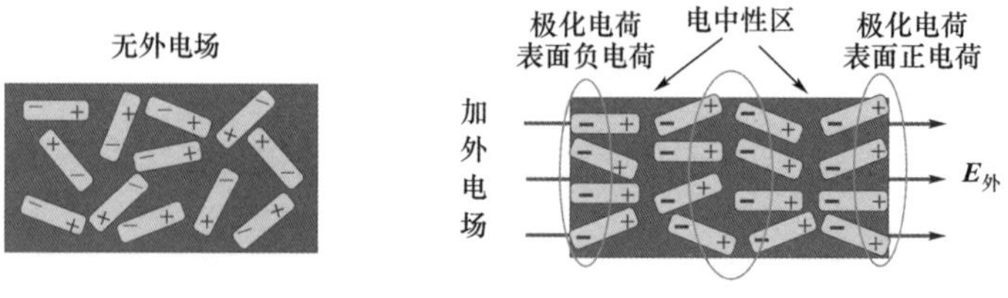

图 8-22 有极分子电介质的取向极化

由此可见，虽然两种电介质受外电场影响的微观行为不同，但宏观表现是一样的，在均匀电介质内部仍是电中性，在其两相对表面上出现了一定量的等量异号的束缚电荷分布。这种在外电场作用下在电介质表面出现束缚电荷的现象，称为电介质的极化。由极化而在电介质表面产生的束缚电荷称为极化电荷。

如果电介质是均匀、各向同性的，束缚电荷只出现在电介质的表面，电介质内部束缚电荷体密度为零。对于不均匀的电介质，极化后其内部也会出现束缚电荷。

电介质极化后，束缚电荷会在周围空间激发一个附加电场 $\boldsymbol{E}'$。如果把激发外电场的原有电荷系称为自由电荷，用 $\boldsymbol{E}_0$ 表示它们激发的电场，则空间任一点的电场强度 $\boldsymbol{E}$ 就应是上述两种电场的叠加，有

$$\boldsymbol{E}=\boldsymbol{E}_0+\boldsymbol{E}'$$

在电介质中，$\boldsymbol{E}'$ 与 $\boldsymbol{E}_0$ 方向相反，所以叠加的结果会使介质内部的电场削弱。

实验指出，使用不同的电介质，对电场的影响是不同的。定量测量结果表明，对于某种各向同性的均匀电介质，当其充满整个电场空间时，介质内的场强大小将削弱为 E_0 的 ε_r 分之一。即

$$E=E_0-E'=\frac{E_0}{\varepsilon_r} \tag{8-24}$$

式中 ε_r 是一个大于1的常数，它是表征这种电介质的介电性质的物理量，称为相对介电常数。电介质的相对介电常数 ε_r 和真空介电常数 ε_0 的乘积，即 $\varepsilon=\varepsilon_0\varepsilon_r$ 称为电介质的绝对介电常数，简称介电常数。

8.5.4 有电介质时的高斯定理

现在我们以均匀电场中充满各向同性的均匀电介质为例，讨论有电介质时静电场的高斯定理。

如图 8-23 所示，在两块无限大带有等量异号电荷的金属薄平板中间充满相对介电常数为 ε_r 的均匀各向同性电介质。设金属板上自由电荷面密度为 σ_0，介质两端表面极化电荷的面密度为 σ'。通过前面的分析可知，极化电荷产生的附加电场 $\boldsymbol{E}'$ 与自由电荷产生的电场 $\boldsymbol{E}_0$ 方向相反，所以均匀介质中的总场强 $\boldsymbol{E}=\boldsymbol{E}_0+\boldsymbol{E}'$ 仍然沿正的自由电荷指向负的自由电荷，仍然是均匀电场。为计算介质中任一点的场强，我们通过 P 点做一个底面积为 S_1 的封闭圆柱面为高斯面 S，两底面与金属板平行，上底面在金属平板上，下底面在电介质中。则此高斯面内包围的电荷应为自由电荷 $\sum q=\sigma_0 S_1$ 与极化电荷 $\sum q'=-\sigma' S_1$ 二者的代数和。因此，根据高斯定理，可得

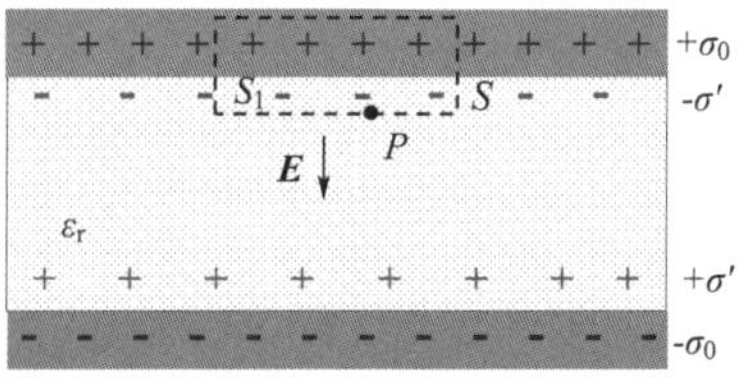

图 8-23　有电介质时的高斯定理推导

$$\oiint_S \boldsymbol{E}\cdot \mathrm{d}\boldsymbol{S}=\frac{1}{\varepsilon_0}\left(\sum q+\sum q'\right)=\frac{\sigma_0}{\varepsilon_0}\,\frac{\sigma_0-\sigma'}{\sigma_0}S_1$$

式中，$\boldsymbol{E}$ 为电介质中的电场强度。现令 $\varepsilon_r=\dfrac{\sigma_0}{\sigma_0-\sigma'}$［这个关系可根据式(8-24) 及无限大带电

平面场强推导得出],也就是前面提到的介质的相对介电常数 ε_r。于是上式改写为

$$\oiint_S \boldsymbol{E} \cdot \mathrm{d}\boldsymbol{S} = \frac{1}{\varepsilon_0}\left(\sum q + \sum q'\right) = \frac{\sum q}{\varepsilon_0 \varepsilon_r}$$

进一步变形为

$$\oiint_S \varepsilon_0 \varepsilon_r \boldsymbol{E} \cdot \mathrm{d}\boldsymbol{S} = \sum q \tag{8-25}$$

引入一个辅助量——电位移矢量 $\boldsymbol{D}$,在均匀各向同性电介质中,$\boldsymbol{D}$ 的定义为

$$\boldsymbol{D} = \varepsilon_0 \varepsilon_r \boldsymbol{E} = \varepsilon \boldsymbol{E}$$

并且与引入 $\boldsymbol{E}$ 线和 $\boldsymbol{E}$ 通量类似,引入 $\boldsymbol{D}$ 线和 $\boldsymbol{D}$ 通量 Φ_D,规定

$$\Phi_D = \iint_S \boldsymbol{D} \cdot \mathrm{d}\boldsymbol{S}$$

式(8-25)化简为

$$\oiint_S \boldsymbol{D} \cdot \mathrm{d}\boldsymbol{S} = \sum q \tag{8-26}$$

上式左边为通过闭合曲面 S 的电位移通量,右边为闭合曲面内包围的自由电荷代数和,说明电位移通量只取决于闭合曲面内的自由电荷代数和,所以电位移线起自正的自由电荷,止于负的自由电荷。与电场线不同。

式(8-26)虽然是从均匀电场的特例推导出来的,但可以证明它在一般情况下也是适用的。于是得到介质中的高斯定理:

通过闭合曲面的电位移通量($\boldsymbol{D}$ 通量)等于该闭合曲面所包围的自由电荷代数和,即

$$\oiint_S \boldsymbol{D} \cdot \mathrm{d}\boldsymbol{S} = \sum_{(S内)} q \tag{8-27}$$

它是电磁学的基本定律之一。对于变化的电磁场,此定理也成立。可以利用介质中的高斯定理来计算均匀各向同性电介质中的对称性电场的场强分布,由于只考虑自由电荷,可使得计算大为方便和简化。

例 8.12 一半径为 R 的导体球,带电量为 Q,放置在相对介电常数为 ε_r 的均匀各向同性的介质中。求:(1) 导体球外任一点的场强;(2) 导体球的电势。

解:(1) 经分析,导体球的电荷均匀分布在整个导体球表面上,其所处的介质又均匀各向同性,所以可知导体球在介质中的场强和电位移矢量均呈球对称分布,所以在球外选任意半径为 r 的同心球面为高斯面,则通过该高斯面的电位移通量为

$$\oiint_S \boldsymbol{D} \cdot \mathrm{d}\boldsymbol{S} = D \cdot 4\pi r^2$$

高斯面内部包围的自由电荷代数和为 $\sum q = Q$

所以,由介质中的高斯定理 $\oiint_S \boldsymbol{D} \cdot \mathrm{d}\boldsymbol{S} = \sum_{(S内)} q$ 可得

$$D = \frac{Q}{4\pi r^2}$$

由 $\boldsymbol{D} = \varepsilon_0 \varepsilon_r \boldsymbol{E}$ 可得介质中的电场强度为

$$E = \frac{Q}{4\pi \varepsilon_0 \varepsilon_r r^2}$$

(2) 因为导体球处于静电平衡状态,所以导体球是等势体,其电势等于表面的电势。选无

穷远为电势零点，任意的过场点的一条电场线为积分路径，则导体球的电势为

$$U=\int_R^{\infty}\boldsymbol{E}\cdot\mathrm{d}\boldsymbol{r}=\int_R^{\infty}\frac{Q}{4\pi\varepsilon_0\varepsilon_r r^2}\mathrm{d}r=\frac{Q}{4\pi\varepsilon_0\varepsilon_r R}$$

8.6 电容　静电场的能量

静电场是一种物质形态，静电场的物质性说明了静电场具有能量。为了讨论清楚静电场的能量问题，需要先介绍电容器，一种储存电荷的容器。

8.6.1 电容　电容器

形状和大小不同的导体，即使有相等的电势，其所带电荷量也是不等的。为了衡量导体储存电荷的本领，我们引入了电容这一物理量。

从理论和实验可知，如果以无穷远为零电势点，则一个孤立导体的电势U与它所带的电荷量q成正比，比值

$$C=\frac{q}{U}$$

定义为此孤立导体的电容。电容只与导体的大小、形状和周围的介质情况有关。与导体是否带电、材料性质等因素无关。对于一定的导体，其电容是一定的。电容是表征导体储电能力的物理量，其物理意义是：使导体升高单位电势所需的电荷量。在国际单位制中，电容的单位是法拉(F)。实际应用中，由于法拉的单位太大，常用微法(μF)或皮法(pF)作为单位：

$$1\ \mu\text{F}=10^{-6}\ \text{F},1\ \text{pF}=10^{-12}\ \text{F}$$

孤立导体的电容很小，而且也不存在孤立导体。在实用中，把处于静电平衡状态的两块金属导体绝缘放置，或在两块金属导体之间充上(满或不满)电介质，就构成一个电容器，两块金属导体称为电容器的极板。这种装置相较孤立导体，电容较大且不受其他物体的影响。电容器是用来储存电荷或电能的装置，当电容器的两个极板分别用导线接到电源的正负极上时，电源的电荷就经导线移动到两个极板上(电容器充电)，一个极板带有一定的电荷，另一极板带有等量异号电荷。

对充电的电容器，电场相对集中在两极板之间，因而极板间的电势差受外界的影响就会很小，常常可以忽略。如果电容器两极板带等量异号电荷$\pm Q$，两个极板间的电势差为U_1-U_2，则电容器的电容定义为

$$C=\frac{Q}{U_1-U_2}\tag{8-28}$$

实验和理论都表明，电容器的电容只取决于极板的大小、形状、相对位置及极板间所充的电介质等因素。对给定的电容器，C与极板是否带电无关。在电力系统中，可以用电容器来储存电荷或电能，也可以用来提高用电设备的功率因数，以便减少输电损耗和充分发挥设备的效率。

8.6.2 几种简单电容器的电容

1.平板电容器

平板电容器的极板是两块同样大小、平行的金属板。设两极板面积是S，极板间距为d，两极板间充满相对介电常数为ε_r的均匀电介质。两极板通常靠得很近，使得两极板的线度远

大于极板间距。因此，当两极板分别带上电荷 $+Q$ 和 $-Q$，忽略边缘效应，极板间电场是均匀分布的，由高斯定理可以求出极板间的场强为

$$E=\frac{\sigma}{\varepsilon_0\varepsilon_r}=\frac{Q}{\varepsilon S}$$

极板间电势差为 $U_2-U_1=Ed=\dfrac{Qd}{\varepsilon S}$

所以平板电容器电容为 $C=\dfrac{Q}{U_2-U_1}=\dfrac{\varepsilon S}{d}=\dfrac{\varepsilon_0\varepsilon_r S}{d}$

2.球形电容器

球形电容器由半径分别为 R_1 和 R_2 的两个同心导体球壳所组成($R_1<R_2$)。设两球壳带电量分别为 $+Q$ 和 $-Q$，当两球壳间为真空时，由高斯定理可计算出量球壳间的场强为

$$E=\frac{Q}{4\pi\varepsilon_0 r^2}$$

两球壳间电势差为

$$U_2-U_1=\int_{R_1}^{R_2}\boldsymbol{E}\cdot\mathrm{d}\boldsymbol{r}=\int_{R_1}^{R_2}\frac{Q}{4\pi\varepsilon_0 r^2}\mathrm{d}r=\frac{Q(R_2-R_1)}{4\pi\varepsilon_0 R_1R_2}$$

球形电容器电容为 $$C=\frac{Q}{U_2-U_1}=\frac{4\pi\varepsilon_0 R_1R_2}{R_2-R_1}$$

3.柱形电容器

柱形电容器由两个同轴金属圆柱筒(面)组成。设两圆柱面半径分别为 R_1 和 R_2($R_1<R_2$)，长度均为 l，且 l 较 R_1 和 R_2 大得多。两圆柱面带电量分别为 $+Q$ 和 $-Q$，忽略边缘效应，当两圆柱面间为真空时，由高斯定理可计算出两圆柱面间的场强为

$$E=\frac{\lambda}{2\pi\varepsilon_0 r}=\frac{Q}{2\pi\varepsilon_0 rl}$$

两圆柱面间电势差为

$$U_2-U_1=\int_{R_1}^{R_2}\boldsymbol{E}\cdot\mathrm{d}\boldsymbol{r}=\int_{R_1}^{R_2}\frac{Q}{2\pi\varepsilon_0 rl}\mathrm{d}r=\frac{Q}{2\pi\varepsilon_0 l}\ln\frac{R_2}{R_1}$$

柱形电容器电容为 $$C=\frac{Q}{U_2-U_1}=\frac{2\pi\varepsilon_0 l}{\ln\dfrac{R_2}{R_1}}$$

8.6.3 电容器储存的能量

如图 8-24 所示为电容器充电过程。根据在充电过程中外力克服电场力对电荷做的功来计算电容器贮存的能量。在电容器充电过程中，电源提供的电场对电荷做功，使电容器的正极板带正电荷、负极板带负电荷。电容器的电容为 C，设某一时刻极板所带电量为 $\pm q$，电源电场力把微小电荷元 $+\mathrm{d}q$ 从电容器的负极板迁移到正极板，则板间的电压为

$$u=u_1-u_2=\frac{q}{C}$$

在迁移 $+\mathrm{d}q$ 的过程，电源电场做功

$$\mathrm{d}A=(u_1-u_2)\,\mathrm{d}q=\frac{q}{C}\mathrm{d}q$$

充电从 $q_1=0$ 开始到 $q_2=Q$ 结束，两个极板之间的电势差为 U，电源电场力所做的总功为

$$A=\int \mathrm{d}A=\int_0^Q \frac{q}{C}\mathrm{d}q=\frac{Q^2}{2C}$$

根据能量守恒定律，这个功即为贮存在电容器内的能量

$$W_e=A=\frac{Q^2}{2C}=\frac{1}{2}CU^2=\frac{1}{2}QU \tag{8-29}$$

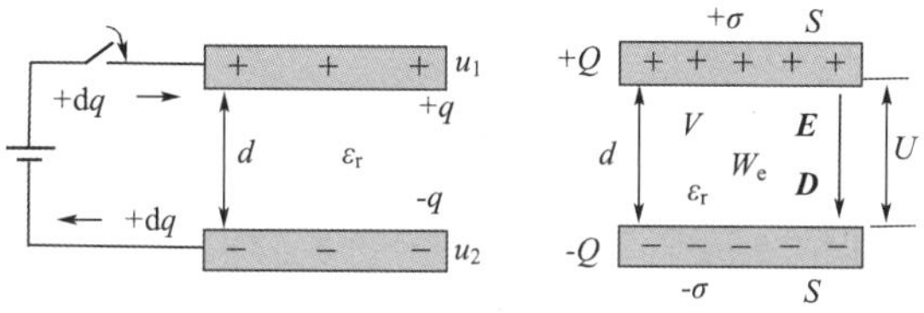

图 8-24 电容器充电过程和空间电场的建立

8.6.4 电场的能量

给电容器充电的过程，就是电容器两个极板间的电场建立并逐步增强的过程，充电结束撤去电源，电容器内建立了稳定的静电场(图 8-24)。在此过程中电源不断做功，这个功转换成电容器系统的静电能贮存起来。可见静电能是与电场的存在相联系的，应该认为电容器内储存的静电能分布在两极板间的电场之中。电磁波携带和输出能量的事实证明了电场具有能量，这是电场物质特性的一个表现。

对于平板电容器，如果忽略边缘效应，电容器内部电场强度均匀，因为

$$U=Ed, Q=\sigma S, E=\frac{\sigma}{\varepsilon}, Sd=V$$

所以，带电量为 $\pm Q$ 的平板电容器所储存的电场能量可表示为

$$W_e=\frac{1}{2}QU=\frac{1}{2}E\sigma Sd=\frac{1}{2}E^2\varepsilon Sd=\frac{1}{2}\varepsilon E^2V=\frac{1}{2}DEV$$

式中，V 为两极板间电场所占空间的体积，$\varepsilon=\varepsilon_0\varepsilon_r$ 为电容器内所填充的各向同性线性电介质的介电常数。在电容器内部，电场是充满整个空间的，或者说，静电场的能量是均匀分布于电容器内的整个空间的，因此可以引入静电场能量密度的概念

$$w_e=\frac{1}{2}\varepsilon E^2=\frac{1}{2}\varepsilon_0\varepsilon_r E^2=\frac{1}{2}DE$$

电场中贮有能量的观念，是关于电场概念的一个重要结论。虽然上式是从平板电容器的匀强电场这一特例导出的，但是可以证明，对于各向同性线性电介质中的任意静电场都是适用的。在各向同性线性电介质中，静电场的能量密度可以表示为

$$w_e=\frac{1}{2}\varepsilon E^2=\frac{1}{2}\varepsilon_0\varepsilon_r E^2=\frac{1}{2}DE=\frac{1}{2}\boldsymbol{D}\cdot\boldsymbol{E} \tag{8-30}$$

因此，在非均匀电场中，任一体积元 $\mathrm{d}V$ 中的电场能量为

$$\mathrm{d}W=w_e\mathrm{d}V=\frac{1}{2}DE\mathrm{d}V=\frac{1}{2}\boldsymbol{D}\cdot\boldsymbol{E}\mathrm{d}V$$

整个静电场的总电场能量为

$$W_e=\iiint_V w_e\mathrm{d}V=\iiint_V \frac{1}{2}DE\mathrm{d}V=\iiint_V \frac{1}{2}\boldsymbol{D}\cdot\boldsymbol{E}\mathrm{d}V \tag{8-31}$$

式中的积分区域 V 遍及整个电场空间。

例 8.13 计算半径为 R、带电量为 q 的导体球的电场能量。

解：由于电荷呈均匀球对称分布，其空间的电场分布均呈球对称分布。由静电平衡条件及高斯定理可以求得导体球内外的电场分布为

$$E_1=0(r<R),E_2=\frac{q}{4\pi\varepsilon_0 r^2}(r>R)$$

由于电场分布呈球对称，所以所选的体积元 $\mathrm{d}V$ 是一个半径为 r、厚度为 $\mathrm{d}r$ 的同心球壳。因此，带电导体球的电场能量为

$$W_e=\iiint_V w_e\mathrm{d}V=\iiint_V\frac{1}{2}\varepsilon_0E^2\mathrm{d}V=0+\int_R^{\infty}\frac{1}{2}\varepsilon_0\left(\frac{q}{4\pi\varepsilon_0r^2}\right)^2\cdot4\pi r^2\mathrm{d}r=\frac{q^2}{8\pi\varepsilon_0R}$$

练习题

1.带电量均为 $+q$ 的两个点电荷分别位于 x 轴上的 $+a$ 和 $-a$ 位置，如题 8-1 图所示。(1) 请写出 y 轴上任一点处的电场强度的表示式；(2) 根据(1) 的计算结果，分析一下场强最大值应出现在 y 轴何处？

2.如题 8-2 图所示，将一绝缘细棒弯成半径为 R 的半圆形，其上半段均匀带有电荷 Q，下半段均匀带有电量 $-Q$，求半圆中心 O 处的电场强度。

3.如题 8-3 图所示，用不导电的细塑料棒弯成半径为 R 的圆弧，两端间空隙为 $l(l\ll R)$，若正电荷 Q 均匀分布在棒上，求圆心处场强的大小和方向。

4.如题 8-4 图所示，在一无限长的均匀带电细棒 A 旁垂直放置一均匀带电的细棒 B。且二棒共面，若两棒的电荷线密度均为 λ，细棒 B 长为 l，左端到 A 棒距离也为 l，求：B 受到的电场力。

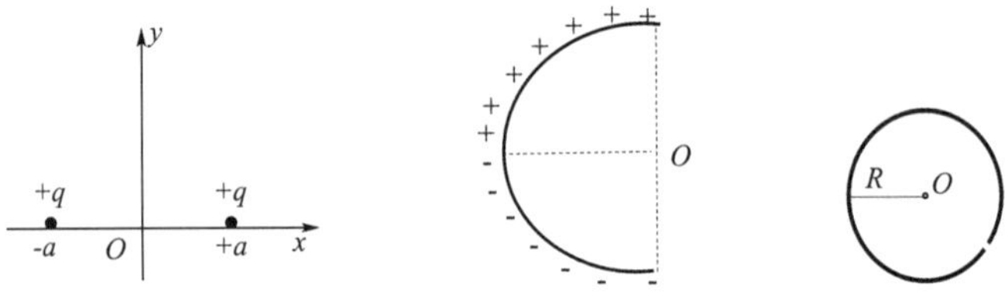

题 8-1　　题 8-2　　题 8-3

5.如题 8-5 图所示，长为 L 的均匀带电细棒 AB，设其电荷线密度为 λ。求：(1)AB 棒延长线上 P_1 点的场强(P_1 点到 B 的距离为 a)；(2) 棒端点 B 正上方 P_2 点的场强(P_2 点到 B 的距离为 b)。

6.线电荷密度为 λ 的“无限长”均匀带电细线，弯成题 8-6 图示形状，若圆弧半径为 R，试求 O 点的场强。

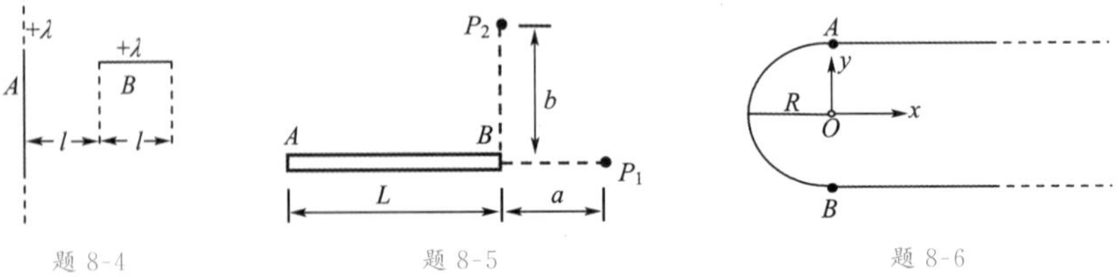

题 8-4　　题 8-5　　题 8-6

7.在真空中电场强度为 E 的均匀电场中，有一个与 E 垂直的半径为 R 的圆平面和另一个曲面 S_1 组成了一个封闭曲面。试求：(1) 穿过圆平面的电通量；(2) 穿过曲面 S_1 的电通量；(3) 若以圆平面的边线为边，另做一曲面 S_2(题 8-7 图中虚线所示)，则穿过曲面 S_2 的电通量

是多少？

8.两块“无限大”均匀带电平行平板，电荷面密度分别为$+\sigma$和$-\sigma$，两板间是真空。在两板间取一立方体的高斯面，设每一侧面的面积均是S，立方体的两个面M、N与平板平行，如题8-8图所示。试求：(1) 两平板内外各个区间的电场强度；(2) 通过M面和N面的电通量各为多少？

9.(1) 一半径为R的带电球体，其上电荷分布的体密度ρ为一常量，试求此带电球体内、外的场强分布。(2) 若上问中带电球体的体密度$\rho=kr(0\leqslant r\leqslant R)$，$k$为一常量，试求此带电球体内、外的场强分布。

10.如题8-9图所示，有一均匀带电球壳，带电量为Q，内、外半径分别为a、b，在球心处有一点电荷q。求：$r<a$，$a<r<b$，$r>b$三个区域的电场强度。

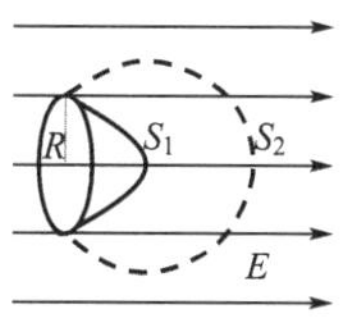

题 8-7

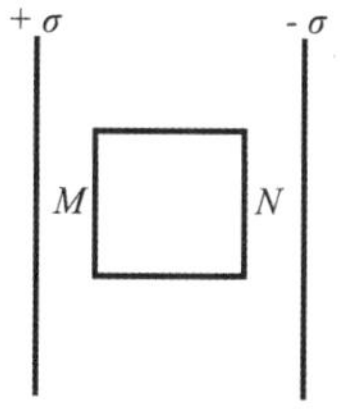

题 8-8

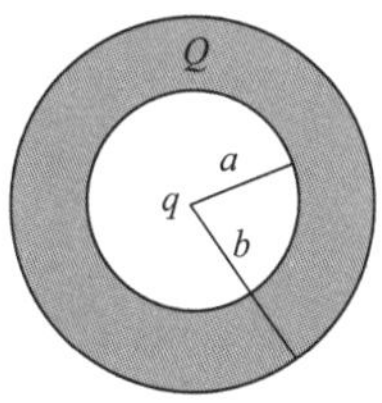

题 8-9

11.一对无限长的均匀带电共轴直圆筒，内外半径分别为R_1和R_2，沿轴线方向上单位长度的电量分别为λ_1和λ_2。求：(1) 各区域内的场强分布；(2) 若$\lambda_1=-\lambda_2=\lambda$，情况如何？画出此情形下的$E\sim r$的关系曲线。

12.如题8-10图所示，一质量$m=1.6\times10^{-6}$ kg的小球，带电量$q=2.0\times10^{-11}$ C，悬于一丝线下端，丝线与一块很大的带电平面成30°角。若带电平面上电荷分布均匀，q很小，不影响带电平面上的电荷分布，求带电平面上的电荷面密度σ。

13.如题8-11图所示，a点有点电荷$+q$，b点有点电荷$-q$，$aO=Ob=R$，Odc是以b为中心、半径为R的半圆。试求：(1) 将单位正电荷从O点沿Odc移至c点，电场力所做的功；(2) 将单位负电荷从无穷远处沿cbO连线移至O点，电场力所做的功；(3) 将单位负电荷从c点沿cbO连线移至无穷远处，电场力所做的功。

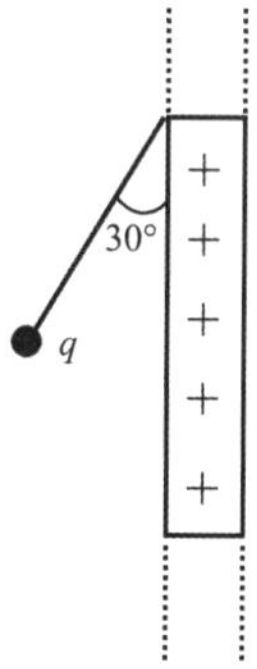

题 8-10

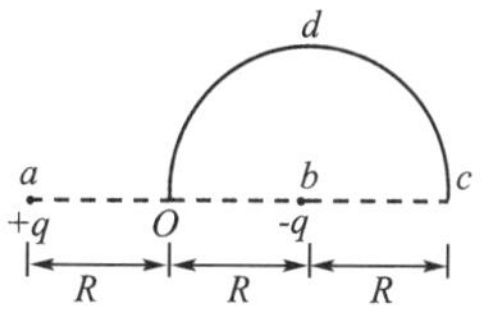

题 8-11

14.电荷Q均匀分布在半径为R的球体内，试证明离球心为r处$(r<R)$的电势为$U=\dfrac{Q(3R^2-r^2)}{8\pi\varepsilon_0 R^3}$。

15.两个同心球面，半径分别为R_1、R_2，分别均匀带电，电荷分别为Q_1、Q_2，且$R_1<R_2$。求下列区域内①$r<R_1$；②$r>R_2$；③$R_1<r<R_2$，离球心O为r处的一点P的场强和电势。

16.两个很长的共轴圆柱面($R_1=3.0\times10^{-2}$ m,$R_2=0.10$ m),带有等量异号电荷,二者的电势差为 450 V,求:(1) 圆柱面单位长度上带有多少电荷?(2)$r=0.05$ m 处的电场强度。

17.在氢原子中,正常状态下电子与原子核的距离为 5.29×10^{-11} m。已知氢原子核和电子的带电量为 1.6×10^{-19} C。如果把原子中的电子从正常状态下拉开到无穷远处,所需的能量是多少电子伏?这能量就是氢原子的电离能。

18.两个均匀带电的金属同心球壳,内球壳(厚度不计)半径为 $R_1=5.0$ cm,带电量 $q_1=0.60\times10^{-8}$ C;外球壳内半径 $R_2=7.5$ cm,外半径 $R_3=9.0$ cm,所带总电量 $q_2=-2.00\times10^{-8}$ C。试求:(1) 距离球心 3.0 cm、6.0 cm、8.0 cm、10.0 cm 各点处的场强和电势;(2) 如果用导线把两个球壳连接起来,结果又如何?

19.半径分别为 R 及 r 的两个球形导体($r<R$),相距很远。现用一根很长的细导线将它们连接起来,使两个导体带电,试求两球表面电荷面密度的比值 σ_R/σ_r。

20.在一大块金属导体中挖去一半径为 R 的球形空腔,球心处有一点电荷 q。空腔内一点 A 到球心的距离为 r_A,腔外金属块内有一点 B,B 点到球心的距离为 r_B,如 8-12 图所示。求 A 点和 B 点各自的电场强度大小。

21.半径为 R_1 和 R_2 的两个无限长同轴金属圆筒,其间充满着相对介电常数为 ε_r 的均匀介质。设两圆筒上单位长度带电量分别为 $+\lambda$ 和 $-\lambda$,试求介质中的电位移矢量和电场强度的大小。

22.一导体球,带电量为 q,半径为 R,球外有两种均匀电介质。第一种介质是介电常数为 ε_{r1}、厚度为 d 的同心介质球壳,第二种介质为空气,$\varepsilon_{r2}=1$,充满其余整个空间。试求:球内、球外第一种介质中、第二种介质中的电场场强、电位移矢量和电势。

23.两层介电常数分别为 ε_1 和 ε_2 的介质,充满圆柱形电容器之间,如题 8-13 图所示。内外圆筒(电容器的两极板)单位长度带电量分别为 λ 和 $-\lambda$。求:(1) 两层介质中的场强和电位移矢量;(2) 此电容器单位长度的电容。

24.有一导体球与一同心导体球壳组成的带电系统,球的半径 $R_1=2.0$ cm,球壳的内、外半径分别为 $R_2=4.0$ cm,$R_3=5.0$ cm,其间充以空气介质,内球带电量 $Q=3.0\times10^{-8}$ C时,求:(1) 带电系统所存储的静电能;(2) 用导线将球与球壳相连,系统的静电能为多少?

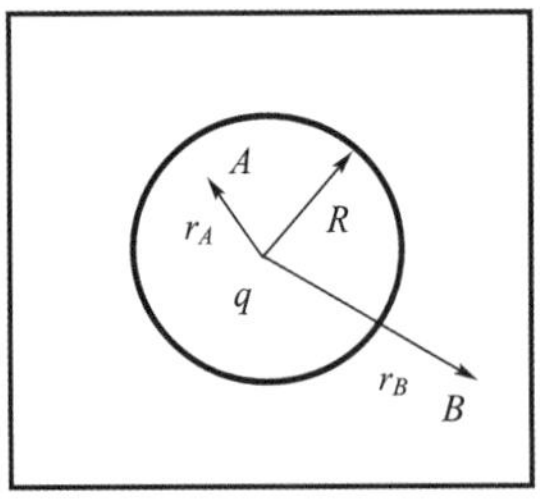

题 8-12

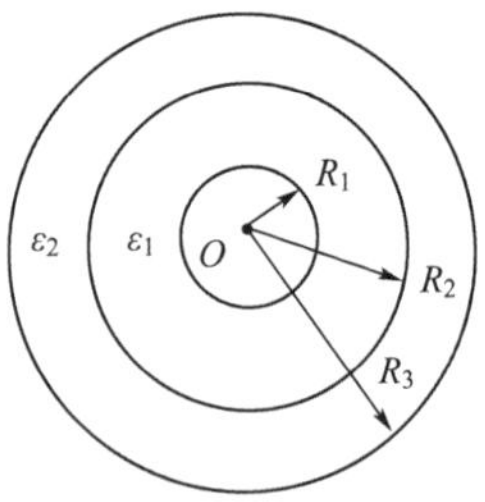

题 8-13

第九章 稳恒磁场

相对观察者静止的电荷会在其周围空间激发静电场。而运动电荷不仅能在其周围空间激发电场，还在周围空间激发磁场。磁场同电场一样也是物质存在的一种形态，但它只对运动电荷施加作用。在运动电荷激发的磁场中，最有实际意义的是电荷在导体中作恒定流动（稳恒电流）时在它周围所激发的磁场。稳恒电流在其周围激发的磁场称为稳恒磁场或恒定磁场。本章主要研究磁场的描述方法、稳恒磁场的分布规律和基本性质、磁场对运动电荷和电流以及实物的作用及应用。

9.1 磁感应强度　磁场的高斯定理

9.1.1 基本磁现象　磁场

人类对磁现象的认识始于对永磁体（永磁铁）的观察，把能够吸引铁、镍等物质的性质称为磁性。任何磁铁都有磁性最强的两个区域，称为磁极。磁极之间有相互作用力，同种磁极相互排斥，异种磁极相互吸引。如果用弦线悬挂磁针的中部，总是指向南北方向，磁针指北的这端称为 N（北）极、相反的一端称为 S（南）极。东汉著名唯物主义思想家王充在《论衡》中描述的“司南勺”已被公认为最早的磁性指南器具。永磁体能吸引铁质物体，磁铁与磁铁之间有相互作用力，一般而言，磁铁的指向与严格的南北方向有偏离，偏离的角度即为地磁偏角，其大小因地区不同而稍有偏差。北宋科学家沈括还在世界上最早发现地磁偏角，比欧洲的发现早四百年。大量的事实使人们发现，与电荷不同，磁荷总是成对出现而不能单独存在。

此外，磁力与电力一样服从库仑定律的事实以及其他一些考虑促使人们猜想磁现象与电现象之间存在某种联系。1820 年，丹麦物理学家奥斯特发现载流导线附近的磁针因受到电流的作用力而偏转，从而验证了“电流具有磁效应”的猜想。法国物理学家安培据此获得了一系列关于载流导线之间的磁相互作用力的实验结果，发现两条平行导线当电流同向时互相吸引，电流异向时互相排斥。安培提出关于物质磁性的分子电流假说，指出一切磁现象的根源是电流。安培的分子电流假说与现代对物质磁性的理解是相符合的。之后毕奥、萨伐尔、拉普拉斯等人又提出了电流产生磁场的定量理论。直到19世纪末，才建立起磁场与运动电荷之间的关系，指出一切磁现象起源于电荷的运动，电荷（不论静止或运动）在其周围空间激发电场，而运动电荷在周围空间还要激发磁场；在电磁场中，静止的电荷只受到电场力的作用，而运动电荷除受到电场力以外，还受到磁力的作用。电流或运动电荷之间相互作用的磁力是通过磁场而作用的。因此磁力也称磁场力。

现代科技的发展已经揭示出，磁性是物质的一种普遍属性。磁场的存在也为科学实验所证实。磁场也是物质的一种形态，也具有能量。磁场在宇宙中到处都存在，远到宇宙空间，近至我们自身的生命活动都会产生磁场。

以后我们会看到，随时间变化的电场也具有这些性质，因此，变化的电场也伴随着磁场。还需要指出的是，运动是相对的，运动或静止都是相对于参考系（观察者）而言的；电荷在某一参考系中表现为磁场和电场，在另一个相对电荷静止的参考系中可能只表现出电场。

9.1.2 磁感应强度

为了描述磁场的强弱，我们将引入磁感应强度 $\boldsymbol{B}$ 来描述磁场的性质。

在磁场中的电流或运动电荷都要受到磁场力的作用，可以通过运动电荷或电流元在磁场中某点受到的磁场力来精确定义空间中该点的磁感应强度。

我们规定：处在磁场中某点的小磁针 N 极的稳定指向，为该点处磁感应强度 $\boldsymbol{B}$ 的方向。

一带电量为 $+q$ 的带电粒子，以速度 $\boldsymbol{v}$ 进入磁场。实验发现：当带电粒子沿平行于 $\boldsymbol{B}$ 的方向进入磁场时，它不发生偏转，即所受磁场力为零；当带电粒子的运动方向与 $\boldsymbol{B}$ 的方向不平行时，它将发生偏转，即受到了磁场力的作用，并且磁场力的大小随带电粒子的运动方向不同而变化；当带电粒子的运动方向与 $\boldsymbol{B}$ 的方向垂直时，所受磁场力最大，我们用 $\boldsymbol{F}_{\max}$ 表示这个最大磁场力。

精确的实验测定表明，不同电荷量 q、不同速率 v 的带电粒子，沿垂直于 $\boldsymbol{B}$ 的方向运动通过磁场中某点 P 时，这个最大磁场力 $\boldsymbol{F}_{\max}$ 的大小 $F_{\max}$ 正比于运动电荷的电荷量 q，也正比于电荷运动的速率 v，有 $F_{\max}=kqv$。可见，比例系数 $k=F_{\max}/qv$ 与运动电荷的 qv 值无关、在 P 点具有确定的量值，只是磁场中场点位置的函数，反映各场点磁场自身强弱的性质，我们将这一比例系数 $k=F_{\max}/qv$ 定义为该点磁感应强度 $\boldsymbol{B}$ 的大小

$$B=\frac{F_{\max}}{qv} \tag{9-1}$$

由此我们给出了磁感应强度的一个定义：磁场中某点磁感应强度 $\boldsymbol{B}$ 的大小为 $B=\dfrac{F_{\max}}{qv}$，方向为放在该点处的小磁针 N 极的稳定指向。磁感应强度 $\boldsymbol{B}$ 是反映磁场强弱和方向的物理量，是场点位置的函数。在国际单位制中，磁感应强度 $\boldsymbol{B}$ 的单位是特斯拉（T），或在高斯单位制中是高斯（Gs），$1\ \mathrm{T}=10^4\ \mathrm{Gs}$。

这里注意，我们没有使用运动电荷在磁场中受到的磁场力的方向来定义磁感应强度矢量的方向，原因就在于运动电荷在磁场中受到的磁场力的方向不仅仅与磁场有关，还与电荷运动速度的方向有关。只有运动电荷的速度与电荷在磁场中受到的磁场力联合起来才能决定磁感应强度矢量的方向，才能够反映磁场方向性的特点。

9.1.3 磁感应线 磁通量

1.磁感应线

与电场中引入电场线类似，在磁场中，我们引入磁感应线来形象描述磁场中磁感应强度 $\boldsymbol{B}$ 的分布。磁感应线的画法也需要满足两点人为规定：(1) 磁感应线上任一点的切线方向为该点的磁感应强度 $\boldsymbol{B}$ 的方向；(2) 磁感应线的疏密表示磁感应强度的强弱。定量描述为：磁场中某点处 $\boldsymbol{B}$ 的大小等于通过垂直于该点处 $\boldsymbol{B}$ 的单位面积的磁感应线的数目。即

$$B=\frac{\mathrm{d}\Phi_{\mathrm{m}}}{\mathrm{d}S_{\perp}} \tag{9-2}$$

这样，磁感应线的分布就能反映磁感应强度 $\boldsymbol{B}$ 的大小和方向。

磁感应线实际上是不存在的，但可以借助实验方法将它模拟出来。图 9-1 给出了几种不同形状电流所激发的磁场的磁感应线。由此可以得出关于磁感应线的特点：任意两条磁感应线都不能相交；磁感应线都是环绕电流的闭合曲线，磁感应线的环绕方向与电流的流向形成右手螺旋关系。由于磁感应线是无头无尾的闭合曲线，所以磁场也称为涡旋场。

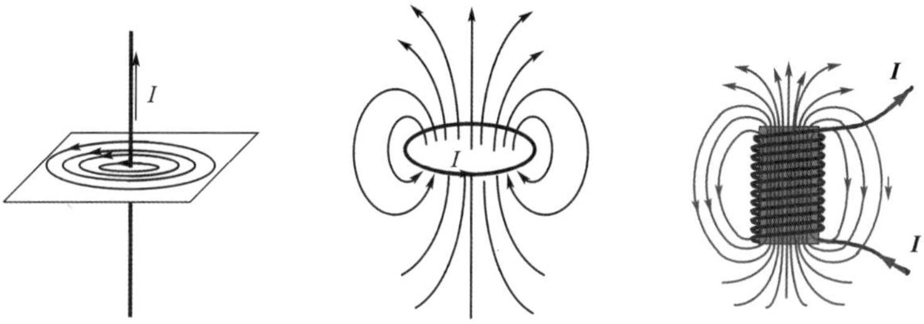

(a) 直电流　　(b) 圆电流　　(c) 通电螺线管

图 9-1　几种电流磁场的磁感应线

2.磁通量

在磁场中，通过一给定曲面的磁感应线数，称为通过该曲面的磁通量。如图 9-2(a) 所示，若在磁场中某处，面元 d$\boldsymbol{S}$ 的法线方向 $\boldsymbol{e}_n$ 与该点的磁感应强度 $\boldsymbol{B}$ 之间的夹角为 θ，则由(9-2)式可得，通过面元 d$\boldsymbol{S}$ 的磁通量($\boldsymbol{B}$ 通量）为

$$\mathrm{d}\Phi_{\mathrm{m}}=\boldsymbol{B}\cdot\mathrm{d}\boldsymbol{S}=B\cos\theta\,\mathrm{d}S \tag{9-3}$$

因此穿过整个曲面 S 的磁通量为

$$\Phi_{\mathrm{m}}=\int_S\mathrm{d}\Phi_{\mathrm{m}}=\int_S\boldsymbol{B}\cdot\mathrm{d}\boldsymbol{S}=\int_S\boldsymbol{B}\cdot\boldsymbol{e}_{\mathrm{n}}\mathrm{d}S=\int_S B\cos\theta\,\mathrm{d}S \tag{9-4}$$

通过有限曲面 S 的磁通量在大小上等于通过此面积的磁感应线数。要注意的是，这里的面元 d$\boldsymbol{S}$ 法线方向 $\boldsymbol{e}_{\mathrm{n}}$ 可以有两个相反的方向，相应地 $\mathrm{d}\Phi_{\mathrm{m}}$ 或 Φ_{m} 就有正负之别。磁通量的单位是韦伯，用 Wb 表示。

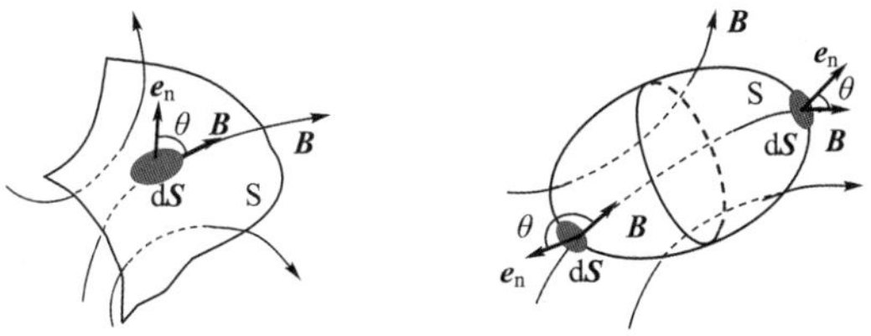

(a)　　(b)

图 9-2　穿过曲面和闭合曲面的磁通量

9.1.4 磁场的高斯定理

如果曲面 S 是闭合曲面，我们规定自内向外的方向为面元 $\mathrm{d}\boldsymbol{S}$ 法线方向 $\boldsymbol{e}_n$ 的正方向。由图 9-2(b) 可知，当磁感应线进入闭合曲面 S 时，磁感应强度 $\boldsymbol{B}$ 与 $\mathrm{d}\boldsymbol{S}$ 法线方向 $\boldsymbol{e}_n$ 成钝角，穿过面元 $\mathrm{d}\boldsymbol{S}$ 的磁通量为负，$\mathrm{d}\Phi_m < 0$；当磁感应线穿出闭合曲面 S 时，磁感应强度 $\boldsymbol{B}$ 与 $\mathrm{d}\boldsymbol{S}$ 法线方向 $\boldsymbol{e}_n$ 成锐角，穿过面元 $\mathrm{d}\boldsymbol{S}$ 的磁通量为正，$\mathrm{d}\Phi_m > 0$。由于磁感应线是闭合曲线，所以，穿入某一闭合曲面的磁感应线条数与穿出该闭合曲面的磁感应线条数必然相等。因此

在磁场中，通过任意闭合曲面的磁通量恒等于零，即

$$\oiint_S \boldsymbol{B}\cdot\mathrm{d}\boldsymbol{S} = \oiint_S B\cos\theta\,\mathrm{d}S = 0 \tag{9-5}$$

这就是磁场的高斯定理。

磁场的高斯定理是电磁场的一条基本规律，表明磁场是无源场。即不存在磁荷(磁单极子)。近代关于基本粒子的理论研究预言有磁单极子存在。但到目前为止，人们还没有发现磁单极子存在的确切实验证据。

9.2 毕奥-萨伐尔定律

接下来我们研究电流与它激发的磁场之间的定量关系。

9.2.1 磁场叠加原理

实验事实表明，同电场一样，磁场也满足叠加原理。即，在由若干个电流共同激发的磁场中，某点 P 处的总磁感应强度等于每个电流单独存在时在该点产生的磁感应强度 $\boldsymbol{B}_1, \boldsymbol{B}_2, \cdots$ 的矢量和，即

$$\boldsymbol{B} = \sum \boldsymbol{B}_i \tag{9-6}$$

这就是磁场叠加原理，而且是线性叠加。

磁场叠加原理为我们计算各种形状电流的磁感应强度提供了理论依据。任意电流，可以看成是由无数个小的电流元 $I\mathrm{d}\boldsymbol{l}$ 首尾相连组成的。若每一个电流元激发的磁场的磁感应强度用 $\mathrm{d}\boldsymbol{B}$ 表示，根据磁场叠加原理，则任意电流在某点产生的磁感应强度 $\boldsymbol{B}$ 等于每一个电流元产生的 $\mathrm{d}\boldsymbol{B}$ 的矢量和，即

$$\boldsymbol{B} = \int_L \mathrm{d}\boldsymbol{B} \tag{9-6a}$$

现在首要的问题是一段电流元 $I\mathrm{d}\boldsymbol{l}$ 产生的 $\mathrm{d}\boldsymbol{B}$ 的表达式形式怎样。1820 年，法国科学家毕奥和萨伐尔发表了载流长直导线对磁极作用反比于距离 r 平方的实验结果，不久经数学家拉普拉斯的参与，从数学上证明，任意形状载流导线的磁场，可以看成是电流元 $I\mathrm{d}\boldsymbol{l}$ 磁场的叠加，并从实验结果推导出了电流元 $I\mathrm{d}\boldsymbol{l}$ 所产生的磁场的磁感应强度 $\mathrm{d}\boldsymbol{B}$ 所遵循的规律，称为毕奥-萨伐尔定律。

9.2.2 毕奥-萨伐尔定律

如图 9-3 所示，对于载有恒定电流 I 的任意形状的载流导线，可以划分成许多电流元 $I\mathrm{d}\boldsymbol{l}$(其中 I 为导线中通过的电流强度，$\mathrm{d}\boldsymbol{l}$ 为在导线上沿电流流向任取的一小段有向线元，其方

向即为该处的电流流向),电流元 $I\mathrm{d}\boldsymbol{l}$ 在 P 点的磁感应强度为

$$\mathrm{d}\boldsymbol{B}=\frac{\mu_0}{4\pi}\frac{I\mathrm{d}\boldsymbol{l}\times\boldsymbol{r}}{r^3} \text{ 或 } \mathrm{d}\boldsymbol{B}=\frac{\mu_0}{4\pi}\frac{I\mathrm{d}\boldsymbol{l}\times\boldsymbol{e}_r}{r^2} \tag{9-7}$$

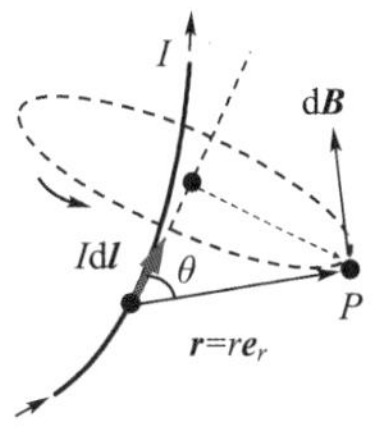

图 9-3 电流元的磁场

这是在国际单位制中,真空中的毕奥 - 萨伐尔定律的数学表达式。式中 $\mu_0=4\pi\times10^{-7}\ \mathrm{N/A^2}$ 为真空磁导率,$\boldsymbol{r}(\boldsymbol{e}_r)$ 是电流元 $I\mathrm{d}\boldsymbol{l}$ 到场点 P 的矢径(单位矢量)。$\mathrm{d}\boldsymbol{B}$ 的大小为

$$\mathrm{d}B=\frac{\mu_0}{4\pi}\frac{I\mathrm{d}l\sin\theta}{r^2}$$

即电流元 $I\mathrm{d}\boldsymbol{l}$ 在真空中任一点 P 所产生的磁感应强度 $\mathrm{d}\boldsymbol{B}$ 的大小与电流元的大小成正比,与电流元 $I\mathrm{d}\boldsymbol{l}$ 和 $\boldsymbol{r}$ 的夹角的正弦成正比,而与电流元到 P 点的距离 r^2 成反比。$\mathrm{d}\boldsymbol{B}$ 的方向垂直于 $I\mathrm{d}\boldsymbol{l}$ 与 $\boldsymbol{r}$ 所组成的平面,与矢积 $I\mathrm{d}\boldsymbol{l}\times\boldsymbol{r}$ 的方向相同,用右手螺旋关系确定,即当右手四指由 $I\mathrm{d}\boldsymbol{l}$ 经小于 π 之角转向 $\boldsymbol{r}$ 时,伸直大拇指的指向就是 $\mathrm{d}\boldsymbol{B}$ 的方向。

处在磁场中的物质称为磁介质。在均匀各向同性的磁介质中,毕奥 - 萨伐尔定律同样成立,就是上述表达式中的 μ_0 要换成磁介质的磁导率 μ。关于磁导率 μ,后续我们会在磁介质部分专门说明。

9.2.3 毕奥 - 萨伐尔定律的应用

由毕奥 - 萨伐尔定律出发,根据磁场叠加原理,可以得到载有恒定电流 I 的任一载流导线在空间任一给定场点 P 处的磁感应强度 $\boldsymbol{B}$ 为

$$\boldsymbol{B}=\int_L\mathrm{d}\boldsymbol{B}=\int_L\frac{\mu_0}{4\pi}\frac{I\mathrm{d}\boldsymbol{l}\times\boldsymbol{r}}{r^3}=\int_L\frac{\mu_0}{4\pi}\frac{I\mathrm{d}\boldsymbol{l}\times\boldsymbol{e}_r}{r^2} \tag{9-8}$$

积分路径 L 要遍布整个载流导线,可以是一段载流导线也可以是环路载流导线。上式可以说是毕奥 - 萨伐尔定律的积分形式,它是计算恒定电流的磁场分布和讨论稳恒磁场的理论基础。实际上,毕奥 - 萨伐尔定律不能用实验直接证明,原因是恒定电流元不可能孤立存在。毕奥 - 萨伐尔定律是在实验结果基础上倒推回去得到的,它的正确性是靠由式(9-8)计算所得的结果都与实验相符合而得到验证的。

当积分路径上含有磁介质时,磁介质经磁化产生的磁化电流对空间的磁场也有贡献,因此积分还应遍及所有磁化电流元。不过除铁磁、反铁磁或亚铁磁性材料外,一般电流元 $I\mathrm{d}\boldsymbol{l}$ 在空间磁介质中的磁化电流所产生的磁效应极弱。所以,对于一般磁介质,可不考虑磁化电流的贡献,仅需对传导电流积分。

例 9.1 **直线电流的磁场分布** 一长度为 L 的直导线通有电流 I,计算距离直导线为 x 处的 P 点的磁感应强度 $\boldsymbol{B}$。

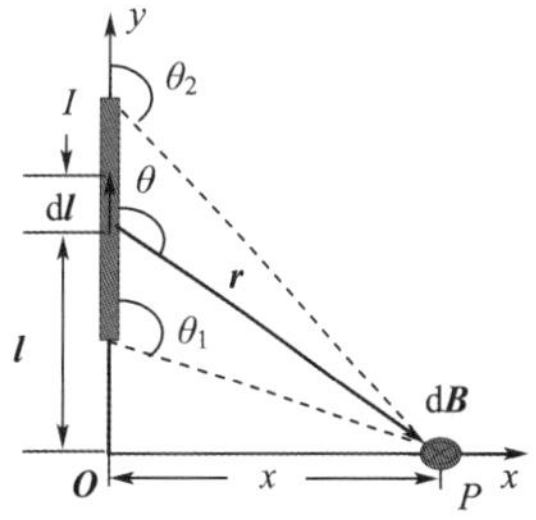

图 9-4 载流直导线的磁场计算

解:如图 9-4 所示,在直导线上任取一电流元 $I\mathrm{d}\boldsymbol{l}$,根据毕奥 - 萨伐尔定律,它在 P 点产生的磁感应强度 $\mathrm{d}\boldsymbol{B}$ 的大小为

$$\mathrm{d}B=\frac{\mu_0}{4\pi}\frac{I\mathrm{d}l\sin\theta}{r^2}$$

$\mathrm{d}\boldsymbol{B}$ 的方向垂直于 $I\mathrm{d}\boldsymbol{l}$ 与 $\boldsymbol{r}$ 所组成的平面,垂直纸面向里(⊗)。由于所有的电流元及相应的矢径都在同一平面(纸面)内,所以在 P 点所有的 $\mathrm{d}\boldsymbol{B}$ 方向均相同,因此有

$$B=\int_L \mathrm{d}B=\int_L \frac{\mu_0}{4\pi}\frac{I\mathrm{d}l\sin\theta}{r^2}$$

因为 $r=\dfrac{x}{\sin\theta}$，$l=x\cot(\pi-\theta)=-x\cot\theta$，$\mathrm{d}l=x\csc^2\theta\mathrm{d}\theta$，将其代入上式，统一积分变量，得

$$B=\frac{\mu_0}{4\pi}\int_{\theta_1}^{\theta_2}\frac{I\sin\theta\mathrm{d}\theta}{x}=\frac{\mu_0 I}{4\pi x}(\cos\theta_1-\cos\theta_2) \tag{9-9}$$

磁感应强度矢量 **B** 的大小是以直线电流为轴的轴对称分布，方向与电流方向和矢径方向满足右手螺旋关系。如果以 x 为半径、O 为圆心做一个圆，则圆周上各点的磁感应强度 **B** 大小相等，方向沿圆的切线方向，并与电流方向和矢径方向满足右手螺旋关系。可见，通电直导线的磁场的磁感应线分布在垂直于导线的平面内，为一系列以直导线为中心的同心圆；磁感应线的方向与电流满足右手螺旋关系。与实验结果完全相符。

如果直导线可视为“无限长”($L\gg x$ 或 $L\to\infty$)，有 $\theta_1\to 0$，$\theta_2\to\pi$，则

$$B=\frac{\mu_0 I}{2\pi x} \tag{9-10}$$

这就是无限长载流直导线产生的磁场的磁感应强度公式。它的磁感应线是一系列同心圆，如图 9-1(a) 所示。半径为 x 的磁感应线上各点 **B** 的大小相等，**B** 呈轴对称分布。

例 9.2 **圆形电流轴线上的磁场分布** 真空中一半径为 R 的单匝圆形线圈，通有电流 I，计算在轴线上距离圆心为 x 处的 P 点的磁感应强度 **B**，如图 9-5 所示。

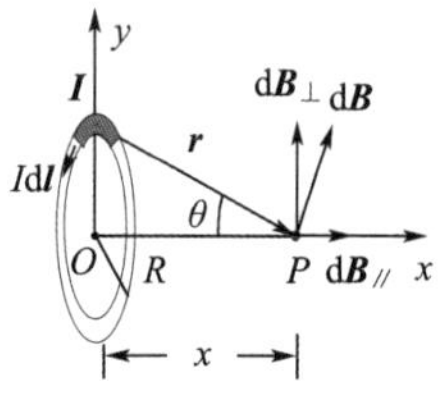

图 9-5 圆形电流轴线上的磁场计算

解：在圆形电流上任选一电流元 $I\mathrm{d}\boldsymbol{l}$，$I\mathrm{d}\boldsymbol{l}$ 与它到场点 P 的位矢 $\boldsymbol{r}$ 相垂直，所以根据毕奥 - 萨伐尔定律，它在 P 点产生的磁感应强度 d**B** 的大小为

$$\mathrm{d}B=\frac{\mu_0}{4\pi}\frac{I\mathrm{d}l}{r^2}$$

所以，各 d**B** 的大小相等，但方向各不相同。由对称性分析可知，关于同一直径对称的两个电流元产生的 d**B** 关于 Ox 轴对称，它们垂直于 Ox 轴的分量相互抵消。所以总磁感应强度 **B** 垂直于轴的分量为零，只需计算 **B** 平行于轴的分量。由图 9-5 可知 $\sin\theta=R/r$，将其代入上式，积分，得 **B** 的大小为

$$B=B_{/\!/}=\int \mathrm{d}B_{/\!/}=\frac{\mu_0 IR}{4\pi r^3}\int_0^{2\pi R}\mathrm{d}l=\frac{\mu_0 IR^2}{2r^3}=\frac{\mu_0 IS}{2\pi r^3} \tag{9-11}$$

式中，$S=\pi R^2$ 为载流圆形线圈的面积。将 $r^2=R^2+x^2$ 代入上式，**B** 的大小还可以写为

$$B=\frac{\mu_0 IR^2}{2(R^2+x^2)^{3/2}} \tag{9-11a}$$

B 的方向沿着轴向并与电流环绕方向满足右手螺旋关系。

讨论：(1) 令 $x=0$，则圆形电流在圆心 O 处的磁感应强度 **B** 的大小为

$$B_O=\frac{\mu_0 I}{2R} \tag{9-12}$$

(2) 在远离圆心处，即 $x\gg R$，则轴线上各点 **B** 的大小近似为

$$B=\frac{\mu_0 IR^2}{2x^3}=\frac{\mu_0 I\pi R^2}{2\pi x^3}=\frac{\mu_0 IS}{2\pi x^3} \tag{9-13}$$

我们定义载流线圈的磁矩为

$$\boldsymbol{m}=IS\boldsymbol{e}_n \tag{9-14}$$

$\boldsymbol{e}_n$ 为载流线圈平面法线方向的单位矢量，与电流环绕方向满足右手螺旋关系。如果是 N 匝线圈，线圈的磁矩公式变为

$$\boldsymbol{m}=NIS\boldsymbol{e}_n \tag{9-14a}$$

引入磁矩的概念之后，在轴线上距离圆心 x 远处、圆心处、远离圆心的轴线上各点的磁感应强度 $\boldsymbol{B}$ 可分别表示为

$$\boldsymbol{B}=\frac{\mu_0\boldsymbol{m}}{2\pi\left(R^2+x^2\right)^{3/2}},\boldsymbol{B}_o=\frac{\mu_0\boldsymbol{m}}{2\pi R^3},\boldsymbol{B}_\infty=\frac{\mu_0\boldsymbol{m}}{2\pi x^3}$$

9.3 安培环路定理

在静电场中，电场强度 $\boldsymbol{E}$ 的环流恒等于零，即 $\oint_L \boldsymbol{E}\cdot d\boldsymbol{l}=0$，它反映了静电场是保守力场、是无旋场的这一基本性质。在本节中，我们将讨论稳恒磁场中磁感应强度 $\boldsymbol{B}$ 的环流 $\oint_L \boldsymbol{B}\cdot d\boldsymbol{l}$，进一步探讨稳恒磁场的性质。

9.3.1 安培环路定理

我们先以真空中无限长载流直导线的磁场为例，来计算在它的磁场中 $\oint_L \boldsymbol{B}\cdot d\boldsymbol{l}$。无限长载流直导线激发的磁场中，磁感应线是以直导线上的点为中心的一系列半径不同的同心圆，半径为 r 的磁感应线上各点 $\boldsymbol{B}$ 的大小均为 $B=\frac{\mu_0 I}{2\pi r}$。现在，我们以一条 $\boldsymbol{B}$ 线作为闭合路径 L，计算 $\boldsymbol{B}$ 的环流(图 9-6)。

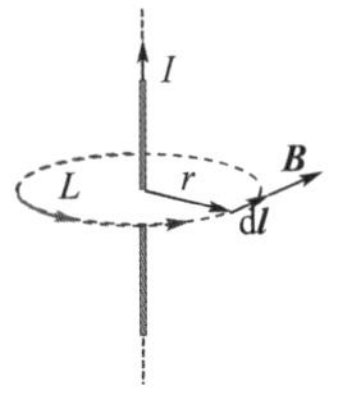

图 9-6 安培环路定理

$$\oint_L \boldsymbol{B}\cdot d\boldsymbol{l}=\oint_L B\,dl=\oint_L \frac{\mu_0 I}{2\pi r}dl=\frac{\mu_0 I}{2\pi r}\oint_L dl=\mu_0 I$$

现在改变闭合路径 L 的绕行方向，其余不变，再计算 $\boldsymbol{B}$ 的环流。此时路径 L 上每一点的切向位移元 $d\boldsymbol{l}$ 与该点处 $\boldsymbol{B}$ 的方向相反，有

$$\oint_L \boldsymbol{B}\cdot d\boldsymbol{l}=-\oint_L B\,dl=-\frac{\mu_0 I}{2\pi r}\oint_L dl=-\mu_0 I$$

可以证明，如果选取的积分路径是包围电流 I 的任意形状的闭合曲线，也能得到与上面同样的结果。即 $\oint_L \boldsymbol{B}\cdot d\boldsymbol{l}$ 与闭合路径的形状无关，只与闭合路径内包围的电流有关。安培经过研究发现，上述结果不仅对载流长直导线激发的磁场成立，对任何形状的通电导线激发的磁场都成立。而且，当闭合路径内包围多根载流导线时也适用，就是等式右边的电流 I 应该是所有电流强度的代数和。故上面结论一般可写成

$$\oint_L \boldsymbol{B}\cdot d\boldsymbol{l}=\mu_0\sum_{i=1}^{n} I_i \tag{9-15}$$

这就是真空中的安培环路定理，是稳恒磁场的基本规律之一。它表明：在磁场中，磁感应强度 $\boldsymbol{B}$ 沿任意闭合曲线 L 的线积分($\boldsymbol{B}$ 的环流)，等于真空磁导率 μ_0 乘以穿过以该闭合曲线为边界

所张任意曲面的各稳恒电流的代数和。

(9-15)式中的$\sum_{i=1}^{n} I_i$中的电流的正、负符号按照下述法则确定：当闭合曲线L的绕行方向与电流的流向满足右手螺旋关系，则电流为正；相反的电流为负值。$\boldsymbol{B}$是指闭合曲线上各点的磁感应强度，它是L内、外全部电流所激发的磁场在该点叠加后的总磁感应强度。而$\oint_L \boldsymbol{B} \cdot \mathrm{d}\boldsymbol{l}$只与穿过闭合曲线$L$的电流有关。

磁感应强度$\boldsymbol{B}$的环流$\oint_L \boldsymbol{B} \cdot \mathrm{d}\boldsymbol{l}$一般不为零，表明磁场不是保守力场。在磁场中不存在像静电场中电势一样的标量"磁势"的概念。在一般关于场的理论中，把环流不等于零的场称为涡旋场或有旋场。所以**稳恒磁场是涡旋场，静电场是无旋场**。

9.3.2 安培环路定理的应用

安培环路定理表达了稳恒电流与它所激发的磁场之间的普遍规律。对于一些具有一定对称性的稳恒电流的磁场，应用安培环路定理进行计算十分方便。运用安培环路定理计算载流导线的磁场分布时，重要的一点是如何选取合适的闭合曲线作为$\boldsymbol{B}$的积分路径，以使积分中的$\boldsymbol{B}$能以标量的形式从积分号里提出来。举例说明如下：

例 9.3 **真空中载流无限长直圆柱形导体内外的磁场** 设圆柱体截面的半径为R，沿轴线方向流过圆柱体的电流I在截面上均匀分布。

解：由于该载流圆柱体是无限长的，且电流沿轴线方向呈轴对称分布，所以在此区域内，磁场的分布关于圆柱体轴线呈对称性分布，其$\boldsymbol{B}$线是在垂直于轴线平面内一系列以轴线上的点为中心的同心圆，同一个圆周上各点的$\boldsymbol{B}$大小相等。如图9-7所示，选过场点P的一条半径为r的磁感应线为积分路径L，由于积分路径L上每一点$\boldsymbol{B}$大小相等，$\boldsymbol{B}$的方向与该点的$\mathrm{d}\boldsymbol{l}$方向相同，所以有

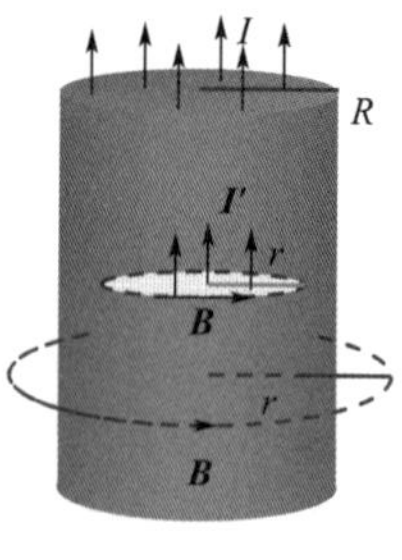

图9-7 载流无限长直圆柱体的磁场

$$\oint_L \boldsymbol{B} \cdot \mathrm{d}\boldsymbol{l} = B\oint_L \mathrm{d}l = 2\pi r B$$

当$r > R$时，$\sum I = I$，

由安培环路定理得
$$2\pi r B = \mu_0 I$$

所以
$$B = \frac{\mu_0 I}{2\pi r}(r > R) \tag{9-16}$$

当$r < R$时，$\sum I = \frac{I}{\pi R^2}\pi r^2 = \frac{r^2}{R^2}I$，

由安培环路定理得
$$2\pi r B = \mu_0 \frac{r^2}{R^2}I$$

所以
$$B = \frac{\mu_0 r}{2\pi R^2}I(r < R) \tag{9-17}$$

例 9.4 **载流长直密绕螺线管内的磁场** 单位长度上匝数为n的无限长直密绕螺线管，通有恒定电流I。求螺线管内的磁感应强度。

解：由于螺线管视为无限长，所以螺线管内中央部分，磁感应线应为与管轴平行的直线，指向与电流绕行方向满足右手螺旋关系，且与管轴线平行的直线上各场点的磁感应强度大小处

处相等;在管的外部靠近中央部分处,磁场很弱,可认为 $B=0$。图 9-8 给出的是螺线管的截面图。根据磁场分布情况,做图 9-8 所示过场点的矩形回路为积分路径,则有

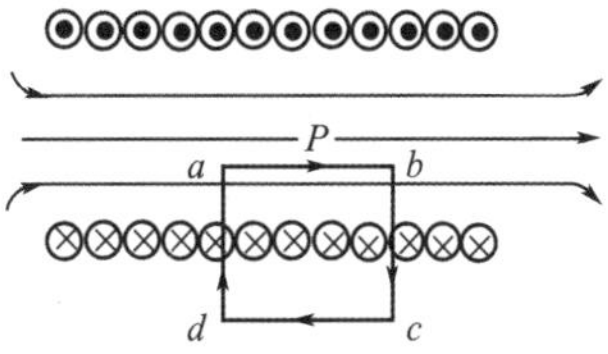

图 9-8 长直螺线管的磁场

$$\oint_L \boldsymbol{B} \cdot \mathrm{d}\boldsymbol{l}=\int_{ab} \boldsymbol{B} \cdot \mathrm{d}\boldsymbol{l}+\int_{bc} \boldsymbol{B} \cdot \mathrm{d}\boldsymbol{l}+\int_{cd} \boldsymbol{B} \cdot \mathrm{d}\boldsymbol{l}+\int_{da} \boldsymbol{B} \cdot \mathrm{d}\boldsymbol{l}=B\,\overline{ab}$$

积分路径内包围的电流为

$$\sum I=n\,\overline{ab}I$$

由安培环路定理得

$$B\,\overline{ab}=\mu_0 n\,\overline{ab}I$$

所以

$$B=\mu_0 nI \tag{9-18}$$

例 9.5 **载流螺绕环内的磁场分布** 环形载流螺线管(常称螺绕环),如图 9-9(a) 所示,设环上导线均匀密绕,线圈的匝数是 N,通有电流 I,计算环内的磁场。

解:由于环上导线均匀密绕,可以认为磁场几乎都集中在环内,环外磁场接近于零。由对称性可知,螺绕环内磁感应强度是圆对称的,以螺绕环中心 O 为圆心、半径为 r 的螺绕环平面内的圆周上各点的磁感应强度 $\boldsymbol{B}$ 大小相等、方向沿圆周的切线方向并与螺绕环电流的绕行方向满足右手螺旋关系。如图 9-9(b) 所示,取过场点 P、半径为 r 的、与环共轴的圆周为积分路径,则有

$$\oint_L \boldsymbol{B} \cdot \mathrm{d}\boldsymbol{l}=B\oint_L \mathrm{d}l=2\pi rB$$

路径内包围电流为

$$\sum I=NI$$

由安培环路定理得

$$2\pi rB=\mu_0 NI$$

所以

$$B=\frac{\mu_0 NI}{2\pi r} \tag{9-19}$$

当螺绕环的截面积很小,管的孔径 R_2-R_1 比平均半径 R 小得多时,则可认为环的平均周长为 $2\pi R$,单位长度匝数就可认为是 $n=N/2\pi R$,此时(9-19) 式改写为

$$B=\mu_0\frac{N}{2\pi R}I=\mu_0 nI \tag{9-19a}$$

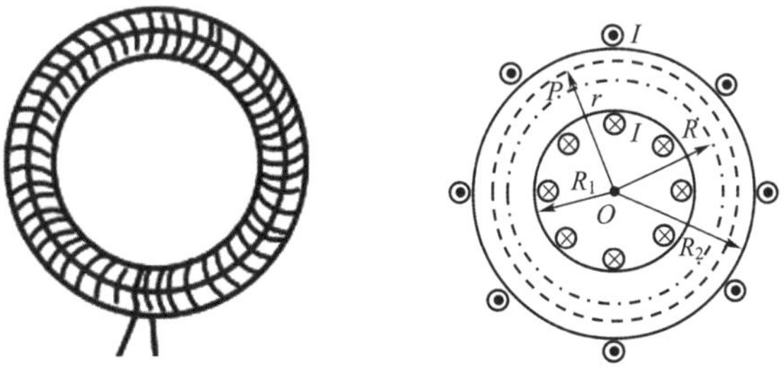

图 9-9 螺绕环内的磁场

9.4 带电粒子在磁场中的运动

磁场对运动的带电粒子的作用力称为洛伦兹力。阴极射线示波管、质谱仪、回旋加速器以及电子显微镜中的磁聚焦以及根据霍尔效应制作的霍尔元件等,都是利用了带电粒子在均

匀磁场中受到的洛伦兹力。目前大多数可控热核反应的实验装置都是利用非均匀磁场来约束等离子体的运动，以此来实现核聚变反应，为解决人类所需的能源问题服务。

9.4.1 洛伦兹力

一带电量为 q 的粒子，以速度 $\boldsymbol{v}$ 在磁场 $\boldsymbol{B}$ 中运动，其所受的洛伦兹力表示为

$$\boldsymbol{F}_{\mathrm{m}} = q\boldsymbol{v} \times \boldsymbol{B} \tag{9-20}$$

洛伦兹力的大小为 $F_{\mathrm{m}} = |q| vB\sin\theta$，其中的 θ 为速度 $\boldsymbol{v}$ 方向与磁场 $\boldsymbol{B}$ 方向之间的夹角。方向垂直于 $\boldsymbol{v}$ 与 $\boldsymbol{B}$ 所在的平面。正电荷所受洛伦兹力 $\boldsymbol{F}_{\mathrm{m}}$ 的方向与 $\boldsymbol{v}\times\boldsymbol{B}$ 方向相同；负电荷所受洛伦兹力 $\boldsymbol{F}_{\mathrm{m}}$ 的方向与 $\boldsymbol{v}\times\boldsymbol{B}$ 方向相反。如图 9-10 所示。

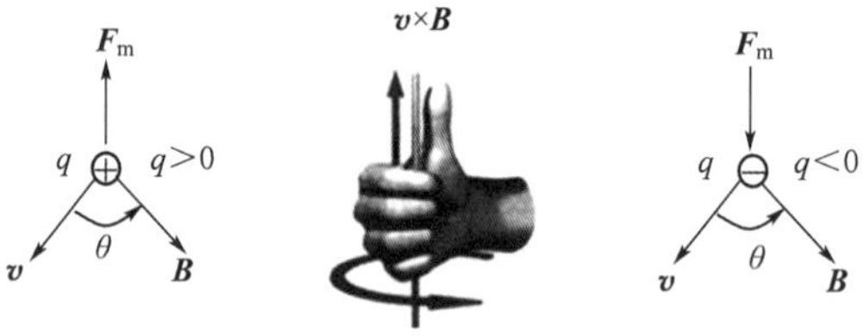

图 9-10 洛伦兹力

洛伦兹力的特点是：洛伦兹力始终与运动电荷的运动方向垂直，因此洛伦兹力对运动电荷不做功；洛伦兹力只改变电荷的运动方向而不改变速度的大小。

如果运动电荷所在空间既有电场又有磁场，则作用在该电荷上的力是电场力与磁场力的矢量和，表示为

$$\boldsymbol{F} = \boldsymbol{F}_{\mathrm{e}} + \boldsymbol{F}_{\mathrm{m}} = q\boldsymbol{E} + q\boldsymbol{v} \times \boldsymbol{B} \tag{9-21}$$

这是电磁学的基本公式之一，称为洛伦兹关系式。洛伦兹关系式可用于解决带电粒子在电场和磁场中的运动问题，在近代科学技术和工程中有许多应用。

9.4.2 带电粒子在均匀恒定磁场中的运动

设一带电粒子 q 以初速度 $\boldsymbol{v}$ 进入磁感应强度为 $\boldsymbol{B}$ 的均匀恒定磁场中。

1.当带电粒子平行于 $\boldsymbol{B}$ 方向进入均匀磁场（$\boldsymbol{v} \parallel \boldsymbol{B}$），则 $\boldsymbol{F}_m = q\boldsymbol{v}\times\boldsymbol{B} = 0$，因此带电粒子不受磁场力的作用，仍以原来的速度 $\boldsymbol{v}$ 做匀速直线运动，如图 9-11 所示。

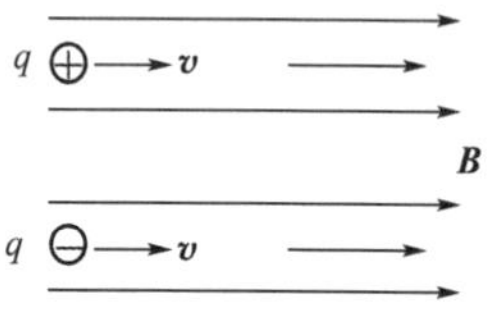

图 9-11 v 平行于 $\boldsymbol{B}$

2.当带电粒子垂直于 $\boldsymbol{B}$ 方向进入磁场（$\boldsymbol{v} \perp \boldsymbol{B}$），则带电粒子受到大小不变的力 $F_m = |q| vB$ 的作用，在垂直于 $\boldsymbol{B}$ 的平面内做匀速圆周运动，如图 9-12 所示。洛伦兹力起到向心力的作用，有

$$F_{\mathrm{m}} = |q| vB = \frac{mv^2}{R}$$

则带电粒子做圆周运动的轨道半径为

$$R = \frac{mv}{qB}$$

圆周运动的周期为

$$T = \frac{2\pi R}{v} = \frac{2\pi m}{qB}$$

可见带电粒子的匀速圆周运动周期与运动速率及半径无关。

3.如果带电粒子的速度 $\boldsymbol{v}$ 与磁感应强度 $\boldsymbol{B}$ 有一夹角 θ，则可将 $\boldsymbol{v}$ 分解为平行于磁感应强度的分量 $v_{/\!/}=v\cos\theta$ 和垂直于磁感应强度的分量 $v_{\perp}=v\sin\theta$。带电粒子的轨迹将是一条螺旋线，如图 9-13 所示。则回旋半径为

$$R=\frac{mv_{\perp}}{qB}=\frac{mv\sin\theta}{qB},$$

运动周期为

$$T=\frac{2\pi R}{v_{\perp}}=\frac{2\pi m}{qB},$$

带电粒子每回旋一周前进的距离称为螺距，有

$$h=v_{/\!/}T=\frac{2\pi mv\cos\theta}{qB}$$

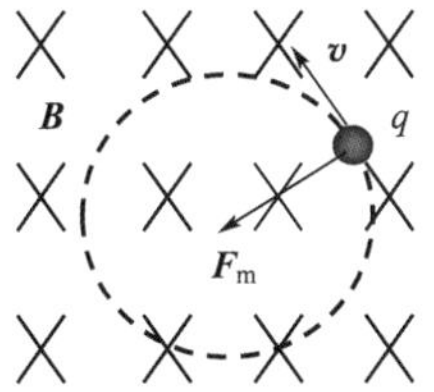

图 9-12　v 垂直于 $\boldsymbol{B}$

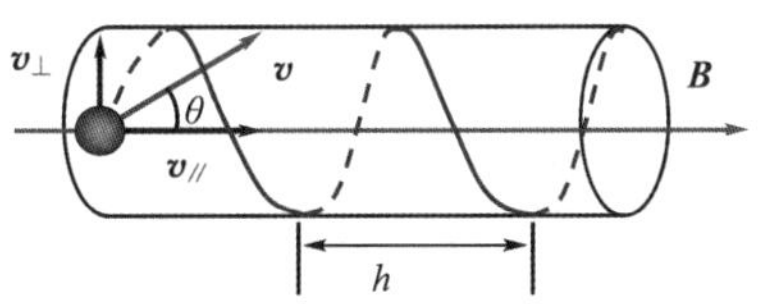

图 9-13　v 与 $\boldsymbol{B}$ 斜交

9.4.3 霍尔效应

如图 9-14 所示，将一个金属导电板放在稳恒磁场中，当有电流通过导体板时，在导电板的 a 和 b 两侧产生一个电势差 U_{H}，这种效应称为霍尔效应，产生的电势差称为霍尔电势差。实验表明在磁场不太强时，霍尔电势差 U_{H} 的大小与电流强度 I、磁感应强度 B 成正比，而与沿磁场方向导电板的厚度 d 成反比，即

$$U_{\mathrm{H}}=R_{\mathrm{H}}\frac{IB}{d} \tag{9-22}$$

式中的 R_{H} 称为霍尔系数。

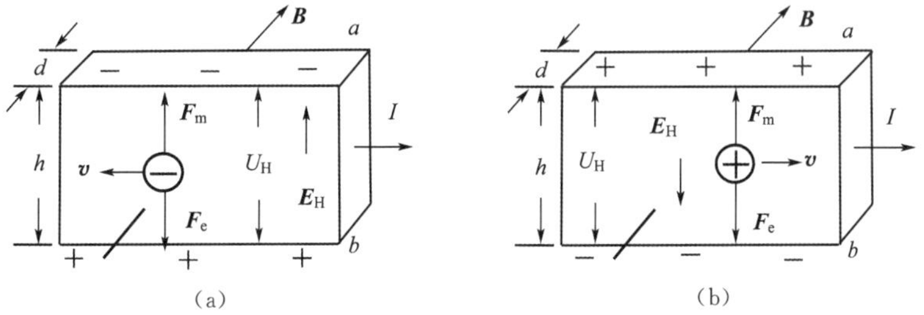

图 9-14　霍尔效应

霍尔效应的产生，是由于载流子在磁场中运动受到磁场洛伦兹力 $\boldsymbol{F}_{\mathrm{m}}$ 的作用而发生横向漂移的结果。若载流子为负电荷(如金属导体或 n 型半导体等)，如图 9-14(a) 所示，载流子的运动方向 $\boldsymbol{v}$ 与电流方向相反，会受到向上的洛伦兹力的作用，将向上(a 侧) 横向漂移，使上侧面 a 积聚负电荷，使上侧面 a 的电势低于下侧面 b；若载流子为正电荷(如 p 型半导体等)，如图 9-14(b) 所示，载流子的运动方向 $\boldsymbol{v}$ 与电流方向相同，会受到向上的洛伦兹力的作用，将向上(a 侧) 横向漂移，使上侧面 a 积聚正电荷，使上侧面 a 的电势高于下侧面 b。在相同的电流方向和相同的外磁场方向的条件下，正电荷载流子与负电荷载流子的霍尔电压的正负相反。

因此，载流子的电性符号可由霍尔电势差的符号来判定。

下面以正电荷载流子为例，定量分析霍尔效应。如图 9-14(b) 所示，在磁感应强度为 $\boldsymbol{B}$ 的均匀磁场中，平均漂移速度为 $\boldsymbol{v}$ 的载流子 q 受到洛伦兹力 $\boldsymbol{F}_m$ 作用向上漂移，因而在 a、b 两侧面间产生一个向下的电场，因此载流子又同时受到电场力 $\boldsymbol{F}_e$ 的作用，$\boldsymbol{F}_m$ 与 $\boldsymbol{F}_e$ 方向相反。当 $\boldsymbol{F}_m$ 与 $\boldsymbol{F}_e$ 平衡时，a、b 两侧面的电荷积聚达到稳定状态，此时 a、b 两侧面间建立稳定的电场 $\boldsymbol{E}_H$，形成了一个稳定的电势差 U_H，即霍尔电压。达到平衡时，载流子 q 受到的电场力为 $F_e=qE_H$，洛伦兹力为 $F_m=qvB$，因此由 $F_m=F_e$ 可得霍尔电势差 U_H 为

$$U_H=E_H h=vBh$$

电子的漂移速度 v 与电流 I 的关系为 $I=\frac{dQ}{dt}=\frac{qndh\,dl}{dt}=qndhv$，其中 n 为载流子浓度，即单位体积内载流子的数目。由此得霍尔电势差 U_H 为

$$U_H=\frac{IB}{nqd}=R_H\frac{IB}{d} \tag{9-23}$$

式中，$R_H=\frac{1}{nq}$ 就是霍尔系数。

在磁场中的载流导体上出现横向电势差的现象是 24 岁的研究生霍尔在 1879 年发现的，当时还不知道金属的导电机制，甚至还未发现电子。现在霍尔效应有多种应用，特别是用于半导体的测试。由测出的霍尔电压即横向电压的正负可以判断半导体的载流子种类(是电子或是空穴)，还可以计算出载流子浓度。用一块制好的半导体薄片通以给定的电流，在校准好的条件下，还可以通过霍尔电压来测磁场。

1980 年，克利青、多尔达、派波尔发现了量子霍尔效应。之后关于量子霍尔效应的研究三获诺贝尔物理学奖(1985 年、1998 年、2010 年)。

2013 年，我国科学家薛其坤院士领衔的实验团队从实验上首次观测到量子反常霍尔效应。这项研究成果将推动新一代低能耗晶体管和电子学器件的发展，加速推进信息技术革命进程。

9.5 磁场对电流的作用

9.5.1 安培定律

磁场对放入其中的载流导体有力的作用，这种力称为安培力。反映安培力的基本规律，首先是由安培通过实验总结得到的。在一条通有电流 I 的载流导线 L 上，任取一电流元 $I\mathrm{d}\boldsymbol{l}$。从实验分析得知：处于磁场中某点的电流元 $I\mathrm{d}\boldsymbol{l}$ 受到的磁场力 $\mathrm{d}\boldsymbol{F}$ 的大小与所在处的磁感应强度 $\boldsymbol{B}$ 的大小、电流元 $I\mathrm{d}\boldsymbol{l}$ 的大小以及电流元 $I\mathrm{d}\boldsymbol{l}$ 与 $\boldsymbol{B}$ 之间夹角 θ 的正弦值成正比，在 SI 中，有

$$\mathrm{d}F=BI\mathrm{d}l\sin\theta$$

其中 θ 为从 $I\mathrm{d}\boldsymbol{l}$ 转向 $\boldsymbol{B}$ 的小于 180° 的角。$\mathrm{d}\boldsymbol{F}$ 的方向与矢积 $I\mathrm{d}\boldsymbol{l}\times\boldsymbol{B}$ 的方向相一致。写成矢量形式即

$$\mathrm{d}\boldsymbol{F}=I\mathrm{d}\boldsymbol{l}\times\boldsymbol{B} \tag{9-24}$$

这就是安培定律的数学表示。

根据力的叠加原理，整个载流导线受到的安培力为

$$\boldsymbol{F}=\int\mathrm{d}\boldsymbol{F}=\int_L I\mathrm{d}\boldsymbol{l}\times\boldsymbol{B} \tag{9-25}$$

其中，特别注意，式中的 $\boldsymbol{B}$ 是电流元 $I\mathrm{d}\boldsymbol{l}$ 所在处的磁感应强度。

对安培力的微观解释是：电荷在导体里面所做的宏观定向移动，就形成电流。当把载流导体置于磁场中时，导体里面做定向移动的自由电子就会受到磁场洛伦兹力的作用。这些自由电子与导体中的晶格离子碰撞时，就会将这种作用传递给导体，其宏观表现就是导体受到磁场力的作用。我们可以从安培力的微观解释出发，利用洛伦兹力的公式推导得出安培定律的数学表达式(9-25)式。读者可自行证明。

安培力在军事、民用和工业等多个领域都有着广泛的应用。例如磁悬浮列车就是安培力应用的高科技成果之一。再比如船用推进器、军事上的电磁轨道炮等。

9.5.2 均匀磁场对载流平面线圈的作用力矩

虽然闭合载流线圈在均匀磁场中受力为零，但一般情况下，线圈会受到一个力偶的作用，从而使平面线圈在均匀磁场中受到力矩的作用。如图 9-15(a) 所示，矩形平面线圈 $abcd$ 的边长分别为 l_1、l_2，通有恒定电流 I，处在均匀磁场中，磁感应强度 $\boldsymbol{B}$ 与 ab 和 cd 边垂直，线圈平面法向 $\boldsymbol{e}_n$ 与磁感应强度 $\boldsymbol{B}$ 方向夹角为 θ。对边 bc 和 ad 受到的安培力大小分别为

$$f_{bc}=Il_1B\cos\theta,\ f_{ad}=Il_1B\cos\theta$$

这两个力大小相等、方向相反，作用在一条直线上。对边 ab 和 cd 受到的安培力大小分别为

$$f_{ab}=Il_2B,\ f_{cd}=Il_2B$$

这两个力大小相等、方向相反，作用线相互平行，因而形成一对力偶，使线圈受到磁场力矩的作用，该力矩的大小为

$$|M|=(f_{cd}l_{od}+f_{ab}l_{ao})\sin\theta=f_{cd}l_1\sin\theta=IBl_2l_1\sin\theta=IBS\sin\theta$$

$\boldsymbol{M}$ 的方向由 $\boldsymbol{e}_n\times\boldsymbol{B}$ 确定，如图 9-15(b) 所示。

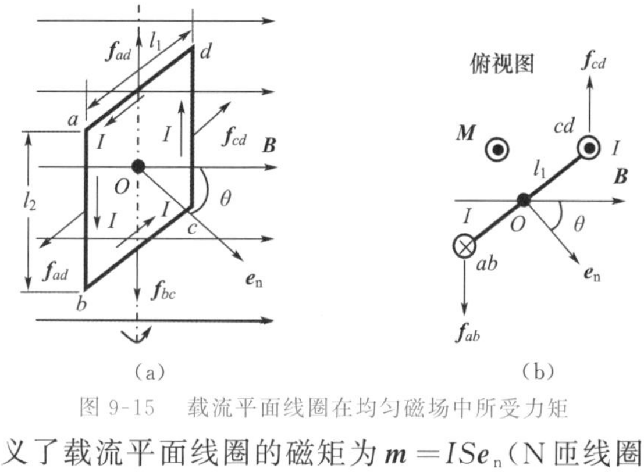

图 9-15 载流平面线圈在均匀磁场中所受力矩

在 9.2 节中我们定义了载流平面线圈的磁矩为 $\boldsymbol{m}=IS\boldsymbol{e}_n$（N 匝线圈 $\boldsymbol{m}=NIS\boldsymbol{e}_n$），则平面线圈受到的力矩为

$$\boldsymbol{M}=IS\boldsymbol{e}_n\times\boldsymbol{B}=\boldsymbol{m}\times\boldsymbol{B} \tag{9-26}$$

此力矩起到的作用是力图使线圈平面转向与磁场垂直的方向，即使线圈磁矩方向与磁场方向一致。当 $\boldsymbol{m}$ 与 $\boldsymbol{B}$ 垂直时，线圈受到的磁力矩 $\boldsymbol{M}$ 最大，$M=ISB$；当 $\boldsymbol{m}$ 与 $\boldsymbol{B}$ 方向相同时，$M=0$，这是线圈的稳定平衡位置；当 $\boldsymbol{m}$ 与 $\boldsymbol{B}$ 方向相反时，虽然也有 $M=0$，但这是线圈的不稳定平衡位置。

(9-26) 式虽然是通过载流矩形平面线圈导出的，但是它对于均匀磁场中任意形状的载流平面线圈也是适用的。甚至带电粒子沿闭合回路的运动以及带电粒子的自旋，也可以利用该式计算它们所受的磁力矩。

例 9.6 任意形状的一段导线 OA，其中通有电流 I，导线放在和均匀磁场 $\boldsymbol{B}$ 垂直的平面内，试证明导线 OA 所受的力等于 O 到 A 间载有同样电流的直导线所受的力。

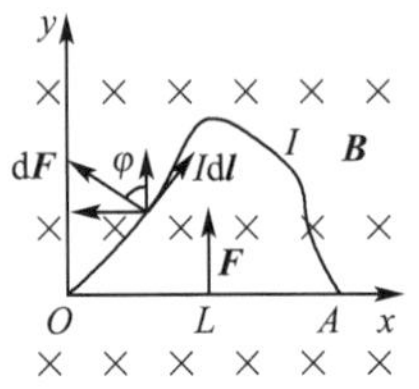

图 9-16

证明：如图 9-16 所示，在导线上任取电流元 $I\mathrm{d}\boldsymbol{l}$，依题意由安培定律 $\mathrm{d}\boldsymbol{F}=I\mathrm{d}\boldsymbol{l}\times\boldsymbol{B}$ 可知，导线上每一个电流元所受的安培力大小都相等，均为 $\mathrm{d}F=BI\mathrm{d}l$，方向各不相同，与各点处电流元垂直。建立以 O 点为坐标原点、沿 OA 连线方向为 x 轴，与之垂直的方向为 y 轴的坐标系，将 $\mathrm{d}\boldsymbol{F}$ 沿坐标轴分解，有

$$\mathrm{d}F_x=BI\mathrm{d}l\sin\varphi=IB\mathrm{d}y$$

$$\mathrm{d}F_y=BI\mathrm{d}l\cos\varphi=IB\mathrm{d}x$$

所以 $F_x=\int_{OA}\mathrm{d}F_x=\int_0^0 IB\mathrm{d}y=0$

$F_y=\int_{OA}\mathrm{d}F_y=\int_0^L IB\mathrm{d}x=IBL$，方向垂直 OA 向上。

得证。

例 9.7 如图 9-17 所示，一半径为 R 的半圆形闭合载流线圈，通有电流 I，放在磁感应强度为 $\boldsymbol{B}$ 的均匀磁场中，磁感应强度方向为水平且与线圈平面平行。求线圈所受的磁力矩。

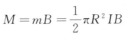

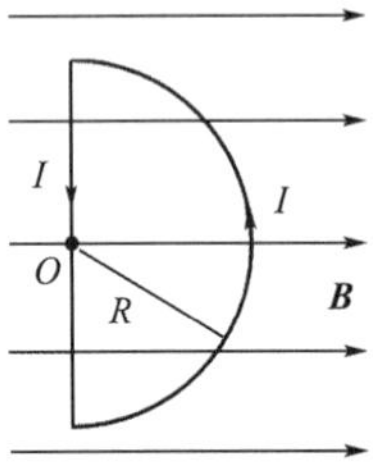

图 9-17

解：由已知可得载流线圈的磁矩的大小为

$$m=IS=\frac{1}{2}\pi R^2 I$$

方向垂直纸面向外。

由于载流线圈磁矩 $\boldsymbol{m}$ 与均匀磁场 $\boldsymbol{B}$ 垂直，因此线圈受到的磁力矩大小为

$$M=mB=\frac{1}{2}\pi R^2 IB$$

方向：在纸面竖直向上。

9.6 介质中的磁场

任何实物处于磁场中都会受到磁场的作用，使其内部发生或多或少的变化；而物质内部状态的变化又会反过来影响原来的磁场。这种在磁场作用下，其内部发生变化并反过来影响磁场的物质称为磁介质。磁介质在磁场的作用下内部状态的变化称为磁化。接下来我们将讨论磁介质对磁场的影响。

9.6.1 介质对磁场的影响

将磁介质放入磁场中，介质会被磁化；磁化了的介质将产生附加磁场，从而影响原磁场的分布。设恒定电流 I 在真空中产生的磁场的磁感应强度为 $\boldsymbol{B}_0$，磁介质产生的附加磁场的磁感应强度为 $\boldsymbol{B}'$，根据磁场叠加原理，介质中任一点的磁感应强度 $\boldsymbol{B}$ 应为

$$\boldsymbol{B}=\boldsymbol{B}_0+\boldsymbol{B}' \tag{9-27}$$

大量的实验表明，在引入磁介质后，磁介质内磁场的磁感应强度分布 $\boldsymbol{B}$ 与没有引入磁介质时的磁感应强度 $\boldsymbol{B}_0$ 之间的关系为

$$\boldsymbol{B}=\mu_r\boldsymbol{B}_0 \tag{9-28}$$

式中的 μ_r 称为磁介质的相对磁导率，它只与磁介质的性质有关，反映磁介质对原磁场的影响程度。

可以根据 $\boldsymbol{B}'$ 方向与 $\boldsymbol{B}_0$ 方向的关系将磁介质分为顺磁质和抗磁质。若 $\boldsymbol{B}'$ 方向与 $\boldsymbol{B}_0$ 方向相同，使得 $B>B_0$，这种磁介质称为顺磁质；若 $\boldsymbol{B}'$ 方向与 $\boldsymbol{B}_0$ 方向相反，使得 $B<B_0$，这种磁介质称为抗磁质。

还可以根据 μ_r 的不同数值形式，将磁介质分为三类。如果 $\mu_r>1$，能够使磁介质内的磁场略微得到加强，这类磁介质称为顺磁质。如铝、铬、铀、锰、钛、氧等物质都属于顺磁质。如果 $\mu_r<1$，能够略微削弱磁介质内的磁场，这类磁介质称为抗磁质。如铋、金、银、铜、硫、氢、氮等物质都属于抗磁质。还有一类磁介质，$\mu_r\gg 1$，而且 μ_r 不是一个常数，其值会随外磁场而改变，能够显著增强磁介质内的磁场，而且磁介质内磁场的磁感应强度 B 与外加磁场的磁感应强度 B_0 不呈线性关系，这类磁介质称为铁磁质。如铁、钴、镍及某些合金等属于铁磁质。一般来说，顺磁质和抗磁质对磁场的影响很小，它们的 μ_r 都是在 1 附近变化，常常把它们称为弱磁性物质，一般技术中常常不考虑它们对磁场的影响；铁磁质也被称为强磁性物质，一般来说铁磁质对磁场的影响很大，在工程技术中有广泛的应用。

9.6.2 介质的磁化

除铁磁质外，普通顺磁质和抗磁质的磁化机理均可用介质内部分子磁矩的变化来说明。

物质电结构理论指出：任何实物物质都是由原子、分子组成的，原子（或分子）又由若干个电子和原子核（若干原子核）组成。原子（或分子）中任何一个电子都不停地同时参与两种运动，即电子环绕原子核的轨道运动和电子本身的自旋；原子核还有自旋运动。分子或原子中电子环绕原子核的运动、电子本身的自旋以及原子核的自旋运动可以等效为一个圆电流 i_m，统称为分子电流。分子电流具有一定的磁矩，统称为分子磁矩。分子磁矩是原子中电子的轨道磁矩、电子的自旋磁矩以及原子核的自旋磁矩的矢量和。在正常情况下，顺磁质的分子磁矩具有一定的值，称为固有磁矩；抗磁质的分子磁矩为零；铁磁质是顺磁质的特殊情况，原子内的电子之间应该还存在着一种特殊的相互作用，使得铁磁质具有很强的磁性。

对于顺磁质，尽管存在固有磁矩，但由于热运动，各分子固有磁矩的空间取向是杂乱无章的，在正常情况下，顺磁质对外并不显示磁性。但如果把顺磁质放入磁场中，由于分子具有固有磁矩，将受到力矩的作用，试图使分子磁矩转向与外加磁场方向一致，各个分子磁矩趋于一致的方向；尽管由于热运动的影响，各个分子（或原子）的磁矩的方向不可能完全一致，但还是在外加磁场的作用下显示一定的磁性；外加磁场越强，温度越低，分子磁矩沿外加磁场方向的排列越整齐，分子显示出的磁性越强。于是产生了一个与外加磁场 $\boldsymbol{B}_0$ 的方向一致的附加磁场 $\boldsymbol{B}'$，对外表现就是磁介质中的磁场得到一定程度的加强。

对于抗磁质，分子固有磁矩为零，因而分子（或原子）宏观上不显示磁性；但在外加磁场作用下，分子中电子的轨道运动、自旋运动以及原子核的自旋运动等都将会做进动，因而产生一个**附加磁矩** $\Delta\boldsymbol{m}$，称为感应磁矩；附加磁矩 $\Delta\boldsymbol{m}$ 与外加磁场的磁感应强度 $\boldsymbol{B}_0$ 方向相反，从而使得抗磁质内部产生一个与外加磁场 $\boldsymbol{B}_0$ 方向相反的附加磁场 $\boldsymbol{B}'$，对外表现就是磁介质中的磁场被一定程度地削弱。值得注意的是，顺磁质在外加磁场中也会由于进动而产生感应磁矩，但感应磁矩要比固有磁矩小 5 个数量级以上，一般在顺磁质中可以忽略分子（或原子）的感应磁矩，而只考虑分子（或原子）的固有磁矩。在有磁介质存在时，空间磁场的磁感应强度 $\boldsymbol{B}$ 是外加磁场的磁感应强度 $\boldsymbol{B}_0$ 与附加磁感应强度 $\boldsymbol{B}'$ 的矢量和 $\boldsymbol{B}=\boldsymbol{B}_0+\boldsymbol{B}'$。

铁磁质的磁化特性不能用一般的顺磁质的磁化理论来说明，而需要用目前比较成熟的磁畴理论解释。本书不做讨论。

9.6.3 有磁介质存在时的安培环路定理

将磁介质放在磁场中，磁介质被磁化而产生磁化面电流（束缚电流）；磁化电流又会产生附加磁场，反过来影响原磁场的分布。达到平衡后，磁介质的磁化过程、磁化电流、磁场均不再随时间变化。此时，空间任一点的磁感应强度 $\boldsymbol{B}$ 应是自由电流的磁场 $\boldsymbol{B}_0$ 和束缚电流的磁场 $\boldsymbol{B}'$ 的矢量和，即 $\boldsymbol{B}=\boldsymbol{B}_0+\boldsymbol{B}'$。

磁介质放入外加磁场中，磁介质与外磁场相互作用，达到平衡后，空间磁场稳定分布。若外加磁场对最终稳恒磁场的贡献可以用自由电流（传导电流）I_0 表示，磁介质对最终稳恒磁场的贡献可以用磁化电流（束缚电流）I' 表示，由安培环路定理，最终稳恒磁场的磁感应强度 $\boldsymbol{B}$ 沿任意闭合路径 L 的环流等于穿过闭合路径 L 为边界所张曲面的自由电流和磁化电流的代数和，有

$$\oint_L \boldsymbol{B}\cdot \mathrm{d}\boldsymbol{l}=\mu_0\sum_{(L内)}(I_0+I') \tag{9-29}$$

磁介质中的磁化电流通常难以测定，这就给应用上式来研究介质中的磁场造成了困难。为使问题简化，我们也像静电场中引入电位移矢量 $\boldsymbol{D}$ 那样处理磁介质问题，在磁介质的场中，同样引入一个辅助矢量，来帮助我们避开磁化电流，更为方便地处理介质中的磁场问题。在磁场中引入的这个辅助矢量 $\boldsymbol{H}$ 称为磁场强度，其定义为

$$\boldsymbol{H}=\frac{\boldsymbol{B}}{\mu} \tag{9-30}$$

在国际单位制中，磁场强度的单位是安每米（A/m）。引入了辅助矢量磁场强度 $\boldsymbol{H}$ 之后，在(9-29)式的右边就只剩下自由电流（传导电流）I_0 部分，(9-29)式就改写为

$$\oint_L \boldsymbol{H}\cdot \mathrm{d}\boldsymbol{l}=\sum_{(L内)}I_0 \tag{9-31}$$

它表明：在磁场中，磁场强度 $\boldsymbol{H}$ 沿任一闭合路径的积分（$\boldsymbol{H}$ 的环流），等于该闭合路径所围绕的各传导电流（自由电流）的代数和。这就是有磁介质时的安培环路定理，称为 H 的环路定理。通过(9-31)式可以知道，$\boldsymbol{H}$ 的环流只与传导电流有关，而在形式上与磁介质的磁性无关。引入磁场强度，我们就能比较方便地处理有磁介质的磁场问题了。电流正负的规定同之前一样：积分路径 L 的绕行方向与传导电流的流向满足右手螺旋关系，则传导电流为正；相反的电流为负值。

磁场分布具有高度对称性时，可以利用(9-31)式来计算磁场的分布。$\boldsymbol{H}$ 的计算方法与之前真空中的安培环路定理计算 $\boldsymbol{B}$ 类似。

*9.6.4 铁磁质

以铁、钴、镍及其合金或氧化物为代表的铁磁质，对磁场影响很大。在各类磁介质中，应用最广泛的是铁磁性物质。它有如下特性：

1.铁磁质具有非常大的相对磁导率 μ_r，可达几百甚至几千。在外磁场的作用下，铁磁质能产生与外磁场方向相同的特别强的附加磁场 $\boldsymbol{B}'$。

2.铁磁质中的磁感应强度 $\boldsymbol{B}$ 与磁场强度 $\boldsymbol{H}$ 不是简单的正比关系。或者说，铁磁质的磁导

率不是常数，而是随着铁磁质中 $\boldsymbol{H}$ 的不同而变化。当 $\boldsymbol{H}$ 不是很大时，磁感应强度 $\boldsymbol{B}$ 的大小随着磁场强度 $\boldsymbol{H}$ 的增大而迅速增大；当 $\boldsymbol{H}$ 达到一定程度时，$\boldsymbol{B}$ 的增大趋势明显变缓直至不再增大。这种现象称为磁饱和现象。

3.铁磁质具有**磁滞特性**（磁感应强度 $\boldsymbol{B}$ 的变化总是落后于磁场强度 $\boldsymbol{H}$ 的变化）。存在**剩磁现象**：外磁场停止作用之后，铁磁质内部仍将保留部分磁性。

4.一定的铁磁材料存在一特定的临界温度，称为居里点。在温度达到居里点后，它们的磁性发生突变，铁磁质转化为普通的顺磁质。

磁感应强度 B 随磁场强度 H 变化的曲线，称为磁化曲线。反映原来某一未磁化过的铁磁质中磁感应强度 B 随磁场强度 H 变化关系的曲线称为起始磁化曲线（图 9-18 中 OS 曲线）。通过起始磁化曲线 OS 可以发现：开始时，B 随 H 增长较慢；之后，B 随 H 的增大迅速增长；当 H 增大到一定程度后，B 的增大趋势明显变缓；在 S 点之后，当外加磁场强度 H 增加到一定值 H_S（饱和磁化强度）后，再增加外加磁场强度 H，介质内磁场 B 的量值几乎不再增加，此时铁磁质的磁化达到饱和状态。这就是磁饱和现象。

铁磁质经磁化达到饱和状态之后，减小外磁场 H，随着 H 值的减小，B 也随之减小，但不是沿原来的起始磁化曲线下降，而是沿着曲线 SR 段下降，这表明铁磁质的磁化过程是不可逆的过程。当 $H=0$ 时，B 值并没有减小到零而是保留一个值 B_r（剩磁现象）。为了消除剩磁，需加反向外磁场。反向外磁场 H 从零开始逐渐增加，B 沿曲线 RC 逐渐减小；在 C 点处，$H=-H_C$ 时，$B=0$（使剩磁完全消除的外加反向的磁场强度值 H_C 称为矫顽力）。反向磁场 H 继续增大，B 沿曲线 CS' 达到反方向饱和状态。之后逐渐减小反方向磁场强度 H，B 沿曲线 $S'R'$ 减小；到达 R' 点时，反向磁场 H 减小到零，此时铁磁质内仍具有反向剩磁（$-B_r$）；改变线圈中电流方向，引入正向外加磁场，铁磁质内的反向的 B 沿曲线 $R'C'$ 随正向 H 的增大而减小；当到达 C' 点，即 $H=H_C$ 时，反向剩磁完全消除。在此之后，随着正向磁场 H 的增大，铁磁质内的 B 沿曲线 $C'S$ 正向磁化达到磁饱和状态，磁化曲线重新回到了 S 点。从图中可以看出，铁磁质内磁场的磁感应强度 B 值的变化总是落后于外加磁场强度 H 的变化，这种现象称为磁滞现象。图 9-18 所示的这个闭合的 $B\sim H$ 曲线称为铁磁质的磁滞回线。磁滞回线的形状特征反映了铁磁质的磁性质，也决定了它们在工程上的用途。

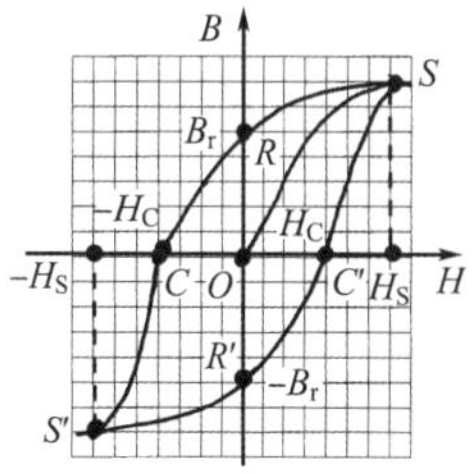

图 9-18　磁滞回线

练习题

1.在地球的北半球的某区域，磁感应强度 $B=4\times10^{-5}$ T，方向与铅垂线成 60° 角。求：(1) 穿过面积为 1 m² 的水平平面的磁通量；(2) 穿过面积为 1 m² 的竖直平面的磁通量的最大值和最小值。

2.设一均匀磁场沿 Ox 轴正方向，其磁感应强度值 $B=1\ \mathrm{Wb/m^2}$。求在下列情况下，穿过面积为 2 m² 的平面的磁通量：(1) 平面与 yz 面平行；(2) 平面与 xz 面平行；(3) 平面与 Oy 轴平行且与 Ox 轴成 45° 角。

3.在坐标原点有一电流元 $I\mathrm{d}\boldsymbol{l}=3\times10^{-3}\boldsymbol{k}$ A·m，试求该电流元在下列各点处产生的磁感应强度 $\mathrm{d}\boldsymbol{B}$。(1)(2,0,0)；(2)(0,4,0)；(3)(0,0,5)；(4)(3,0,4)；(5)(3,4,0)。

4.一根无限长载流直导线弯成如题 9-1 图所示形状，其电流强度为 I，求其在圆心 O 处产生的磁感应强度的大小和方向。

5.如题9-2图所示,两个同心半圆弧组成一闭合线圈,通有电流I,设线圈平面法向$\boldsymbol{e}_n$垂直纸面向里。试求:圆心O点的磁感应强度$\boldsymbol{B}$和线圈的磁矩$\boldsymbol{m}$。

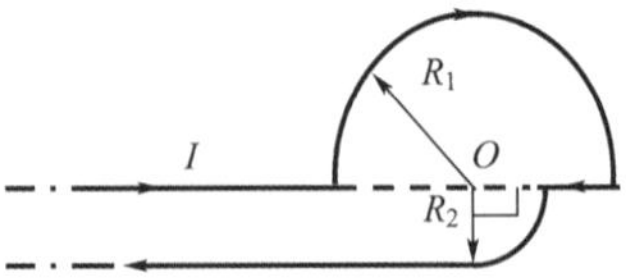

题9-1

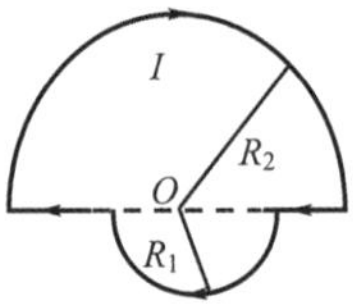

题9-2

6.一根无限长直导线$abcde$弯成如题9-3图所示的形状,中部bcd是半径为R、对圆心O张角为$120°$的圆弧,当通以电流I时,试计算O处的磁感应强度$\boldsymbol{B}$。

7.如题9-4图所示,无限长直导线在P处弯成半径为R的圆,当通以电流I时,求圆心O点处的磁感强度大小。

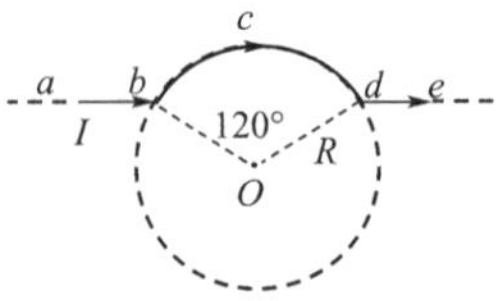

题9-3

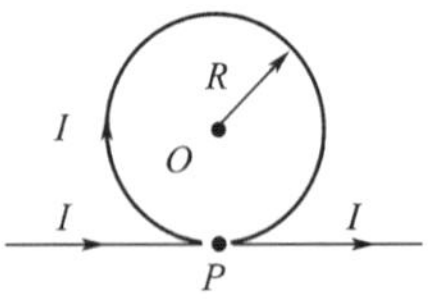

题9-4

8.从经典观点来看,氢原子可看作一个电子绕核高速旋转的体系,已知电子以速度$v=2.2\times10^6$ m/s在半径$r=0.53\times10^{-10}$ m的圆轨道上运动,求:电子在轨道中心产生的磁感应强度和电子的磁矩大小。

9.一根无限长圆柱形导体,通有电流I,且电流在导体横截面内均匀分布,导体的横截面半径为R。(1)求在圆柱导体内部,距离中心轴线为$r(0<r<R)$任一点P处的磁感应强度$\boldsymbol{B}$大小的分布;(2)在导体内部,通过圆柱中心轴线OO'做一纵剖面S,如题9-5图所示。求每单位长度导体内,穿过S面的磁通量Φ_m。

10.一很长的载流导体直圆管,内半径为a,外半径为b,电流强度为I,电流沿轴线方向流动,并且均匀地分布在管壁的横截面上,如题9-6图所示。求:(1)各区间的磁感应强度B的分布;(2)画出$B\sim r$曲线(r为场点到轴线的垂直距离)。

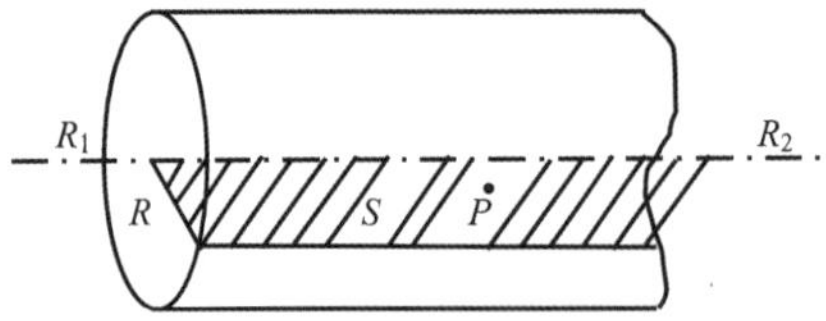

题9-5

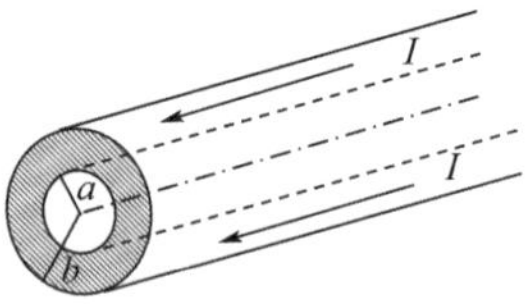

题9-6

11.矩形截面的螺绕环,尺寸如题9-7图。(1)求环内磁感应强度的分布;(2)证明通过螺绕环截面的磁通量为$\Phi=\dfrac{\mu_0 NIh}{2\pi}\ln\dfrac{D_1}{D_2}$,其中$N$为螺绕环线圈总匝数,$I$为其中电流强度。

12.磁场中某点处的磁感应强度为$\boldsymbol{B}=0.4\boldsymbol{i}-0.2\boldsymbol{j}$(T),一电子以速度$\boldsymbol{v}=5\times10^5\boldsymbol{i}+10\times10^5\boldsymbol{j}$(m/s)通过该点,求作用于该电子的洛伦兹力$\boldsymbol{F}_m$。

13.一个面积为S,载有电流I,且由N匝组成的平面闭合线圈置于磁感应强度为$\boldsymbol{B}$的均匀磁场中,在什么情况下它受到的磁力矩最小?什么情况下它受到的磁力矩最大?

14.如题9-8图所示,一电子以速度$\boldsymbol{v}$垂直地进入磁感应强度为$\boldsymbol{B}$的均匀磁场中,求此电子在磁场中运动轨道所围的面积内的磁通量。

15.一带有电荷量为 4.0×10^{-9} C 的粒子，在 yz 平面内沿着与 Oy 轴成 45° 角的方向以 $v_1=3\times10^6$ m/s 运动时，它受到均匀磁场的作用力 F_1 逆 Ox 轴方向；当这个粒子沿 Ox 轴方向以 $v_2=2\times10^6$ m/s 运动时，它受到沿 Oy 轴方向的作用力 $F_2=4\times10^2$ N。求：(1) 该磁场的磁感应强度的大小和方向；(2) 作用力 F_1 的大小。

16.如题 9-9 图所示，在长直导线旁边平行放置一矩形线圈，导线中通有电流 $I_1=20$ A，线圈中通有电流 $I_2=10$ A。已知 $d=1$ cm，$b=9$ cm，$l=20$ cm。试求此时矩形线圈上受到的合力。

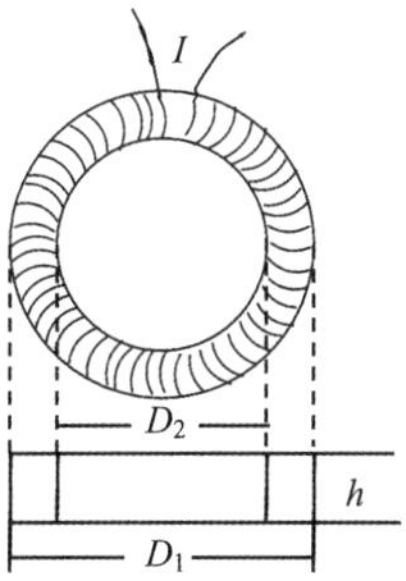

题 9-7

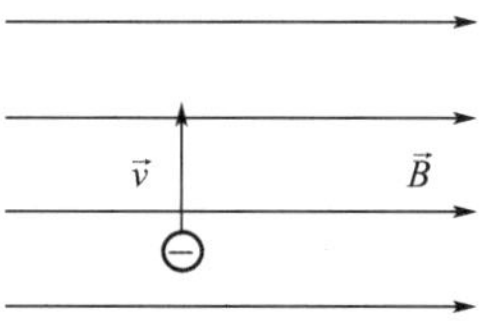

题 9-8

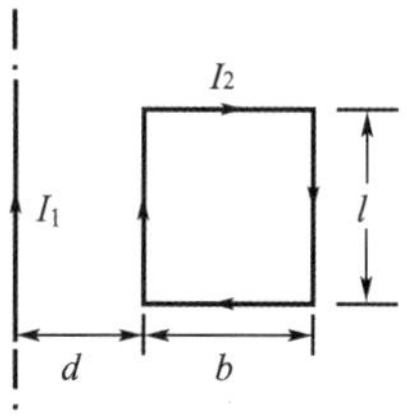

题 9-9

17.一螺线管长 30 cm，直径为 15 mm，由绝缘的细导线密绕而成，每厘米绕有 100 匝，当导线中通以 2.0 A 的电流后，把螺线管放在 $B=4.0$ T 的均匀磁场中，求：(1) 螺线管的磁矩；(2) 螺线管所受磁力矩的最大值。

18.一根很长的同轴电缆，由一导体圆柱和一同轴的导体圆筒组成，设圆柱的半径为 R_1，圆筒的内外半径分别为 R_2 和 R_3，两导体间充满磁介质，磁介质的相对磁导率为 μ_r。电缆沿轴向有稳恒电流 I 流过，内外导体上电流的方向相反，如题 9-10 图。试求空间各区域内的磁场强度和磁感应强度。

19.螺线环中心周长 $l=10$ cm，环上线圈匝数 $N=300$，线圈中通有电流 $I=100$ mA，如题 9-11 图所示。(1) 求管内的磁场强度 H 和磁感应强度 B；(2) 若管内充满相对磁导率 $\mu_r=4\,200$ 的磁介质，则管内的 H 和 B 是多少？(3) 磁介质内由导线中电流产生的 B_0 和磁化电流产生的 B' 各是多少？

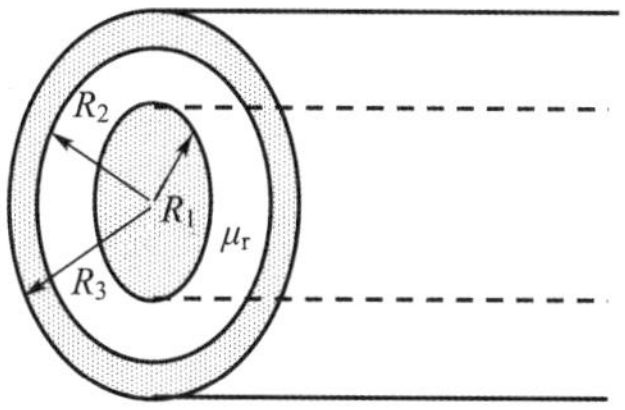

题 9-10

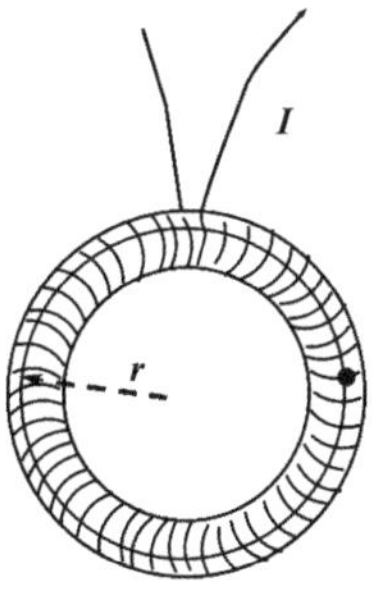

题 9-11

第十章

电磁感应　电磁场

1820 年奥斯特发现了电流的磁效应之后，人们便开始了对其逆现象的探索研究。终于在 1831 年，法拉第发现了电磁感应现象，总结出了电磁感应定律，揭示了电场和磁场的内在联系。电磁感应现象的发现，促进了社会生产的发展，也促进了电磁理论的发展，为麦克斯韦建立电磁场理论奠定了基础。本章主要研究电磁感应现象的基本规律及应用。在此基础上，简要介绍麦克斯韦电磁场理论的基本概念和麦克斯韦方程组等。

10.1 电磁感应的基本定律

从 1822 年到 1831 年，法拉第一直在对“磁能生电”这一问题进行着有目的的实验研究，经过多次失败和挫折，终于在 1831 年发现了电磁感应现象：当通过一个闭合导体回路所围面积的磁通量发生变化时，导体回路中就会产生电流。这种现象就是电磁感应现象，这种电流称为感应电流。法拉第根据实验结果，总结出以下五种情况都可产生感应电流：变化着的电流、运动着的恒定电流、在磁场中运动着的导体、变化着的磁场以及运动着的磁铁。

由于电磁感应而在闭合导体回路中出现了感应电流，表明回路中产生了电动势。从本质上说，电磁感应产生的是感应电动势，因而在闭合回路中形成感应电流。为了理解电磁感应机理，首先介绍关于电动势的概念。

10.1.1 电动势

电源是能够把化学能、光能、热能、核能等转化为电能的装置。只有在电源的正、负极之间存在一定的电势差，才能使正电荷在静电力的作用下，通过外电路从正极流向负极，进而在导体回路中形成和维持电流。如果不及时给电源的正极补充正电荷，两极之间的电势差就会下降，回路中电流就会减弱、消失。电源的作用就是迫使正电荷不断地经过电源内部从电源的负极运送到正极，维持正、负极之间的电势差不变（负电荷过程与之相反，后面不再重复介绍)。由于电池的正极带有正电荷、负极带有负电荷,在电池的内部形成了一个由正极指向负极的静电场 $\boldsymbol{E}_e$,这一静电场的存在将阻碍正电荷经过电源内部从电源的负极回到正极。如果要将正电荷不断地经过电源内部从电源的负极运送到正极,只能依靠电源提供某种非静电场力 $\boldsymbol{F}_k$,来驱使正电荷逆着静电场力的方向运动。在这个过程中,电源通过它提供的非静电力做功,将其他形式的能转化为电势能,补充因电路中的能量损耗而减少了的电势能。电源的电动势是衡量电源能量转化本领大小的物理量,它是用电源非静电力做功的本领来反映电源性能的。

电源把单位正电荷从负极通过电源内部移动到正极时,非静电力所做的功越多,电源的能量转化本领越大。因此电动势的定义就是:将单位正电荷从负极经过电源内部移动到正极时非静电力所做的功,有

$$\mathscr{E}=\frac{\int_{-}^{+}\boldsymbol{F}_k\cdot\mathrm{d}\boldsymbol{l}}{q}=\int_{-}^{+}\boldsymbol{E}_k\cdot\mathrm{d}\boldsymbol{l} \tag{10-1}$$

式中,$\mathscr{E}$ 是电动势,$\boldsymbol{F}_k$ 为电池内的移动电荷受到的非静电力,$\boldsymbol{E}_k=\boldsymbol{F}_k/q$ 称为非静电性场强,积分路径 L 由电源的负极到正极(通过电源内部)。当非静电力 $\boldsymbol{F}_k$(非静电场 $\boldsymbol{E}_k$)遍及整个闭合回路时,闭合回路的电动势定义为:将单位正电荷绕含有电源的闭合回路移动一周时非静电力所做的功,即

$$\mathscr{E}=\oint_L\boldsymbol{E}_k\cdot\mathrm{d}\boldsymbol{l} \tag{10-2}$$

电动势是标量,单位与电势差单位相同。通常规定电动势的指向是从电源负极经内电路指向正极。在内电路,电动势的指向就是电势升高的方向。

10.1.2 法拉第电磁感应定律

法拉第在总结了产生感应电流的几种情况后,提出了感应电动势的概念。他认为,回路中产生感应电动势的原因在于通过回路所围面积的磁通量发生了变化,并由此总结出了一条关于感应电动势与磁通量关系的基本定律,称为法拉第电磁感应定律:

无论何种原因使通过回路所围面积的磁通量变化时,回路中产生的感应电动势与磁通量对时间的变化率成正比。

在国际单位制中,法拉第电磁感应定律的表达式为

$$\mathscr{E}=-\frac{\mathrm{d}\Phi_m}{\mathrm{d}t} \tag{10-3}$$

式中的负号表示了感应电动势的方向。感应电动势的大小只由 $\frac{\mathrm{d}\Phi_m}{\mathrm{d}t}$ 决定。

实际中使用的线圈大多是由多匝线圈串联而成,对 N 匝线圈组成的回路,如果每匝中穿过的磁通量分别为 $\Phi_{m1},\Phi_{m2},\cdots,\Phi_{mN}$,整个回路中的电动势等于各匝线圈电动势之和

$$\mathscr{E}=\mathscr{E}_1+\mathscr{E}_2+\cdots+\mathscr{E}_N=-\frac{\mathrm{d}}{\mathrm{d}t}(\Phi_{m1}+\Phi_{m2}+\cdots+\Phi_{mN})=-\frac{\mathrm{d}\Psi_m}{\mathrm{d}t} \tag{10-4}$$

式中,$\Psi_m=\Phi_{m1}+\Phi_{m2}+\cdots+\Phi_{mN}$ 是穿过各匝线圈的磁通量的总和,称为穿过线圈的全磁通。若穿过各匝线圈的磁通量相等,N 匝线圈的全磁通为 $\Psi_m=N\Phi_m$ 称为磁通链或磁链、磁通匝,则

$$\mathscr{E}=-\frac{\mathrm{d}\Psi_m}{\mathrm{d}t}=-N\frac{\mathrm{d}\Phi_m}{\mathrm{d}t} \tag{10-5}$$

如果闭合回路的电阻为 R，则回路中的感应电流为

$$I_i = -\frac{1}{R}\frac{\mathrm{d}\Phi_m}{\mathrm{d}t} \text{ 或 } I_i = -\frac{1}{R}\frac{\mathrm{d}(N\Phi_m)}{\mathrm{d}t} \tag{10-6}$$

还可以根据 $I=\frac{\mathrm{d}q}{\mathrm{d}t}$，计算出从 t_1 到 t_2 这段时间内，通过导线任一截面的感应电荷量为

$$q=\left|\int_{t_1}^{t_2} I_i \mathrm{d}t\right| = \left| -\frac{N}{R}\int_{\Phi_1}^{\Phi_2}\mathrm{d}\Phi_m\right|$$

即

$$q=\frac{N}{R}|\Phi_2-\Phi_1| \tag{10-7}$$

上式表明，感应电荷量与通过回路面积的磁通量的增量的大小成正比，而与磁通量的变化快慢无关。如果测出感应电荷量，而回路的电阻又已知的情况下，就可计算出磁通量的变化量。常用的磁通计就是依此原理设计的。

10.1.3 楞次定律

楞次在实验中考察了感应电流的方向，于 1834 年总结出如下规律，称为楞次定律：

闭合回路中的感应电流的方向，总是使感应电流所产生的通过回路面积的磁通量，去补偿或者反抗引起感应电流的磁通量的变化。

这样，如果知道引起感应电流的磁场 $\boldsymbol{B}$ 的方向，以及通过回路面积的磁通量 Φ_m 是增加还是减少，根据楞次定律就可以确定出感应电流所产生的磁场 $\boldsymbol{B}_i$ 的方向，再根据右手螺旋关系就可以判断回路中感应电流 i 的方向了。回路中感应电动势 $\mathscr{E}$ 的指向与回路中感应电流的方向一致，便可进一步判断出感应电动势 $\mathscr{E}$ 的指向。

在图 10-1(a) 中，穿过闭合回路 L 所围面积的磁通量 Φ_m 在减小，所以回路中感应电流 i 所激发的磁场 $\boldsymbol{B}_i$ 应该与原磁场 $\boldsymbol{B}$ 方向一致，以阻碍原磁场 $\boldsymbol{B}$ 的减弱，$\boldsymbol{B}_i$ 线(图中虚线) 应该与原 $\boldsymbol{B}$ 线(图中实线) 方向相同，由此可以判断出感应电流的绕行方向和感应电动势的指向。在图 10-1(b) 中，穿过闭合回路 L 所围面积的磁通量 Φ_m 在增加，所以回路中感应电流 i 所激发的磁场 $\boldsymbol{B}_i$ 应该与原磁场 $\boldsymbol{B}$ 方向相反，以阻碍原磁场 $\boldsymbol{B}$ 的增加，因此 $\boldsymbol{B}_i$ 线(虚线) 与 $\boldsymbol{B}$ 线方向相反(实线)，由此可以判断出感应电流的绕行方向和感应电动势的指向。

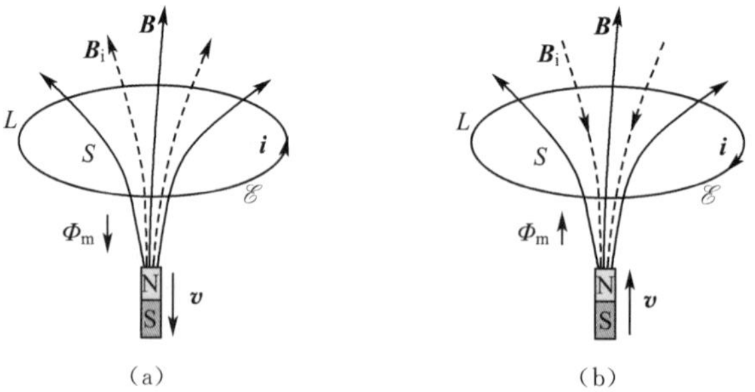

图 10-1　楞次定律

楞次定律是能量守恒定律在电磁感应现象中的具体表现，在实际中用楞次定律来判断导体回路中感应电动势的方向是很方便的。但应该注意，从电磁感应现象的实质分析，楞次定律是判断导体回路中感应电动势指向的定律；只有在纯电阻电路中，感应电流与感应电动势的方向才是完全一致的。

10.2 动生电动势 感生电动势

一般来说，回路中的磁通量可以有不同的变化方式。分析引起回路磁通量变化的原因，一般总可以将感应电动势分成两类：一类是磁场不变，导体在磁场中运动，在导体两端产生的感应电动势称为动生电动势；一类是回路静止而穿过回路的磁场随时间变化，由此在回路中产生的感应电动势称为感生电动势。

10.2.1 动生电动势

如图 10-2 所示，长为 l 的导体棒与导轨构成一矩形回路 $abcda$，均匀恒定的磁场 $\boldsymbol{B}$ 垂直于导体回路。当导体棒 ab 以恒定速度 $\boldsymbol{v}$ 沿导轨向右滑动时，某时刻穿过回路所围面积的磁通量为

$$\Phi_{\mathrm{m}}=BS=Blx$$

随着导体棒不断向右滑动，回路所围的面积在扩大，穿过回路的磁通量发生变化，回路中产生的感应电动势的大小为

$$|\mathscr{E}|=\frac{\mathrm{d}\Phi}{\mathrm{d}t}=\frac{\mathrm{d}}{\mathrm{d}t}(Blx)=Bl\frac{\mathrm{d}x}{\mathrm{d}t}=Blv$$

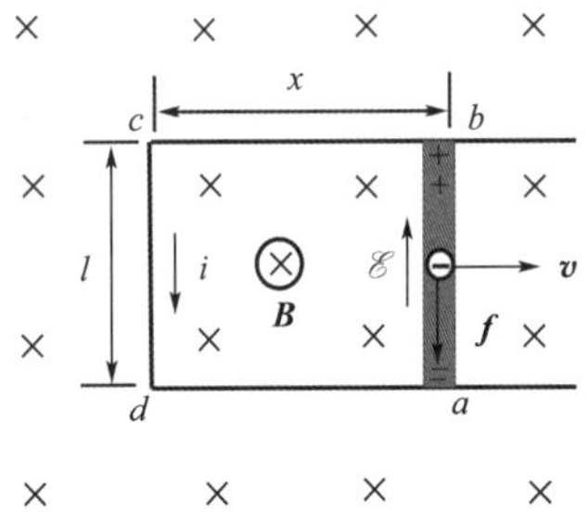

图 10-2 动生电动势

根据楞次定律可判断感应电动势的方向为逆时针方向。由于只有导体棒 ab 运动，动生电动势也只在导体棒 ab 上产生，并且导体棒 ab 上的动生电动势的方向由 a 指向 b。下面从电子理论分析产生动生电动势的机理。

当导体棒 ab 向右滑动时，棒中每个自由电子都随棒一起以速度 $\boldsymbol{v}$ 运动，每个自由电子受到的洛伦兹力为

$$\boldsymbol{f}=(-e)\boldsymbol{v}\times\boldsymbol{B}$$

方向由 b 端指向 a 端，如图 10-2 所示。在洛伦兹力的作用下，导体棒中的自由电子由 b 向 a 运动，于是在 a 端"积聚"了负电荷，在 b 端因失去电子而"积聚"正电荷，从而在导体棒 ab 段上产生了电动势 $\mathscr{E}_{ab}$，方向由 a 端指向 b 端。这个移动的导体棒 ab 相当于一个电源，a 端相当于电源的负极，b 端相当于电源的正极。因此产生动生电动势的实质就是运动电荷受到非静电力——洛伦兹力作用的结果。与之相对应的非静电性场强为

$$\boldsymbol{E}_{\mathrm{k}}=\frac{\boldsymbol{f}}{(-e)}=\boldsymbol{v}\times\boldsymbol{B},$$

由电动势的定义，可得

$$\mathscr{E}_{ab}=\int_a^b\boldsymbol{E}_{\mathrm{k}}\cdot\mathrm{d}\boldsymbol{l}=\int_a^b(\boldsymbol{v}\times\boldsymbol{B})\cdot\mathrm{d}\boldsymbol{l} \qquad (10\text{-}8)$$

式(10-8)虽然是从特例推导出来的，但可以证明它就是一般情况下动生电动势的数学表达式。电动势的指向与非静电性场强的方向一致，所以动生电动势的指向与 $\boldsymbol{v}\times\boldsymbol{B}$ 方向一致。

例 10.1 地球磁场为 $B=5\times10^{-5}$ T，一架飞机以 $v=10^3$ km/h 的速度在空中飞行，它的两翼长度是 $l=70$ m，试求：飞机两翼在地球磁场中产生的最大感应电动势。

解：飞机的速度 $v=10^3$ km/h ≈ 280 m/s，在地球磁场中飞机两翼产生的最大感应电动势可由 $\mathscr{E}=Blv$ 估算。这个最大感应电动势为

$$\mathscr{E}=Blv=5\times10^{-5}\times70\times280\approx1(\text{V})$$

这是一个不大的电压,完全不会对飞机和人体造成任何威胁。

例 10.2 如图 10-3 所示,一长度为 R 的导体棒 Oa 以 O 为圆心,在垂直于磁感应强度为 $\boldsymbol{B}$ 的均匀磁场的平面内以匀角速度 ω 转动。求导体棒 Oa 的电动势。

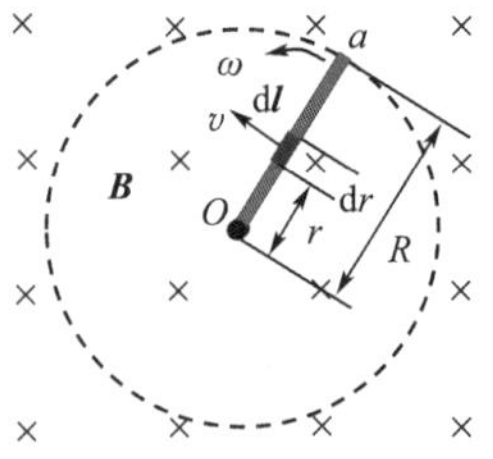

图 10-3

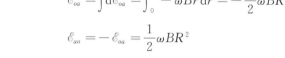

解:在导体棒 Oa 上距离圆心 O 为 r 处取线元 $\mathrm{d}\boldsymbol{l}$,方向 $O\rightarrow a$,速度为 $v=r\omega$,则线元 $\mathrm{d}\boldsymbol{l}$ 的动生电动势为

$$\mathrm{d}\mathscr{E}_{oa}=(\boldsymbol{v}\times\boldsymbol{B})\cdot\mathrm{d}\boldsymbol{l}=-vB\,\mathrm{d}l=-\omega Br\,\mathrm{d}r$$

因此,导体 Oa 的电动势为(电动势正方向 $a\rightarrow O$)

$$\mathscr{E}_{oa}=\int\mathrm{d}\mathscr{E}_{oa}=\int_0^R-\omega Br\,\mathrm{d}r=-\frac{1}{2}\omega BR^2,$$

$$\mathscr{E}_{ao}=-\mathscr{E}_{oa}=\frac{1}{2}\omega BR^2$$

方向为 $a\rightarrow O$,a 端的电势低于 O 端。

例 10.3 如图 10-4(a) 所示,一长直载流导线通有电流 I,距其为 l_0 处共面放置一矩形导线框。导线框宽度为 l,其 da 和 cb 边与载流导线平行,dc 和 ab 边与载流导线垂直。现导线 ab 以速度 $\boldsymbol{v}$ 在导线框上向右匀速滑动。求线框中的感应电动势。

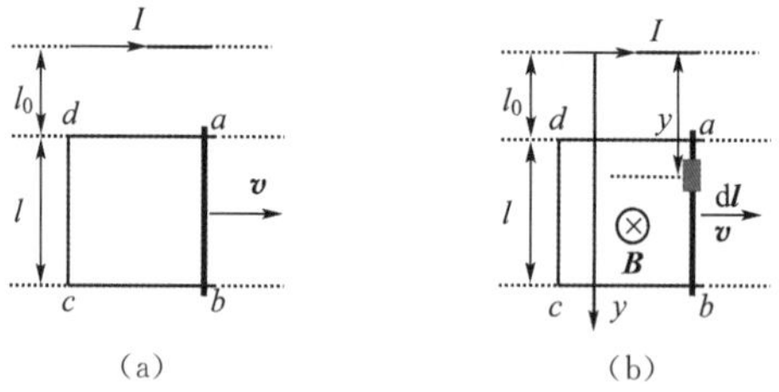

图 10-4

解:如图 10-4(b) 所示,在 ab 上沿由 a 到 b 的方向、距载流导线为 y 处取线元 $\mathrm{d}\boldsymbol{l}$,则线元 $\mathrm{d}\boldsymbol{l}$ 的动生电动势为

$$\mathrm{d}\mathscr{E}_{ab}=\boldsymbol{v}\times\boldsymbol{B}\cdot\mathrm{d}\boldsymbol{l}=-vB\,\mathrm{d}l_{ab}=-v\frac{\mu_0 I}{2\pi y}\mathrm{d}y$$

导线 ab 上的电动势为

$$\mathscr{E}_{ab}=\int\mathrm{d}\mathscr{E}_{ab}=\int_{l_0}^{l+l_0}-v\frac{\mu_0 I}{2\pi y}\mathrm{d}y=-\frac{\mu_0 Iv}{2\pi}\ln\frac{l+l_0}{l_0}$$

电动势的方向与 $\boldsymbol{v}\times\boldsymbol{B}$ 方向一致,$b\rightarrow a$。因为只有导线 ab 在运动(切割磁场线),所以 ab 的电动势即导线框中的感应电动势,其大小为

$$\mathscr{E}=|\mathscr{E}_{ab}|=\frac{\mu_0 Iv}{2\pi}\ln\frac{l+l_0}{l_0}$$

方向为 $b\rightarrow a\rightarrow d\rightarrow c\rightarrow b$,沿逆时针方向。

10.2.2 感生电动势和感生电场

1.感生电场

当导体回路不动,而磁场随时间变化时,穿过导体回路的磁通量就会随时间变化,在导体回路中就会产生电动势,由此产生的感应电动势称为感生电动势。由于导体静止,所以产生感生电动势的非静电力，就不能是洛伦兹力。

实验表明，感生电动势的产生与导体的种类和性质无关，只取决于变化的磁场。麦克斯韦在深入分析了这个事实后，大胆地提出假设：变化的磁场在其周围空间激发一种新的电场，这种电场具有涡旋性(沿回路的线积分不为零)。将这种非静电场称为感生电场或涡旋电场，用 $\boldsymbol{E}_i$ 表示。因此，在产生感生电动势的过程中，就是由于导体里面的自由电荷受到了感生电场的作用，从而在导体回路中产生感生电动势和感应电流。即，产生感生电动势的非静电力是感生电场对自由电荷施加的感生电场力。因此，根据电动势定义式(10-2)可知，感生电动势应等于感生电场的环流，即

$$\mathscr{E}_i = \oint_L \boldsymbol{E}_i \cdot d\boldsymbol{l} \tag{10-9}$$

根据法拉第电磁感应定律，感生电动势

$$\mathscr{E}_i = -\frac{d\Phi}{dt} = -\frac{d}{dt}\iint_S \boldsymbol{B} \cdot d\boldsymbol{S}$$

所以，法拉第电磁感应定律就可以改写成

$$\oint_L \boldsymbol{E}_i \cdot d\boldsymbol{l} = -\frac{d}{dt}\iint_S \boldsymbol{B} \cdot d\boldsymbol{S} = -\iint_S \frac{\partial \boldsymbol{B}}{\partial t} \cdot d\boldsymbol{S} \tag{10-10}$$

麦克斯韦还指出：在磁场随时间变化时，不仅在导体回路中，而且在空间任一点，甚至在没有导体的地方，不管真空还是介质中，都会产生感生电场。如果有导体回路存在，感生电场便驱动导体中的自由电荷做定向运动，产生感应电动势，从而显示出感应电流。没有导体和介质，这个感生电场依然客观存在。按照这个设想，如果把带电粒子置于变化的磁场中，在感生电场的作用下，带电粒子会被加速而获得能量。根据这个原理，后来研制成功了电子感应加速器，从而证明了麦克斯韦假设的正确性。除此之外，像利用涡电流制成的电磁灶、熔化金属的高频炉、机场检测的金属探测器、仪器设备当中常用到的电磁阻尼等，都是利用了变化的磁场激发的感生电场。

2.感生电场的性质

由式(10-10)可以看出，只要空间中存在变化的磁场，感生电场就一定存在，因此感生电场的环流 $\oint_L \boldsymbol{E}_i \cdot d\boldsymbol{l}$ 一般情况下都不为零，其旋度 $\nabla \times \boldsymbol{E}_i$ 也一般不为零，**因此感生电场是非保守力场，是有旋场**。感生电场线既无起点也无终点，是闭合曲线，也因此称感生电场是涡旋电场。因此可以推论出，感生电场 $\boldsymbol{E}_i$ 通过任意闭合曲面的电通量恒为零，表明感生电场是无源场。感生电场的高斯定理数学表示为

$$\oiint_S \boldsymbol{E}_i \cdot d\boldsymbol{S} = 0 \tag{10-11}$$

自然界中存在两种不同性质的电场：静电场和感生电场。感生电场与静电场的相同点是：都是一种客观存在的物质，都具有能量等；都对电荷有力的作用，作用力的规律也一样都是电荷量乘以电场强度。感生电场与静电场也有重要的区别：① 静电场是由相对观察者静止的电荷激发的，而感生电场是由变化的磁场激发的；② 静电场是保守力场(有势场)，静电场的电场线是有头有尾的非闭合曲线，是无旋场。而感生电场是涡旋场，感生电场的电场线是无头无尾的闭合曲线。③ 静电场是有源场，源头是正电荷。而感生电场是无源场。

例 10.4 无限长通电直导线与矩形单匝线圈共面放置，导线与线圈的长边平行。矩形线圈的边长分别为 a 和 b，线圈到直导线的距离为 d（图 10-5）。导线上通有交流电 $I=I_0\cos\omega t$，试求：矩形线圈中的感应电动势。

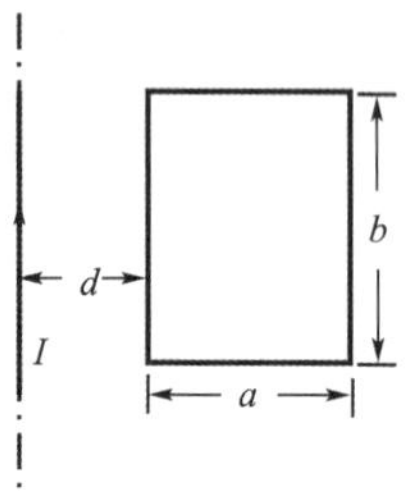

图 10-5

解：在距离长直导线为 x 处，取一宽度为 $\mathrm{d}x$ 的面元 $\mathrm{d}S=b\,\mathrm{d}x$，则长直导线在该点处产生的磁场的磁感应强度大小为

$$B=\frac{\mu_0 I}{2\pi x}$$

通过该面元处的磁通量为

$$\mathrm{d}\Phi_{\mathrm{m}}=B\,\mathrm{d}S=\frac{\mu_0 I}{2\pi x}b\,\mathrm{d}x$$

所以，长直导线在整个矩形线圈中产生的总磁通量为

$$\Phi_{\mathrm{m}}=\int\mathrm{d}\Phi_{\mathrm{m}}=\int B\,\mathrm{d}S=\int_d^{d+a}\frac{\mu_0 I}{2\pi x}b\,\mathrm{d}x=\frac{\mu_0 Ib}{2\pi}\ln\frac{d+a}{d}$$

矩形线圈中的感应电动势为

$$\mathscr{E}=-\frac{\mathrm{d}\Phi_{\mathrm{m}}}{\mathrm{d}t}=\frac{\mu_0 I_0\omega b}{2\pi}\ln\frac{d+a}{d}\sin\omega t$$

10.3 自感 互感 磁场的能量

自感现象和互感现象是电磁感应中比较常见的两种现象，在电工和无线电技术中有着广泛的应用。下面分别研究自感现象和互感现象。

10.3.1 自感电动势

由于回路自身电流产生的磁通量发生变化，而在自身回路中产生感应电动势的现象，称为自感现象，相应的电动势称为自感电动势。

考虑一个线圈回路，在线圈的大小和形状保持不变，并且周围无铁磁质的情况下，通以电流 I，则穿过线圈自身的磁通量 Ψ_{m} 与电流 I 成正比，即

$$\Psi_{\mathrm{m}}=LI \tag{10-12}$$

比例系数 L 称为线圈的自感系数，简称自感。如果周围没有铁磁性物质时，自感 L 与线圈本身的形状、大小、匝数以及它周围介质的分布等因素有关，而与线圈中的电流无关，是一个常量。若线圈周围有铁磁性物质，自感 L 与电流有关，就不再为常量。接下来研究的都是周围没有铁磁性物质情况下的自感现象。

当线圈中的电流 I 随时间发生变化，穿过线圈自身回路的磁通量（全磁通量、磁链）将随之成比例地变化，因而在自感线圈中产生感应电动势。由法拉第电磁感应定律有

$$\mathscr{E}_{\mathrm{L}}=-\frac{\mathrm{d}\Psi_{\mathrm{m}}}{\mathrm{d}t}=-L\frac{\mathrm{d}I}{\mathrm{d}t} \tag{10-13}$$

式中的负号是用于判断自感电动势 $\mathscr{E}_{\mathrm{L}}$ 的指向：当电流减小（$\mathrm{d}I/\mathrm{d}t<0$）时，自感电动势的方向与原电流的方向相同；当电流增加（$\mathrm{d}I/\mathrm{d}t>0$）时，自感电动势的方向与原电流的方向相反。可见，在任何回路中，只要回路电流发生改变，在回路中就必然会产生自感应来阻碍回路当中

电流的改变。自感系数 L 越大，自感应的这种阻碍作用就越大，回路当中的电流就越不容易改变。所以说，回路中的自感有使回路保持原有电流不变的性质。

式(10-13)可以改写为

$$L=-\frac{\mathscr{E}_L}{\mathrm{d}I/\mathrm{d}t} \tag{10-14}$$

上式可以作为自感的定义式。即某线圈的自感在数值上等于线圈中电流随时间的变化率为一个单位时在线圈中所引起的自感电动势的绝对值。自感的单位是亨利，简称亨，用 H 表示。

自感系数的计算一般比较复杂，实用中常利用式(10-14)设计实验来测定。少数几种简单情形可根据式(10-12)来计算。自感现象在生活和技术中的应用也很广泛，如日光灯电路中使用的镇流器就是利用线圈具有阻碍电流变化的特性，可以稳定电路里的电流。在无线电设备中常利用自感和电容器或电阻的组合构成谐振电路或滤波器。自感现象在有些情况下也是有害的，如具有大自感的线圈的电路断开时，由于电流变化很快，会在电路中产生较大的感应电动势，以致击穿线圈的绝缘保护，甚至在电闸处产生强烈的电弧，这时必须采取相应的防护措施。

例 10.5 长度为 l 的单层绕的空气芯细长螺线管，其单位长度的匝数为 n，横截面积为 S，求螺线管的自感系数。

解：对于细长均匀密绕的螺线管，忽略漏磁及边缘效应，其内部可视为均匀磁场，设螺线管通有电流 I，则管内的磁感应强度为

$$B=\mu_0 nI$$

通过螺线管的全磁通为

$$\Psi=NBS=N\mu_0 nIS=\mu_0 n^2 ISl$$

所以螺线管的自感系数为

$$L=\frac{\Psi}{I}=\mu_0 n^2 Sl=\mu_0 n^2 V$$

可见长直均匀密绕螺线管的自感系数正比于其体积与单位长度匝数的平方。若里面充满磁导率为 μ 的磁介质，则式中的 μ_0 用 μ 或 $\mu_0\mu_r$ 代替。

10.3.2 互感电动势

当某一线圈中的电流随时间变化时，在它周围空间产生的变化磁场，将使位于它附近的另一个线圈中产生感应电动势。这种电磁感应现象称为互感现象，相应的电动势称为互感电动势。

如图 10-6 所示，两个相邻的线圈 1 和 2，分别通有电流 I_1 和 I_2，将电流 I_1 所激发的磁场穿过线圈 2 的全磁通记为 Ψ_{21}；电流 I_2 所激发的磁场穿过线圈 1 的全磁通记为 Ψ_{12}，如果周围无铁磁质，两个线圈各自的形状、大小、匝数、两线圈的相对位置及周围磁介质的分布均保持不变，根据毕奥－萨伐尔定律，应有

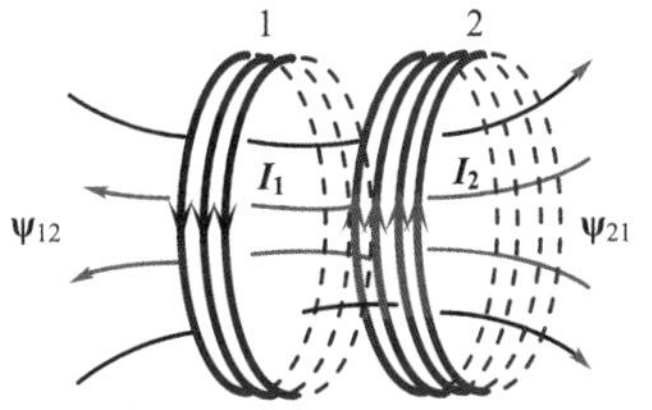

图 10-6 互感现象

$$\Psi_{21}=M_{21}I_1,\ \Psi_{12}=M_{12}I_2 \tag{10-15}$$

理论和实验都证明 $M_{21}=M_{12}=M$，称为两回路的互感系数，简称互感。在周围没有铁磁性物质的情况下，互感系数只与两个线圈各自的形状、大小、匝数、两线圈的相对位置及周围磁介质

的分布有关，与电流无关，M 是常量。有铁磁性物质，互感将受电流影响，不再是常量。

当 M 不变时，线圈 1 中的电流 I_1 变化在线圈 2 中产生的互感电动势 $\mathscr{E}_{21}$、线圈 2 中的电流 I_2 变化在线圈 1 中产生的互感电动势 $\mathscr{E}_{12}$，则根据法拉第电磁感应定律式(10-3)，有

$$\mathscr{E}_{21}=-\frac{\mathrm{d}\Psi_{21}}{\mathrm{d}t}=-M\frac{\mathrm{d}I_1}{\mathrm{d}t} \tag{10-16}$$

和

$$\mathscr{E}_{12}=-\frac{\mathrm{d}\Psi_{12}}{\mathrm{d}t}=-M\frac{\mathrm{d}I_2}{\mathrm{d}t} \tag{10-17}$$

因此，两个线圈的互感系数 M，可以定义为一个线圈的电流随时间的变化率为一个单位时，在另一个线圈中引起的互感电动势的绝对值。互感系数的单位也是亨利。

由式(10-16) 和式(10-17) 可以得出：当一个线圈中电流对时间的变化率一定时，互感系数 M 越大，则通过互感在另一线圈中产生的互感电动势就越大。所以，互感系数是两个电路耦合程度的量度。工程上和实验室中使用的变压器、互感器等电气设备，都是利用互感现象进行工作的，在这种情况下，需要增大线圈间的耦合程度以产生较大的感应电动势。而在某些场合，例如电力输送线、电话线会因为互感现象而产生有害的干扰，这时候就应注意线路的合理布置，尽量减小回路之间的耦合程度以避免干扰。

互感系数也由实验测定，少数几种情况可通过式(10-15) 计算得到。

10.3.3 自感磁能

磁场同电场一样也具有能量。一个载流线圈也能储存能量，而且这些能量也是以一定的能量密度分布在磁场中。下面，通过分析自感现象中的能量转换关系，来对磁场的能量加以简单介绍。

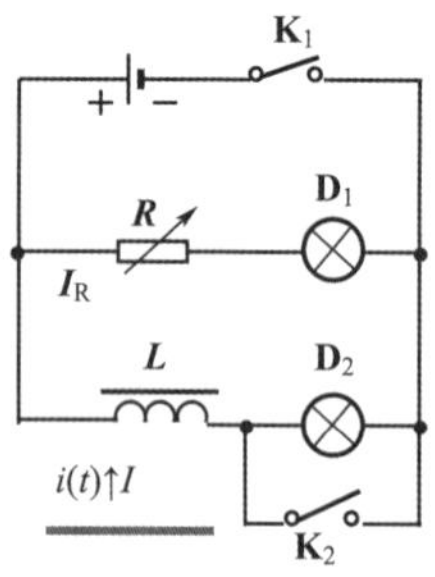

图 10-7 自感电路的能量转换

如图 10-7 所示，两个完全相同的灯泡 D_1 和 D_2，分别与一个可变电阻 R 和一个自感为 L 的线圈相串联，再并联到一个电动势为 $\mathscr{E}$ 的直流电源上。调节可变电阻，使其与绕制线圈 L 用的导线的电阻相等。断开 K_2，接通 K_1，发现 D_1 立刻亮；D_2 缓慢变亮，经一定时间后才达到与 D_1 一样的亮度。之所以在 D_2 电路出现这一现象，是因为该电路有自感 L 很大的线圈，由于线圈的自感应，会产生自感电动势 $\mathscr{E}_L$ 阻碍回路中电流的增大，所以该电路中的电流需要经过一定时间才能由零逐渐增大到稳定值 I。在这段时间内，外电源提供的能量一部分用于转换成焦耳热，一部分用于克服自感电动势做功以增大电流。与此同时，线圈里的磁场也在经历建立并逐渐增强最后达到稳定分布的过程。

因此，电源克服自感电动势做功所转化的能量，也就是线圈中电流所激发的磁场的能量。在 $\mathrm{d}t$ 时间内，外电源克服自感电动势所做的功为

$$\mathrm{d}A=-\mathscr{E}_L i\,\mathrm{d}t$$

将自感电动势 $\mathscr{E}_L=-L\frac{\mathrm{d}i}{\mathrm{d}t}$ 代入上式，有

$$\mathrm{d}A=Li\frac{\mathrm{d}i}{\mathrm{d}t}\mathrm{d}t=Li\,\mathrm{d}i$$

在回路中电流 $i(t)$ 由零增大到稳定值 I 的整个过程中，外电源克服自感电动势所做的总功为

$$A=\int dA=\int_0^I Li\,di=\frac{1}{2}LI^2$$

外电源克服自感电动势所做的功以能量的形式储存在线圈中。

在整个回路电流稳定之后，接通 K_2 然后再断开 K_1，会发现 D_1 闪亮后再熄灭。这是因为切断电源时，线圈中产生了自感电动势阻碍回路中电流衰减。在这个过程中，自感电动势起到了电源电动势的作用，通过自感电动势做功，将线圈中电流的磁场能量转化为焦耳热，是一个磁能释放的过程。我们同样能求得回路中电流由稳定值 I 减小到零的过程中，自感电动势所做的功为

$$A'=\int dA'=\int_0^I \mathscr{E}_L i\,dt=-\int_I^0 Li\,di=\frac{1}{2}LI^2$$

因此，当一个自感为 L 的线圈中通有电流 I 时，相应的电流的磁场储存的能量为

$$W_m=\frac{1}{2}LI^2 \tag{10-18}$$

W_m 称为自感磁能。

10.3.4 磁场的能量

均匀密绕的细长螺线管，长度为 l，横截面积为 S，单位长度的匝数为 n，自感线圈 L 通有电流 I 后的磁场强度、磁感应强度和自感系数分别为

$$H=nI,B=\mu_0\mu_r nI,L=n^2\mu_0\mu_r V$$

式中 $V=Sl$ 是螺线管的体积。因此，由式(10-18)可以将自感线圈 L 所储存的磁场能量表示为

$$W_m=\frac{1}{2}LI^2=\frac{1}{2}\mu n^2 VI^2=\frac{1}{2}BHV$$

将单位体积自感线圈 L 所储存的磁场能量密度 w_m 表示为

$$w_m=\frac{1}{2}BH=\frac{1}{2}\frac{B^2}{\mu}=\frac{1}{2}\mu H^2 \tag{10-19a}$$

可以证明，一般情况下磁能密度可以写成

$$w_m=\frac{1}{2}\boldsymbol{B}\cdot\boldsymbol{H} \tag{10-19b}$$

上述磁场能量密度公式虽是从长直螺线管这一特例推出，但它对所有磁场均适用。该式表明磁场中某一点的能量密度，只与该点的磁感应强度及磁介质的性质有关。

在非均匀磁场中，可以利用磁场能量密度公式求出磁场所储存的总能量

$$W_m=\iiint_V w_m dV=\frac{1}{2}\iiint_V \frac{B^2}{\mu}dV=\frac{1}{2}\iiint_V \boldsymbol{B}\cdot\boldsymbol{H}\,dV \tag{10-20}$$

式中 V 包括磁场所在的全空间。

所以，磁场具有能量，它的能量分布在磁场占据的空间。

例 10.6 一半径为 R 的无限长载流圆柱导体，截面各处电流均匀分布，总电流强度为 I(设导体内 $\mu=\mu_0$)。求每单位长度导体内所储存的磁场能量。

解：由安培环路定理可求得载流圆柱导体内距离中心轴线为 r 处的磁感应强度为 $B=\frac{\mu_0 Ir}{2\pi R^2}$，则该点处的磁能密度为 $w_m=\frac{1}{2}\frac{B^2}{\mu_0}$。

在圆柱体内、距离中心轴线为 r 处取长为 l、厚度为 dr 的同轴圆筒为体积元 $dV=2\pi rl\,dr$，则该体积元内的磁能为

$$dW_m = w_m dV = \frac{\mu_0 I^2 l}{4\pi R^4} r^3 dr$$

所以，长度为 l 的载流圆柱导体内储存的磁场能量为

$$W_m = \int_V dW_m = \frac{\mu_0 I^2 l}{4\pi R^4}\int_0^R r^3 dr = \frac{\mu_0 I^2}{16\pi} l$$

所以，单位长度导体内所储存的磁场能量为

$$W_{m_0} = \frac{W_m}{l} = \frac{\mu_0 I^2}{16\pi}$$

10.4 麦克斯韦电磁场理论简介

变化的磁场能激发电场，那么变化的电场能否激发磁场呢？麦克斯韦在研究了安培环路定理应用于随时间变化的电路电流间的矛盾之后，提出了位移电流假说，对这一问题做出了肯定的回答。19 世纪 50 年代到 60 年代，麦克斯韦在库仑、安培、法拉第等科学家工作的基础上，揭示了电场和磁场的内在联系及依存关系，用场的观点总结了电磁学的全部规律，形成了体系完整的普遍的电磁场理论，并且预言了电磁波的存在。1887 年，赫兹首次用实验证实了电磁波的存在。此后大量的实验都证明了麦克斯韦电磁场理论的正确性。本节主要介绍位移电流假说、麦克斯韦方程组的积分形式。

10.4.1 位移电流假说

在对自然界物理现象的研究过程中，人们发现自然规律在许多方面都表现出了对称性。既然变化的磁场能在其周围激发涡旋电场，那么变化的电场也应该能在其周围激发磁场。

现在考察图 10-8 所示的电容器充电过程。将 K 键合上，此时外电路导线中有电流 $I(t)$，但电容器两极板之间并没有电流。现在对同一个闭合路径 L 为边界的两个曲面 S_1 和 S_2 分别应用安培环路定理，对曲面 S_1 有传导电流 $\sum I_{in} = I$ 穿过，有 $\oint_L \boldsymbol{H}\cdot d\boldsymbol{l} = I$；对曲面 S_2，没有传导电流穿过，有 $\oint_L \boldsymbol{H}\cdot d\boldsymbol{l} = 0$。这显然出现了矛盾。矛盾的出现使麦克斯韦认识到，这个过程中有什么物理量被忽略了。在电容器充放电的过程中，虽然传导电流在电容器两极板间中断了，但是两极板上的电荷量、极板间的电场却在随时间变化。为此，麦克斯韦智慧地提出了位移电流的假说：变化的电场也是一种电流，并令

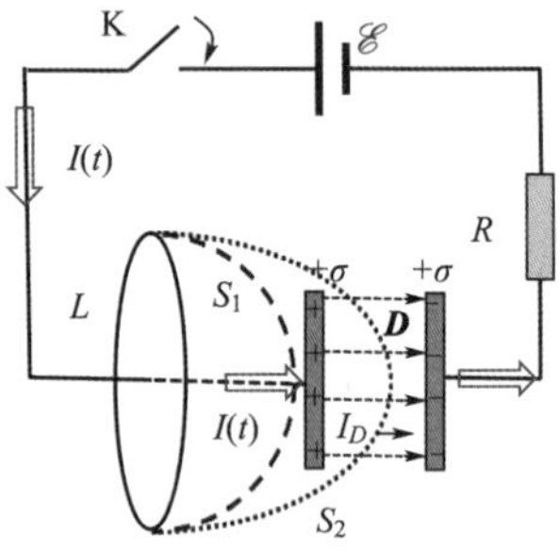

图 10-8　位移电流

$$I_D = \frac{d\Phi_D}{dt} \tag{10-21a}$$

I_D 称为"位移电流"。如果电位移 $\boldsymbol{D}$ 空间分布不均匀，则位移电流为

$$I_D = \iint_S \frac{\partial \boldsymbol{D}}{\partial t}\cdot d\boldsymbol{S} \tag{10-21b}$$

式中，$\boldsymbol{j}_{\mathrm{D}}=\frac{\partial \boldsymbol{D}}{\partial t}$ 称为位移电流密度。在激发磁场方面，位移电流与传导电流是等效的。

引入了位移电流的概念以后，在电容器极板处中断了的传导电流 I_{C}，可由位移电流 I_{D} 接上，在整个电路中保持电流连续不断。把传导电流与位移电流之和称为全电流，即使在非稳恒的电路中，全电流 $I=I_{\mathrm{C}}+I_{\mathrm{D}}$ 也是保持连续的。于是，安培环路定理改写为

$$\oint_L \boldsymbol{H}\cdot \mathrm{d}\boldsymbol{l}=\sum (I_{\mathrm{C}}+I_{\mathrm{D}})=\sum I_{\mathrm{C}}+\iint_S \frac{\partial \boldsymbol{D}}{\partial t}\cdot \mathrm{d}\boldsymbol{S}=\sum I_{\mathrm{C}}+\iint_S \boldsymbol{j}_{\mathrm{D}}\cdot \mathrm{d}\boldsymbol{S} \qquad (10\text{-}22)$$

这就是全电流定律。位移电流大小与变化电场的电位移矢量对时间的变化率 $\frac{\partial \boldsymbol{D}}{\partial t}$ 相关，只要电场随时间变化，就有相应的位移电流；“位移电流”同样激发“磁场”，因此位移电流假说和全电流定律的重要意义在于，揭示了变化的电场激发磁场。

10.4.2 电磁场理论的基本概念

麦克斯韦提出的关于感生电场的假说指出，变化的磁场激发感生电场；关于位移电流的假说指出，变化的电场激发磁场。这两条假说，深刻地揭示了电场和磁场的内在联系，反映了电和磁的对称性和统一性，表明交变电场和交变磁场不是彼此孤立的，它们相互联系、相互激发，组成了一个统一的电磁场。这就是麦克斯韦关于电磁场的基本概念。

10.4.3 麦克斯韦方程组的积分形式

前面两章我们研究的是真空中静电场和稳恒磁场的性质和规律，在本章中，通过法拉第电磁感应定律和全电流定律又揭示了交变的磁场激发的感生电场与交变的电场激发的磁场的性质和规律。麦克斯韦根据这些基本概念和规律，提出了电磁场的基本方程，概括总结了电场和磁场的基本规律，称为麦克斯韦方程组。接下来我们简单介绍一下麦克斯韦方程组的积分形式。

当两类电场、磁场同时存在时，描述电场和磁场的各场量应为

$$\boldsymbol{D}=\boldsymbol{D}_0+\boldsymbol{D}',\boldsymbol{E}=\boldsymbol{E}_0+\boldsymbol{E}',\boldsymbol{B}=\boldsymbol{B}_0+\boldsymbol{B}',\boldsymbol{H}=\boldsymbol{H}_0+\boldsymbol{H}'$$

因此，麦克斯韦提出，对一般的电磁场，高斯定理和环路定理应为

$$\oiint_S \boldsymbol{D}\cdot \mathrm{d}\boldsymbol{S}=\sum Q \qquad (10\text{-}23)$$

$$\oint_L \boldsymbol{E}\cdot \mathrm{d}\boldsymbol{l}=-\iint_S \frac{\partial \boldsymbol{B}}{\partial t}\cdot \mathrm{d}\boldsymbol{S} \qquad (10\text{-}24)$$

$$\oiint_S \boldsymbol{B}\cdot \mathrm{d}\boldsymbol{S}=0 \qquad (10\text{-}25)$$

$$\oint_L \boldsymbol{H}\cdot \mathrm{d}\boldsymbol{l}=\sum I_{\mathrm{C}}+\iint_S \frac{\partial \boldsymbol{D}}{\partial t}\cdot \mathrm{d}\boldsymbol{S} \qquad (10\text{-}26)$$

上述四式称为麦克斯韦方程组的积分形式。

式(10-23)是电场的高斯定理(电场强度通量定理)。它给出电场强度与电荷的关系，其中电场既包括电荷产生的电场，也包括变化磁场产生的电场。它表明，在任何电场中，通过任意闭合曲面的电位移通量等于该闭合曲面内包围的自由电荷的代数和。

式(10-24)是法拉第电磁感应定律(电场强度环流定理)，说明变化的磁场产生有旋电场。它表明，在任何电场中，电场强度沿任意闭合回路的积分(场强的环流)，等于通过以该回

路为边界的曲面的磁通量对时间变化率的负值。

式(10-25)是磁场的高斯定理(磁感应强度通量定理),它表明,在任何磁场中,通过任意闭合曲面的磁通量等于零。它说明自然界中无"磁单极",磁感应线总为闭合曲线,因而此方程也称为磁通连续原理。

式(10-26)是全电流安培环路定理(磁场强度环流定理)。它说明电流和变化的电场都能产生磁场。在任何磁场中,磁场强度沿任意闭合回路的积分,等于通过以该回路为边界的任意曲面的全电流,这就是全电流定律。

均匀各向同性电磁介质的影响已经引进方程组中,因为介质(和导体)的电磁性质方程是

$$\boldsymbol{D}=\varepsilon\boldsymbol{E},\boldsymbol{B}=\mu\boldsymbol{H},\boldsymbol{J}=\sigma\boldsymbol{E} \tag{10-27}$$

麦克斯韦方程组、洛伦兹力公式以及物质方程组构成了经典电磁理论的基本框架,如果边界条件和初始条件给定,原则上可以唯一确定任意时刻和任意空间点上的电磁场量。因此,麦克斯韦理论不仅成为研究物质、场和相互作用的范例,而且在许多技术领域中产生了深刻而久远的影响。最辉煌的成就是关于存在电磁波的预言,1887 年赫兹用实验证实了这一理论预言是完全正确的。

10.5 电磁波

根据麦克斯韦的电磁场理论,如果在空间某区域存在变化的电场,在邻近区域将产生磁场;如果在空间某区域存在变化的磁场,在邻近区域将产生电场。如果随时间变化的电场(磁场)产生的磁场(电场)也随时间变化,这新产生出来的随时间变化的磁场(电场)又会在较远处激发新的电场(磁场);如果新产生的电场(磁场)依然随时间变化,又可以在更远处产生磁场(电场);这种随时间变化的电场和随时间变化的磁场不断地交替产生,由近及远地以有限速度在空间传播,就形成了电磁波。麦克斯韦提出电磁场、电磁信号是以波的形式传播的,电磁波是在空间以有限速度传播的电场和磁场。麦克斯韦进一步断言,光(可见光)就是一定频率范围内的电磁波。20 年后的 1887 年,赫兹用实验证实了电磁波的存在。1898 年,马可尼又进行了许多实验,不仅证明光是一种电磁波,而且发现了更多形式的电磁波,它们的本质完全相同,只是波长和频率有很大的差别。赫兹的实验不仅有力地说明了麦克斯韦电磁场理论的正确性,也为近代无线电通信开辟了道路。

在麦克斯韦电磁场理论中,变化的磁场产生的电场是与磁场的时间变化率成正比的,而变化的电场产生的磁场也是与电场的时间变化率成正比的。因此,只有电场(磁场)随时间的变化是简谐的(按正弦或余弦规律变化),才能在空间无限传播下去。此外,由傅立叶分析可知,任何形式的函数都可以分解为若干简谐函数的组合。因此,在空间传播的电磁波必须是简谐波,或者是若干频率的简谐波的线性组合。电磁波的波源发出的电场和磁场都是简谐振动的,特别是平面简谐电磁波尤为重要。

10.5.1 电磁波的产生和发射

我们知道,振荡电路中的电流是周期性变化的,因此,根据麦克斯韦的理论,LC 电磁振荡就是一个很好的产生交变电场和磁场的装置,如图 10-9 所示。电容为 C 的电容器充有电荷时,电荷在电容器内产生电场,同时储存有电场能量;电感为 L 的自感线圈通有电流时,电流在自感线圈内产生磁场,同时储存有磁场能量。在开关 K 指向 2 时,切断外电源,组成 LC 振荡电

路；电容器储存的电荷量（包括正、负）将周期性变化，电容器内的电场（包括方向）将周期性变化，电容器内电场的变化将产生磁场；如果电容器内电场的变化是简谐的，将产生简谐变化的磁场。经过分析可以知道，LC 电磁振荡中，电容器上的电荷量 q 和自感线圈中的电流 i 都是周期性变化的（包括正、负），而且是简谐振荡。电容器上的电荷量 q 的简谐振荡将在电容器内产生简谐振荡的电场，而简谐振荡的电场又会激发简谐振荡的磁场。这样，电容器内的电场和磁场都是简谐振荡的。因此，LC 电磁振荡中的电容器可以作为简谐电磁波的波源。

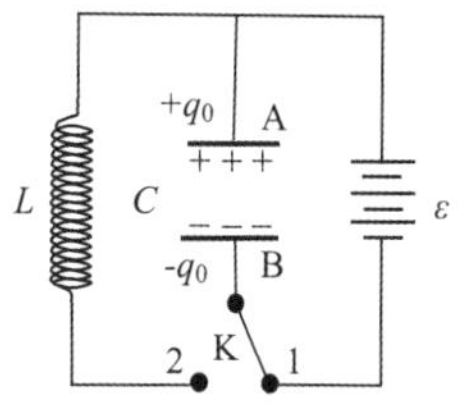

图 10-9　LC 电磁振荡

由 LC 电磁振荡可知，LC 电磁振荡中的电容器就是一个很好的简谐电磁波的波源。电容器两个极板上的电荷量周期性地简谐变化，从而在电容器中产生电场和磁场的周期性简谐变化。但是，在图 10-9 所示的这种普通振荡电路中，振荡电流的频率很低，而且交变的电场和磁场几乎分别被局限在电容器和自感线圈内，不利于电磁波的发射，并且发射功率也非常低。因此需要想办法让产生的交变电磁场分散出去传播开来，并且提高其辐射功率。

如果像图 10-10(a) 和(b) 所示那样，将 LC 电磁振荡中的电容器的两个极板分开直至电容器外电路伸直为一条直线，则电容器内的周期性简谐振荡的电场和磁场就可以传播出去，从而产生电磁波。由于在 LC 电磁振荡中的电容器的电荷量的周期性简谐振荡是由电容器外电路的电流引起的，而电流又是电荷的定向移动，所以，电容器的电荷量的周期性简谐振荡可以等效为电容器外电路中的电荷量不变而电荷量 q_0 在电容器外电路中周期性简谐振荡，如图 10-10(c) 所示。也就是在直线型导线中电荷量 q_0 做周期性简谐振荡，或者说，在直导线两端简谐交替出现等量异号电荷量。这种在直导线中相位相反（相位差为 π）简谐振荡的等量异号电荷组成的系统称为振荡偶极子。振荡偶极子能够把电磁波波源的能量发射出去产生电磁波。任何振荡电荷或电荷系统都是发射电磁波的波源，甚至原子或分子中电荷的振动都会在其周围产生电磁波，这就是加速运动的电荷能够辐射电磁波的原理。

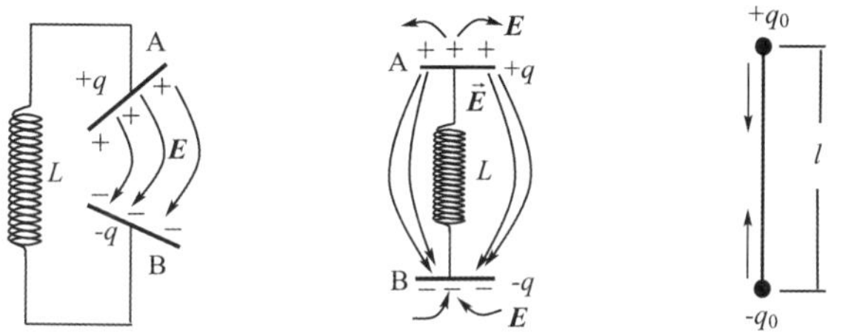

图 10-10　电磁波的产生

1887 年，赫兹就是应用上述类似的振荡偶极子，实现了电磁波的发射和接收的。

设振荡偶极子由一对等量异号电荷 $+q_0$ 和 $-q_0$ 组成，$t=0$ 时刻正、负电荷重合，振荡过程中它们之间的距离随时间按余弦规律变化，就会在其周围空间产生交变的电磁场的传播。图 10-11 展示了不同时刻振荡偶极子附近的电场线，为简单计，我们只分析振荡偶极子附近一条电场线的形状。从图中可以看出，在振荡过程中，随着两个电荷的振动，这条电场线两端靠拢，当正、负电荷重合时，电场线便成为闭合形状。对整个振动偶极子的电场来说，此时涡旋状周期性简谐振荡的电场开始形成。与此同时，由于偶极子电荷的运动等效成电流，也会在与电场垂直的平面上产生涡旋状周期性简谐振荡的磁场。此后，正、负电荷的位置开始对调，形成反方向的新的电场线。相应的，磁场线也是反方向的。对整个振荡偶极子激发的电磁场来说，随着正、负电荷向反方向运动，就形成了反方向相互垂直的一组涡旋状的电场和磁场。振荡偶极子发射的电磁波近似于球面波，在振荡偶极子的近处区域的电场和磁场很复杂；但在较远的区域，电场线形成闭合曲线，这一区域称为辐射区，其间的电场是涡旋场，涡旋电场在其周围产生磁场，这变化的磁场又产生变化的电场，二者不断相互激发，由近及远地传播形成电磁波。

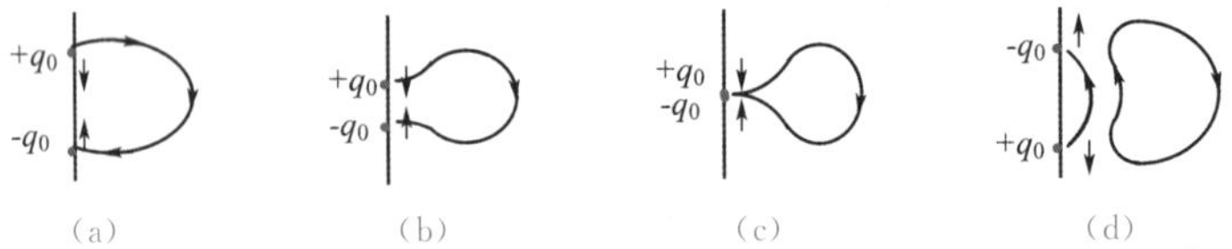

图 10-11　不同时刻振荡偶极子附近的电场线

振荡偶极子辐射的电磁波是球面波，但是在远场或辐射场区域，电场和磁场都可以近似看作平面简谐波。可以通过求解麦克斯韦方程组给出这个平面电磁波的波动方程为

$$\nabla^2 \boldsymbol{E} - \varepsilon\mu \frac{\partial^2 \boldsymbol{E}}{\partial t^2} = 0 \tag{10-28a}$$

$$\nabla^2 \boldsymbol{H} - \varepsilon\mu \frac{\partial^2 \boldsymbol{H}}{\partial t^2} = 0 \tag{10-28b}$$

其中，$\nabla^2 = \frac{\partial^2}{\partial x^2} + \frac{\partial^2}{\partial y^2} + \frac{\partial^2}{\partial z^2}$，称为拉普拉斯算符。

将其同波动方程式(7-8) 比较，可得电磁波的传播速度为

$$u = \frac{1}{\sqrt{\varepsilon\mu}} \tag{10-29}$$

在真空中，电磁波的传播速度为

$$u_0 = \frac{1}{\sqrt{\varepsilon_0\mu_0}} = \frac{1}{\sqrt{8.85\times10^{-12}\times4\pi\times10^{-7}}} = 2.998\ 633\ 83\times10^8 (\mathrm{m\cdot s^{-1}})$$

10.5.2 平面电磁波的性质

理论分析和实验结果总结和证实了电磁波(平面简谐波) 具有如下的一般性质：

(1) 电场波是电场 $\boldsymbol{E}$ 和磁场 $\boldsymbol{H}$ 在空间的传播，是电场 $\boldsymbol{E}$ 和磁场 $\boldsymbol{H}$ 两种波动。电场 $\boldsymbol{E}$ 和磁场 $\boldsymbol{H}$ 波动的物理特征相同。

(2) 电磁波是横波。在任一条波线上，$\boldsymbol{E}$ 和 $\boldsymbol{H}$ 的方向始终相互垂直，并且它们都垂直于电磁波的传播方向(波速 $\boldsymbol{u}$ 方向)。$\boldsymbol{E}$、$\boldsymbol{H}$ 和 $\boldsymbol{u}$ 三者构成右手螺旋关系，$\boldsymbol{E}\times\boldsymbol{H}$ 的方向是电磁波的传播方向。沿给定方向传播的电磁波在传播的过程中，电场 $\boldsymbol{E}$ 和磁场 $\boldsymbol{H}$ 都在各自的振动面内振动，因此电磁波具有偏振性。

(3) 电场 $\boldsymbol{E}$ 和磁场 $\boldsymbol{H}$ 的相位相同。电场 $\boldsymbol{E}$ 和磁场 $\boldsymbol{H}$ 都在做周期性变化，而且相位相同。电场 $\boldsymbol{E}$ 和磁场 $\boldsymbol{H}$ 同时同地达到最大，同时同地达到最小。电场 $\boldsymbol{E}$ 和磁场 $\boldsymbol{H}$ 始终相伴在一起，构成电磁场，波动也就成为电磁波，如图 10-12 所示。

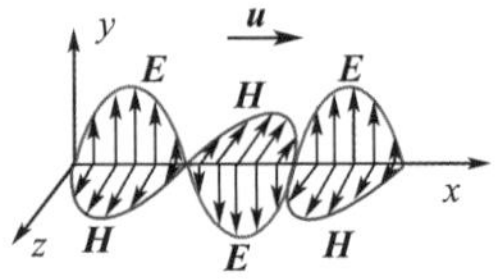

图 10-12　平面电磁波

(4) 在平面电磁波传播过程中，任一时刻电场 $\boldsymbol{E}$ 和磁场 $\boldsymbol{H}$ 的量值都成比例，有

$$\sqrt{\varepsilon}E = \sqrt{\mu}H \tag{10-30a}$$

显然，电场 $\boldsymbol{E}$ 和磁场 $\boldsymbol{H}$ 的幅值也满足如下关系

$$\sqrt{\varepsilon}E_0=\sqrt{\mu}H_0 \tag{10-30b}$$

（5）电磁波在介质中的传播速度为

$$u=\frac{1}{\sqrt{\varepsilon\mu}}$$

在真空中的传播速度为

$$u_0=\frac{1}{\sqrt{\varepsilon_0\mu_0}}=\frac{1}{\sqrt{8.85\times10^{-12}\times4\pi\times10^{-7}}}=2.998\ 633\ 83\times10^8(\mathrm{m\cdot s^{-1}})$$

电磁波在真空中的传播速度与光在真空中的传播速度完全一致，证明了光就是电磁波，从而揭示了光的电磁本性。

电磁波在不同介质中传播的速度不同。将电磁波在真空中传播速度 c 与其在介质中传播速度 u 的比值，定义为介质的折射率，有

$$n=\frac{c}{u}=\frac{\sqrt{\varepsilon\mu}}{\sqrt{\varepsilon_0\mu_0}}=\sqrt{\varepsilon_r\mu_r} \tag{10-31}$$

对于真空，折射率 $n=1$；对于介质，折射率 $n>1$。

10.5.3 电磁波的能量

电磁波实质上是电场和磁场能量的传播，电场和磁场都具有能量，所以电磁波传播的过程，必然伴随着能量的传播。电磁波传播时所携带的能量称为辐射能。在均匀各向同性的介质中，电场和磁场的能量密度分别为

$$w_e=\frac{1}{2}\varepsilon E^2,w_m=\frac{1}{2}\mu H^2$$

因此，电磁场总的能量密度为

$$w=w_e+w_m=\frac{1}{2}(\varepsilon E^2+\mu H^2) \tag{10-32}$$

由此可以看出，电磁波的辐射能的传播速度就是电磁波的传播速度 u，辐射能的传播方向就是电磁波的传播方向。单位时间内通过垂直于传播方向的单位面积上的辐射能称为辐射强度或能流密度，用 S 表示，有

$$S=wu \tag{10-33}$$

对于平面电磁波，有 $u=1/\sqrt{\varepsilon\mu}$ 和$\sqrt{\varepsilon}E=\sqrt{\mu}H$，所以

$$S=EH \tag{10-34}$$

由于 $\boldsymbol{E}$、$\boldsymbol{H}$ 和 $\boldsymbol{u}$ 三者彼此垂直，构成右手螺旋关系，而辐射能的传播方向就是电磁波的传播方向，所以上式可以写成矢量式

$$\boldsymbol{S}=\boldsymbol{E}\times\boldsymbol{H} \tag{10-35}$$

式中 $\boldsymbol{S}$ 称为辐射强度矢量，也称为坡印廷矢量。S 在一个周期 T 内的平均值称为平均能流密度，其大小就是平均辐射强度，用 $\overline{S}$ 表示。以平面电磁波为例，可以计算其值为

$$\overline{S}=\frac{1}{T}\int_0^T S\mathrm{d}t=\frac{1}{2}E_0H_0$$

又因为$\sqrt{\varepsilon}E_0=\sqrt{\mu}H_0$ 以及 $c=1/\sqrt{\varepsilon_0\mu_0}$，得

$$\overline{S}=\frac{1}{2}\varepsilon_0cE_0^2 \quad 或 \quad \overline{S}=\frac{1}{2}\mu_0cH_0^2 \tag{10-36}$$

光是电磁波，电磁波的波强就是光强，在波动光学中光强表示为

$$I=\frac{1}{2}E_0H_0=\frac{1}{2}\mu_0cH_0^2=\frac{1}{2}\varepsilon_0cE_0^2\propto E_0^2 \tag{10-37}$$

光强与电磁波中电场强度振动的振幅的平方成正比。可以直接用电磁波中电场强度振动的振幅的平方表示光强。

10.5.4 电磁波谱

麦克斯韦从理论上证明光是电磁波，赫兹用实验进一步证实了这一论断。此后还发现X射线和伽马射线等都是电磁波。这些电磁波在本质上完全相同，只是波长或频率有很大的差别。各种波长范围(波段)的电磁波的产生方式和作用及用途各不相同。虽然不同波长的电磁波具有不同的特性，但在真空中的传播速度却都相同，所以频率不同的电磁波在真空中具有不同的波长 λ，频率越高，对应的波长就越短。按照频率 ν(或真空中的波长 λ)的次序，把各种电磁波排列成谱，称为电磁波谱，如图10-13所示。

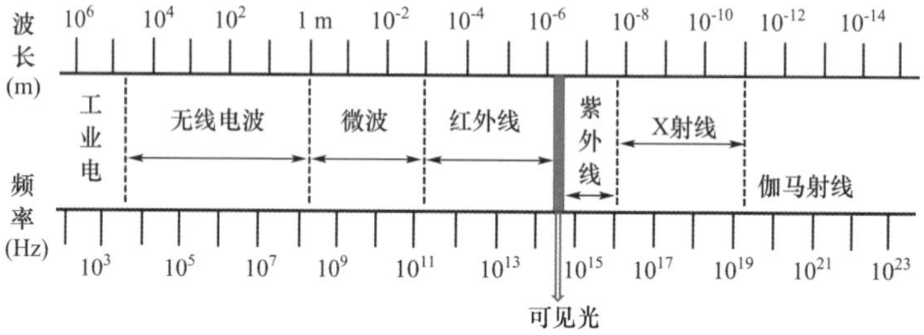

图10-13 电磁波谱

1.无线电波

波长范围在30 km ～ 1 m(频率 $10^4\sim3\times10^8$ Hz)之间的电磁波，称为无线电波。无线电波可以由振荡电路中自由电子的周期性运动而人工制造产生。无线电波可用于无线电通信，无线电广播、电视和手机等用的就是这一波段的电磁波。比无线电波频率更低(波长更长)的电磁波是工业电，如我们国家的工业电频率为50 Hz，由交流发电机产生。

2.微波

波长范围在1 m ～ 1 mm(频率 $3\times10^8\sim3\times10^{11}$ Hz)的电磁波，称为微波(分米波、厘米波、毫米波的统称)。通常由直流电或50 Hz交流电通过一特殊的器件来获得微波。微波是实际应用中极为重要的一个波段，从无线电通信到家用微波炉的电磁波都在这个波段内。微波可用于雷达、电视导航以及其他无线电通信。由于分子、原子与核系统所表现的许多共振现象都发生在微波的范围，因而微波为探索物质的基本特性提供了有效的研究手段。此外，微波具有选择性吸收特性，对于玻璃、塑料和瓷器，微波几乎是穿越而不被吸收(对金属类东西，则会反射微波)，而对于水和食物等就会吸收微波而使自身发热(微波炉)。

3.红外线

波长范围在1 mm ～ 760 nm(频率 $3\times10^{11}\sim3.9\times10^{14}$ Hz)的电磁波称为红外线，介于微波与红光之间，比可见光中的红光波长长，人眼看不见。红外线主要由炽热物体所辐射，是原子或分子内的外层电子运动状态改变时所发出的电磁波。由于物体辐射红外线的波长与物体的温度有关，从而可以用来测量物体的温度(红外温度计)以及对物体进行户外成像(夜视仪)。由于物质的分子结构和化学成分与它所能吸收的红外线的波谱有密切关系，利用物质对红外线的吸收情况可以分析物质的组成和分子结构(红外分析)。此外，红外线最显著的性质

是热效应，生产中常用红外线的热效应来烘烤物体。生活中的许多遥控装置都在使用低功率的红外线，比如电视机的遥控器，还有防火报警器等。

4.可见光

波长范围在 760～400 nm（频率 3.9×10^{14}～7.5×10^{14} Hz）的电磁波能使人眼产生光的感觉，称为可见光，可见光在整个电磁波谱中只占很小的一部分。可见光也是原子或分子内的外层电子运动状态改变时所发出的电磁波。人眼所看见的不同颜色的光实际上是不同波长的电磁波，白光则是各种颜色的可见光的混合。

5.紫外线

波长范围在 400～10 nm（频率 7.5×10^{14}～3×10^{16} Hz）的电磁波称为紫外线。紫外线的波长比紫光的波长短，不能引起人的视觉。紫外线也是原子或分子内的外层电子运动状态改变时所发出的电磁波。紫外线可用于防伪，紫外线还有生理作用，能杀菌、消毒、治疗皮肤病和软骨病等。但过强的紫外线会伤害人体，应注意防护。紫外线的粒子性较强，能使各种金属产生光电效应。

6.X 射线

波长范围在 10～0.01 nm（频率 3×10^{16}～3×10^{19} Hz）的电磁波称为X射线，即伦琴射线，是波长比紫外线更短的电磁波。X 射线一般由 X 光管产生，是原子的内层电子由一个能态跳至另一个能态时或电子在原子核电场内减速时所发出的电磁波。X 射线具有很强的穿透能力，它能使照相底片感光，使荧光屏发光，利用这种性质可以透视人体内部的病变和检查金属部件的内伤。不过由于它的能量很高，必须防止过量辐射，以免对人体造成伤害。由于X射线的波长与晶体中原子间距离的线度相近，因此在科学研究中，常用 X 射线来分析晶体的结构（X 射线衍射）。

7.伽马射线

波长短于 0.01 nm，频率超过 3×10^{19} Hz 的电磁波称为伽马射线，是在原子核内部的变化过程（衰变）中发出的一种波长极短的电磁波，许多放射性同位素都发射伽马射线。伽马射线的穿透力很强，对生物的破坏力很大。伽马射线有多方面的应用，如对金属探伤等，伽马射线可以帮助了解原子核的结构。伽马射线也能穿透并损伤人体细胞，所以它在医学中被用于杀死癌细胞。

练习题

1.将磁铁插入闭合线圈，一次是迅速地插入，一次是缓慢地插入。问：(1) 两次插入线圈，线圈中的感应电荷是否相同？(2) 两次插入线圈，手推磁力（反抗电磁力）所做的功是否相同？

2.如题 10-1 图所示，长直导线中通有电流 $I=6$ A，另一矩形线圈与长直导线共面，线圈匝数为 10 匝，宽 $a=10$ cm，长 $L=20$ cm，以 $v=2$ m/s 的速度向右运动。请分别用法拉第电磁感应定律和动生电动势定义式计算：$d=10$ cm 时线圈中的感应电动势。

3.将导线 ab 弯成如题 10-2 图所示形状（其中 cd 是半径为 r 的半圆，直导线 ac 和 db 的长度均为 l），整个导线在均匀磁场 $\boldsymbol{B}$ 中绕轴线 ab 以角速度 ω 转动。设电路的总电阻为 R，当 $t=0$ 时从图示的位置开始转动。求导线中的感应电动势和感应电流以及它们的最大值。

4.一根长为 L 的金属棒 ab，水平放在均匀磁场 $\boldsymbol{B}$ 中，如题 10-3 图所示。金属棒可绕竖直轴 O_1O_2 以角速度 ω 在水平面旋转，O_1O_2 在离细杆 a 端 L/k 处（设 $k>2$）。试求 ab 两端间的

电势差 U_a-U_b，并指出哪端电势高。

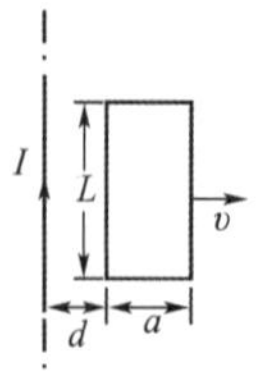

题 10-1

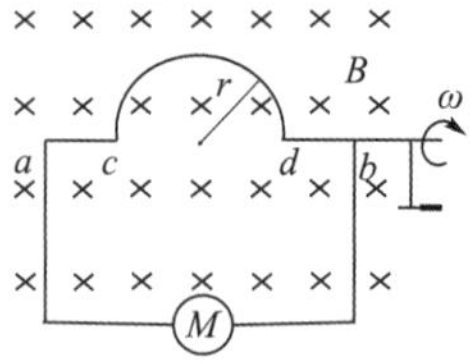

题 10-2

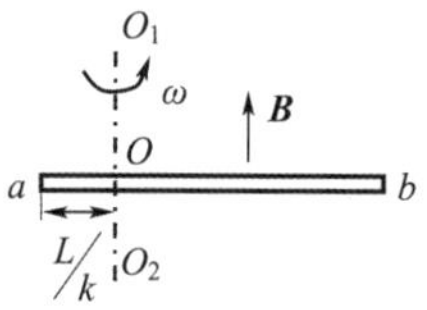

题 10-3

5.如题 10-4 图所示，长度为 L 的导体棒 OP，处于均匀磁场 $\boldsymbol{B}$ 中，并绕 OO' 轴以角速度 ω 旋转，棒与转轴间夹角恒为 θ，磁感应强度 $\boldsymbol{B}$ 与转轴平行。求：OP 棒在图示位置处的电动势 $\mathscr{E}_{OP}$ 为多少？O 和 P 两点间的电势差 U_{OP} 为多少？

6.如题 10-5 图所示，一无限长的直导线中通有交变电流 $I=I_0\sin\omega t$，它旁边有一个与其共面的、长为 l，宽为 $(b-a)$ 的长方形线圈 $pqmn$，试求：(1) 穿过回路 $pqmn$ 的磁通量；(2) 在回路 $pqmn$ 中产生的感应电动势。

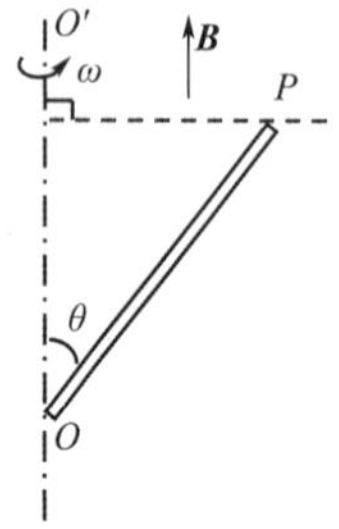

题 10-4

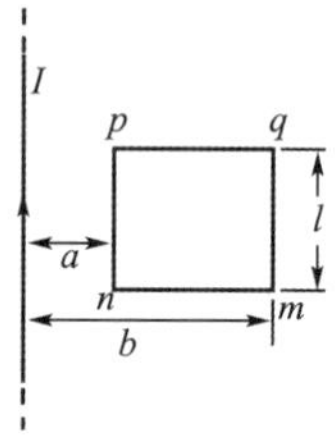

题 10-5

7.有一个螺线管，每米有 800 匝。在管内中心放置一个绕有 30 圈的半径为 1 cm 的圆形小回路，在 0.01 s 时间内，螺线管中产生了 5 A 的电流。问小回路中产生的感应电动势为多少？

8.写出静电场与感生电场的区别和联系。

9.在长为 60 cm、直径为 5.0 cm 的空心纸筒上，绕多少匝才能得到自感为 6.0×10^{-3} H 的线圈？

10.两根平行长直导线，截面积的半径都是 a，中心相距为 d，载有大小相等方向相反的电流。设 $d\gg a$，且两导线内部的磁通量都可略去不计。求这一对导线长为 l 的一段的自感系数。

11.一长直螺线管，长为 l，直径为 D，且 $l\gg D$，导线均匀密绕在管的圆柱面上，单位长度的匝数为 n，导线中的电流强度为 I。求：(1) 螺线管内的磁感应强度；(2) 若管内充满磁导率为 μ（μ 为常数）的均匀磁介质，计算其自感系数 L 以及储存的磁场能量。

12.一根很长的同轴电缆，由两个半径不同的圆筒形导体组成。内圆柱面半径为 R_1，外圆柱面半径为 R_2，电流 I 均匀地顺着内圆柱面沿轴线方向流进，沿外圆柱面均匀地流回。两圆柱面间充满均匀的、各向同性的磁介质，磁导率为 μ。求：(1) 在 $r<R_1$、$R_1<r<R_2$ 和 $r>R_2$ 区间内各点的磁感应强度大小 B 的表达式；(2) 长度为 l 的一段电缆内的磁场中储存的磁场能量 W_m；(3) 单位长度电缆的自感系数。

13.矩形截面的螺绕环，尺寸如题 10-6 图所示，共绕有 N 匝线圈，通有电流 I，求：(1) 环内磁感应强度的分布；(2) 过螺绕环截面（图中阴影区）的磁通量；(3) 若环内充有磁导率为 μ 的磁介质，求其所储存的磁场能量。

14.如题 10-7 图所示，一矩形截面的螺绕环，内、外半径分别为 a 和 b，高为 h，共 N 匝。在环的轴线上，放有一条“无限长”载流直导线 I_1。试求：(1) 螺绕环的自感系数；(2) 长直导线和螺绕环的互感系数；(3) 当螺绕环内通有恒定电流 I 时环内贮存的自感磁能。

15.在真空中传播的平面简谐电磁波的电场强度波动表达式为

$$\boldsymbol{E}=\boldsymbol{j}E_0\cos\left[\omega\left(t-\frac{x}{c}\right)+\frac{\pi}{6}\right]\ (\mathrm{SI})$$

求：该电磁波磁场强度和磁感应强度波动表达式。

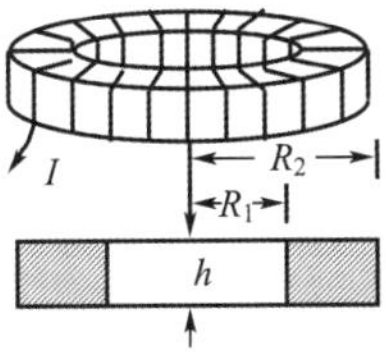

题 10-6

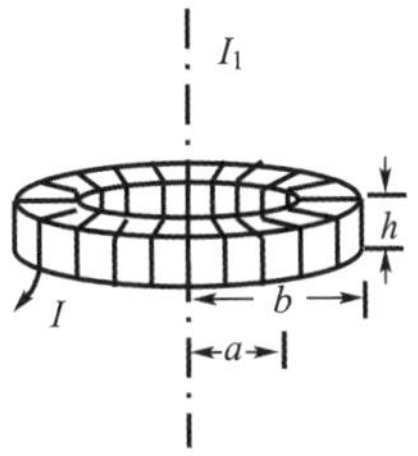

题 10-7

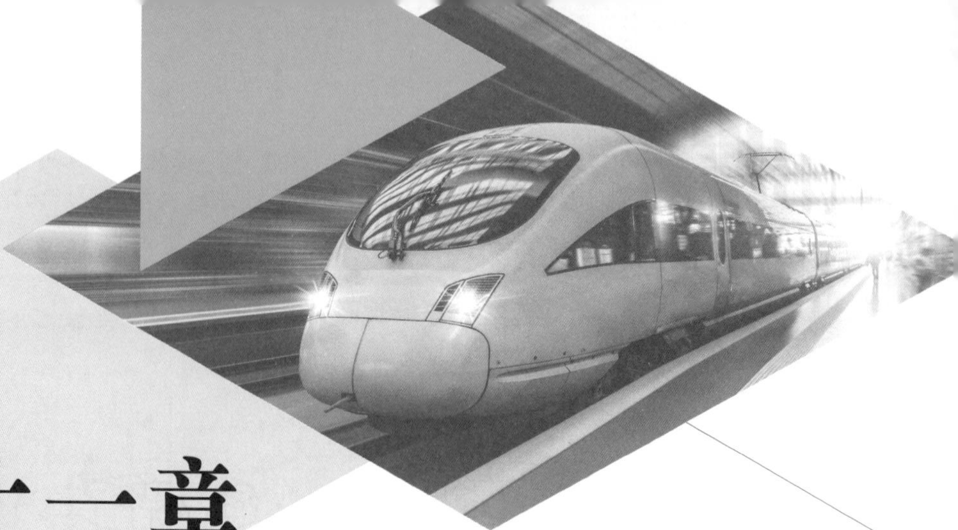

第十一章

波动光学

光学是物理学中发展较早的一个分支。早在两千多年前,《墨经》中就记载了关于光线直进的原理以及凹镜和凸镜的实验。沈括的《梦溪笔谈》中还对针孔成像、球面镜成像、虹霓、月食等现象做了详尽的叙述。这些有关光学的记载,在世界科学史上占用崇高地位。

关于光的本性的认识也经历了一个不断深化的过程。在 17 世纪以前,人们对光学的研究仅限于几何光学方面。之后人们开始探讨光的本性。到了 17 世纪后期,逐渐形成了两派不同的学说:一派是以牛顿等为代表的微粒说,认为光是按照惯性定律沿直线飞行的微粒流。另一派是以惠更斯等为代表的波动说,认为光是在特殊介质中传播的机械波。两种观点各自都能对一些光学现象加以合理的解释,但是也都存在着彼此难以说明的问题。到了 19 世纪初,人们发现光的干涉、衍射、偏振等现象,托马斯·杨、菲涅耳、马吕斯、傅科等人的研究,使得光的波动说占据了统治地位,到了 19 世纪中叶随着麦克斯韦电磁场理论的建立,使人们认识到光是一种电磁波。可是当涉及光与物质相互作用时,又出现了光电效应、康普顿效应等一些光的波动理论无法解释的新现象。这时必须假定光是具有一定质量、能量和动量的粒子组成的粒子流,这种粒子称为光子,只有从光的量子性出发才能解释这些新现象。由此产生了关于光的本性的最新认识:光具有波粒二象性。

本章将从光的波动性出发,研究光的干涉、衍射和偏振等方面的规律和应用。光的粒子性将在下一章中研究。

11.1 相干光　光程

11.1.1 光源

各种能发射光波的物体称为光源。物理学意义上的光源,指的是能发出一定波长范围的电磁波(包括可见光与紫外线、红外线、X射线等不可见光)的物体。依靠反射外来光才能使人们看到它们的物体,像月亮表面、桌面等,不能称为光源。各种不同光源的激发方式不同,常见的发光过程有热辐射、电致发光、光致发光、化学发光等。

普通光源(指非激光光源)发光机理是处于激发态的原子或分子的自发辐射。即光源中的原子吸收外界能量后处于较高能级的激发态,这些激发态是不稳定的,它们会自发地由高能级态返回到较低能量状态,向外辐射电磁波。普通光源发光的特点是:各个原子的激发与辐射是彼此独立的、随机的,是间歇性进行的。这个辐射过程的持续时间很短,为 $10^{-9} \sim 10^{-8}$ s,每次只能发出一个有限长的光波列。因此普通光源发光过程中,不同原子在同一时刻所发出的光波列在频率、振动方向和相位上各自独立,同一原子在不同时刻所发出的光波列之间振动方向和相位也各不相同。

11.1.2 单色光

在光学中,我们称具有单一频率的光为单色光,单色光的波列无头无尾无始无终。实际上,严格意义上的单色光是不存在的。任何光源所发出的光波都有一定的频率(或真空中的波长)范围,而且各种频率(或真空中的波长)的波的波强是不同的,称为复色光。设光源的光谱曲线的中心波长 λ_0 的强度为 I_0(最强波强),一般定义谱线两边波强下降到 $I_0/2$ 对应的两个波长值之间的差 $\Delta\lambda$ 为谱线宽度。谱线宽度是标志光源所发出的光波的单色性好坏的物理量,谱线宽度越窄光源所发出的光波的单色性越好。实际上,常用一些设备从复色光中获得近似单色的准单色光,例如,使用滤光片或用各种光谱分析仪得到准单色光。

在干涉和衍射实验中,一般观察屏离光源很远,以保证光源发出的光波在观察屏处近似看作平面波。由此各个光源的光波在观察屏处的单独光强是均匀的,不随观察点变化而变化。

对于可见光,频率范围为 $7.5\times10^{14} \sim 3.9\times10^{14}$ Hz,相应于真空中的波长范围为 400 ~ 760 nm。不同频率的可见光给人眼以不同的颜色感觉。

按麦克斯韦电磁场理论,光波(电磁波)在介质中的频率与真空中的频率相同。光波(电磁波)在透明介质中的传播速度为 $u=\dfrac{c}{n}$,其中的 $n=\sqrt{\varepsilon_r\mu_r}$ 为透明介质的折射率,$\varepsilon_r \geqslant 1$ 为介质的相对介电常数,$\mu_r \geqslant 1$ 为介质的相对磁导率。在光频段,$\mu_r \approx 1$,因此介质的折射率近似为 $n \approx \sqrt{\varepsilon_r}$。

11.1.3 相干光

光波是电磁波,是交变的电场和磁场在空间同相位的传播。电场强度与磁场强度振动频率相同而且相位相同,电场强度和磁场强度振动方向与电磁波的传播方向成右手螺旋关系。

实验表明,引起人眼视觉和光化学效应的主要是光波中电场强度 $\boldsymbol{E}$,称为光矢量,我们后面提到的光波中的振动矢量就是指 $\boldsymbol{E}$ 矢量。

电磁波的强度定义为能流密度 $\boldsymbol{S}$ 的大小,即单位时间内,通过某单位横截面的电磁场能量。由于光波的频率很高,它的瞬时值实际上很难测量,因此一般采用能流密度的时间平均值作为光强(度)

$$I=\overline{S}=\frac{1}{2}E_0H_0=\frac{1}{2}\sqrt{\frac{\varepsilon}{\mu}}E_0^2$$

在波动光学中,主要讨论的是光波所到之处的相对光强度,一般不需要计算空间各处的光强度

的绝对值，特别是在各向同性介质中传播不需考虑介质折射率的影响。因此，在波动光学中，光强度直接定义为

$$I=\frac{1}{2}E_0^2$$

空间某处的光强为该处电磁波中电场强度振动振幅的平方的二分之一。

如果两束光波同时满足频率相同、相位差恒定、光矢量振动方向平行(不垂直) 这三个条件，就能使两束光波的叠加显示出干涉现象。这三个条件，称为**相干条件**。在相干条件中，“频率相同” 是任何波产生干涉的必要条件；至于“光矢量振动方向平行”，指的是只要光矢量振动方向不相互垂直($\theta \neq \pi/2$)，原则上都能观察到干涉现象。不过，在其他条件不变的情况下，光矢量振动方向愈接近平行，干涉效果也愈明显；对于“相位差恒定” 指的是两束光波的初相差不随时间变化(一般来说，可以两束光波取自同一光源的同一光束，初相差为零)、两光波在空间某点的“相位差” 不随时间变化(不同的空间点“相位差” 不同)，从而形成稳定的光强空间分布。相位差恒定是保证干涉图样稳定所必需的。

两束光波相干叠加时，空间 P 点的光强为

$$I=I_1+I_2+2\sqrt{I_1I_2}\cos\Delta\varphi \tag{11-1}$$

其中，$\Delta\varphi$ 为两光波在 P 点的相位差。

如果光波是在真空中传播，相位差 $\Delta\varphi$ 还可以表示为

$$\Delta\varphi=\varphi_{20}-\varphi_{10}-\frac{2\pi(r_2-r_1)}{\lambda}=\varphi_{20}-\varphi_{10}-\frac{2\pi\delta}{\lambda},\delta=r_2-r_1 \tag{11-2}$$

如果光波是在折射率为 n 的介质中传播，相位差 $\Delta\varphi$ 可以表示为

$$\Delta\varphi=\varphi_{20}-\varphi_{10}-\frac{2\pi n(r_2-r_1)}{\lambda}=\varphi_{20}-\varphi_{10}-\frac{2\pi\delta}{\lambda},\delta=nr_2-nr_1 \tag{11-3}$$

其中，λ 为光波在真空中的波长；δ 为两光波在 P 点的光程差。

在相干叠加时，相位差 $\Delta\varphi$(或光程差 δ) 决定了空间点干涉光强的大小。由于两光波在 P 点的相位差 $\Delta\varphi$ 随空间点 P 的不同而不同，因此，相干叠加时，空间各点的光强一般不同，但不随时间变化，即在空间形成一个稳定的光强分布，称为干涉图样。干涉图样(条纹) 可反映光的全部信息(强度、相位)，是光信息存储(全息照相) 的物理基础。

若相干叠加的两光波电矢量的振动方向平行，称为完全相干光，则相干叠加时，当 $\Delta\varphi=\pm 2k\pi(k=0,1,2,\cdots)$，则 P 点的光强极大(相长干涉)，为

$$I_{max}=I_1+I_2+2\sqrt{I_1I_2} \tag{11-4a}$$

如果 $\Delta\varphi=\pm(2k+1)\pi(k=0,1,2,\cdots)$，则 P 点的光强极小(相消干涉)，为

$$I_{min}=I_1+I_2-2\sqrt{I_1I_2} \tag{11-4b}$$

如果取 $E_{10}=E_{20}$，即 $I_1=I_2$，则 $I_{max}=4I_1=4I_2$，$I_{min}=0$，在这种情况下，干涉图样的明暗对比度最大，干涉效果最好。

11.1.4 获得相干光的方法

对普通光源，保证相位差恒定成为实现干涉的关键。根据光源的发光机理，两个独立的普通光源或同一光源的不同部分发出的光不是相干光，因为它们的频率一般不同，光矢量的振动方向及相位差都随时间无规则的变化，不满足相干条件。这种非相干光源发出的光的叠加是不会产生稳定干涉图样的。因此，要想观察到光的干涉，必须借助于一定的光学装置(干涉

装置）把同一原子所发出的光波分解成两列或几列波。由于这些波来自同一源波，所以，当源波的初相位改变时，各成员波的初相位都随之做相同的改变，从而它们之间的相位差保持不变。这样，尽管原始光源的初相位频繁变化，分光束之间仍然可能有恒定的相位差，使各分光束经过不同的光程，然后再相遇，就可能产生干涉现象。同时，各成员波光矢量的振动方向也与源波一致，因而在观察点它们的振动方向也大体相同，一般的干涉装置又可使各成员波的振幅不太悬殊，从而可以形成稳定清晰的干涉条纹（图样）。

通常人们是通过图 11-1 所示的两种方法来得到相干光。图 11-1(a) 所示的方法实质上是将一原子发出的同一光波波列按其传播方向不同，在同一波面上分成两部分或若干部分（如图中 S_1 和 S_2），使之构成两个或若干个相干的子波源而获得相干光，这个方法通常称为分波阵面法。杨氏双缝、菲涅耳双面镜和劳埃德镜等都是分波阵面干涉装置。

图 11-1(b) 所示的方法是利用一块透明介质两界面的反射和折射，将入射的光振动按其能量（或振幅）分成两个部分，从而构成相干光。这种产生相干光的方法是将光波的光强（能量）分成若干份，而光强又是由光波的振幅决定的，所以，这种获得相干光的方法称为分振幅法。最简单的分振幅干涉装置是薄膜，它是利用透明薄膜的上下表面对入射光的依次反射，由这些反射光波在空间相遇而形成的干涉现象。迈克尔逊干涉仪和法布里 - 珀罗干涉仪也都是重要的分振幅干涉装置。

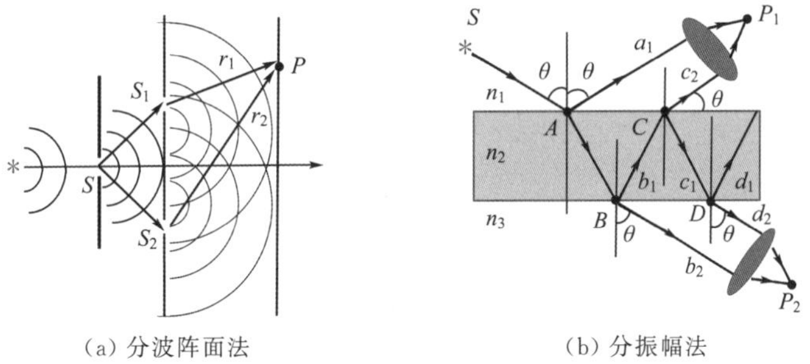

图 11-1 获得相干光的方法

11.1.5 光程和光程差

对于给定单色光，在不同介质中传播时，其频率 ν 保持不变。在折射率为 n 的介质中，光速 $u=\dfrac{c}{n}$，所以在这一介质中光波长 λ' 为

$$\lambda'=\frac{u}{\nu}=\frac{c}{n\nu}=\frac{\lambda}{n} \tag{11-5}$$

因此，在折射率为 n 的某一介质中，如果在一段时间内光通过的几何路程为 r，亦即其间的波数为 $\dfrac{r}{\lambda'}$，那么，同样波数的光在真空中通过的几何路程为 $\dfrac{r}{\lambda'}\lambda=nr$，由此可见：光在折射率为 n 的介质中的路程 r，相当于光在真空中的路程 nr。所以我们将**光在均匀介质中经过的几何路程 r 与介质折射率 n 的乘积**称为**光程** $L=nr$。若介质不均匀，则光程为 $L=\int_C n\,\mathrm{d}l$。若光连续通过几种不同的均匀介质，其光程为 $\sum_{i=1}^{n} n_i r_i$。引入光程概念之后，相当于把光在不同介质中的传播都折算为光在真空中的传播。

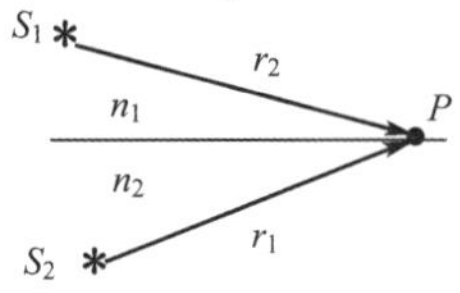

图 11-2 光程差

如图 11-2 所示，由相干光源 S_1 和 S_2 发出的光波，两束光分别经 r_1 和 r_2 传播到空间 P 点，若两束光分别在折射率为 n_1 和 n_2 的介质中传播，P 处的光程差定义为

$$\delta = L_2 - L_1 = n_2 r_2 - n_1 r_1$$

若它们的初相位相同，则与之相应的相位差为

$$\Delta\varphi = \frac{2\pi}{\lambda}(n_2 r_2 - n_1 r_1) = \frac{2\pi\delta}{\lambda}$$

式中，λ 为光在真空中的波长。

由此可见，两相干光波在相遇点的相位差不是决定于它们的几何路程之差 $r_2 - r_1$，而是决定于它们的光程差 δ。两束初相位相同的相干光在相遇点的相位差 $\Delta\varphi$ 与光程差 δ 间就存在如下关系

$$\Delta\varphi = \frac{2\pi\delta}{\lambda} \tag{11-6}$$

根据波的干涉原理，这两束光在 P 点发生干涉形成明纹或暗纹的条件为

$$\Delta\varphi = \frac{2\pi\delta}{\lambda} = \begin{cases} \pm 2k\pi & \text{明纹} \\ \pm(2k+1)\pi & \text{暗纹} \end{cases} (k = 0, 1, 2, \cdots)$$

用光程差直接表示，则为

$$\delta = \begin{cases} \pm k\lambda & \text{明纹} \\ \pm(2k+1)\dfrac{\lambda}{2} & \text{暗纹} \end{cases} (k = 0, 1, 2, \cdots) \tag{11-7}$$

式(11-7) 是讨论光波干涉问题的基本公式。它表明，两相干光干涉的光强分布，在初相位相同的条件下，由光程差唯一确定。因此，**由光程差出发分析干涉条纹的分布及变化规律是处理干涉问题的基本方法**。

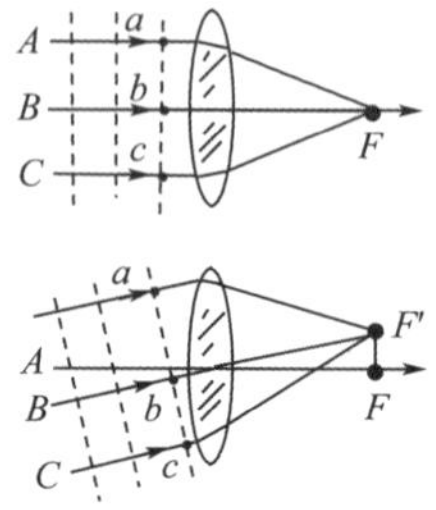

图 11-3 透镜不引起附加光程差

透镜不会引起附加光程差 在光波的干涉和衍射实验装置中经常要用到透镜，光线经过透镜后并不附加光程差。如图 11-3 所示，由几何光学可知，平行光束入射凸透镜将会聚于透镜的焦平面上(在焦平面上形成一个亮点)。平行光束在 a、b、c 点是等相位的，尽管光线 aF 和 cF(斜入射时的 aF' 和 cF') 比光线 bF(斜入射时的 bF') 前进的几何路程长，但光线 bF(斜入射时的 bF') 在透镜(透镜介质的折射率比空气中大)中的路程比光线 aF 和 cF(斜入射时是 aF' 和 cF') 的路程长，因此，光线 bF(斜入射时是 bF') 与光线 aF 和 cF(斜入射时是 aF' 和 cF') 的光程(注意不是空间路程) 是相等的。

关于透镜不会引起附加光程差，实际上还可以利用光的干涉原理来加以简要分析。平行光束通过透镜后会聚于透镜焦平面上相互加强形成一个亮点，是由于各光线在波阵面 abc 上相位相同，到达焦平面上的会聚点处它们的相位仍相同，因而干涉加强的结果。由此可见，平行光束由 a、b、c 点到达 F 点(F' 点) 的过程中，各光线的相位变化是相同的，即各光线的光程是相等的，因而使用透镜不会引起附加光程差。进而可知，若垂直于平行光的平面上各点的光振动有一定的相位差，则该平行光经透镜会聚于焦平面时，各光线仍将保持原来的相位差。

要特别注意的是，平行光束经过透镜不引起附加光程差，指的是在透镜焦平面上的相遇点处，在非透镜焦平面上的相遇点没有这样的结论。

11.2 杨氏双缝干涉

1801 年，英国物理学家托马斯·杨首先用实验方法研究了光的干涉现象。他做了一系列双光束干涉实验，其中的双缝干涉实验能够观察到清晰的干涉条纹。杨氏实验具有重大的历史意义，不仅仅是证实了光的波动性，而且建立了光波的叠加原理。近代量子物理中，证明电子具有波动性的实验采用的就是杨氏实验的基本原理。

11.2.1 杨氏双缝干涉

杨氏双缝干涉实验原理如图 11-4(a) 所示，由光源发出的单色光照到狭缝 S 上，狭缝 S 可看作一个线光源，它发出一系列柱面波。在其前方放置两个相距很近的平行狭缝 S_1 和 S_2，保证它们在同一个波阵面上，S_1 和 S_2 关于 S 对称。因此，无论 S 发出的波列的特性如何随时间变化，作为次级波源的 S_1 和 S_2 是频率、相位、光矢量振动方向均相同的相干光源。因此，它们发出的光波在空间相遇，就会产生明暗相间的干涉条纹，这些条纹都与狭缝平行，等间距分布，如图 11-4(b) 所示。由于次级波源 S_1 和 S_2 是从 S 发出的波列的同一波阵面上分割出来获得相干双光束波的，所以杨氏双缝干涉实验采用的是分波阵面法获得相干光。

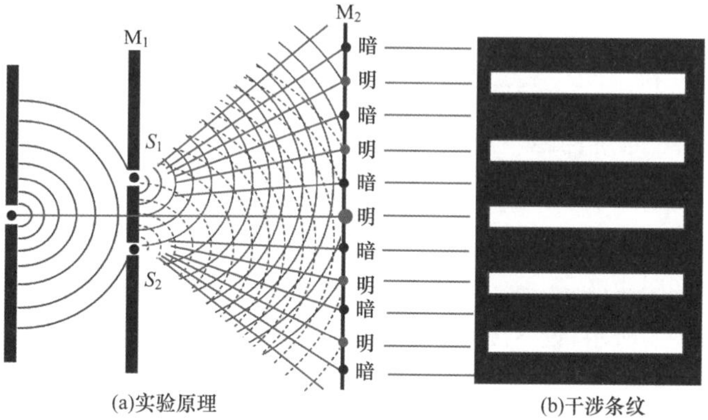

图 11-4 杨氏双缝干涉实验

下面我们对屏幕上的条纹分布进行定量分析。如图 11-5 所示，平行双缝 S_1 和 S_2 相对于光源 S 对称放置，S_1 和 S_2 之间的距离为 d，S_1 和 S_2(M_1) 到观察屏 M_2 的距离为 D。在观察屏 M_2 上任选一点 P，其坐标值为 x，P 点对 S_1 和 S_2 的中点所张的角度为 θ、到 S_1 和 S_2 的距离分别为 r_1 和 r_2，这样到观察点 P 的位置既可以用坐标值 x 表示，也可以用角坐标值 θ 表示。从 S_1 和 S_2 发出的光到达 P 点的光程差为 $\delta = r_2 - r_1$。

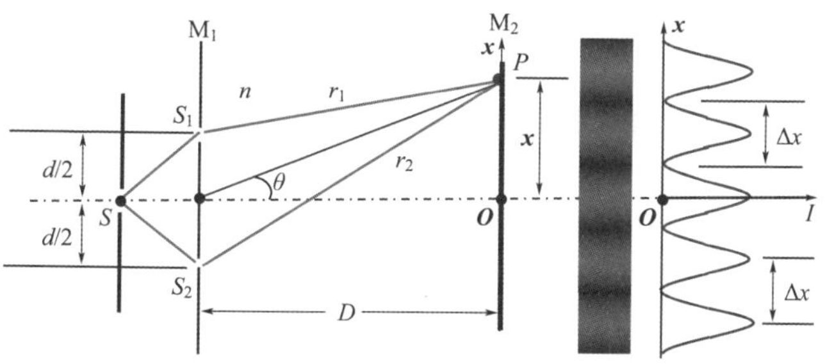

图 11-5 干涉条纹计算用图

由几何关系可得 $r_2^2 = D^2 + (x + d/2)^2, r_1^2 = D^2 + (x - d/2)^2$

两式相减，可得 $r_2^2 - r_1^2 = 2xd$，为了能观测干涉条纹，通常情况下，$D \gg d$，$D \gg x$，所以有 $r_2 + r_1 \approx 2D$，则两束光在观察屏上 P 点光程差为

$$\delta = r_2 - r_1 \approx d\,\frac{x}{D} = d\tan\theta \approx d\sin\theta \tag{11-8}$$

设入射光波波长为 λ，由于两束光波的初相位相等，由(11-7)式，则干涉极值条件为

$$\delta = \begin{cases} \pm k\lambda & (k = 0, 1, 2, \cdots) \text{ 极大} \\ \pm (2k - 1)\dfrac{\lambda}{2} & (k = 1, 2, 3, \cdots) \text{ 极小} \end{cases}$$

将光程差(11-8)代入上式，则杨氏双缝干涉明暗条纹的中心位置可表示为

$$x = \begin{cases} \pm k\dfrac{D}{d}\lambda & (k = 0, 1, 2, \cdots) \text{ 明纹} \\ \pm (2k - 1)\dfrac{D}{2d}\lambda & (k = 1, 2, 3, \cdots) \text{ 暗纹} \end{cases} \tag{11-9}$$

上式中 k 为干涉条纹的级次。式中的正负号表示各级干涉条纹关于中央明纹($x = 0$ 处的零级明纹)对称分布。

根据上式，还可以求出相邻两明纹(或暗纹)中心之间的距离 Δx 为

$$\Delta x = x_{k+1} - x_k = \frac{D}{d}\lambda \tag{11-10}$$

可见，在杨氏双缝干涉中，条纹等间距分布。明纹(或暗纹)间距与两束光源 S_1 和 S_2 的距离成反比，与两束光源到观察屏的距离成正比，与两束光波的波长成正比。

例题 11.1 用 $n = 1.58$ 的薄云母片覆盖杨氏双缝干涉装置的一条缝，这时接收屏中心被第 5 级亮条纹占据。(1) 如果光源波长为 $\lambda = 550$ nm，求云母片厚度。(2) 如果双缝相距 $d = 0.6$ mm，屏与狭缝的距离为 $D = 2.5$ m，求 0 级亮纹中心所在的位置。

解：(1) 如图 11-6 所示，设 $S_1P = r_1$，$S_2P = r_2$，由于云母片盖一缝 S_1，两束光到达 P 点的光程差为

$$\delta = r_2 - [(r_1 - e) + ne] = r_2 - r_1 - (n - 1)e$$

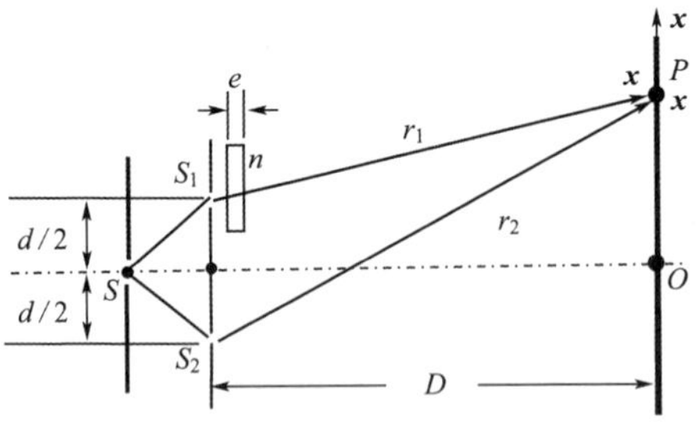

图 11-6

由于接收屏中心被第 5 级亮条纹占据，即 $r_2 - r_1 = 0$，所以有

$$\delta = -(n - 1)e = -5\lambda$$

解得

$$e = \frac{5\lambda}{n - 1} = \frac{5 \times 550\ \text{nm}}{1.58 - 1} = 4\ 741\ \text{nm} = 4.74\ \mu\text{m}$$

(2) 如图 11-6 所示，设 0 级明条纹移到了 P 处(坐标值为 x)，则此时两束光到达的 P 点的

光程差为

$$\delta = r_2 - r_1 - (n-1)e = \frac{d}{D}x - (n-1)e = 0$$

由此得到 0 级亮条纹在接收屏上的位置

$$x = \frac{D}{d}(n-1)e = \frac{2.5\ \text{m}}{0.6\ \text{mm}} \times (1.58-1) \times 4\ 741\ \text{nm} = 11.46\ \text{mm}$$

讨论：考察第 k 级亮纹的中心位置

$$\delta = \frac{d}{D}x - (n-1)e = k\lambda,\ x_k = k\frac{D}{d}\lambda + \frac{D}{d}(n-1)e$$

条纹间距为

$$\Delta x = x_{k+1} - x_k = (k+1)\frac{D}{d}\lambda + \frac{D}{d}(n-1)e - \left[k\frac{D}{d}\lambda + \frac{D}{d}(n-1)e\right] = \frac{D}{d}\lambda$$

条纹间距与缝 S_1 没有云母片覆盖时一样。即整个干涉图样在观察屏上整体向上平移，条纹间距不变。

11.2.2 劳埃德镜实验

如图 11-7 所示为劳埃德镜干涉实验原理图，实际上，劳埃德镜就是一反射镜，只不过是用来进行光波干涉实验。单色光源 S 发出的光经过光阑 E 的限制后，一部分直接入射到观察屏 M 上，另一部分掠入射（入射角很大）到反射镜（劳埃德镜）AB 上，反射后到达观察屏 M 上。从光的波动性来看，直接入射到观察屏 M 上的光波与经由劳埃德镜反射后到达观察屏 M 上的光波来自光源 S 发出的同一波阵面，是相干光波，在观察屏上将发生相干叠加。也可以这样理解，由劳埃德镜反射的光线好像是从由光源 S 经劳埃德镜成像的虚光源 S' 发出的光线。这样，在观察屏 M 上相遇的相干光的相干叠加可以看作由光源 S 和虚光源 S' 发出的相干光的相干叠加，两个光源 S 和 S' 就构成了一对相干光源，犹如杨氏实验中的双缝 S_1 和 S_2。由几何成像的规律，可以计算出两个“子波光源”S 与 S' 之间的距离 d，以及光源 S 与 S' 到观察屏 M 的距离 D。这样，劳埃德镜干涉实验就可以利用杨氏双缝干涉的结果计算明暗条纹位置以及干涉条纹的间距等相干叠加的各个物理量。劳埃德镜干涉实验中的两束相干光来自光源 S 的同一波阵面，因此，劳埃德镜干涉实验属于分波阵面法干涉。

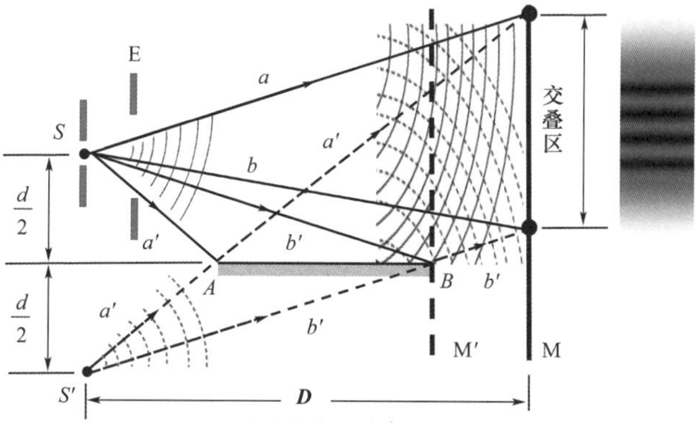

图 11-7 劳埃德镜干涉实验原理

值得注意的是，在劳埃德镜干涉实验中，如果将观察屏 M 移动到 M′ 处，也就是观察劳埃德镜的边缘 B 处的相干叠加。在 B 处，直接入射观察屏的光波 b 与经劳埃德镜反射的光波 b'

的光程相同、光程差为零，似乎在接触处应出现明条纹，但实验表明，B 处却是暗条纹，其他的条纹也有相应的变化。这说明，直接射向观察屏的光与反射光在 B 处的相位差为 π 而不是零！由于直接入射的光不会有相位变化，所以只能认为光从空气射向反射镜发生反射时，反射光的相位发生了数值为 π 的相位突变。

进一步的实验和理论研究表明，在**正入射和掠入射（入射角 $\theta=0$ 或近于 $\frac{\pi}{2}$）情况下，当光从光疏介质射向光密介质而被反射时，就会发生相位为 π 的突变**。这相当于反射光多走（或少走）了半个波长的光程，因此通常称这种现象为半波损失。因此，劳埃德镜实验证明了光波从光疏介质入射到光密介质，反射时会发生半波损失。今后，在讨论光波叠加问题时，要判断是否有半波损失。

11.3 薄膜干涉

接下来我们介绍一种常见的分振幅干涉——薄膜干涉。在日常生活中，我们经常会见到在阳光的照射下，肥皂膜、水面上的油膜、蜻蜓或蝉等许多昆虫的翅膀上、照相机镜头上等呈现出的彩色花纹，这实际上是光波经薄膜上、下表面反射和折射形成的两束相干光经汇聚而产生的相干叠加现象，称为薄膜干涉。

普遍地讨论薄膜干涉是个极为复杂的问题。实际意义最大的是厚度不均匀薄膜表面的等厚干涉和厚度均匀薄膜在无穷远处的等倾干涉。

11.3.1 等倾干涉

如图 11-8 所示，光源上一点发出一列波长为 λ 的单色光波，以入射角 i 入射到折射率为 n_2 厚度为 e 的均匀薄膜上表面，膜的上、下表面接触的介质的折射率分别为 n_1 和 n_3，设 $n_1<n_2>n_3$，经薄膜上、下表面反射和折射形成一组平行光 1、2…，它们是由光源中同一原子同一时刻发出的光波列的光能量（光强）分出来的两部分，只是经历了不同的路径而有恒定的光程差，是相干光。光线 1 和光线 2 经透镜汇聚于 P 点，在 P 点产生干涉现象。同样，经下表面透射的那组光波也是相干光，它们在空间相遇时会产生干涉现象。忽略其他光波。现在，计算两束光波 1、2 之间的光程差。令 $CD\perp AD$，由于 C 到 P 与 D 到 P 等光程，所以光波 1、2 之间的光程差为

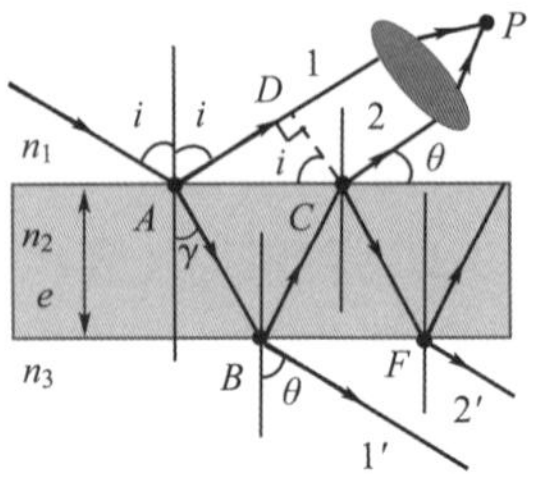

图 11-8 薄膜干涉

$$\delta=2n_2\overline{AB}-n_1\overline{AD}+\frac{\lambda}{2}=\frac{2n_2e}{\cos\gamma}-2n_1e\tan\gamma\sin i+\frac{\lambda}{2}$$

再利用折射定律 $n_1\sin i=n_2\sin\gamma$，代入上式，整理，得

$$\delta=2n_2e\cos\gamma+\frac{\lambda}{2}=2e\sqrt{n_2^2-n_1^2\sin^2 i}+\frac{\lambda}{2}$$

于是，干涉明、暗纹条件为

$$\delta=2e\sqrt{n_2^2-n_1^2\sin^2 i}+\frac{\lambda}{2}=\begin{cases}k\lambda & (k=1,2,3,\cdots)\text{ 明纹}\\(2k+1)\dfrac{\lambda}{2} & (k=0,1,2,\cdots)\text{ 暗纹}\end{cases}\tag{11-11}$$

由上式可知,对于不同的入射角,对应着不同级次的明、暗同心的圆条纹。入射角或者说倾斜角相同的光波在观察屏上形成同一级次的明(暗)条纹,因此,这种干涉称为等倾干涉。

由上式可知,随着入射角 i 的增大,光程差越小,干涉条纹级次逐渐降低。在等倾干涉环纹中,半径越大的圆环对应的入射角也越大,所以中心处的级次最高,越向外圆环纹的干涉级次越低。此外,从中央向外,各相邻明环或相邻暗环间的距离也不相同。中央的环纹间距较大,环纹较稀疏;越向外,环纹间距越小,环纹越密集。至于中心处是明条纹还是暗条纹,取决于薄膜的厚度和折射率,特别是是否存在半波损失。

我们上面讨论的是 $n_1 < n_2 > n_3$ 的情形,对于 $n_1 > n_2 < n_3$ 也可以得到与上面相同的结果。若换成 $n_1 < n_2 < n_3$,在两个界面上都产生半波损失;若换成 $n_1 > n_2 > n_3$,两个界面都没有半波损失。这两种情况下,光程差的表达式一样,应是 $\delta = 2e\sqrt{n_2^2 - n_1^2\sin^2 i}$。

对透射光来说,也有干涉现象。对于图 11-8 中的光波 1′ 和 2′ 这对透射相干光,光波 1′ 直接透射出来,没有半波损失,光波 2′ 经上表面反射是从光密介质到光疏介质,也没有半波损失,所以这两束透射相干光 1′ 和 2′ 的光程差为

$$\delta = 2e\sqrt{n_2^2 - n_1^2\sin^2 i} \tag{11-12}$$

同式(11-11)比较,可见如果反射光干涉加强时,透射光将干涉减弱;当反射光干涉减弱时,透射光干涉加强。二者形成了"互补"干涉图样。

对于复色光源,由于其中一种波长为 λ_1 的光满足干涉相长,形成明条纹的入射角 i 对于另一波长为 λ_2 的光则不一定相干加强。也就是说,不同波长的光,同一级明条纹对应不同的入射角、反射角,于是形成彩色条纹。

利用薄膜干涉的原理,能制成增透膜、高反射膜和干涉滤光片等。例如,在光学元件的透光表面上,用真空镀膜等方法敷上一薄层透明胶,控制透明胶的厚度就可以制成各种功能的光学薄膜。

尽管当光近乎垂直入射光学元件时反射率很小,但对于复杂的光学系统,经多次光学元件表面的反射,光能量的损失还是相当严重的。为了减少光学表面对入射光的反射,可以在光学元件表面蒸镀增透膜,如图 11-9(a) 所示,选择透明胶薄膜的折射率介于空气和光学元件之间(常用的镀膜介质是氟化镁 MgF_2,折射率为 $n_2 = 1.38$),镀膜厚度满足

$$2n_2e = (k + 1/2)\lambda, n_2e = \lambda/4, 3\lambda/4, \cdots$$

时,由氟化镁薄膜上下表面反射的相干光(不存在半波损失)满足干涉相消条件,反射光干涉相消,透射光干涉加强,氟化镁薄膜就是增透膜。每种增透膜只对特定波长的光才有最佳的增透作用。对于助视光学仪器或照相机,一般选择可见光的中部波长 550 nm 来消反射光。由于该波长的光呈黄绿色,所以增透膜的反射光呈现出与它互补的蓝紫色,这就是我们平常所看到的照相机镜头的颜色。

有些光学仪器需要光学元件具有高的反射率(如激光器中光学谐振腔),这就要求在光学元件表面镀一层增反膜。如图 11-9(b) 所示,在玻璃(折射率 $n_3 = 1.50$)表面镀一层硫化锌(ZnS,折射率 $n_2 = 2.40$),镀膜厚度满足

$$2n_2e + \lambda/2 = k\lambda, n_2e = \lambda/4, 3\lambda/4, \cdots$$

时,由硫化锌薄膜上下表面反射的相干光(存在半波损失)满足干涉相长条件,反射光干涉增强,透射光干涉减弱,硫化锌薄膜就是增反膜。为了进一步提高反射率,可以在光学元件表面镀多层薄膜。如图 11-9(c) 所示,在玻璃表面交替镀上光学厚度为 $\lambda/4$ 的高折射率的硫化锌

和低折射率的氟化镁，从而制成多层高反射率的薄膜，这种多层高反射率薄膜对光的吸收很少，比镀银、铝的反射膜有更佳的反射效果，得到广泛的应用。如宇航员头盔和面甲上都镀有对红外线具有高反射率的多层膜，以屏蔽宇宙空间中极强的红外线照射。

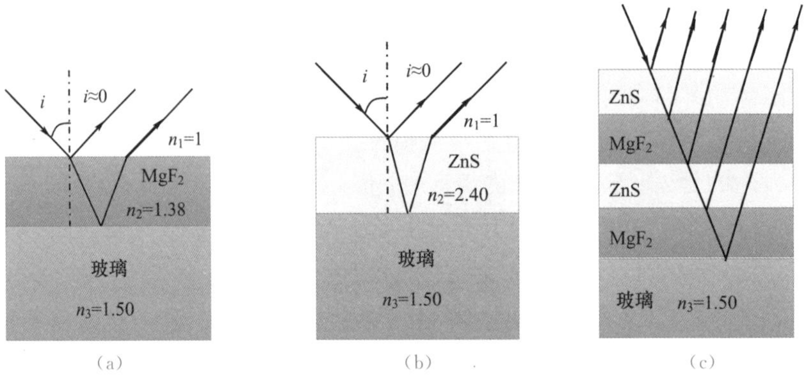

图 11-9　增透膜和增反膜

此外，精心设计和制备的多层膜，还能做到只让较窄波长范围的光通过，可用来从白光中获得特定波长范围的光，这种多层膜，称为干涉滤光片。

例 11.2 白光垂直照射到空气中厚度 $e = 0.38\ \mu\text{m}$ 的肥皂膜上，肥皂膜折射率 $n = 1.33$，在可见光范围内(400 ～ 760 nm)，哪些波长的光在反射中增强最大？透射光显什么色？

解：若使某波长的反射光加强，则其光程差应满足 $\delta = 2ne + \dfrac{\lambda}{2} = k\lambda\ (k = 1,2,3\cdots)$

求得 $\lambda = \dfrac{4ne}{2k - 1}$

$k = 1, \lambda_1 = 4ne = 2.02\ \mu\text{m}$；　　$k = 2, \lambda_2 = 4ne/3 = 0.673\ \mu\text{m}$

$k = 3, \lambda_3 = 4ne/5 = 0.404\ \mu\text{m}$；　　$k = 4, \lambda_4 = 4ne/7 = 0.228\ \mu\text{m}$

所以，在白光范围内 $\lambda_2 = 0.673\ \mu\text{m}$，$\lambda_3 = 0.404\ \mu\text{m}$ 反射加强。

对于透射光光波，不存在半波损失，所以透射光干涉加强的条件为 $\delta = 2ne = k\lambda$，

求得 $\lambda = \dfrac{2ne}{k}$

$k = 1, \lambda_1 = 2ne = 1.01\ \mu\text{m}$；　$k = 2, \lambda_2 = 2ne/2 = 0.505\ \mu\text{m}$

$k = 3, \lambda_3 = 2ne/3 = 0.337\ \mu\text{m}$

所以，透射光中只有 $\lambda_2 = 0.505\ \mu\text{m}$ 干涉加强，透射光显绿色。

11.3.2 等厚干涉

上面我们介绍的是平行光束入射到厚度均匀的薄膜上产生的干涉现象。现在介绍平行光入射到厚度不均匀的薄膜上所产生的干涉现象。我们仅讨论平行光垂直入射的情形。

1.等厚干涉

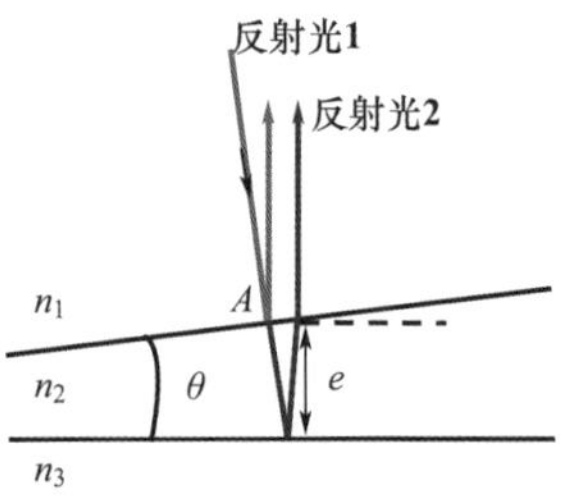

图 11-10　等厚干涉

设一厚度不均匀的薄膜，折射率为 n_2，其上、下表面分别与折射率为 n_1 和 n_3 的介质接触，如图 11-10 所示，当单色平行光垂直入射到薄膜表面时，上下两表面反射的光就构成了一对相干光，并且在膜的表面 A 处相遇(实际上由于 A 点附近两表面近乎平行，

因而两相干光与入射光重合，为了看清光路，将两反射光分得很开）。两相干光的光程差为

$$\delta = 2n_2 e \tag{11-13a}$$

或

$$\delta = 2n_2 e + \frac{\lambda}{2} \tag{11-13b}$$

若上下两个表面的反射光均存在或均不存在半波损失，光程差为(11-13a) 式；若两反射光之一存在半波损失，光程差就为(11-13b) 式。

由上两式可知，如果薄膜的折射率均匀，光程差就仅与薄膜厚度 e 有关，即薄膜厚度 e 相同的各点光程差相同，它们对应形成同一级干涉条纹。此类干涉称为等厚干涉。干涉条纹的形状与膜的等厚线形状相同。劈尖干涉和牛顿环实验就是典型的等厚干涉，具有重要的应用，如光学元件的检测、测量微小线度等。

2.劈尖干涉

将两块平面玻璃片，一端叠合，另一端夹一薄片或细丝，就在两玻璃片之间形成了一楔状的空气薄膜，称之为空气劈尖。两玻璃片的交线称为棱边，在与棱边平行的直线上，空气劈尖的厚度是相等的。所以，当平行光垂直照射到空气劈尖上，就会在劈尖表面形成与棱边平行的等厚条纹。图 11-11(a) 中单色光源 S 置于透镜 L 的焦点上，M 是倾角为 45° 的半透明反射镜，T 为观察条纹的读微显微镜。

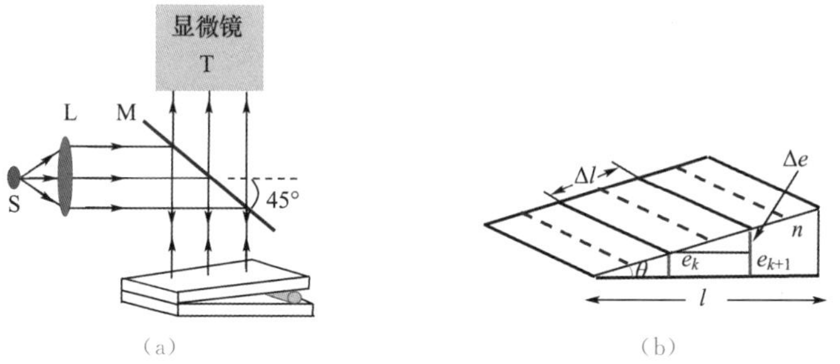

图 11-11 劈尖干涉实验

在空气劈尖的下表面反射光有一个半波损失，所以光程差由(11-13b) 式确定。空气劈尖条纹的相干规律就可由此给出。

(1) 条纹位置

$$\delta = 2ne + \frac{\lambda}{2} = \begin{cases} k\lambda & (k=1,2,3,\cdots) \text{ 明纹} \\ (2k+1)\dfrac{\lambda}{2} & (k=0,1,2,\cdots) \text{ 暗纹} \end{cases} \tag{11-14a}$$

式中 n 为空气折射率。若两玻璃片间可充入其他介质，则 n 为该介质的折射率。

由图 11-11(b)，根据几何关系，还可以计算两相邻明(暗) 条纹的膜厚差、相邻明(暗) 条纹的间距。

(2) 两相邻明(暗) 条纹中心对应的膜厚差

$$\Delta e = e_{k+1} - e_k = \frac{\lambda}{2n} \tag{11-14b}$$

(3) 两相邻明(暗) 条纹中心的间距

$$\Delta l = \frac{\Delta e}{\sin\theta} \approx \frac{\Delta e}{\theta} = \frac{\lambda}{2n\theta} \tag{11-14c}$$

或
$$\theta=\frac{\lambda}{2n\Delta l} \tag{11-14d}$$

由此可见,劈尖干涉条纹是一系列与棱边平行的明暗相间的等间距的直条纹。劈尖角 θ 越小,条纹越稀疏;劈尖角 θ 越大,条纹越密集。若劈尖角 θ 太大,条纹将密集的无法分辨。所以,劈尖干涉条纹只能在劈尖角很小的情况下观察到。

由于劈尖装置简单,其等厚条纹又可以将数量级在波长范围的微小长度差别和变化反映出来,所以经常被用于测量微小长度、微小角度、微小的长度改变以及检测平面质量等各个方面。

例 11.3 用波长 $\lambda=589.3$ nm 的钠光垂直照射一折射率为 $n=1.52$ 的玻璃劈尖,在玻璃表面上产生等厚干涉条纹,测得两相邻条纹间距为 $\Delta l=0.25\times10^{-2}$ m,试求此劈尖角 θ。

解:由于钠光垂直照射玻璃劈尖,则有 $\Delta l\sin\theta=\Delta e=\dfrac{\lambda}{2n}$

所以有
$$\sin\theta=\frac{\lambda}{2n\Delta l}=7.75\times10^{-5}$$

因为角度很小,所以 $\sin\theta\approx\theta$,所以劈尖角为 $\theta=7.75\times10^{-5}$ rad

例 11.4 在检测某工件表面平整度时,在待检工件上放一光学玻璃,一端垫起,使其间形成一空气劈尖。现观察到图 11-12 所示的干涉条纹。如用波长 $\lambda=550.0$ nm 的光垂直照射时,观察到的正常条纹间距为 $\Delta l=2.25$ mm,条纹弯曲处最大畸变量 $b=1.54$ mm。问该工件表面有什么缺陷?其深度(或高度)如何?

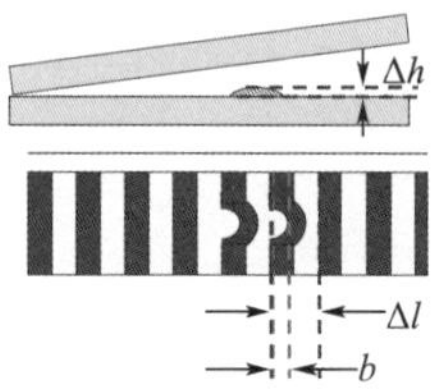

图 11-12

解:由于正常光学玻璃表面是很平的,所以,若工件表面也是平的,则干涉条纹是与棱边平行的直条纹。现在干涉条纹的局部向远离棱边的方向弯曲,因此可以判断工件表面出现了凸起的缺陷。因为水平方向相隔一个条纹,膜厚变化 $\lambda/2$,故凸起高度为

$$\Delta h=\frac{b}{\Delta l}\frac{\lambda}{2}=1.88\times10^{-7}\ \text{mm}=0.188\ \mu\text{m}$$

3.牛顿环实验

如图 11-13(a) 所示,曲率半径很大的平凸透镜放在平板玻璃上,在平凸透镜下表面与平板玻璃上表面之间形成一类似于劈尖薄膜的空气薄膜;注意,该“空气劈尖薄膜”的厚度不是均匀变化的。从接触点 O 向外,空气薄层的厚度逐渐增大,并且以接触点 O 为圆心的任一半径为 r 的圆周上的各点处空气薄膜厚度相同。因此,当有平行光垂直照射到此装置上时,反射光在空气薄膜上表面(平凸透镜下表面) 形成一组以接触点 O 为中心的明暗相间的同心环状干涉条纹,称为**牛顿环**。由于薄膜是空气薄膜,反射的两束相干光之间存在半波损失,因此在中心处($r=0$,$e=0$) 形成暗条纹。当然,透射光也形成明暗相间的同心环状干涉条纹,只是与反射光形成的明暗相间的同心环状干涉条纹互补。

牛顿环是由透镜下表面反射的光与平面玻璃上表面反射的光发生干涉形成的,这也是一种等厚条纹。明暗条纹所对应的空气层厚度 e 应满足

$$\delta=2e+\frac{\lambda}{2}=\begin{cases}k\lambda & (k=1,2,3,\cdots)\ \text{明纹}\\(2k+1)\dfrac{\lambda}{2} & (k=0,1,2,\cdots)\ \text{暗纹}\end{cases} \tag{11-15}$$

如图 11-13(b) 所示,半径为 r 处(反射光在空气薄膜上表面处形成明暗相间的同心环状

干涉条纹的半径,即牛顿环半径)的空气薄膜厚度 e 与 r 之间的关系为

$$r^2 = R^2 - (R-e)^2 = 2eR - e^2 \approx 2eR$$

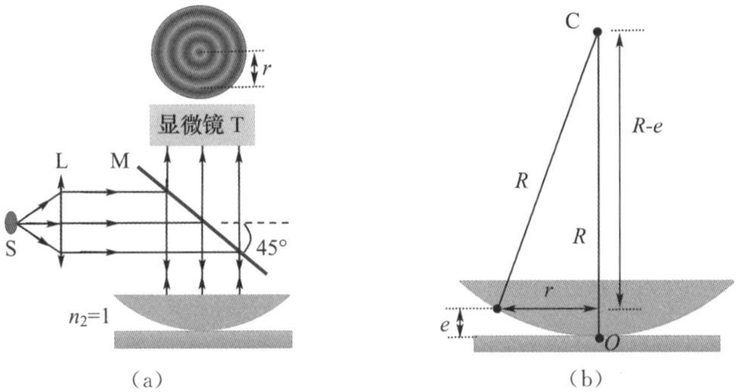

图 11-13 牛顿环实验

这里,因为 $R \gg e$,所以忽略 e^2,因此有 $r^2 = 2eR$,由于 e 与 r 的平方成正比,所以离中心越远,光程差增加越快,看到的牛顿环也变得越来越密。将 $r^2 = 2eR$ 代入(11-15)式,就可以求得明环和暗环的半径分别为

(明环半径)

$$r = \sqrt{\frac{(2k-1)R\lambda}{2}}\ (k=1,2,3,\cdots)\text{(明环半径)} \tag{11-16a}$$

$$r = \sqrt{kR\lambda}\ (k=0,1,2,3,\cdots)\text{(暗环半径)} \tag{11-16b}$$

可见,中心处的干涉条纹的级次低,离中心越远干涉条纹的级次越高。

将牛顿环半径(以暗环为例)r 对牛顿环级次求导,得到相邻牛顿环半径的差异

$$\frac{\mathrm{d}r}{\mathrm{d}k} = \frac{R\lambda}{2\sqrt{kR\lambda}},\ \Delta r = \frac{1}{2}\sqrt{\frac{R\lambda}{k}}\Delta k;\ (\Delta r)_{\Delta k=1} = \frac{1}{2}\sqrt{\frac{R\lambda}{k}}$$

可见,随着干涉条纹级次的增高,相邻牛顿环的半径差异变小,干涉条纹(牛顿环)变密。在牛顿环实验中,反射相干光在空气薄膜上表面处形成的干涉条纹是一组以接触点为中心的明暗相间的同心环状干涉条纹。中心处的干涉条纹级次低,离中心越远干涉条纹的级次越高。干涉条纹里疏外密。对于空气薄膜,中心处为暗环(实际上接触点不是点而是面,所以应该是一个暗圆面)。

4.迈克尔逊干涉仪

迈克尔逊干涉仪,是 1881 年美国物理学家迈克尔逊与莫雷合作,为研究"以太"漂移而设计制造出来的精密光学仪器。迈克尔逊干涉仪是利用分振幅法产生双光束以实现干涉,一束入射光经过分光镜分为两束后各自被对应的平面镜反射回来,因为这两束光频率相同、振动方向相同且相位差恒定(即满足相干条件),所以能够发生干涉。两束光光程差的变化可以通过调节干涉臂长度以及改变介质的折射率来实现,可以产生等厚干涉条纹,也可以产生等倾干涉条纹。在近代物理和近代计量技术中,如在光谱线精细结构的研究和用光波标定标准米尺等实验中都有重要的应用。利用该仪器的原理,已经研制出多种专用干涉仪。为此,迈克尔逊于 1907 年获得诺贝尔物理学奖。

迈克尔逊干涉仪的构造简图,如图 11-14 所示。它主要由光源 S、两块高精度反射镜 M_1 和 M_2、表面镀有半透半反膜的分光镜 G_1、补偿板 G_2 以及望远镜组成。M_2 是固定不动的反射

镜；M_1 的背后连有精密螺丝（或螺旋测微计），因此 M_1 可以平动甚至转动微小距离（转动微小角度），M_1 称为动镜；反射镜 M_1 和 M_2 一般安装成相互垂直。G_1 和 G_2 是材质和厚度相同的平行平板玻璃，它们不仅严格平行放置，而且一般安装成与反射镜 M_1 和 M_2 呈 45° 角。G_1 的后表面镀有半透半反膜，将入射光束分为反射光和透射光（所以迈克尔逊干涉仪实现的是分振幅干涉）供反射镜 M_1 和 M_2 反射；同时，由反射镜 M_1 和 M_2 反射回来的光又可以经 G_1 透射和反射，实现两束相干光的相干叠加。G_2 称为补偿板，它的作用是使经 G_1 透射的光在 G_2 产生的光程与经 G_1 反射的光在 G_1 中产生的光程相等（两束相干光都经历相同折射率的介质 3 次），以减小两束相干光的光程差，使光程差不超过相干长度而顺利实现相干叠加；因此在计算两束相干光的光程差（不是光程）时，可以不考虑 G_1 和 G_2 的存在。

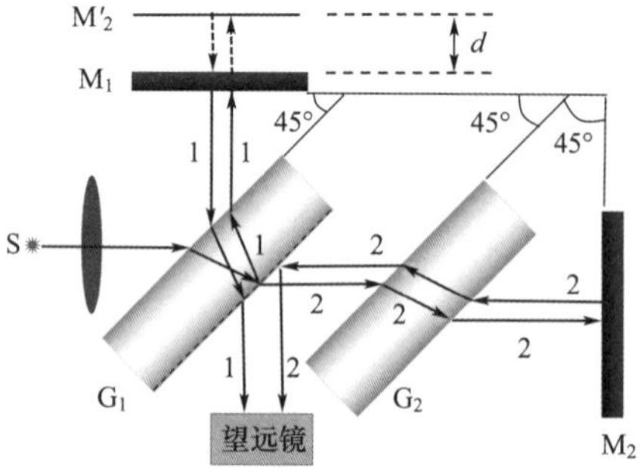

图 11-14 迈克尔逊干涉仪构造简图

从光源S发出的单色光经 G_1 分成两束。一束是反射光1，它前进至平面镜 M_1，经 M_1 再次反射后再透过 G_1，射到望远镜上；另一束是透射光2，它穿过补偿板 G_2，经反射镜 M_2 反射后再穿过 G_2，之后经 G_1 后表面上的半透半反膜反射，射到望远镜上，形成了进入望远镜的相干光中的另一束光。

图中 M_2' 为经分光镜 G_1 的反射面所形成的反射镜 M_2 的虚像，因此光线2可认为发自 M_2'，因此，相干光1和2的光程差就由 M_1 和 M_2' 之间的距离来决定。就相当于在 M_1 和 M_2' 之间形成了一个“空气薄膜”。如果 M_1 与 M_2 不严格垂直，则 M_1 与 M_2' 就不严格平行，这样就在 M_1 与 M_2' 间形成一个空气劈尖。此时的光线 1 和 2 就与从劈尖的两表面反射的两条光线类似，形成明暗相间、平行等间距的等厚干涉条纹。移动 M_1，使 M_1 与 M_2' 间距离或夹角改变，根据条纹的变化就可以进行测量。设空气的折射率为1，当 M_1 平移 $\lambda/2$，观察者视场中就移过一级明条纹（或暗条纹）。视场中移过 m 根条纹，则 M_1 平移的距离就为

$$\Delta d = m\,\frac{\lambda}{2} \tag{11-17}$$

如果 M_1 与 M_2 严格垂直，则 M_1 与 M_2' 就严格平行，这样就在 M_1 与 M_2' 间形成一个平行平面空气薄膜。视场中将看到环形的干涉条纹。如果 M_1 作微小平移，则环形条纹将由中心“冒出”或向中心收聚并“淹没”。每有一级条纹冒出或淹没，就表示 M_1 平移了 $\lambda/2$，因此，数出中心处环形条纹变化的数目 m，也就可以知道 M_1 平移的距离，仍如式(11-17) 所示。

根据上述原理，就可由已知波长的光束来测定微小长度；也可以由已知的微小长度来测定某未知的光波波长。

11.4 单缝夫琅禾费衍射

11.4.1 光的衍射现象

同波的干涉现象一样，波的衍射现象也是波动的重要特征之一。当波在传播过程中遇到障碍物时，它能绕过障碍物的边缘进入“阴影区”—— 波直线传播不能到达的区域。这种现象称为波的衍射。在自然界中，各类波都有绕过障碍物传播的能力。例如水波可以绕过闸口，声波可绕过建筑物，无线电波能翻山越岭等，都是波的衍射现象。作为电磁波的光波也同样存在衍射现象。但是由于光的波长很短，而且普通光源都是不相干的，因此在日常生活中，光的衍射现象不易观察到。不过小孔、针眼甚至眼睫毛上的小水珠都会使光产生衍射现象。这说明，只有当障碍物的尺寸与波长相近时，衍射现象才显著。在光的衍射现象中发现，光波不仅能“绕弯”传播，而且还能产生明暗相间的条纹。因此，光的衍射是在一定条件下（光波遇到障碍物且障碍物的线度与光波波长相近时）产生的光偏离直线传播且光能在空间不均匀分布的现象。

根据观察方式的不同，光的衍射一般可分为两种类型。障碍物距光源和观察屏（或二者之一）为有限远时的衍射称为菲涅耳衍射，也称近场衍射。在菲涅耳衍射中，入射光或衍射光不是平行光，或二者都不是平行光。障碍物距光源和接收屏的距离都是无限远时的衍射称为夫琅禾费衍射，也称远场衍射。可见，在夫琅禾费衍射中，入射光和衍射光都是平行光。夫琅禾费衍射的条件在实验室里可借助于透镜来实现。本书只讨论夫琅禾费衍射。

光的衍射现象不仅有力地证实了光的波动理论，还可用于光谱分析、物质结构分析、衍射成像、测定晶体结构等，已经被广泛地应用于现代光学、现代物理学和科学技术中。

11.4.2 惠更斯-菲涅耳原理

在研究波的传播时，惠更斯提出：波阵面上的每一点都可以看作是发射子波的波源，其后任一时刻，这些子波的包迹就是该时刻新的波阵面。根据惠更斯原理，能够定性地解释光波的衍射现象，即能够解释光波的绕弯行为，但是不能解释衍射图样中的光强分布。

菲涅耳提出了“子波相干叠加”思想，充实并发展了惠更斯原理。他假定：波在传播过程中，从同一波阵面上各点发出的子波，经传播而在空间某点相遇时会产生相干叠加，空间任一点的振动，就是这些子波相干叠加的结果。这便是惠更斯-菲涅耳原理。

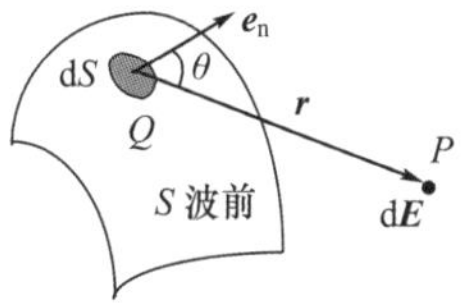

图 11-15

根据惠更斯-菲涅耳原理，可以将某一时刻的波阵面 S 分成无数个面元 $\mathrm{d}S$，每一个面元 $\mathrm{d}S$ 都是新的子波源。所有面元发出的子波在波阵面 S 前方空间某一点 P 处的相干叠加，就决定了 P 点的振动情况，进而就可以确定光强，如图 11-15 所示。菲涅耳还指出：每一个面元 $\mathrm{d}S$ 在 P 点所引起的光振动 $\mathrm{d}\boldsymbol{E}$ 的振幅与面元面积 $\mathrm{d}S$ 成正比，与面元到 P 点的距离 r 成反比，并且随着面元法向与 r 间的夹角 θ 的增大而减小，即

$$\mathrm{d}E = C\,\frac{K(\theta)\,\mathrm{d}S}{r}\cos\left(\omega t - \frac{2\pi r}{\lambda} + \varphi_0\right) \tag{11-18}$$

式中，C 为比例系数，ω 为光波的圆频率，λ 为光波在真空中的波长。$K(\theta)$ 称为倾斜因子，随

着 θ 的增大而单调减小；当 $\theta=0$ 时，$K(\theta)=1$ 最大；$\theta \geqslant \frac{\pi}{2}$ 时，$K(\theta)=0$，即子波不能后向传播。

计算整个波阵面上每一个面元发出的子波在 P 点引起的光振动的总和，就可以得到 P 点的光强。其相应的处理为一复杂的积分运算，在此就不做具体介绍了。

应用惠更斯-菲涅耳原理，原则上可以解释和描述光束通过各种形状的障碍物时所产生的衍射现象。但数学计算十分复杂。后面我们将采用菲涅耳半波带法来做近似处理。

11.4.3 单缝夫琅禾费衍射

单缝夫琅禾费衍射实验装置及衍射图样如图 11-16 所示。实验装置主要由单色点光源 S、衍射屏 G(单缝)、观察屏 H、透镜 L_1 和 L_2 组成。点光源 S 放置在透镜 L_1 的前焦点处，其所发出的单色光经透镜 L_1 后成为一束平行光，垂直照射到单缝上；单缝 AB(缝的长度是垂直于纸面的) 处的子波经透镜 L_2 会聚，在 L_2 的焦平面处的观察屏 H 上形成单缝夫琅禾费衍射图样。

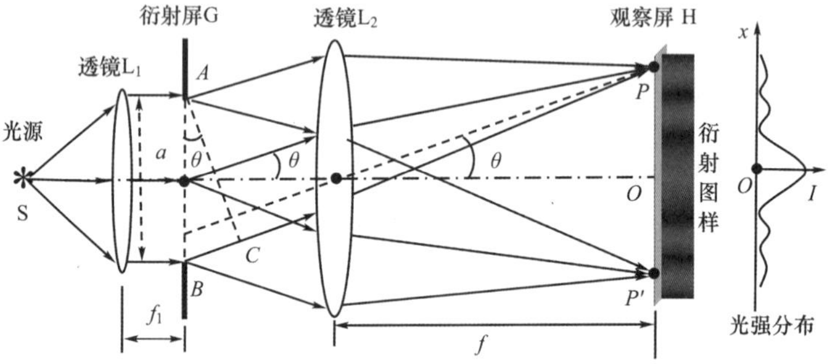

图 11-16 单缝夫琅禾费衍射

我们将衍射后沿某一方向传播的子波波线(衍射光线)与平面衍射屏法线之间的夹角 θ 称为衍射角；衍射角相同的衍射光线经透镜 L_2 后会聚在屏 H 上的同一个点进行相干叠加；不同方向的衍射光线会聚在屏 H 上的不同点。这里，衍射光线的方向用衍射角 θ 表示，而衍射角 θ 与屏 H 上各点 P 的位置 x 一一对应。即有一个衍射角 θ，屏 H 上就有一个位置与它一一对应。设入射光波长为 λ，单缝宽为 a，现在来分析单缝衍射图样的形成与特点。

当 $\theta=0$ 时，衍射光线与入射光线同方向，它们来自同一波面，这些衍射光线出发处相位相同。因为由同相面 AB 到会聚点 O 等光程，所以各衍射光线到达 O 点时的相位差为零，它们干涉加强，所以 O 点处形成了平行于狭缝的明纹，称为中央明条纹。

当 θ 角为其他任意值时，相同衍射角 θ 的衍射光线经透镜 L_2 后会聚在屏 H 上某一点 P，它们要在 P 点进行相干叠加。由单缝 AB 上各点发出的所有衍射光线到 P 点的光程不等。其光程差可以这样来分析：过 A 作平面 AC 与这组衍射光线垂直，由透镜的等光程性可知，从 AC 面上各点到 P 点等光程，所以，各衍射光线之间的光程差就由它们从缝上相应的位置到 AC 面的距离之差来确定。其中，单缝边缘 A、B 两处的衍射光线的光程差等于 $BC=a\sin\theta$，是这组衍射角为 θ 的衍射光线之间最大光程差。显然，这组 θ 角的衍射光线的光程差在 0 到 $\delta_{\max}=a\sin\theta$ 之间连续变化。因此，P 点的光强就不能再像干涉那样用式(11-7)来判断。为此，菲涅耳提出了一个巧妙的办法 —— 菲涅耳半波带法解决了这个问题。

根据惠更斯-菲涅耳原理，单缝后面空间任一点 P 的光振动是单缝处波阵面上所有子波

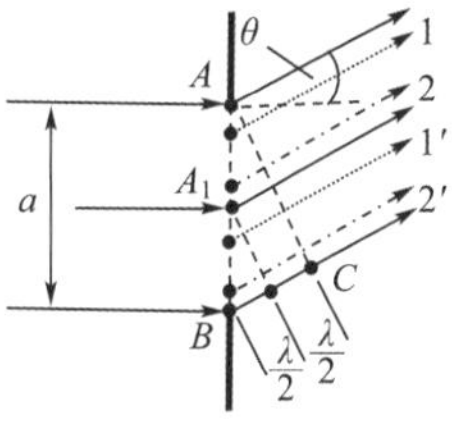

图 11-17　半波带法

波源发出的子波传到 P 点的振动的相干叠加。为了考察在 P 点的振动的合成，我们设想在衍射角 θ（对应于观察屏上的 P 点）为某些特定值时能将单缝处宽度为 a 的波阵面 AB 分成若干个等宽度的纵长条带，并使相邻两带上的对应点发出的光在 P 点的光程差为 $\lambda/2$，如图 11-17 所示。这样的条带称为菲涅耳半波带，即图中的 AA_1、A_1B 等。因各波带面积相等，它们在 P 点引起的光振动振幅也近似相等。由于两相邻半波带上光程差为 $\lambda/2$ 的点一一对应，各对应点发出的一对子波在 P 点干涉相消，因而，相邻两个半波带的全部子波在 P 点引起的光振动将完全抵消。利用这样的半波带来分析衍射图样的方法称为半波带法。

由此可见，若对应于某个衍射角 θ，BC 为半波长的偶数倍，则缝 AB 所在的波面就可分成偶数个半波带，所有波带的作用就两两抵消，在 P 点将出现暗纹；若对应于某个衍射角 θ，BC 为半波长的奇数倍，则缝 AB 所在的波面就可分成奇数个半波带，各波带的作用成对抵消后，还留下一个波带的作用，在 P 点将出现明纹。若对应于某个衍射角 θ，AB 所在的波面不能分成整数个半波带，则屏上相应处的光强将介于相邻的极大和极小之间。这样，随着衍射角 θ 由小变大，缝可分成的半波带数目 N 也就由少变多，就会依次经历 $N=2,3,4,5\cdots$ 这样偶、奇、偶、奇……的变化，屏上与衍射角 θ 一一对应的各点 P 也就呈现暗、明、暗、明……的衍射条纹的分布。上述结果可用数学式表示如下：

$$\theta=0 \qquad \text{中央明纹} \tag{11-19a}$$

$$a\sin\theta=\pm k\lambda \quad k=1,2,3,\cdots \qquad \text{暗纹} \tag{11-19b}$$

$$a\sin\theta=\pm(2k+1)\frac{\lambda}{2} \quad k=1,2,3,\cdots \qquad \text{明纹} \tag{11-19c}$$

上述暗纹和中央明纹（中心）位置是准确的，其余明纹中心的位置较上稍有偏离。严格的理论可以证明，明条纹中心位置为 $a\sin\theta=\pm1.43\lambda$，$\pm2.46\lambda$，$\pm3.47\lambda$，$\cdots$ 由此可以看出，半波带法是一个相当好的近似处理方法。

“子波被分成 0～2 个半波带”的情况，是中央明条纹中心与第 1 级暗条纹之间的情况；实际上被定义为中央明条纹。这样，整个观察屏上的衍射条纹都有了明确的定义。

在单缝衍射中，光强分布不是均匀的。如图 11-18 所示，中央明纹集中了绝大部分光能。由中央到两侧，随着条纹级次由高到低，光强迅速下降。这是因为，条纹级次越大，缝 AB 所在的波面被分成的半波带数目越多，未被抵消的半波带面积占波面 AB 的比例也就越小，屏上对应处的明纹光强也就越小。

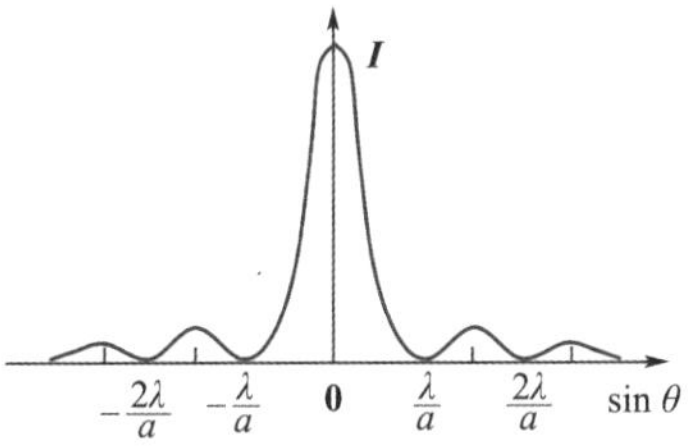

图 11-18　单缝衍射的相对光强分布

我们将条纹对透镜 L_2 光心所张角度称为条纹的角宽度。中央明纹位于两侧 $k=1$ 级暗纹之间，将两侧 $k=1$ 级暗纹之间的角距离作为中央明纹的角宽度 $\Delta\theta_0$，若 $k=1$ 级暗纹的衍射角用 θ_1 表示，则有

$$\Delta\theta_0 = \theta_1 - (-\theta_1) = 2\arcsin\frac{\lambda}{a}$$

在夫琅禾费单缝衍射中，θ 都很小，有 $\sin\theta \approx \theta$，因此中央明纹角宽度为

$$\Delta\theta_0 = 2\frac{\lambda}{a} \tag{11-20}$$

第 k 级明纹介于 k 级和 $k+1$ 级暗纹之间，其角宽度 $\Delta\theta$ 就等于这两级暗纹的衍射角之差，当衍射角 θ 很小，其角宽度为

$$\Delta\theta = \frac{k+1}{a}\lambda - \frac{k}{a}\lambda = \frac{\lambda}{a} \tag{11-20a}$$

所以中央明纹角宽度约为其他各级明纹角宽度的两倍。

由图 11-16 可以看出各级条纹的位置 x 与衍射角 θ 一一对应，并且满足几何关系 $x = f\tan\theta$，在考虑衍射角很小时，满足 $\tan\theta \approx \sin\theta \approx \theta$，还可以计算出各级条纹的位置以及各级明纹的线宽度。

各级暗纹在观察屏上的位置为

$$x_{\pm k} \approx f\sin\theta_{\pm k} = \pm f\frac{k\lambda}{a} \tag{11-21a}$$

各级明条纹的线位置为

$$x'_{\pm k} \approx \pm f\frac{(2k+1)}{2a}\lambda \tag{11-21b}$$

中央明条纹的线宽度为

$$\Delta x_0 = 2f\tan\theta_1 \approx 2f\sin\theta_1 = 2f\frac{\lambda}{a} \tag{11-22}$$

可见，中央明条纹的宽度正比于波长 λ，反比于缝宽 a；这一关系又称为衍射反比律。两个相邻暗条纹中心间的距离即为次级明条纹的宽度。在 $\tan\theta \approx \sin\theta \approx \theta$ 的条件下，各次级明条纹的在观察屏上的线宽度为

$$\Delta x \approx f\frac{\lambda}{a} = \frac{1}{2}\Delta x_0 \tag{11-22a}$$

即中央明条纹的宽度约为其他次级明条纹宽度的两倍。

综上分析可知，对于给定波长 λ 的单色光来说，缝宽 a 越小，各级衍射条纹对应的衍射角 θ 越大，角宽度和线宽度越大，所以条纹铺展越宽，衍射效应越显著；反之，条纹将收缩变窄，衍射效应越不明显。当缝宽 a 很大时，$\Delta\theta_0 \to 0$，$\Delta\theta \to 0$，衍射光线基本上集中在沿直线传播的原方向，不发生光线偏折（绕射）现象，衍射光斑几乎收缩为几何光学的像点。

在缝宽 a 不变的条件下，$\Delta\theta_0$ 和 $\Delta\theta$ 与波长 λ 成反比。这就是说，波长越长衍射越显著，波长越短衍射效应越不明显。当缝宽 $a \gg \lambda$ 时，各级衍射条纹向中央靠拢，密集得以至无法分辨，只显出单一的明条纹；这样，经单缝出射的光几乎全部集中在原入射方向上，呈现出光的直线传播。实际上这条明条纹就是线光源 S 通过透镜所成的几何光学的像。由此可见，光的直线传播现象，是光的波长较透光孔或缝（或障碍物）的线度小很多时，衍射现象不显著的情形。由于几何光学是以光的直线传播为基础的理论，所以几何光学是波动光学在 $\lambda/a \to 0$ 时的极限情形。对于透镜成像，仅当衍射不显著时，才能形成物的几何像。如果衍射不能忽略，

则透镜所成的像将不是物的几何像，而是一个衍射图样。

单缝夫琅禾费衍射图样的特点是：中心是一条与单缝平行的很亮的亮条纹(中央明条纹)，在其两侧对称分布着明暗相间的各级条纹；中央明条纹集中了绝大部分的光能，两侧各级亮条纹的光强随着级次的增加迅速递减；中央明条纹的角(线)宽度约为其他各级亮条纹的两倍左右。

若用白光照射单缝，除中央明纹仍为白色，其他各级明纹由于不同波长对应的衍射角不同，同一级条纹就呈现了由紫到红的彩色条纹分布。这种衍射图样称为衍射光谱。

例 11.5 波长为 $\lambda=600$ nm 的单色平行光垂直照射宽度 $a=0.1$ mm 的单缝，缝后会聚透镜的焦距 $f=0.5$ m，形成单缝夫琅禾费衍射，观察屏位于透镜后焦平面，如图 11-19 所示。求：(1) 第 1 级和第 2 级暗条纹中心的角位置，中央明纹和第 1 级明条纹的角宽度；(2) 第 1 级和第 2 级暗条纹中心的线位置，中央明纹和第 1 级明条纹的线宽度。

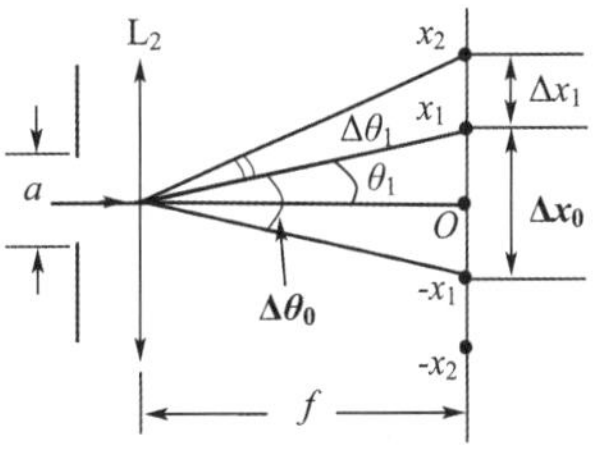

图 11-19

解：(1) 各级暗条纹中心的角位置 $a\sin\theta_k=k\lambda$，在夫琅禾费单缝衍射中，θ 都很小，有 $\sin\theta\approx\theta$，所以 $\theta_k\approx k\lambda/a$，则

$$\theta_1=\frac{1\times600\ \text{nm}}{0.1\ \text{mm}}=6.0\times10^{-3}\text{rad}\qquad \theta_{-1}=-\frac{1\times600\ \text{nm}}{0.1\ \text{mm}}=-6.0\times10^{-3}\text{rad}$$

$$\theta_2=\frac{2\times600\ \text{nm}}{0.1\ \text{mm}}=1.2\times10^{-2}\text{rad}\qquad \theta_{-2}=-\frac{2\times600\ \text{nm}}{0.1\ \text{mm}}=-1.2\times10^{-2}\text{rad}$$

中央明纹位于两侧 $k=1$ 级暗纹之间，所以，中央明条纹的角宽度为

$$\Delta\theta_0=\theta_1-\theta_{-1}=6.0\times10^{-3}\text{rad}+6.0\times10^{-3}\text{rad}=1.2\times10^{-2}\text{rad}\approx0.688^\circ$$

第 1 级明条纹位于第 1 级暗纹与第 2 级暗纹之间，其角宽度为

$$\Delta\theta_1=\theta_2-\theta_1=1.2\times10^{-2}\text{rad}-6.0\times10^{-3}\text{rad}=6.0\times10^{-3}\text{rad}$$

(2) 由几何关系 $x=f\tan\theta$，再考虑衍射角很小时，满足 $\tan\theta\approx\sin\theta\approx\theta$，所以各级暗条纹中心在观察屏上的线位置 $x_k=k\lambda f/a$，则

$$x_1=\frac{1\times600\ \text{nm}\times0.5\ \text{m}}{0.1\ \text{mm}}=3.0\ \text{mm}$$

$$x_{-1}=-\frac{1\times600\ \text{nm}\times0.5\ \text{m}}{0.1\ \text{mm}}=-3.0\ \text{mm}$$

$$x_2=\frac{2\times600\ \text{nm}\times0.5\ \text{m}}{0.1\ \text{mm}}=6.0\ \text{mm}$$

$$x_{-2}=-\frac{2\times600\ \text{nm}\times0.5\ \text{m}}{0.1\ \text{mm}}=-6.0\ \text{mm}$$

所以，中央明条纹的线宽度为

$$\Delta x_0=x_1-x_{-1}=3.0\ \text{mm}+3.0\ \text{mm}=6.0\ \text{mm}$$

第 1 级明条纹的线宽度为

$$\Delta x_1=\Delta x_{-1}=\Delta x_{+1}=x_2-x_1=6.0\ \text{mm}-3.0\ \text{mm}=3.0\ \text{mm}$$

11.5 光栅衍射

11.5.1 光栅衍射条纹的形成

由大量平行等宽等间距的平行狭缝构成的光学器件称为光栅。一般而言，具有空间周期性的衍射屏都可以称为光栅。常用的光栅是在一块玻璃片上刻出一系列等宽且等间隔的平行刻痕。在每条刻痕处，入射光向各个方向散射而不易透过，为不透光部分；相邻两刻痕之间的玻璃面是可以透光的部分，相当于一个狭缝。设 a 是透光部分的宽度，b 是不透光部分的宽度，则 $d=a+b$ 称为光栅常数，它是反映光栅空间周期性的一个重要物理量。制作用于可见光波段的光栅，要在 1 cm 宽的玻璃板上刻划几百甚至上万条平行且等间距的刻痕。

将图 11-16 中的衍射屏 G 换成光栅，当单色平行光垂直照射到光栅上[图 11-20(a)]，衍射光线就会经透镜 L_2 会聚到处于焦平面的观察屏上，产生光栅的夫琅禾费衍射图样[图 11-20(b)]。光栅衍射图样是：在屏上几乎黑暗的背景上，呈现出一系列又细又亮且分得很开的明条纹。

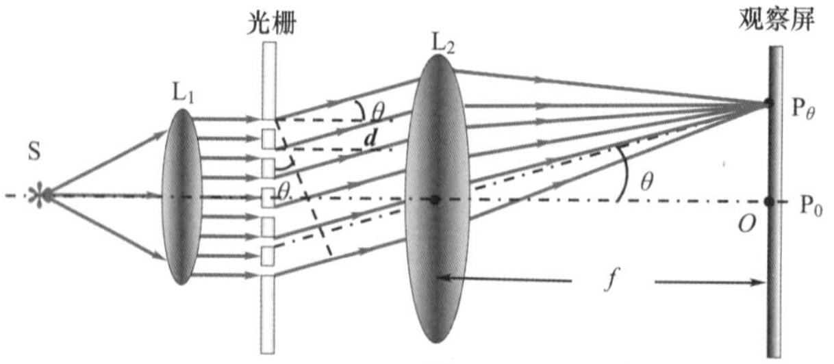

(a)

(b)

图 11-20 光栅的夫琅禾费衍射

下面分析一下光栅衍射条纹的成因。我们知道，在单缝夫琅禾费衍射中，衍射角 θ 相同的平行光，都将会聚在接收屏上相同的点 P_θ；而衍射角不同的光将汇聚在接收屏幕上不同的点；衍射角 θ 与点 P_θ 一一对应，形成了单缝衍射图样。当平行光照射到光栅上，光栅的 N 个狭缝每一个都要产生衍射，由于接收屏放置在焦平面上，所以这 N 组衍射条纹将通过透镜完全重合，它们的光强分布相同、极值位置重合。同时，由于各个狭缝都处在同一波阵面上，相邻两缝所有对应点发射的子波到达 P_θ 点的光程差都是相等的，所以通过所有狭缝的光都是相干光，因此从各狭缝发出的光束相互之间还要发生缝间的干涉。因此，光栅衍射条纹应该是单缝衍射和多缝干涉的综合效果。

图 11-21 给出了 $N=4$，$d=4a$ 的光栅衍射条纹的光强分布示意图。其中图(a) 给出的是缝宽为 a 的单缝衍射图样的光强分布，图(b) 给出的是多缝干涉图样的光强分布。图(c) 就是单缝衍射和多缝干涉共同决定的光栅衍射光强分布图，干涉条纹的光强受到单缝衍射的调制。

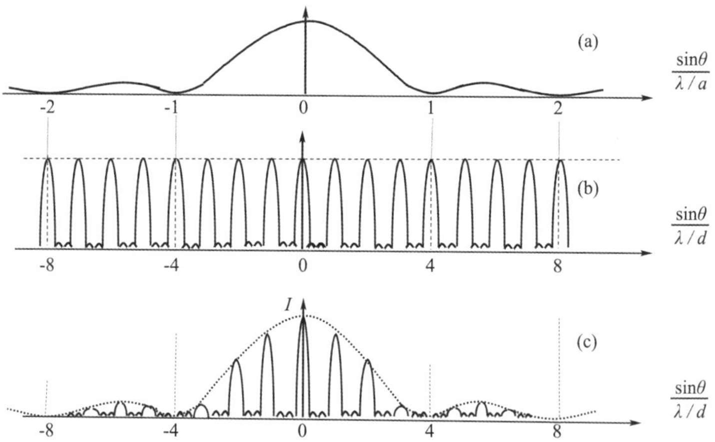

图 11-21 光栅衍射条纹的光强分布

11.5.2 光栅方程

1.光栅方程

通过以上的分析可知，这 N 个狭缝发出的衍射角为 θ 的光束在 P_θ 点会聚，任意相邻两缝对应位置处发出的衍射光线的光程差为 $d\sin\theta$，如果这个光程差恰好等于入射光波波长 λ 的整数倍，它们相干叠加的结果就相互加强，就会在 P_θ 处产生明纹。所以光栅衍射的明纹条件为

$$d\sin\theta = \pm k\lambda\ (k=0,1,2,\cdots) \tag{11-23}$$

这就是光栅方程，它是研究光栅衍射的重要公式。这些明纹又称为主极大，k 称为主极大的级次。$k=0$ 称为中央明条纹或中央主极大，$k=1,2,\cdots$ 称为两侧的第1级、第2级，…… 主极大。正、负号表示各级主极大关于中央明条纹对称分布。

由光栅方程可以看出，当入射光波长 λ 一定时，光栅常数 d 越小，同一级主极大对应的衍射角就越大，即亮纹分得越开。对于光栅常数 d 确定的光栅，入射光波长 λ 越大，同一级主极大对应的衍射角就越大，即亮纹分得越开。主极大的位置与光栅总刻痕数 N 无关。

光栅缝数 N 越多，参与叠加的光束就越多，明纹也就越亮。理论计算还表明：在光栅衍射的两相邻主极大之间，还存在 $N-1$ 条暗纹和 $N-2$ 条次级明纹，这些次级明纹光强很弱。所以，光栅缝数 N 越多，在两相邻主极大之间的暗纹和次级明纹的数目也就越多，主极大就越细窄。这样在两相邻主极大之间就形成了一个较大的暗区。所以，光栅衍射图样特点是：在黑暗的背景上呈现一系列分得很开的细窄亮线。

2.缺级

如果对应某些衍射角 θ，既满足光栅方程的主极大条件，又满足单缝衍射的暗纹条件，那么这些位置对应的主极大将消失。这一现象称为缺级。即 θ 角同时满足

$$d\sin\theta = k\lambda$$
$$a\sin\theta = k'\lambda,$$

得到主极大缺级的级次 k 为

$$k=\frac{d}{a}k',\ k'=\pm1,\pm2,\cdots \tag{11-24}$$

式中，k' 表示单缝衍射暗纹的级数。在图 11-21(c) 给出的图示中，$d=4a$，因此 $k=4k'=\pm4$，

±8… 等级次的主极大为缺级。

3.光栅光谱

光栅最重要的应用是对入射的复色光形成光栅光谱,从而达到精确分光的目的。由光栅方程 $d\sin\theta=k\lambda$ 可知,当光栅常量 d 一定时,同一级谱线对应的衍射角 θ 随着波长 λ 的增大而增大。如果是复色光入射,则由于各成分色光的 λ 不同,除中央零级条纹外,各成分色光的其他同级明条纹将在不同的衍射角出现,同级的不同颜色的明条纹将按波长顺序排列成光栅光谱,这就是光栅的分光作用。复色光通过光栅衍射后,同级光谱中不同颜色主极强位置都不同,彼此分开,这就是所谓色散现象。

光栅光谱仪是精密光学仪器,一般来说,测量第一级光谱已经足够,没有必要测量较弱的第二级光谱。

各种元素或化合物有它们自己特定的谱线,测定其光栅光谱中各谱线的波长和相对强度,可以确定该物质的成分及含量。这种分析方法称为光谱分析。物质的光谱可用于研究物质结构,原子、分子的光谱则是了解原子、分子结构及其运动规律的重要依据。光谱分析是现代物理学研究的重要手段,在工程技术中,也广泛地应用于分析、鉴定等方面。

*11.5.3 X 射线的衍射

X 射线是伦琴于 1895 年发现的,故又称伦琴射线。图 11-22 所示为 X 射线管的结构示意图。图中 G 是一抽成真空的玻璃泡,其中密封有电极 K 和 A。K 是发射电子的热阴极,A 是阳极,又称对阴极。两极间加数万伏高电压,阴极发射的电子,在强电场作用下加速,高速电子撞击阳极(靶)时,就从阳极发出 X 射线。这种射线人眼看不见,具有很强的穿透能力,可以很容易穿过由氢、氧、碳和氮等轻元素组成的肌肉组织,但不易穿透骨骼。在当时是前所未知的一种射线,故称为 X 射线。后来认识到,X 射线是一种波长很短的电磁波,波长在 0.01 ~ 10 nm。既然 X 射线是一种电磁波,也应该有干涉和衍射现象。但是由于 X 射线波长太短,用普通光栅观察不到 X 射线的衍射现象,而且也无法用机械方法制造出适用于 X 射线的光栅。

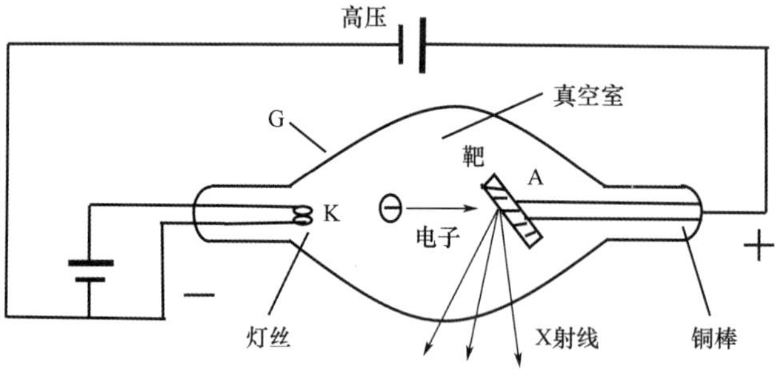

图 11-22　X 射线管

1912 年,德国物理学家劳厄设想,晶体是由一组有规则排列的微粒(原子、离子或分子)组成的,它也许会构成由一种适合于X射线的天然三维空间光栅。他进行了实验,第一次圆满地获得了 X 射线的衍射图样,从而证实了 X 射线的波动性。劳厄实验装置简图如图 11-23 所示。图中 P 为铅板,上有一小孔,X 射线由小孔通过;C 为晶体,E 为照相底片。图示是 X 射线通过 NaCl 晶体后投射到底片上形成的衍射斑,称为劳厄斑。

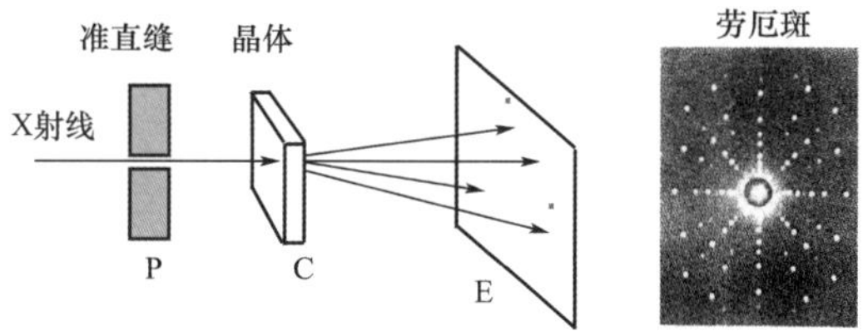

图 11-23 劳厄晶体衍射实验

1913 年，苏联乌利夫和英国布拉格父子独立地提出了一种研究方法。这种方法研究 X 射线在晶体表面上反射时的干涉，原理比较简单。X 射线照射晶体时，晶体中每一个微粒都是发射子波的衍射中心，向各个方向发射子波，这些子波相干叠加，就形成衍射图样。

当一束 X 射线以掠射角 φ 入射到晶面上时，同一晶面上的子波，由于相位差为零，所以在满足反射定律的方向上即可以得到最大的衍射强度；而不同晶面之间的子波相干叠加，要得到最大衍射强度，除了要满足反射定律外，还要满足布拉格条件，即不同晶面之间的子波的光程差要等于波长的整数倍。由图 11-24 可知，相邻两个晶面反射的两条光线干涉加强的条件为

$$2d\sin\varphi = k\lambda\ (k=1,2,3\cdots) \tag{11-25}$$

此式称为布拉格公式。式中，d 为晶面间距。

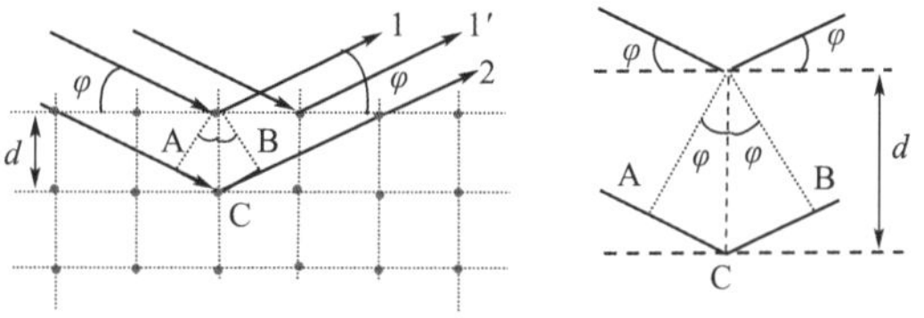

图 11-24 布拉格晶体衍射实验

应该指出，同一块晶体的空间点阵，从不同方向看去，可以看到粒子形成取向不相同、间距也各不相同的许多晶面族。当 X 射线入射到晶体表面上时，对于不同的晶面族，掠射角 φ 不同，晶面间距 d 也不同。凡是满足上式的，都能在相应的反射方向得到加强。

例 11.6 一束平行光含有两种不同波长成分 λ_1 和 λ_2。此光束垂直照射到一个衍射光栅上，测得波长 λ_1 的第二级主极大与波长 λ_2 的第三级主极大位置相同，它们的衍射角均满足 $\sin\varphi=0.3$。已知 $\lambda_1=630$ nm。求：(1) 光栅常数 d；(2) 波长 λ_2；(3) 对波长 λ_1 而言，最多能看到第几级明纹？

解：由光栅方程 $d\sin\theta=\pm k\lambda$，$k=0,1,2,3\cdots$ 得

(1) 光栅常数为 $d=\dfrac{2\lambda_1}{\sin\theta}=4.2\times10^{-6}$ m

(2) 由已知波长 λ_1 的第二级主极大与波长 λ_2 的第三级主极大位置相同，可得

$$d\sin\theta=2\lambda_1=3\lambda_2$$

解得 $\lambda_2=\dfrac{2}{3}\lambda_1=420$ nm

(3) $k=\dfrac{d\sin\theta}{\lambda_1}\leqslant\dfrac{\mathrm{d}}{\lambda_1}=6.7$

所以最多能看到第 6 级明纹。

11.6 光的偏振

光的干涉和衍射现象说明光具有波动性，而光的偏振现象则进一步表明光的横波性。

11.6.1 自然光与偏振光

波动分为横波和纵波。横波区别于纵波的主要特点在于其振动方向对于传播方向不具有对称性，即在垂直于波传播方向的平面来看，横波的振动矢量偏于某一方向，而纵波的振动矢量在传播方向 —— 对称轴上。横波的这种特性也叫偏振性。因此，是否具有偏振性，是区别横波和纵波的最显著特征。

光的电磁理论指出，光波是特定频率范围内的电磁波，它的电场分量 $\boldsymbol{E}$、磁场分量 $\boldsymbol{H}$ 以及传播方向彼此正交，所以光波是横波。实验表明，能够引起感光和生理作用的是其电场分量 $\boldsymbol{E}$，一般称 $\boldsymbol{E}$ 为光矢量。光的横波性表明，光的振动矢量 $\boldsymbol{E}$ 与光的传播方向垂直，但在与传播方向垂直的二维空间里可以有各式各样的振动状态，这称为光的偏振态。不同的偏振态的光波具有不同的性质。

然而实验并没有发现普通光源发出的光线具有偏振性。弄清楚这个问题，还得从普通光源发光机制来说。

普通光源的发光机制是自发辐射，它发出的光是大量分子原子发光的总和。同一原子先后发出的光以及不同原子在同一时刻发出的光，彼此互不相干、各自独立，包含了一切可能的振动方向，没有哪一个方向更占优势。因此，按统计平均来看，在垂直于传播方向的平面内，各方向振动的概率相等，同时振动能量也均匀分布在各振动方向上，即各方向振幅也看作完全相等。因而，普通光源发出的光不显示偏振特性。我们把具有这样特征的光叫作自然光，它是非偏振的，如图 11-25(a) 所示。对任一光取向的矢量 $\boldsymbol{E}$ 均可在两个相互垂直的方向上进行分解，因此我们就可以把自然光分解成两个振动方向相互垂直、等幅的独立光矢量，如图 11-25(b) 所示，它们的光强各等于自然光光强的一半。为方便起见，自然光通常用图 11-25(c) 所示的方法来表示。图中的黑点表示垂直于纸面的光振动，短线表示平行于纸面且与传播方向垂直的光振动，点线均布表示两振动振幅相等。

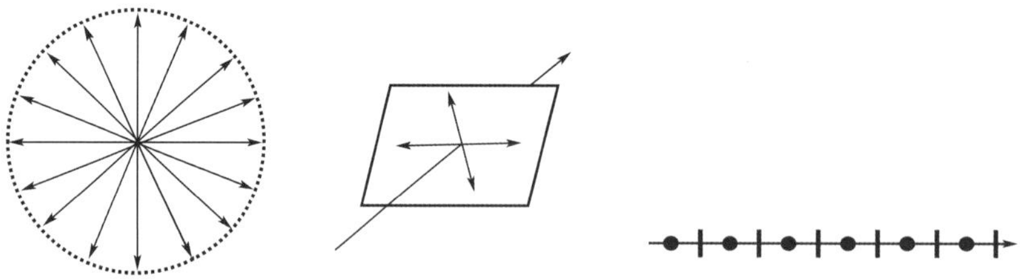

(a)　　(b)　　(c)

图 11-25　自然光

如果用某些装置，使自然光中某方向的光振动完全消除或移走，只保留另一个方向的光振动，就会得到仅沿一个方向振动的光，这就是线偏振光，简称偏振光或完全偏振光。如果只是部分地移走一个分量，使得两个独立分量不相等，这就得到了部分偏振光。部分偏振光的偏振程度介于自然光与线偏振光之间。线偏振光与部分偏振光的表示方法如图 11-26 所示。

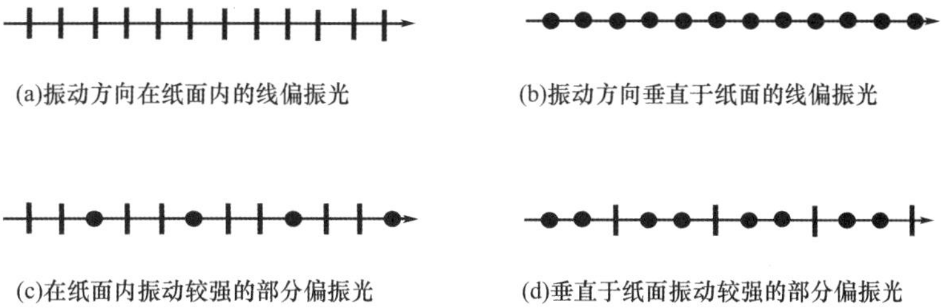

图 11-26　线偏振光和部分偏振光的表示

我们把光矢量与传播方向所组成的平面称为振动面。在线偏振光传播过程中，光矢量总是在振动面内振动，所以线偏振光又称为平面偏振光。

11.6.2 起偏与检偏

线偏振光是重要的偏振光，也是较容易获得的光的偏振态。将自然光变为偏振光的过程称为起偏，所用的光学器件称为起偏器。检验某束光是否为偏振光的过程称为检偏，所用的光学器件称为检偏器。接下来介绍一下偏振片，它是一种常用的起偏和检偏器件。

有些各向异性的晶体对不同振动方向的线偏振光具有选择吸收的性质。例如，天然的电气石晶体是六角形的片状，长对角线的方向称为它的光轴。当光线射在这种晶体表面上时，光矢量与光轴平行时被吸收得很少，光可以较多地通过；光矢量与光轴垂直时被吸收得较多，光通过得很少，晶体的这种特性称为二向色性。在天然的晶体中，电气石晶体具有最强的二向色性，1 mm 厚的电气石可以把垂直光轴振动的光矢量全部吸收掉，使透射光成为振动方向与其光轴方向平行的线偏振光。一般来说，晶体的二向色性还与光波波长有关，因此当振动方向互相垂直的两束线偏振白光通过晶体后会呈现出不同的颜色。除电气石外，有些有机化合物的晶体，如硫酸碘奎宁晶体也有二向色性。广泛使用的获得偏振光的器件，是人造偏振片，称为 H 偏振片，它就是利用二向色性获得偏振光的。

偏振片是一种能使自然光通过后成为线偏振光的光学薄膜，偏振片（或其他偏振器件）允许透过的光矢量的振动方向称为偏振片的透振方向，或偏振化方向，通常在偏振片用记号“↕”表示；而与之垂直的方向称为消光方向。对于理想的偏振片，由于垂直于偏振片偏振化方向的光矢量振动被全部吸收，而平行于偏振片偏振化方向的光矢量振动几乎全部通过偏振片，因此任何偏振态的光通过偏振片后成为线偏振光（当然光强会有较大的损失），而出射的线偏振光的偏振方向与偏振片的偏振化方向平行。

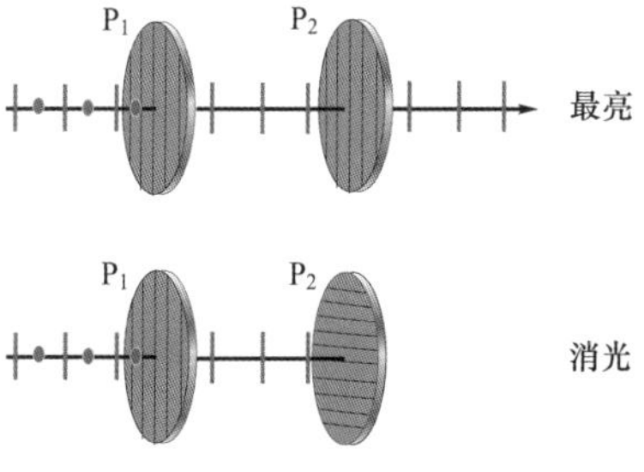

图 11-27　起偏和检偏

两块平行放置的偏振片 P_1 和 P_2，它们的偏振化方向分别用一组平行线表示，如图 11-27 所示，当自然光垂直入射到偏振片 P_1，透过的光成为线偏振光，其振动方向与 P_1 的偏振化方向平行，强度变为入射光强的一半。透过 P_1 的线偏振光再入射到偏振片 P_2 上，如果 P_2 的偏振化方向与 P_1 的平行，则经 P_2 出射的光光强最强，视场最亮。慢慢旋转 P_2，可以看到出射光强逐渐减小，当 P_2 与 P_1 的偏振化方向相互垂直时，出射光消失，称为消光。继续慢慢旋转 P_2，可以看到出射光的光强随着 P_2 的转动而变化。在旋转一周的过程中，将出现两次最亮，两次消光。这里，偏振片 P_2 的作用是检验入射光是否是偏振光，起到检偏器的作用。可见偏振片既可以作起偏器，又可以作检偏器。利用检偏器可以检验入射到检偏器上的光是否为偏振光，是完全偏振光还是部分偏振光，并可确定线偏振光的振动方向以及部分偏振光分振动振幅的两个极值方向。

11.6.3 马吕斯定律

马吕斯在研究线偏振光透过检偏器后透射光的光强时发现：如果入射线偏振光的光强为 I_0，在不计检偏器对透射光吸收的情况下，透射光的光强 I 为

$$I = I_0 \cos^2\alpha \tag{11-26}$$

式中 α 是入射线偏振光的光矢量振动方向与检偏器的偏振化方向之间的夹角。上式称为马吕斯定律。马吕斯定律可证明如下：

如图 11-28 所示，设 E_0 为入射线偏振光的光矢量的振幅，P 为检偏器的偏振化方向，入射线偏振光的光矢量 $\boldsymbol{E}_0$ 的振动方向与 P 方向之间夹角为 α，将光矢量 $\boldsymbol{E}_0$ 沿垂直于 P 和平行于 P 方向分解成两个分振动，这两个分振动的振幅分别为

$$E_{\perp} = E_0 \sin\alpha, E_{/\!/} = E_0 \cos\alpha$$

垂直于 P 方向的分振动被偏振片吸收，只有平行于 P 方向的分振动完全通过偏振片。由于光强正比于光矢量振幅的平方，所以有

$$\frac{I}{I_0} = \frac{(E_0 \cos\alpha)^2}{E_0^2} = \cos^2\alpha$$

式(11-26) 得证。

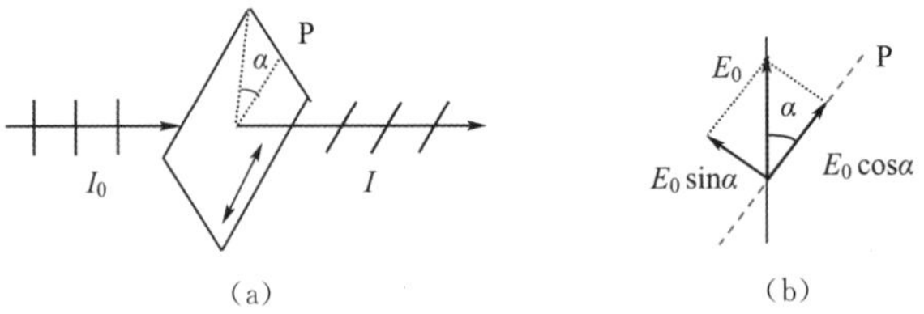

图 11-28　马吕斯定律的证明

由上式可知，当入射线偏振光的振动方向与检偏器的偏振化方向平行时，即 $\alpha = 0°$ 或 $180°$ 时，$I = I_0$，透过光强最大；当入射线偏振光的振动方向与检偏器的偏振化方向垂直，即 $\alpha = 90°$ 或 $270°$ 时，没有光从检偏器射出，出现消光现象；其他角度入射时，出射线偏振光的光强介于 0 与 I_0 之间。

11.6.4 反射和折射时光的偏振

实验表明，当自然光入射到两种不同介质分界面发生反射和折射时，反射光和折射光都是部分偏振光。其中反射光中垂直于入射面（以黑点表示）的振动较强，折射光中平行于入射面（以短线表示）的振动较强，如图 11-29(a) 所示。

改变入射角 i 时，反射光的偏振化程度也随之改变。可见，反射光的偏振化程度取决于入射角 i 的数值。实验指出，当入射角等于某一特定值 i_b 时，在反射光中只有垂直于入射面的振动，而平行于入射面的振动为零，此时的反射光变成了完全偏振光。这个特定的角常常叫作起偏角。实验还发现，此时反射光线与折射光线相互垂直[见图 11-29(b)]，即

$$i_b + r = 90°$$

根据折射定律，有

$$n_1 \sin i_b = n_2 \sin r$$

由上两式可得

$$n_1 \sin i_b = n_2 \sin r = n_2 \sin(90° - i_b) = n_2 \cos i_b$$

即

$$\tan i_b = \frac{n_2}{n_1} \tag{11-27}$$

式中 n_1 为入射光所经介质的折射率，n_2 为折射光所经介质的折射率。此关系式是 1812 年由布儒斯特通过实验确定的，称为布儒斯特定律，i_b 称为起偏角或布儒斯特角。

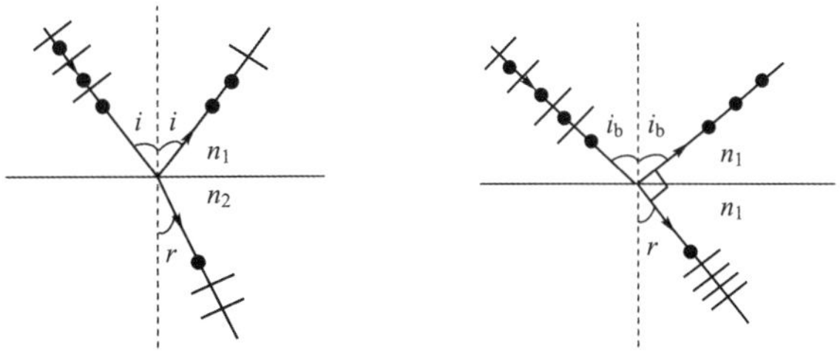

(a) 普通角入射　　(b) 布儒斯特角入射

图 11-29　反射和折射时光的偏振

空气的折射率近似为 1，水和玻璃的折射率分别为 1.33 和 1.5。由上式可以算出从空气到水的布儒斯特角为 53.1°，从水到空气的布儒斯特角为 36.9°；从空气到玻璃的布儒斯特角为 56.3°，从玻璃到空气的布儒斯特角为 33.7°。很容易发现，一片平行平面玻璃放在空气中，如果上表面的入射角是布儒斯特角，则折射光在下表面的入射角也一定是布儒斯特角。

利用布儒斯特条件下的反射光，可以得到线偏振光，但往往光强较小。对于单独的一个玻璃面来说，垂直于入射面的振动只被反射 15%，大部分都折射到玻璃中去了。透射光强虽然较大，但却是部分偏振光。在实际应用中，为了得到比较理想的线偏振光，可以让自然光通过一个由多片玻璃叠合成的玻璃片堆，从自然光中获得线偏振光。如图 11-30 所示，玻璃片堆是由一组平行平面玻璃片（或其他透明的薄片，如石英片等）叠在一起构成的，将这些玻璃片放在圆筒内，使其表面法线与圆筒轴构成布儒斯特角。当自然光沿圆筒轴（以布儒斯特角）入射并通过玻璃片堆时，因透过玻璃片堆的折射光连续不断地以相同的入射角和折射角入射和折射，每通过一次界面，都从折射光中反射掉一部分垂直于入射面振动的分量，这样经过多次的反射和折射，可以使折射光有很高的偏振度，最后使通过片堆的透射光接近为一个振动方向平行于入射面的线偏振光，并且光强也可以达到入射自然光光强的 50% 左右。玻璃片堆既可以用于起偏，也可用于检偏。

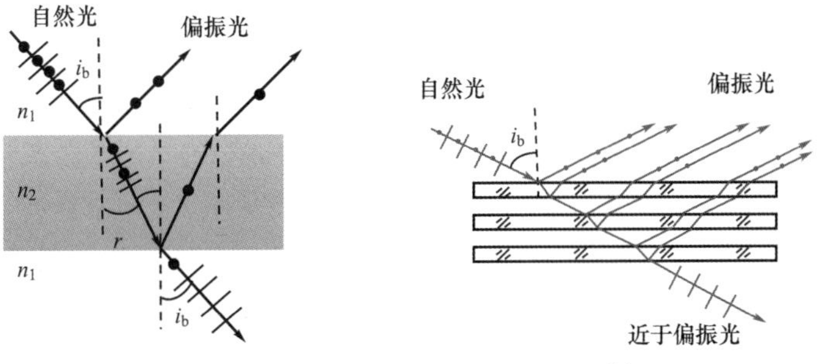

(a)　　(b)

图 11-30　玻璃片堆产生线偏振光

光的偏振特性在工程技术中有着非常广泛的应用。如液晶显示用到了光的偏振特性;在摄影镜头前加上偏振镜消除不需要的反光而显示被拍摄物体的真实颜色;使用偏振镜观看立体电影等等。

练习题

1.在杨氏双缝干涉实验中,双缝间距为 0.5 mm,被一波长为 $\lambda=600$ nm 的单色平行光垂直照射,屏放置在双缝后 120 cm 处。求在屏上测得的相邻干涉明条纹间距。

2.在杨氏双缝干涉实验中,用波长 $\lambda=546.1$ nm 的单色光垂直照射,双缝与屏的距离 $D=300$ mm。测得中央明条纹两侧的两个第五级明条纹的间距为 12.2 mm,求:双缝间的距离。

3.在实验室中用波长λ=500 nm 的单色光做杨氏双缝干涉实验,现将一厚度为 $e=6.0\times10^{-4}$ cm、折射率为 $n=1.5$ 的透明薄膜遮住上方的缝。试求:视场中干涉条纹将怎么移动?一共移动了多少个条纹?

4.杨氏双缝干涉实验中,当整个实验装置放置在真空中($n=1$),已知屏幕上的某点 P 处为第 3 级明条纹。现将整个装置浸入某种透明液体中($n>1$),P 点处变为第 4 级明条纹,求此液体的折射率 n。

5.一双缝装置的一条缝被折射率为 1.40 的薄玻璃片遮盖,另一条缝被折射率为 1.70 的薄玻璃片遮盖。在玻璃片插入后,屏上原来的中央明条纹处现在被原来的第五级明条纹所占据。设波长为 480 nm,且两玻璃薄片等厚。求:玻璃片的厚度 t。

6.在劳埃德镜实验中,已知线光源 S 到反射镜 M 的垂直距离为 $d/2$,线光源 S 到观察屏 L 的垂直距离为 $D(D\gg d/2)$,线光源 S 发出的光波的波长为 λ,实验装置放置在真空中。求:观察屏上干涉明条纹中心位置和干涉条纹的间距。

7.在杨氏双缝干涉实验中,双缝 S_1 和 S_2 之间的距离 $d=1.0$ mm,观察屏到双缝的距离为 $D=2.0$ m。如果所用光源含有波长为 $\lambda_1=500$ nm 和 $\lambda_2=600$ nm 的双色光波,求:

(1) 干涉条纹在观察屏上重合的级次;(2) 干涉条纹重合时的线位置(干涉条纹在观察屏上重合点到观察屏中心的距离);(3) 干涉条纹重合时的角位置(干涉条纹在观察屏上重合点对双缝中心的张角)。

8.波长为 600 nm 的单色光,垂直入射到放在空气中的平行薄膜上,已知薄膜的折射率为 1.54,求反射光最强时膜的最小厚度。

9.用白光垂直照射厚度为 $e=400$ nm 的均匀薄膜,膜的上表面接触的介质折射率为 n_1,下表面接触的介质折射率为 n_3,若薄膜的折射率为 $n_2=1.40$,且 $n_1>n_2>n_3$,问反射光中哪种波长的可见光得到加强?

10.在折射率 $n_3=2.50$ 的玻璃基片上均匀地镀一层 $n_2=1.50$ 的薄膜作为增反膜,在镀膜过程中用波长 $\lambda=600$ nm 的单色光从上方垂直向下照射介质膜,并用照度表测量透射光的强度;当介质膜逐渐增厚时,透射光强度发生强弱交替变化;当透射光强度第二次出现最弱时,求介质膜镀了多厚?

11.单色平行光垂直照射到均匀覆盖着薄油膜的玻璃板上,设光源波长在可见光范围内可以连续变化,波长变化期间只观察到 500 nm 和 700 nm 这两个波长的光相继在反射光中消失。已知油膜的折射率为 $n_2=1.33$,玻璃的折射率为 $n_3=1.50$,求油膜的厚度。

12.折射率为 1.60 的两块标准平面玻璃板之间形成一个劈形膜(劈尖角 θ 很小)。用波长为λ=600 nm 的单色光垂直入射,产生等厚干涉条纹。假如在劈形膜内充满 $n=1.40$ 的液体时的相邻明条纹间距比劈形膜内是空气时的间距缩小 $\Delta l = 0.5$ mm，那么劈尖角 θ 应是多少？

13.在牛顿环实验中，所用的光源是钠黄光，波长为 $\lambda = 589.3$ nm，测量显微镜测得第 k 级明条纹（牛顿环）直径为 $d_k = 7.120$ mm，第 $k+5$ 级明条纹直径为 $d_{k+5} = 9.188$ mm。求平凸透镜的曲率半径 R。

14.在牛顿环实验中，当透镜与玻璃间充满某种液体时，测得第 10 个亮环的直径由 1.40×10^{-2} m 变为 1.27×10^{-2} m，试求这种液体的折射率。

15.在硅基底上镀二氧化硅（SiO_2）薄膜，为了测量所镀膜的厚度，把边缘处理成劈尖形，用波长为 $\lambda = 589.3$ nm 的光垂直照射，观察干涉条纹，发现尖端为亮纹，最多呈现第 4 条暗条纹，如题 11-1 图所示。已知 SiO_2 的折射率为 $n = 1.5$，求膜的厚度 e。

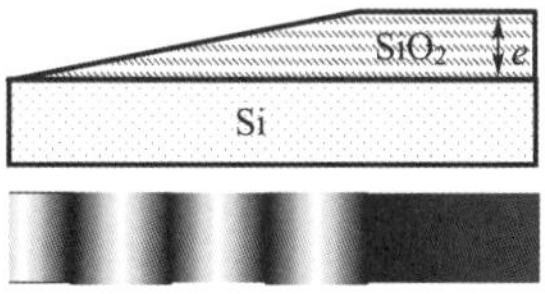

题 11-1

16.有一劈尖，折射率 $n = 1.4$，劈尖角为 $\theta = 10^{-4}$ rad。在某一单色光的垂直照射下，可测得两相邻明条纹之间的距离为 0.25 cm。(1) 试求此单色光在空气中的波长。(2) 如果劈尖长为 3.5 cm，那么总共可出现多少条明条纹？

17.以白光垂直照射到空气中的厚度为 380 nm 的肥皂水膜上，肥皂水的折射率为1.33，试分析肥皂水膜的正面和背面各呈现什么颜色？

18.用点光源入射迈克尔逊干涉仪实现等倾干涉（两个反射镜 M_1 与 M_2 相互垂直），由此可以精确测量入射光波的波长。如果动镜 M_1 移动 Δd，等倾干涉中心条纹"涌出或消失"ΔN 个完整干涉条纹，求入射光波的波长。

19.在单缝夫琅禾费衍射实验中，波长为 λ 的单色光的第三级亮纹与 $\lambda' = 600$ nm 的单色光的第二级亮纹恰好重合。试计算该单色光的波长 λ 的数值。

20.He-Ne 激光器发出 $\lambda = 632.8$ nm（$1 \text{ nm} = 10^{-9}$ m）的平行光束，垂直照射到一单缝上，在距单缝 3 m 远的屏上观察夫琅禾费衍射图样，测得两个第二级暗纹间的距离是 10 cm，试求单缝的宽度。

21.用波长分别为 $\lambda_1 = 400$ nm 和 $\lambda_2 = 600$ nm 的复色光垂直照射单缝。在衍射图样中，λ_1 的第 k_1 级暗条纹中心与 λ_2 的第 k_2 级暗条纹中心重合，求 k_1 和 k_2。

22.在单缝的夫琅禾费衍射中，缝宽 $a = 0.100$ mm，平行光垂直入射在单缝上，波长 $\lambda = 500$ nm，会聚透镜的焦距 $f = 1.00$ m。求中央亮条纹旁的第一个亮条纹的宽度 Δx。

23.波长为 600 nm 的单色光垂直入射到宽度为 $a = 0.10$ mm 的单缝上，观察夫琅禾费衍射图样，透镜焦距 $f = 1.0$ m，屏在透镜的焦平面处.求：(1) 中央衍射明条纹的宽度 Δx_0；(2) 第二级暗条纹离透镜焦点的距离 x_2。

24.波长范围在 450 nm ～ 650 nm 的复色平行光垂直照射在每厘米有 5 000 条刻线的光栅上，屏幕放在透镜的焦面处，屏上第二级光谱各色光在屏上所占范围的宽度 35.1 cm。求透镜的焦距 f。

25.波长 $\lambda = 500$ nm 的单色光垂直入射光栅，第 2 级明条纹出现在 $\sin\theta_2 = 0.20$ 的方向上，第 4 级缺级，试求：(1) 光栅常数；(2) 光栅狭缝的最小宽度；(3) 观察屏上实际呈现的条纹数目。

26.波长范围 $\lambda=400\ \text{nm}\sim760\ \text{nm}$ 的白光垂直照射光栅，问衍射光谱中第几级光谱开始重叠？求被重叠的波长范围。

27.在钠蒸气发出的光中，波长为 $\lambda=589.3\ \text{nm}$ 的黄光实际上是由 $\lambda_1=589.0\ \text{nm}$ 和 $\lambda_2=589.6\ \text{nm}$ 两条谱线组成。使用光栅常数为 $2.0\ \mu\text{m}$ 总宽度为 $2.0\ \text{cm}$ 的光栅，钠黄光垂直入射。求：(1) 能够形成几级光栅光谱？(2) 第一级光谱中两条谱线的角位置和角间隔以及半角宽度。

28.一衍射光栅，每厘米 200 条透光缝，每条透光缝宽为 $a=2\times10^{-3}\ \text{cm}$，在光栅后放一焦距 $f=1\ \text{m}$ 的凸透镜，现以 $\lambda=600\ \text{nm}$ 的单色平行光垂直照射光栅，求：(1) 透光缝 a 的单缝衍射中央明条纹宽度为多少？(2) 在该宽度内，有几个光栅衍射主极大？

29.某晶体的晶面间距(晶格常数) 为 $d=0.276\ \text{nm}$，如果用波长为 $\lambda=0.138\ \text{nm}$ 的 X 射线束入射晶体表面，形成布拉格晶体衍射。问：入射的 X 射线以什么样的掠射角(掠射角与入射角互补) 入射晶体表面，反射 X 射线最强？

30.一束光是自然光和线偏振光的混合光，让它垂直通过一偏振片.若以此入射光束为轴旋转偏振片，测得透射光强度最大值是最小值的 5 倍，试求入射光束中自然光与线偏振光的光强比值。

31.两个偏振片叠在一起，在它们的偏振化方向成 $a_1=30^\circ$ 时，观测一束单色自然光。又在 $a_2=45^\circ$ 时，观测另一束单色自然光.若两次所测得的透射光强度相等，求两次入射自然光的强度之比。

32.一束太阳光以某一入射角射到平面玻璃上，这时反射光是线偏振光，折射角为 32°，试求：(1) 入射角；(2) 玻璃的折射率。

33.一束自然光从空气投射到玻璃表面上(空气的折射率为 1)，当折射角为 30° 时，反射光是完全偏振光，求此玻璃的折射率。

第十二章

量子物理学基础

19 世纪末，以经典力学、热力学和统计物理学、经典电磁场理论为支柱的经典物理已经建立起完整的理论体系，发展到了比较完善的地步。然而，当物理学的研究领域由宏观进入微观并日趋深入时，出现了一系列无法应用经典物理给予圆满解释的物理现象，如黑体辐射、光电效应、原子的光谱线系、原子的稳定性等等。这些实验事实与经典理论的矛盾，促使一批物理学家奋力摆脱经典思想的束缚，创立了量子论。量子物理学是人们认识和理解微观物理世界的基础，它不仅丰富了物理理论本身，而且为研究、开发新技术提供了理论基础。

在本章中，我们首先介绍早期量子论，之后阐明波粒二象性的基本思想，简介量子力学的基本原理以及量子力学处理实际问题时得到的一些重要结论。

12.1 黑体辐射与普朗克能量子假说

十九世纪，冶金工业高温测量技术以及天文学的新发现，产生和促进了对热辐射的实验和理论研究，尤其是对黑体这一理想化模型的热辐射进行了较为深入的理论和实验上的研究，也因此得出来当时经典理论无法解释的实验规律。1900 年，普朗克为了解决经典物理在解释黑体辐射规律时遇到的困难，提出了能量子假说，为量子理论奠定了基础。为便于理解，我们先介绍一些热辐射相关的基本概念。

12.1.1 热辐射的基本概念

大量的实验研究发现，任何温度高于绝对零度的物体都在向外辐射各种波长的电磁波。这种由于物体中的分子、原子受到热激发而发射电磁波的现象称为热辐射。物体向四周发射的能量称为辐射能。在热辐射过程中，不同的温度下辐射电磁波的中心频率不同，其中心频率自远红外区连续延伸到紫外区，是连续谱。低温时，辐射的是红外线，只有温度升高到一定程度，才辐射可见光。例如：把铁块在炉中加热，一开始看不到它发光，但能感受到它辐射出来的热。随着温度不断上升，达到"暗红"，再到"橙色"，再到"黄白色"，再到"青白色"。其他物体加热时发出的光的颜色也有类似的随温度而改变的现象。

物体由大量原子组成，热运动引起原子碰撞，使原子激发而辐射电磁波。原子的动能越大，通过碰撞引起原子激发的能量就越高，从而辐射电磁波的波长就越短。而原子的动能与温度有关，因而辐射电磁波的能量也与温度有关。

物体如果只是向外辐射能量而不吸收能量，则辐射难以持续进行下去。所以，物体除了能够发射电磁辐射，还可吸收电磁辐射。如果物体在同一时间内吸收的能量等于辐射电磁波的能量，则物体的温度保持恒定，物体的辐射达到热平衡状态。这种辐射物体的温度保持不变的热辐射称为平衡热辐射。

实验表明，物体在平衡热辐射时，辐射几乎所有波长的电磁波。物体热辐射的能量不仅仅与物体的温度有关，还是辐射电磁波的波长的函数。为了定量描述热辐射能量按波长的分布及其与温度的关系，引入了单色辐出度 $M(\lambda,T)$ 的概念，它表示在一定温度 T 下，单位时间内从物体单位表面积辐射出的波长在 λ 附近 $\mathrm{d}\lambda$ 波长范围内的电磁波能量。单色辐出度也称能量密度，它给出了不同温度下辐射能按波长分布的情况，不仅与 λ 和 T 有关，还与材料种类有关，是可以通过实验测量的物理量。当然也可以换成用频率表示。

对于不透明(不透射电磁波)的物体，不仅可以吸收入射到物体上的电磁波，一般来说还可以反射电磁波。物体对电磁波的反射，使得物体吸收电磁波能量的本领降低。单色吸收比 $\alpha(\lambda,T)$ 是衡量物体吸收电磁波的本领的物理量。基尔霍夫应用热力学理论得到：对每一个物体来说，单色辐出度同吸收比的比值是一个与物体性质无关而只与温度和辐射波长有关的普适函数。即对于任何物体，若它在某一频率范围内辐射本领强，则它在这一频率范围内的吸收本领也必定强，即一个好的辐射体必然是好的吸收体，反之亦然。

如果一个物体在任何温度下，对于任何波长的入射辐射能的吸收比都等于1，则称该物体为绝对黑体，简称黑体。显然，黑体既是最好的吸收体，又是最好的辐射体。黑体能够全部吸收入射到其表面的电磁波而不反射电磁波，但黑体能够辐射电磁波。显然，黑体是一种理想化的模型，实际中是不存在的，是为了研究物体辐射电磁波的规律而从实际物体中抽象出来的模型。

为了研究黑体辐射，维恩设计了黑体模型，如图12-1所示。用不透明材料制成一个带有很小孔的空腔，小孔即可当作黑体模型。当电磁波从小孔射入空腔后，经过空腔内壁多次反射，每反射一次空腔内壁将吸收一部分能量。因为小孔的面积远远小于容器内表面的面积，电磁波在空腔内反射次数就会很大，这意味着射入小孔的电磁波能量几乎全部被空腔吸收，吸收比近似为1。入射小孔的电磁波几乎全部被吸收，小孔不反射电磁波。恒温时，腔内电磁场达到稳定分布，此时就会有电磁波逸出，逸出的电磁波就是此黑体在该温度下的电磁辐射。实验表明，空腔的辐射与组成空腔的材料无关，仅与本身温度有关。因此，不透明空腔上的小孔可以看作是绝对黑体的模型，是一个理想的辐射体。基尔霍夫辐射规律中的普适函数就是黑体的单色辐出度 $M_0(\lambda,T)$，因此确定黑体的单色辐出度就是研究热辐射的一个中心问题。

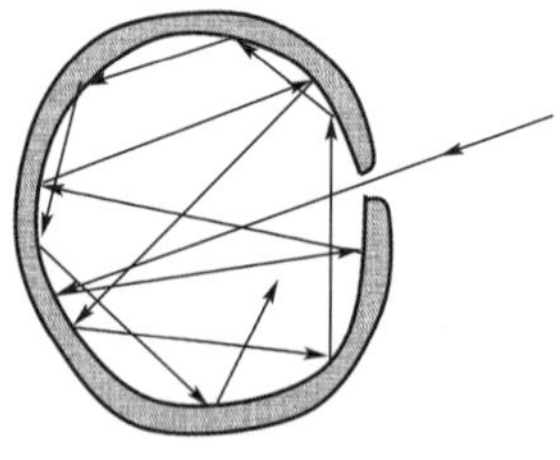

图12-1　黑体模型

12.1.2 黑体辐射实验

图 12-2 给出了几种温度下黑体的单色辐出度 $M_0(\lambda, T)$ 随波长 λ 分布的曲线。可以看出:(1) 一定温度下,每一条曲线反映了黑体的单色辐出度 $M_0(\lambda, T)$ 随波长有一定的分布,并在 $\lambda = \lambda_m$ 处有一极大值(这一极大值称为峰值,λ_m 称为峰值波长);(2) 峰值波长 λ_m 只与黑体的温度有关。随着温度升高,峰值波长 λ_m 向短波(高频) 方向移动;(3) 单位时间内黑体单位面积辐射的总能量 $M(T)$(即曲线下的总面积) 随温度的升高而迅速增大。因此得出了关于黑体辐射的两条普遍定律:

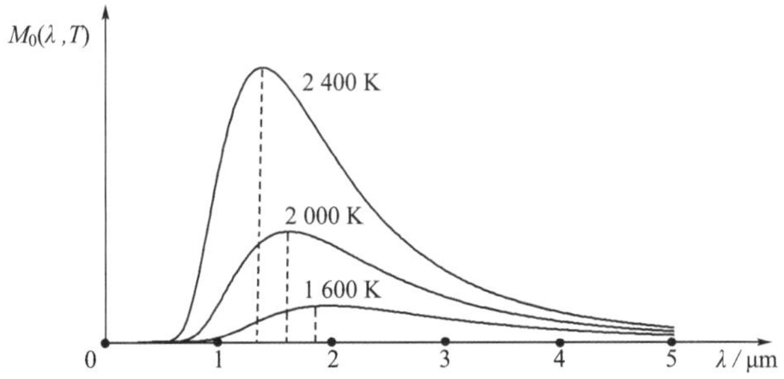

图 12-2 黑体辐射单色辐出度按波长分布曲线

1.斯特藩 - 玻耳兹曼定律

黑体在单位时间内从单位表面积发出的各种频率的电磁波的总能量(总辐出度) 为

$$M(T) = \sigma T^4 \tag{12-1}$$

式中,$\sigma = 5.67051 \times 10^{-8}\ \mathrm{W \cdot m^{-2} \cdot K^{-4}}$,称为斯特藩 - 玻耳兹曼常量。$T$ 为黑体的热力学温度。

2.维恩位移定律

1893 年,维恩应用热力学规律给出了峰值波长 λ_m 与温度 T 的关系,即

$$\lambda_m = \frac{b}{T} \tag{12-2}$$

式中,$b = 2.898 \times 10^{-3}\ \mathrm{m \cdot K}$,称为维恩常量。

上述实验规律广泛应用于高温测量、星体表面温度估算、遥感、红外追踪等方面。

例 12.1 在加热黑体过程中,如果最大单色辐出度的波长由 800 nm 变到 400 nm,则黑体辐出度增加几倍?

解:由维恩位移定律 $\lambda_m T = b$,得到黑体辐射峰值波长的温度(热力学温度) 之比

$$\frac{T_2}{T_1} = \frac{\lambda_{m1}}{\lambda_{m2}} = \frac{800}{400} = 2$$

根据斯特藩 - 玻尔兹曼定律 $M_0(T) = \sigma T^4$,得到黑体辐出度之比

$$\frac{M_0(T_2)}{M_0(T_1)} = \left(\frac{T_2}{T_1}\right)^4 = 2^4 = 16$$

即黑体辐出度(总辐射本领) 增大为原来的 16 倍。

12.1.3 经典物理的困难

在测定了黑体辐射的实验曲线后,物理学家们尝试进一步从理论上推导出符合上述实验曲线的数学函数式,但都未成功。其中最典型的黑体辐射经典理论公式是维恩公式和瑞利 -

金斯公式。

1896年,维恩从经典热力学和麦克斯韦分布出发,找到了一个关于黑体辐射的维恩公式。然而这一公式仅在图12-3所示的短波区域与实验曲线一致,在长波区域与实验结果有明显的偏差。1900年,瑞利按经典的能量均分定理,把空腔中简谐振子平均能量取为与温度成正比的连续值,得到一个黑体辐射公式;1905年,金斯又加以修正,从而得到瑞利-金斯公式。这一公式仅在图12-3所示的长波波段与实验结果较为符合,在紫外区与实验曲线明显不符,特别是短波极限$\lambda\to 0$,得出了$M_0(\lambda,T)\to\infty$的结果,物理学界将这一发散结果称为"紫外灾难"。以上尝试的失败说明经典理论在解释黑体辐射规律时遇到了无法克服的困难,暴露了经典物理学存在着某些缺陷。

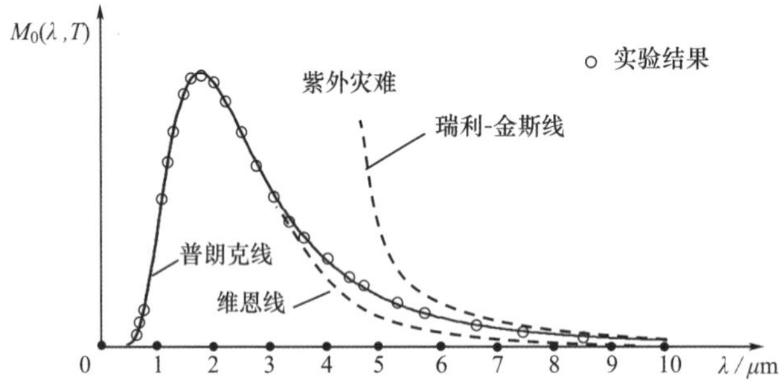

图12-3 各黑体辐射理论公式与实验结果比较

12.1.4 普朗克能量子假说

1900年10月,普朗克利用数学上的内插法,把适用于高频的维恩公式和适用于低频的瑞利-金斯公式衔接起来,得到一个有关黑体辐射单色辐出度的半经验公式,即著名的普朗克黑体辐射公式。其现代形式为

$$M_0(\lambda,T)=\frac{2\pi hc^2}{\lambda^5}\frac{1}{\exp(hc/\lambda kT)-1} \tag{12-3}$$

式中,h称为普朗克常量,现代最优值为$h=6.626\ 070\ 15\times10^{-34}\ \mathrm{J\cdot s}$。

由普朗克公式绘出的黑体辐射单色辐出度$M_0(\lambda,T)$随辐射波长变化的曲线如图12-3中的"普朗克线"所示。"普朗克线"在全波段与实验曲线惊人地符合!通过普朗克公式还可以推得斯特藩-玻耳兹曼定律和维恩位移定律。

为了找出公式的理论依据,他尝试了可能的经典理论和方法,发现不可能单纯由经典概念推出该式,必须突破传统框架才能找到出路。为此,普朗克做出了一个大胆且与经典概念格格不入的假设,这就是他发表于1900年12月14日的"能量量子化"假说。由这一假说出发,利用统计物理学就可以推导出与黑体辐射单色辐出度半经验公式(普朗克公式)完全一致的黑体辐射单色辐出度公式。**普朗克能量子假说**内容概括如下:

(1) 黑体空腔内壁可看成由许多个带电的谐振子组成,这些谐振子可以辐射和吸收电磁波,并与周围电磁场交换能量;

(2) 这些谐振子只可能处于某些分立的状态。在这些状态中,频率为ν的谐振子的能量只能取某些分立的值,相应的能量是某一最小能量ε的整数倍,即谐振子的能量是不连续的:

$$E=nh\nu\quad n=0,1,2,\cdots \tag{12-4}$$

式中h称为普朗克常量,n为正整数。

(3) 谐振子在与周围电磁场交换能量时,也只能以不连续形式吸收和发射能量,即能量的改变也是不连续的，只可能是最小能量单元 $\varepsilon=h\nu$ 的整数倍，即 $\varepsilon, 2\varepsilon, 3\varepsilon\cdots$，其中最小能量单元 $\varepsilon=h\nu$ 称为**能量子**。

一个频率为 ν 的谐振子，在发射或吸收能量（与周围环境交换能量）时，只能是整个地辐射或吸收一个个的能量子。这一能量离散的概念，或者说，能量不连续的概念，称为能量量子化。

由能量量子化概念和经典统计物理学，普朗克从理论上推导出了普朗克公式。

普朗克的能量子假说提出了一个与经典物理学完全不相容的"量子化"概念（经典物理学认为能量是连续的），突破了经典物理学的观念，是对经典物理学的一个尖锐挑战和大胆突破，打开了人类认识微观物质世界的大门，为量子力学的创立迈出了第一步，在物理学史上具有划时代的伟大意义。以后的物理学发展的事实表明：能量量子化这一崭新思想成为人们研究微观世界的正确先导，引起了物理理论基础的根本变革，开创了物理学研究的新纪元。

12.2 光电效应与爱因斯坦光子理论

1887 年赫兹在用实验证实麦克斯韦电磁理论时偶然发现，当用紫外线照射金属锌时会从金属锌表面逸出电荷。1897 年 J·J·汤姆孙发现了电子之后，勒纳德证明赫兹实验中所发出的带电粒子是电子。这种金属表面在光的照射下有电子从金属表面逸出的现象称为**光电效应**。然而关于光电效应进一步的深入研究得到的实验规律却再次使经典物理遇到了重大难题。1905 年爱因斯坦在普朗克能量子假设的基础上，提出了光量子的概念，正确解释了光电效应，并指出光具有波粒二象性。

12.2.1 光电效应

光电效应实验装置简图如图 12-4 所示。在一抽成高真空的容器（光电管）内，装有阴极 K 和阳极 A，阴极 K 是金属板。当单色光通过石英窗口照射到阴极 K 上，就有电子从阴极表面逸出，这种电子称为光电子。如果在光电管两极间加正向电压 U，则光电子在加速电场作用下向阳极 A 运动，形成回路中的光电流。加速电压可由伏特计测出，光电流由电流计读出。

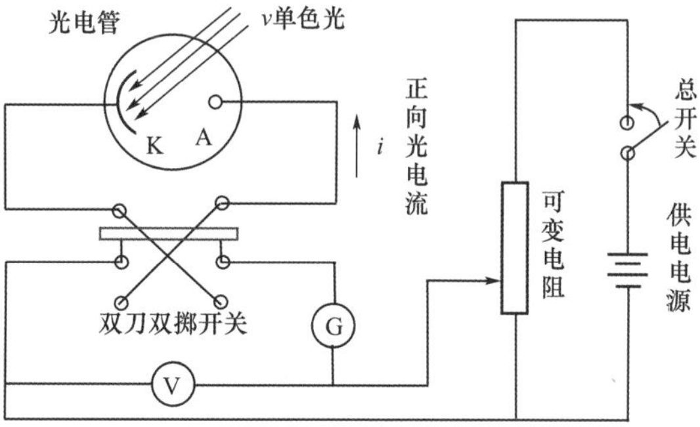

图 12-4 光电效应实验装置简图

光电效应的实验规律如下：

1.红限频率的存在

实验发现，只有当入射光的频率大于某一值 ν_0 时，才能从金属表面释放电子。当入射光的频率 $\nu<\nu_0$ 时，无论光强多强、照射时间多长、加的正向电压多大，都不会有光电流产生，不能发生光电效应；而 $\nu>\nu_0$ 的光都能产生光电效应。这一频率 ν_0 称为红限频率，相应的光波

长 $\lambda_0=c/\nu_0$ 称为红限波长。实验表明，不同金属的红限频率（红限波长）不同。

2.饱和电流

实验表明，用某固定频率 $\nu(\nu>\nu_0)$ 的光照射阴极 K，当光强一定时，光电流 i 随正向电压的增加而增加；当正向电压增加到一定值时，光电流达到饱和值 i_m，不再增加，i_m 称为饱和光电流。这说明单位时间内从阴极 K 逸出的光电子已经全部被阳极 A 接收。进一步的实验表明：如果保持单色光频率 ν 不变，增大光强，在相同的加速电压下，光电流的量值也较大，相应的饱和电流 i_m 也增大，与光强 I 成正比，如图 12-5 所示。这说明，在入射光频率固定的条件下，单位时间内，受光照的阴极 K 逸出的光电子数与入射光的强度成正比。

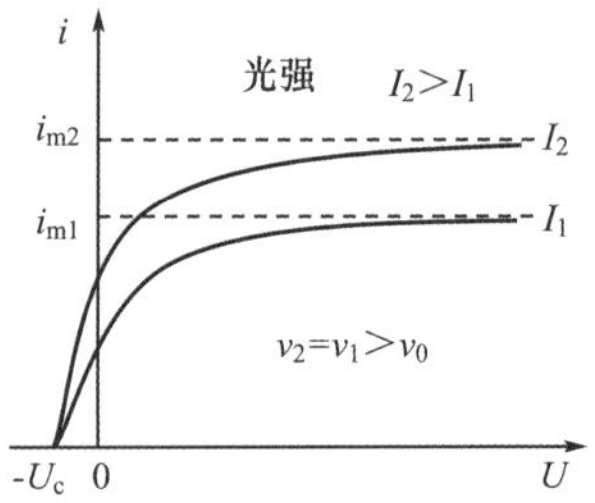

图 12-5　光电流随外加电压的变化曲线

3.截止电压的存在

实验表明，用某固定频率 $\nu(\nu>\nu_0)$ 的光照射某金属时，在光照不变的情况下，降低加速电压，光电流 i 随之减小；当加速电压降为零时，光电流并不为零。只有加上反向电压，使反向电压逐渐增大到某一值时，光电流才降为零。光电流为零时，外加电压的绝对值 U_c 称为截止电压。截止电压 U_c 的存在说明，此时从阴极 K 逸出的具有最大初动能的光电子，由于受到外加电场的阻碍，也不能到达阳极 A 了。根据能量分析，得到光电子从阴极 K 逸出时的最大初动能与截止电压的关系为

$$\frac{1}{2}mV_m^2=eU_c \tag{12-5}$$

4.截止电压与入射光频率的关系

图 12-6 给出了截止电压与入射光频率的关系曲线。实验表明，用频率 $\nu(\nu>\nu_0)$ 的光照射某金属时，截止电压与入射光频率呈线性关系，即

$$U_c=k\nu-U_0 \tag{12-6}$$

式中的 k 和 U_0 都是正数。不同金属材料 U_0 的量值不同，同一金属，U_0 为恒量。直线斜率 k 是普适常数，与材料无关。上式表明反向截止电压 U_c 与入射光频率有关，而与入射光的强度无关；入射光频率越高，反向截止电压的数值越大。此外，反向截止电压 U_c 还与阴极的金属材料有关。

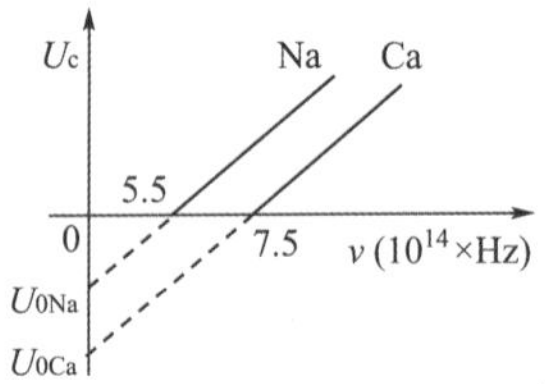

图 12-6　截止电压与光频率的关系

将式(12-5)代入上式，得

$$\frac{1}{2}mV_m^2=ek\nu-eU_0 \tag{12-7}$$

上式表明，光电子从金属表面逸出时最大初动能随入射光的频率 ν 线性地增加，而与入射光的光强无关。

此外，由上述规律还可知，入射光的频率必须大于某一值 $\nu_0=\dfrac{U_0}{k}$，才能使 $\dfrac{1}{2}mV_m^2\geqslant 0$，电子才能逸出金属表面成为光电子，才能发生光电效应。这一极限值就是红限频率 ν_0。可以看出金属材料不同，红限频率不同；给定金属材料，红线频率恒定。

5.光电效应与光照时间的关系

实验表明，在可以发生光电效应的前提下，光电子的逸出，几乎是在光照射到金属表面的

那一刻发生的，其弛豫时间在 10^{-9} s以下。只要入射光频率大于红限频率，光电效应几乎瞬时发生，无论光的强度如何。

12.2.2 经典理论的困难

经典理论认为：光是一种电磁波。因此，无论强光还是弱光，总是可以给金属中的自由电子提供足够的能量，使其从金属表面逸出来，无非是时间长短不同。强光照射时，能量积累时间短；弱光照射时，能量积累时间长。因此，光电效应对于各种频率的光都会发生。但光电效应的实验事实是：任何金属都存在一个红限频率。对于频率小于红限频率的入射光，无论入射光的强度多大，都不能发生光电效应。即经典物理无法解释"红限"问题。

另外，根据光的经典电磁理论，在光的照射下，金属中的自由电子将从入射光中吸收能量，从而从金属表面逸出。逸出时的初动能应取决于光振动的振幅，即取决于光的强度。因此，经典理论认为，光电子的初动能应随入射光的强度增加而增加。但是实验结果却是：光电子的初动能与入射光的频率呈线性关系，而与入射光强无关。

还有，经典理论认为，金属中的自由电子从入射光波中吸收能量时，必须积累到一定的量值，才能逸出金属表面。光强越弱，能量积累的时间越长。但光电效应实验表明，光电子的逸出几乎与光照时间无关。无论光强多弱，只要入射光频率大于红限频率，光电子几乎立刻发射出来。

12.2.3 爱因斯坦的光子理论

爱因斯坦受到普朗克能量子理论的启发，并进一步加以发展，提出了光量子假说。他认为，电磁波（光）不仅在发射和吸收过程中能量是量子化的，在传播过程中，能量也是聚集成一份份以能量子的形式存在并传播。他假定：一束光波就是以光速 c 运动的一束粒子流，这些粒子称为光量子（简称光子）。不同颜色（频率）的光，其光子的能量不同，决定于该种光的频率。一个频率为 ν 的光子的能量为

$$\varepsilon = h\nu \tag{12-8}$$

其中 h 就是普朗克常量。光子具有"整体性"：光的发射、传播、吸收都是量子化的。"运动时不分裂，只能以完整的单元产生或被吸收。"

按以上假设，根据光强的定义：单位时间内通过单位横截面积的光的能量，爱因斯坦重新给出了光强的计算公式

$$I = N\varepsilon = Nh\nu \tag{12-9}$$

其中，N 为光子数通量，即单位时间通过单位横截面积的光子数。

根据爱因斯坦光子假设，光电效应可解释如下：光照射到金属表面时，每个光子与金属外层的一个电子直接作用。如果光子的能量 $h\nu$ 大于电子从金属表面逸出所需做的功 A（逸出功），那么在相互作用的瞬间，电子立即吸收这个光子的全部能量而逸出金属的表面。电子所吸收的光子能量，一部分用于克服金属的束缚而做功（A），另一部分就成为电子离开金属时的最大初动能。根据能量守恒定律，应有

$$\frac{1}{2}mV_{\mathrm{m}}^{2} = h\nu - A \tag{12-10}$$

此式称为爱因斯坦光电效应方程。

根据爱因斯坦光量子假说和光电效应方程能够圆满解释光电效应实验规律：

如果 $h\nu > A$，电子一次从光子处获得能量，克服金属的逸出功，从金属表面逸出，发生光电效应；如果 $h\nu < A$，则电子一次从光子处获得能量不足以克服金属的逸出功，电子通过热运动很快释放吸收的能量，不能从金属表面逸出，不能发生光电效应。因此，存在一个发生光电效应的红限频率（红限波长）

$$\nu_0 = \frac{A}{h} \text{ 或 } \lambda_0 = \frac{c}{\nu_0} = \frac{ch}{A}$$

如果光强一定，单位时间内到达阴极 K 的光子数（称为光子数通量 N）一定，单位时间内从阴极 K 上打落的光电子数（称为光电子数通量）一定；光电子数通量应该与光子数通量成正比，单位时间内从阴极逸出的光电子数与单位时间内到达阴极的光子数成正比。

由爱因斯坦光子理论给出的光强公式 $I = N\varepsilon = Nh\nu$ 可见，在入射光频率固定的条件下，如果入射光强增大，单位时间内到达阴极 K 的光子数（光子数通量 N）随之成正比增加，单位时间内从阴极 K 上打落的光电子数随之成正比增加，因此，饱和电流 i_m 与光强 I 成正比。

由光电效应方程和截止电压的定义，可以得到

$$U_c = \frac{h}{e}\nu - \frac{A}{e}$$

h 和 e 都是与金属材料无关的常数，A 是与金属材料有关的常数，因此，截止电压与入射光频率呈线性关系。直线的斜率 $k = h/e$ 与金属材料无关，因此对于所有金属材料，直线是平行的；但由于金属的逸出功 A 与金属材料有关，不同的金属材料，直线的截距不同。

因为一个电子一次吸收一个具有足够能量的光子而逸出金属表面是不需要多长时间的，因此光电效应的弛豫时间极短。

密立根对电子电荷量 e 进行了 11 年的测量，他在 1916 年做了精确的光电效应实验，测得了金属钠的截止电压与光的频率呈线性关系的曲线，根据得到的曲线斜率 k 并利用上面得到的关系式 $h = ek$ 算出了普朗克常量的值为 $h = 6.56 \times 10^{-34}$ J·s，这一数值与当时用其他方法测得的数值符合得很好，从而进一步证明爱因斯坦光子理论的正确性。

12.2.4 光的波粒二象性

光电效应揭示了光的粒子性。爱因斯坦进一步指出，光子既然是携带能量的微粒，是物质的一个单元，它应该具有物质的基本属性 —— 质量和动量。

由于光子以速度 c 运动，根据相对论质速关系 $m = \dfrac{m_0}{\sqrt{1 - V^2/c^2}}$，光子的静质量 $m_0 = 0$，即光子是静止质量为零的一种粒子。一个光子的能量为 $\varepsilon = h\nu$，再根据相对论的质能关系 $E = mc^2$，可以给出一个光子的相对论质量为

$$m = \frac{h\nu}{c^2} = \frac{h}{c\lambda} \tag{12-11}$$

再根据相对论动量定义，光子的动量大小为

$$p = mc = \frac{h}{\lambda} = \frac{hc}{\nu} \tag{12-12}$$

这就是描述光的性质的基本关系式。

在 19 世纪，通过光的干涉、衍射等实验，人们已认识到光是一种波动 —— 电磁波，并建立了光的电磁理论 —— 麦克斯韦理论。进入 20 世纪，从爱因斯坦起，人们又认识到光是粒子流 ——

光子流。综合起来,关于光的本性的全面认识就是:光不仅具有波动性,而且具有粒子性。在有些情况下,光突出地显示出其波动性,而在另一些情况下,则突出地显示出其粒子性。关系式(11-11)和(11-12)把光的双重性质——波动性和粒子性联系起来,光波的波长 λ 和频率 ν 描述光的波动性,光子的质量 m、能量 ε 和动量 p 描述光的粒子性。近代物理关于光的本质的统一认识是:光具有波动和粒子双重性质,即光的波粒二象性。

例 12.2 从金属钾中脱出一个电子至少需要 2.25 eV 的能量。如果用波长为 430 nm 的光投射到钾的表面上,试求:(1) 出射光电子的最大初动能 E_{kmax};(2) 截止电压 U_c。

解:依题意可知钾的逸出功为 $A=2.25$ eV。

(1) 用波长为 430 nm 的光投射到钾的表面上,出射光电子的最大动能

$$E_{kmax}=\frac{hc}{\lambda}-A=\frac{6.626\times10^{-34}\times3.0\times10^{8}}{4.30\times10^{-7}\times1.6\times10^{-59}}\ \text{eV}-2.25\ \text{eV}=0.64\ \text{eV}$$

(2) 用波长为 430 nm 的光投射到钾的表面上,截止电压为

$$E_{kmax}=eU_c,U_c=\frac{E_{kmax}}{e}=\frac{0.64\times1.60\times10^{-19}}{1.60\times10^{-19}}\ \text{V}=0.64\ \text{V}$$

12.2.5 康普顿效应

1923 年,康普顿研究了 X 射线经物质散射的实验,进一步证实了爱因斯坦光子理论,说明光子具有一定的质量、动量和能量,并证实在微观粒子相互作用过程中动量守恒定律和能量守恒定律仍然严格成立。

图 12-7 是康普顿散射实验装置示意图。由 X 射线源发出的波长 λ_0 的 X 射线经过光阑准直后投射到散射体石墨上,经石墨散射后,散射束的波长和相对强度可以由晶体和探测器组成的摄谱仪来测定。改变散射角,进行同样的测量。康普顿发现:在被散射的 X 射线中除了有与入射线波长 λ_0 相同的射线外,还有波长大于 λ_0 的射线。这种改变波长的散射称为康普顿散射或康普顿效应。

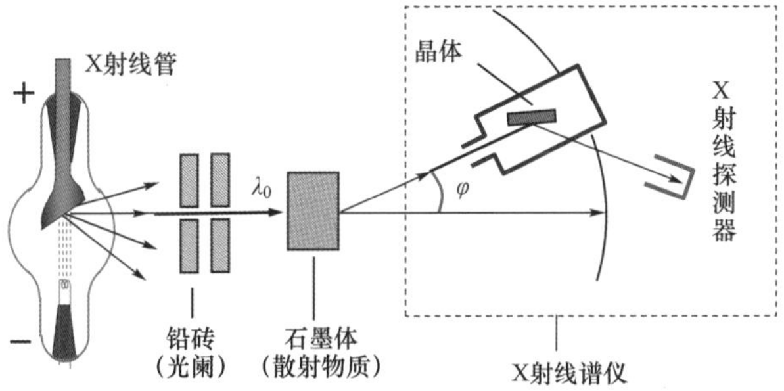

图 12-7 康普顿散射实验装置

中国物理学家吴有训对不同散射物质进行了研究。实验指出:(1) 对于相对原子质量小的物质,康普顿散射现象较明显,对于相对原子质量大的物质,康普顿散射现象不太明显。(2) 波长的偏移 $\Delta\lambda=\lambda-\lambda_0$ 随散射角而异;当散射角增大时,波长的偏移也随之增加,而且随着散射角的增大,原波长的谱线强度降低,而新波长的谱线强度升高。(3) 在同一散射角下,对于所有散射物质,波长的偏移 $\Delta\lambda$ 都相同,但原波长的谱线强度随散射物质的原子序数的增大而增加,新波长的谱线强度随之减小。吴有训以他系统、精湛的实验和精辟的理论分析证实了康普顿效应的普遍性,证实了两种谱线的产生机制,为康普顿效应的确立和公认做出了贡献。

按照经典电磁理论，当电磁波通过物质时，物质中带电粒子将做受迫振动，振动的频率等于入射光频率，所以带电粒子所发射的电磁波(散射光)的频率应等于入射光频率。显然，用经典电磁理论不能解释在康普顿散射中长波散射线的存在。

康普顿借助于爱因斯坦的光子理论，结合相对论，从光子与电子碰撞的角度对此实验现象进行了圆满的解释。

按照光子理论，入射X射线与散射物质的作用应该是X射线光子与散射物质中内层电子和外层电子的碰撞。当X射线光子与内层电子发生碰撞时，由于内层电子被原子核束缚的比较紧，相当于光子与整个原子碰撞，原子核质量很大，碰撞后光子几乎不失去能量，所以观察到散射线里有与入射线波长相同的射线。当X射线光子与束缚较弱的原子外层电子碰撞时，由于X射线光子的能量(约 $10^4 \sim 10^6$ eV)远大于轻元素中原子外层电子的束缚能(约 $10 \sim 10^2$ eV)，也远大于电子自身热运动的能量(约 10^{-2} eV)，因此这些外层电子可以看成是“自由”电子。所以此时二者的碰撞可近似看作X射线光子与静止的自由电子发生的完全弹性碰撞。碰撞过程中，光子与电子组成的系统动量守恒、能量守恒。从碰撞全过程看，光子将一部分能量传递给电子，自身能量减少，频率减小，波长变长，就形成了波长大于入射线波长的散射线。

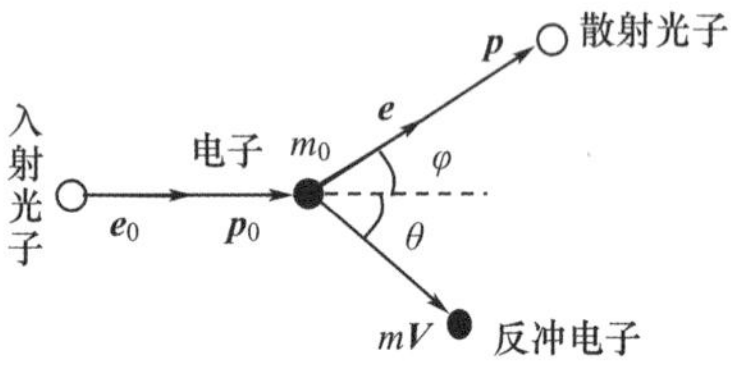

图 12-8

图12-8表示一个光子与一个电子发生完全弹性碰撞的过程。频率为 ν_0 的入射光光子与一个静止的自由电子碰撞。碰撞后，散射光的频率为 ν，散射角为 φ；电子的反冲速度为 $\boldsymbol{V}$，反冲角为 θ。用 $\boldsymbol{e}_0$ 和 $\boldsymbol{e}$ 分别表示碰撞前和碰撞后的在光子运动方向上的单位矢量。碰撞前，入射光子的能量为 $\varepsilon_0 = h\nu_0$，动量为 $\boldsymbol{p}_0 = \frac{h\nu_0}{c}\boldsymbol{e}_0$，电子的能量(静止能量)为 $E_0 = m_0c^2$，动量为 $\boldsymbol{p}_{e0} = 0$；碰撞后，散射光子的能量为 $\varepsilon = h\nu$，动量为 $\boldsymbol{p} = \frac{h\nu}{c}\boldsymbol{e}$，电子的能量(总能量，包括静止能量和动能)变为 $E = mc^2$，动量变为 $\boldsymbol{p}_e = m\boldsymbol{V}$。按照能量守恒定律和动量守恒定律，考虑相对论效应，有

能量守恒： $h\nu_0 + m_0c^2 = h\nu + mc^2$，

动量守恒： $\frac{h\nu_0}{c}\boldsymbol{e}_0 = \frac{h\nu}{c}\boldsymbol{e} + m\boldsymbol{V}$

结合上两式，考虑相对论质速关系，可以推导出

$$\Delta\lambda = \lambda - \lambda_0 = \frac{h}{m_0c}(1 - \cos\varphi) = 2\lambda_c \sin^2\frac{\varphi}{2} \tag{12-13}$$

式(12-13)即为康普顿散射现象中波长变化的公式，简称波长变化公式。这个公式是由康普顿首先根据光量子假设得到的，后来与吴有训共同在实验中证实的。式中，$\lambda_c = \frac{h}{m_0c} = \frac{6.63 \times 10^{-34}}{9.1 \times 10^{-31} \times 3 \times 10^8}$ m $= 2.43 \times 10^{-3}$ nm 称为电子的康普顿波长。按公式计算的结果与实验数据完全符合。此外，由上式可以看出：波长的偏移 $\Delta\lambda$ 与散射物质以及入射X射线的波长 λ_0 无关，而只与散射角 φ 有关。这一关系也与实验结果定量地符合。另外，康普顿散射效应是光子与物质的“自由电子”之间的相互作用，与具体的物质无关，所以散射光波长与散射物质无关。

康普顿散射实验的意义在于，首次实验证实了“光量子具有动量”的假设，支持了“光量子”概念，说明了光子具有一定的质量、能量和动量；证实了在微观领域的单个碰撞事件中，动量和能量守恒定律仍然是成立的。此外，康普顿效应还间接地证明了爱因斯坦相对论的正确性。

爱因斯坦提出光量子概念，圆满地解释了光电效应的实验事实。密立根用实验事实确定了爱因斯坦理论的正确性。而康普顿效应理论上和实验上的符合，不仅有力证实了爱因斯坦光量子理论，而且也证实在微观粒子相互作用的基元过程中，也严格遵守能量守恒定律和动量守恒定律。

爱因斯坦的光子理论使得人们对微观粒子有了新的颠覆经典物理的认识，在建立量子力学的道路上迈出了最为坚实的一步。

例 12.3 波长 $\lambda_0 = 0.0708$ nm 的 X 射线在石蜡上受到康普顿散射，试求：(1) 在 $\pi/2$ 方向上所散射的 X 射线的波长以及反冲电子所获得的能量；(2) 与在 $\pi/2$ 方向上所散射的 X 射线对应的反冲电子的动量大小和方向。

解：(1) 由康普顿波长变化公式可知，在 $\varphi = \pi/2$ 方向上观察和测量的散射 X 射线波长为

$$\lambda = \Delta\lambda + \lambda_0 = 2\lambda_C \sin^2\frac{\varphi}{2} + \lambda_0 = 2 \times 0.00243 \times \sin^2\frac{\pi}{4} + 0.0708 = 0.0732\ \text{nm}$$

由能量守恒，光子能量的损失就是电子获得的能量

$$\Delta E = h\nu_0 - h\nu = \frac{hc}{\lambda_0} - \frac{hc}{\lambda} = 6.626 \times 10^{-34} \times 3 \times 10^8 \times \left(\frac{1}{0.0708 \times 10^{-9}} - \frac{1}{0.0732 \times 10^{-9}}\right)$$

$$= 9.21 \times 10^{-17}\ \text{J} = 575\ \text{eV}$$

(2) 依题意做出光子与电子碰撞过程中的动量变化示意图如图 12-9 所示，建立图示坐标系，在 $\varphi = \pi/2$ 方向上观察和测量，入射和散射光子的动量分别为

$$\boldsymbol{p}_{0\text{ph}} = \frac{h}{\lambda_0}\boldsymbol{i},\ \boldsymbol{p}_{\text{ph}} = -\frac{h}{\lambda}\boldsymbol{j}$$

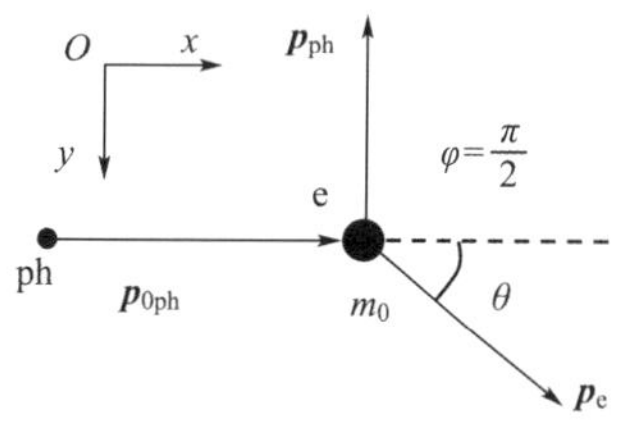

图 12-9

设与在 $\pi/2$ 方向上所散射的 X 射线对应的反冲电子的动量为 $\boldsymbol{p}_e$，由动量守恒定律得到

$$\boldsymbol{p}_e + \boldsymbol{p}_{\text{ph}} = \boldsymbol{p}_{0\text{ph}},\ \boldsymbol{p}_e - \frac{h}{\lambda}\boldsymbol{j} = \frac{h}{\lambda_0}\boldsymbol{i},\ \boldsymbol{p}_e = \frac{h}{\lambda_0}\boldsymbol{i} + \frac{h}{\lambda}\boldsymbol{j}$$

由此得到与在 $\varphi = \pi/2$ 方向散射光子对应的反冲电子的动量大小和方向（反冲角）

$$p_e = \sqrt{\left(\frac{h}{\lambda_0}\right)^2 + \left(\frac{h}{\lambda}\right)^2} = 1.30 \times 10^{-23}\ \text{kg} \cdot \text{m} \cdot \text{s}^{-1}$$

$$\tan\theta = \frac{h/\lambda}{h/\lambda_0} = \frac{\lambda_0}{\lambda} = \frac{0.0708}{0.0732} = 0.9672,\ \theta = 44.045° = 44°02'41''$$

12.3 氢原子光谱与玻尔氢原子理论

1913 年，玻尔在卢瑟福原子有核模型基础上，把量子化概念应用到原子系统，使氢原子光谱的规律性得到很好的解释，从而使早期量子论取得了很大的成功，为量子力学的建立打下了基础。

12.3.1 氢原子光谱实验规律

光谱是物质电磁辐射的波长(或频率)成分与强度的记录,有时只是波长(或频率)成分的记录。光谱学的数据对物质结构的研究具有重要意义。19 世纪后半期,人们对原子光谱进行了大量的观测研究,积累了丰富的资料。实验发现,原子所发出的电磁波是线状光谱,每一种元素的原子辐射的电磁波都具有由一定的频率成分构成的特征光谱,这种光谱只决定于原子自身,而与温度和压力等外界条件无关,且不同的原子辐射不同的光谱,因此通常称为原子光谱。原子光谱携带并反映了大量有关原子内部结构特征的信息。为了找出这种内在联系,人们从最简单的氢原子入手,归纳总结出氢原子光谱的实验规律。

1853 年,埃格斯特朗首先从氢放电管中获得了氢原子光谱中可见光的红色谱线。到 1885 年已在可见光和近紫外光谱区发现了氢原子光谱的 14 条谱线,这些谱线强度和间隔都沿着短波方向递减。

1885 年,巴耳末在分析原子光谱的规律时,发现氢原子的光谱在可见光区的几条谱线呈现规律性的分布,于是他将这些可见光光谱线的波长归纳成了一个简单的经验公式,即巴耳末公式

$$\lambda = B\frac{n^2}{n^2-4}, n=3,4,5,\cdots \tag{12-14}$$

式中,经验常数 $B=364.56\ \text{nm}$,n 为正整数。按照这个式子算出的氢原子光谱线的波长与当时从实验测得的数据符合得相当好。因此式(12-14)能够反映可见光区域内氢原子光谱线按波长的分布规律。我们把氢原子在可见光区的谱线系称为氢原子光谱的巴尔末系。

1889 年,里德伯发现,如果以波数(波长的倒数)$\tilde{\nu}=\frac{1}{\lambda}$ 来表述(12-14)式,其物理意义更加明显。波数 $\tilde{\nu}$ 的意义是单位长度内所包含的波的个数,它是光谱学中的一个传统记号。于是,里德伯提出了一个有关氢原子光谱的普遍方程:

$$\tilde{\nu}=\frac{1}{\lambda}=R\left(\frac{1}{n_1^2}-\frac{1}{n_2^2}\right), n_1=1,2,3,\cdots, n_2=n_1+1, n_1+2, n_1+3,\cdots \tag{12-15a}$$

式中 $R=\frac{4}{B}$ 称为里德伯常量,现代值为 $R=1.097\ 373\ 156\ 854\ 9\times10^7\ \text{m}^{-1}$。(12-15a)式称为里德伯方程。

在里德伯方程中,取 $n_1=2$,就是前面提到的位于可见光区的巴耳末系。

取 $n_1=1$,就是位于紫外区的赖曼系

$$\tilde{\nu}=\frac{1}{\lambda}=R\left(\frac{1}{1^2}-\frac{1}{n_2^2}\right), n_2=2,3,4,\cdots$$

取 $n_1=3$,就是位于红外区帕邢系

$$\tilde{\nu}=\frac{1}{\lambda}=R\left(\frac{1}{3^2}-\frac{1}{n_2^2}\right), n_2=4,5,6,\cdots$$

取 $n_1=4$,就是布喇开系(红外区);取 $n_1=5$,就是普芳德系(红外区)。

将里德伯方程改写为

$$\tilde{\nu}=T(n_1)-T(n_2), T(n)=\frac{R}{n^2}, n_1=1,2,3,\cdots, n_2=n_1+1, n_1+2,\cdots \tag{12-15b}$$

这就是里德伯 - 里兹并合原则。其中,$T(n)$ 称为氢原子的光谱项。

氢原子为数众多、波长复杂的光谱线，竟然可以用如此简明、规则的公式准确地表示出来，可见氢原子光谱线并非互不相关，而是有确定的内在联系，这一事实更预示了原子内部存在严格规整的结构。

12.3.2 原子的核式结构及经典物理的困难

电子和放射性的发现表明，原子不再是物质组成的永恒不变的最小单位，它们具有复杂的结构并可以互相转化。关于原子的结构，人们曾提出各种不同的模型，经公认肯定的是1911年卢瑟福在α粒子散射实验基础上提出的原子的核式结构模型。他认为原子是由带正电的原子核和核外电子组成。原子中正电部分集中在很小的区域（$< 10^{-15}$ m）内，原子质量主要集中在正电部分，形成原子核。原子核位于原子中心，而电子则如行星绕太阳旋转似的绕核运动，构成了一个稳定的电结构系统。卢瑟福推想，α粒子不可能是被质量远比它小的电子所散射，只有假定α粒子非常接近一个比它的质量大得多的核心，才能解释α粒子向后散射现象。卢瑟福指出，α粒子是被质量很大的带正电的原子核所散射，其轨道是双曲线，并导出了卢瑟福散射公式。1913年，盖革和马斯顿在卢瑟福的指导下做了进一步的实验，证明了卢瑟福原子模型的正确性。因此，原子的核式结构模型很快被物理学界大部分人士所接收，认为这一模型反映了原子内部的真实情况。

但是，利用这个模型并根据经典电磁理论去具体说明氢原子问题时，却无法解释原子的稳定性、原子的大小以及氢原子光谱的规律性问题。根据卢瑟福提出的原子模型，电子绕核运动是一种加速运动。按经典电磁理论，周期运动的电子应产生周期变化的电场和磁场，发射电磁波，电子将不断地辐射能量而减速，其运动轨道的半径会不断缩小，最终落入原子核中，原子“坍塌”，这与原子是稳定的实验事实不符。另外，按照经典电磁理论，电子加速运动发射的电磁波的频率应该等于电子绕核运动的频率。由于能量辐射，原子轨道半径连续减小，原子发射的光谱线的频率应该连续增大，即所发射的光谱应该是连续光谱。这与实验测定的氢原子光谱是一系列分立的线状光谱的事实相矛盾。

12.3.3 玻尔氢原子理论

为了解决上述困难，1913年玻尔在卢瑟福的核式结构模型的基础上，将普朗克和爱因斯坦的量子概念首次应用于原子系统，结合里兹并和原则，提出了原子的量子理论，简称玻尔理论。玻尔氢原子理论的基本出发点是他提出的三个基本假设，其内容如下：

1.定态假设

原子系统中，原子只能处在一些不连续的、稳定的能量状态。在这些状态中，电子虽绕核做加速运动，但不辐射能量（电磁波）。这些稳定的状态简称定态，其相应的能量为E_1，$E_2 \cdots E_n \cdots (E_1 < E_2 < E_3 < \cdots)$对于确定的原子，这些能量值是固定的，称为能级。

2.量子跃迁假设

原子能量的任何变化，包括发射或吸收电磁辐射，都只能在两个定态之间以跃迁方式进行。当原子从一个能量为E_n的定态跃迁到另一个能量为E_m的定态时，就要吸收或辐射一个能量为$h\nu_{mn}$的光子。光子的能量由两个定态的能量差决定。光子的频率ν_{mn}为

$$\nu_{mn} = \frac{|E_n - E_m|}{h} \tag{12-16}$$

这称为跃迁频率条件。当$E_n > E_m$时发射光子；当$E_n < E_m$时吸收光子。

3.轨道角动量量子化条件

原子处于定态时，电子绕核运动的轨道角动量 L 只能取 $\frac{h}{2\pi}$ 的整数倍(亦即只有这样的轨道才是容许的)，即

$$L=mvr=n\frac{h}{2\pi}=n\hbar, n=1,2,3,\cdots \tag{12-17}$$

这就是轨道角动量量子化条件。式中 n 只能取整数，称为量子数。其中，$\hbar=h/2\pi$ 称为约化普朗克常量。

玻尔根据以上假设，推导得到了氢原子的能量公式和电子运动轨道半径公式，并成功解释了氢原子光谱的实验规律。

玻尔认为，氢原子中核外电子绕核做圆周运动时的向心力是由电子与原子核之间的库仑力提供的，即

$$m_e\frac{V^2}{r}=\frac{e^2}{4\pi\varepsilon_0 r^2}$$

再按玻尔轨道量子化：$L_n=m_eVr=n\hbar$，得到氢原子核外电子的轨道半径为

$$r_n=n^2\frac{\varepsilon_0 h^2}{\pi m_e e^2}=n^2\frac{4\pi\varepsilon_0\hbar^2}{m_e e^2}=n^2 r_1, r_n=n^2 r_1, n=1,2,3,\cdots \tag{12-18}$$

此式说明，氢原子核外电子的轨道半径是量子化的。其中

$$r_1=\frac{\varepsilon_0 h^2}{\pi m_e e^2}=\frac{4\pi\varepsilon_0\hbar^2}{m_e e^2}=0.529\times10^{-10}\ \text{m}\approx0.53\times10^{-10}\ \text{m}=0.053\ \text{nm}$$

是氢原子中电子的最小轨道半径，也称为玻尔半径。这个数值和其他方法得到的数值符合得非常好。

当电子在半径为 r_n 的轨道上运动时，氢原子系统的总能量 E_n 是原子核与电子系统的静电势能以及电子的动能之和。以无限远为系统静电势能的零点，有

$$E_p=-\frac{e^2}{4\pi\varepsilon_0 r_n}, E_K=\frac{1}{2}m_e V_n^2=\frac{e^2}{8\pi\varepsilon_0 r_n}$$

则氢原子系统的总能量为

$$E_n=E_p+E_k=-\frac{e^2}{8\pi\varepsilon_0 r_n}=-\frac{1}{n^2}\left(\frac{m_e e^4}{32\pi^2\varepsilon_0^2\hbar^2}\right)=\frac{1}{n^2}E_1, n=1,2,3,\cdots \tag{12-19a}$$

显然，氢原子定态的能量也是量子化的，这种量子化的能量值称为能级。当 $n=1$ 时，

$$E_1=-\frac{m_e e^4}{\varepsilon_0^2 h^2}=-\frac{m_e e^4}{32\pi^2\varepsilon_0^2\hbar^2}=-13.6\ \text{eV}$$

这是氢原子的最低能级，也称基态能级。$E_1=-13.6$ eV 称为氢原子基态能量。所以氢原子的能级还可以表示为

$$E_n=\frac{1}{n^2}E_1=-\frac{13.6}{n^2}\ \text{eV}, n=1,2,3,\cdots \tag{12-19b}$$

称 n 为能量量子数，或主量子数，它决定了原子能级能量值的绝大部分。$n>1$ 的各个定态称为激发态。氢原子的能量均为负值，表明原子中的电子处于束缚态。量子数 n 越小，能级越低，状态越稳定。当 $n\to\infty$ 时，$E_\infty=0$，能级趋于连续。$E>0$ 时，原子处于电离状态，能量可连续变化。若使处于基态的原子电离，外界需要提供给的能量称为原子基态电离能。对于氢原子，其基态电离能为 $E_{电离}=E_\infty-E_1=13.6$ eV。

图 12-10 所示为氢原子能级示意图。氢原子的能量是量子化的；氢原子从一个能级跃迁到另一个能级(可以称为“能级跃迁”)，原子就从相应的定态跃迁到另一个相应的定态；当原子“能级跃迁”时，原子释放(或吸收)能量；氢原子以电磁波(光子)的形式释放的能量，形成了氢原子的光谱系。

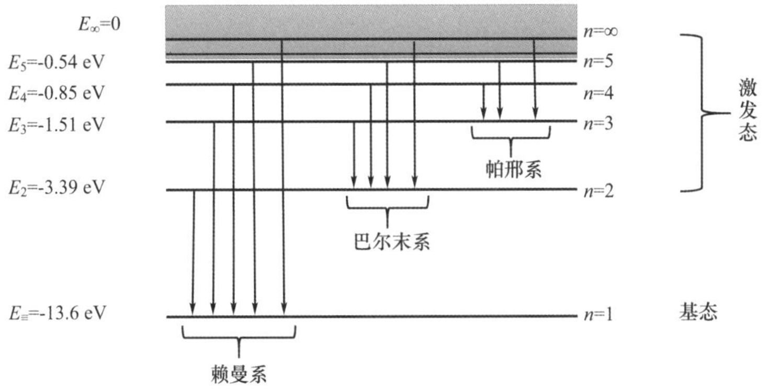

图 12-10 氢原子能级示意图

下面根据玻尔理论来研究氢原子光谱的规律。当氢原子从较高能级 E_n 状态跃迁到某一低能级 E_m 状态时，发射一个能量为 $h\nu_{mn}$ 的光子。由能量守恒，发射光子的频率为

$$\nu_{mn}=\frac{E_n-E_m}{h},$$

$$\tilde{\nu}_{mn}=\frac{E_n-E_m}{hc}=\frac{me^4}{8\varepsilon_0^2h^3c}\left(\frac{1}{m^2}-\frac{1}{n^2}\right) \tag{12-20}$$

由此，可以确定里德伯常数的理论值

$$R=\frac{me^4}{8\varepsilon_0^2h^3c}=1.097373\times10^7\ \text{m}^{-1}$$

这与由光谱分析定出的里德伯常数相当符合。说明了玻尔理论的正确性。

应该注意：一个氢原子在瞬间只能从某一激发态跃迁到另一低能态，并辐射某特定频率的光子。但大量的氢原子则可能各自处于不同的激发态，跃迁到另一个低能态，并分别辐射不同频率(波长)的光子。所以，在氢原子光谱中，能够同时观察到不同波长的谱线。

玻尔理论不仅能成功地说明氢原子的光谱，对类氢离子(只有一个电子绕核运动的离子)的光谱也能很好地说明。由此可见，玻尔理论在一定程度上能反映单电子原子系统的客观实际。

玻尔理论成功地解释了氢原子光谱的实验规律，同时玻尔关于定态的概念和光谱线频率的假设，在原子结构和分子结构的现代理论中，仍然是有用的概念。玻尔的创造性工作为人类认识微观物质世界打开了大门，对现代量子力学的建立有着深远的影响。然而，玻尔的量子论所存在的问题和局限性，也逐渐被人们所认识。玻尔理论无法解释比氢原子更复杂的原子的实验规律，如氦原子光谱；玻尔的量子论不能提供处理光谱线相对强度的系统方法；玻尔理论只能处理简单周期性运动，但不能处理非束缚态问题，例如散射问题等；从理论体系上来看，玻尔提出的与经典力学不相容的概念，例如原子能量不连续概念和角动量量子化条件等，多少带有人为的性质，并未从根本上揭示出不连续性的本质。所有这一切都推动着理论进一步发展，而量子力学就是在克服玻尔理论的困难和局限性的过程中发展建立起来的。

在物理学史上，把普朗克的能量子假说、爱因斯坦的光量子理论和玻尔的量子论合称为旧量子论，它立足于经典理论而又人为地加进了量子化的假设，解决了当时经典物理出现的危机，但并没有从理论体系上对经典物理进行根本的变革，因而具有很大的局限性。但是，它提出来的量子概念无疑是对经典物理的巨大突破，正是在这一基础上，1926 年薛定谔、海森堡等人建立了一门崭新的学科 —— 量子力学。由于量子力学能够反映微观粒子的波粒二象性，所以成为一个完整的描述微观粒子运动规律的力学体系。

例 12.4 氢原子光谱的巴尔末线系中，有一光谱线的波长为 $\lambda = 434$ nm，试求：

(1) 与这一谱线相应的光子能量为多少电子伏特？

(2) 该谱线是氢原子由能级 E_L 跃迁到能级 E_K 产生的，L 和 K 各为多少？

(3) 大量氢原子从 $n=5$ 能级向下能级跃迁，最多可以发射几个线系，共几条谱线？

(4) 从 $n=5$ 能级跃迁，波长最短的谱线的波长、频率、光子能量和动量为多少？

(5) 将氢原子由基态电离至少需要多少能量？

(6) 将氢原子由基态激发到第三激发态需要多少能量？

解：(1) 光子能量

$$\varepsilon = h\nu = \frac{hc}{\lambda} = \frac{6.626\times10^{-34}\times3\times10^{8}}{434\times10^{-9}} = 4.58\times10^{-19}\,\text{J} = 2.86\ \text{eV}$$

(2) 由于此谱线是巴尔末线系，所以 $K=2$

$$E_2 = \frac{E_1}{2^2} = \frac{-13.6\ \text{eV}}{4} = -3.4\ \text{eV}$$

$$E_L = h\nu + E_2 = 2.86\ \text{eV} - 3.4\ \text{eV} = -0.54\ \text{eV}$$

$$E_L = -0.54\ \text{eV} = \frac{E_1}{L^2} = \frac{-13.6\ \text{eV}}{L^2},\ L = \sqrt{\frac{E_1}{E_L}} = \sqrt{\frac{-13.6}{-0.54}} = 5$$

(3) 从 $n=5$ 能级向下能级跃迁，最多可以发射 4 个线系，共有 10 条谱线。

(4) 波长最短(频率最高)的是赖曼系中由 $n=5$ 向 $n=1$ 跃迁的谱线。该谱线光子能量为

$$\Delta E = E_5 - E_1 = (-0.54\ \text{eV}) - (-13.6\ \text{eV}) = 13.06\ \text{eV}$$

该谱线光子的频率为

$$\nu = \frac{\Delta E}{h} = \frac{13.06\times1.6\times10^{-19}}{6.626\times10^{-34}} = 3.153\ 6\times10^{15}\ \text{Hz}$$

该谱线光子的波长为

$$\lambda = \frac{c}{\nu} = \frac{3\times10^{8}}{3.153\ 6\times10^{15}} = 0.951\ 3\times10^{-7}\ \text{m} = 95.13\ \text{nm}$$

该谱线光子的动量为

$$p = \frac{h}{\lambda} = \frac{6.626\times10^{-34}}{0.951\ 3\times10^{-7}} = 6.965\ 2\times10^{-27}\ \text{kg}\cdot\text{m}\cdot\text{s}^{-1}$$

(5) 将氢原子由基态电离至少需要能量为

$$\Delta E = E_\infty - E_1 = 0 - (-13.6\ \text{eV}) = 13.60\ \text{eV}$$

(6) 将氢原子由基态激发到第三激发态需要的能量为

$$\Delta E = E_4 - E_1 = (-0.85\ \text{eV}) - (-13.6\ \text{eV}) = 12.75\ \text{eV}$$

12.4 实物粒子的波粒二象性和不确定关系

12.4.1 德布罗意的物质波理论

光的干涉和衍射等现象证实了光具有波动性，而光电效应和康普顿效应又指出光具有粒子性。因此，为了解释光的全部现象，我们不得不承认光的本性具有“波粒二象性”。光的波粒二象性生动地体现在光子的能量和动量表达式 $E=h\nu$ 和 $p=\dfrac{h}{\lambda}$ 中，通过普朗克常量 h，将标志光的波动性的 ν 和 λ 与标志粒子属性的 E 和 p 联系起来了。这也引发了人们对于物质世界的重新认识。

1924 年，法国青年物理学家德布罗意综合总结有关量子化的概念和理论，在爱因斯坦光的波粒二象性的启发下，考虑到自然界在许多方面都是明显对称的，将光的波粒二象性推广到一切实物粒子，提出实物粒子（如电子、质子等）也具有波动性的假说，即著名的物质波理论。

德布罗意认为一切实物粒子都具有波粒二象性：一个质量为 m、速度为 v 的实物粒子（其能量为 $E=mc^2$、动量为 $p=mv$）与一个频率为 ν、波长为 λ 的波相联系，这种波称为物质波（或称德布罗意波）。物质波的波长与动量、频率与能量的关系也应遵循与光子相同的以下关系：

$$\lambda=\frac{h}{p}=\frac{h}{mv} \tag{12-21}$$

$$\nu=\frac{E}{h}=\frac{mc^2}{h} \tag{12-22}$$

这就是德布罗意公式，或称为德布罗意关系。德布罗意认为不仅仅光子具有波动性，电子、原子、分子等微观粒子也具有波动性。所有微观粒子都具有波粒二象性。

对于一个静止质量为 m_0 的实物粒子来说，若粒子以速度 v 运动，则该粒子所表现的平面单色波的波长是

$$\lambda=\frac{h}{p}=\frac{h}{mv}=\frac{h}{m_0 v}\sqrt{1-\frac{v^2}{c^2}}$$

如果 $v\ll c$，则

$$\lambda=\frac{h}{m_0 v}$$

例 12.5 计算一质量为 m 的自由粒子（没有外力作用情况下的粒子）的德布罗意波长。设其动能为 E，粒子的速度远小于光速。

解：由于粒子的速度远小于光速，所以有 $E=\dfrac{p^2}{2m}$

由 $\lambda=\dfrac{h}{p}$ 可得 $\lambda=\dfrac{h}{p}=\dfrac{h}{\sqrt{2mE}}$

若让一自由电子通过一电势差为 U 的加速电场，则利用上式的结果，可以写出电子通过加速电场后的德布罗意波长为

$$\lambda=\frac{h}{p}=\frac{h}{\sqrt{2mE}}=\frac{h}{\sqrt{2meU}}=\frac{1.225}{\sqrt{U}}$$

德布罗意提出上述假设时并无任何直接的证据。爱因斯坦十分欣赏他的创新思想，在他的推崇和倡导下，物质波思想受到了许多科学家的关注。薛定谔在物质波的基础上创立了量子力学理论。德布罗意在博士论文答辩时回答："通过电子在晶体上的衍射实验，应当有可能观察到这种假定的波动效应。"根据德布罗意假设，可估算出动能为100 eV的电子的德布罗意波长为0.123 nm，这一波长值与固体的晶格常数以及X射线的波长属同一数量级。这一事实启发科学家用晶体作为衍射光栅来观测电子的波动性。

1927年通过戴维孙和革末所做的电子衍射实验证实了德布罗意假说的正确性。如图12-11所示，戴维孙和革末把电子束垂直入射到镍单晶表面，观察散射电子束的强度。电子束由电子枪发出经加速电压U加速和狭缝准直后入射晶体表面而被散射；被散射的电子束由法拉第圆筒收集，散射电子束形成的电流由检流计G测量；法拉第圆筒可以转动以调节散射角θ。根据检测到的电流强度，可以判断出散射角θ方向被镍单晶表面散射的初始电子的数量，借以判断散射角θ方向的散射强度。戴维孙和革末发现，散射电子束的强度随散射角θ而变化，而且当散射角θ取某些确定值时，散射强度有极大值。如加速电压为$U=54$ V时，散射电子束强度极大值出现在$\theta_{max}=50°$方向，这与X射线晶体衍射极为相似。根据布拉格公式计算出的θ_{max}理论值与实验结果完全相符。这不仅有力地证明了电子的波动性，而且证明了德布罗意关系的正确性。

1927年，G.P.汤姆孙等做了电子束穿过多晶薄膜的衍射实验，如图12-12所示，得到了与X射线通过多晶薄膜后产生的衍射图样极为相似的衍射图样，直接证实了电子的波动性。1961年约恩孙做了电子的单缝、双缝、三缝等衍射实验，更加直接地说明了电子具有波动性。此后，人们通过实验又观测到了中子、原子、分子的衍射现象。所有此类实验的成功都证实了德布罗意的预言：运动的微观粒子伴随着物质波，而且实验中测得的物质波的波长与式(12-21)中的波长公式一致。

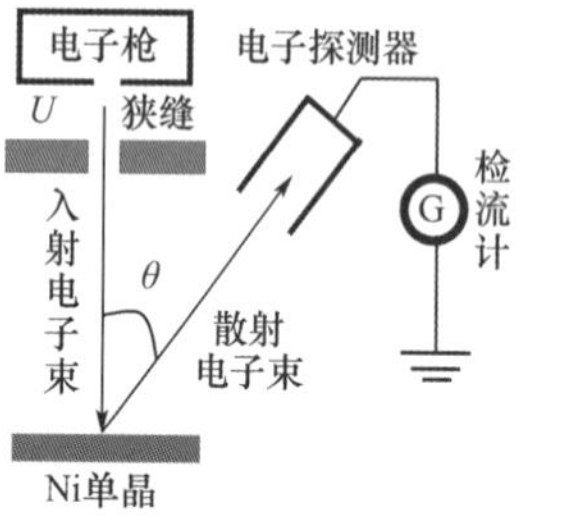

图12-11 戴维孙-革末电子散射实验

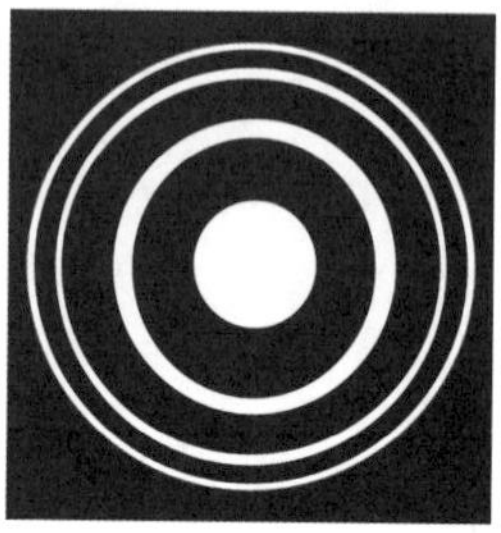

图12-12 汤姆孙的电子衍射实验

实验明确地告诉我们，一切粒子都具有波动性，波粒二象性是普遍存在的；把粒子的动量与波长以及能量与频率联系起来的德布罗意公式是具有普遍意义的，德布罗意公式是描述微观粒子波粒二象性的基本公式。可以说德布罗意提出的物质波思想是一次伟大的革命，它将完全对立的波和粒子概念，彼此协调地贯穿于一切物理现象之中。微观粒子的"波动性"在现代科学技术中有着广泛的应用，电子显微镜就是根据电子的"德布罗意波"性质结合光学仪器的基本原理发明的。

12.4.2 不确定关系

在经典力学中，宏观物体(质点)在任何时刻都有确定的位置、动量、角动量、能量等，因此，任何一个物体都有一个确定的运动轨道；由此，我们可以谈论物体在轨道上的任何一点的动量、角动量、能量等物理量；或者说，在任意时刻都可以同时测定物体的位置、动量、角动量和能量等。与此不同，微观粒子具有明显的波动性。所以微观粒子在某位置上仅以一定的概率出现。也就是说，粒子的位置是不确定的。尽管粒子的位置不确定，但基本出现在某区域，例如一维情形，粒子出现在 x 到 $x+\Delta x$ 范围内；三维情形，粒子出现在 x 到 $x+\Delta x$ 、y 到 $y+\Delta y$、z 到 $z+\Delta z$ 范围内，我们称 Δx 、Δy、Δz 为粒子坐标的不确定量。

粒子的动量也是如此。如果粒子的物质波是单色平面波，则对应粒子的动量是单一的值，所以是确定的。但一般的物质波都不是单色波，而是由包含一定波长范围 $\Delta\lambda$ 的许多单色波组成，波长有一定的范围，这就使粒子的动量变得不确定了。由德布罗意公式 $p=h/\lambda$ 可算出动量的可能范围 Δp，这 Δp 也就是动量的不确定量。

不仅如此，微观粒子的其他力学量，如能量、角动量等一般也都是不确定的。

1927 年，海森堡分析了一些理想实验并考虑到德布罗意关系，得到不确定关系，即粒子在同一方向上的空间位置坐标和动量不能同时确定。

如果一个粒子的空间位置坐标具有一个不确定量 Δx（或 Δy 或 Δz），则同一时刻粒子的动量也有一个不确定量 Δp_x（或 Δp_y 或 Δp_z），Δx（或 Δy 或 Δz）与 Δp_x（或 Δp_y 或 Δp_z）的乘积总是大于一定的数值，有

$$\Delta x\Delta p_x \geqslant \frac{\hbar}{2},\Delta y\Delta p_y \geqslant \frac{\hbar}{2},\Delta z\Delta p_z \geqslant \frac{\hbar}{2} \tag{12-23}$$

这就是海森堡坐标与动量的不确定关系（曾经也称为测不准关系）。

尽管在量子力学下可以证明海森堡坐标与动量的不确定关系，但海森堡不确定关系原则上来说是一个假说，因为量子力学本身也是一套理论。它的正确性只能靠实践检验，电子单缝衍射就是一个确定海森堡坐标与动量的不确定关系正确性的实例。

如图 12-13 所示，一束动量为 p 的电子束垂直入射缝宽为 Δx 的单缝，在单缝后放置照相底片用以记录电子落在底片上的位置。由于电子具有波动性，电子流通过单缝后将在照相底片上形成单缝衍射条纹。我们来考察电子束中一个电子通过单缝时（或者说在单缝处）的位置和动量。对于电子束中某一个电子来说，我们不能确定它是从单缝中哪一点通过单缝的，只能确定它是从宽为 Δx 的单缝中通过的。因此电子的位置在 x 方向上的不确定量就是单缝宽度 Δx 。与此同时，由于衍射的缘故，电子通过单缝后要偏离原来的前进方向，电子在底片上的落点将沿 x 方向展开。因此动量 p 在 x 方向上的分量 p_x 将具有不同的量值。先忽略单缝衍射的次级极大，只计及单缝衍射的中央亮条纹，认为电子都落在中央亮纹内；设单缝衍射第一级极小的角位置为 θ_1，可知电子在通过单缝时沿 x 方向的动量最大值为 $p_{x\max1}=p\sin\theta_1$；考虑到电子可以落在中央亮条纹内的任何地方，则电子在通过单缝时沿 x 方向的动量 p_x 的取值范围为

$$0\leqslant p_x\leqslant p_{x\max1}=p\sin\theta_1$$

这表明，一个电子通过单缝时在 x 方向上的动量不确定量为

$$\Delta p_x=p\sin\theta_1$$

如果再考虑到衍射条纹的次级极大，可得电子通过单缝时（或者说在单缝处）在 x 方向上的动量不确定量

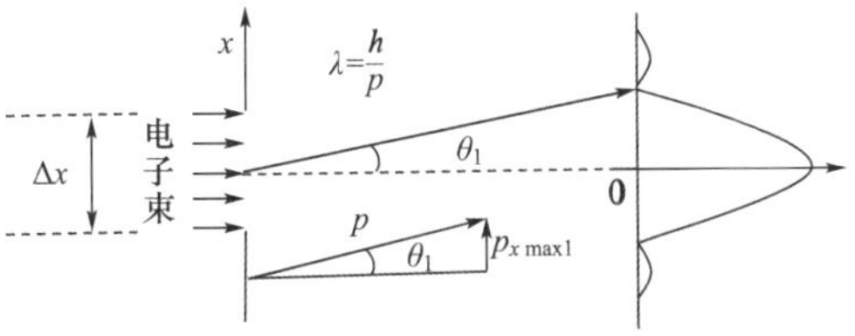

图 12-13 电子单缝衍射

$$\Delta p_x\geqslant p\sin\theta_1$$

由单缝衍射第一级暗纹中心的角位置 $\Delta x\sin\theta_1=\lambda$ 以及德布罗意公式 $\lambda=h/p$，得到

$$p\sin\theta_1=h/\Delta x$$

由此得到

$$\Delta x\Delta p_x\geqslant h$$

虽然这只是一个粗略的估计，严格地推导所得的关系为式(12-23)，但足以说明海森堡坐标与动量的不确定关系是存在的。

海森堡坐标与动量的不确定关系表明：当微观粒子被局限在 x 方向的一个有限范围 Δx 内时，同方向粒子的动量分量 p_x 必然有一个不确定的数值范围 Δp_x。粒子的位置的不确定量越小，则粒子同方向动量的不确定量越大。即粒子的位置确定的越精确，则粒子的动量就确定的越不精确。反之亦然。可见，当我们用描述经典粒子的“位置”“动量”概念来描述具有二象性的微观粒子时，不可能像经典粒子那样同时确定其在同一方向上的位置和动量。两个量的不确定程度是受到不确定关系制约的。即对于微观粒子，运动“轨道”的概念已经失效，经典力学规律也不再适用。

不确定关系仅是波粒二象性及其统计关系的必然结果，并不是测量仪器对粒子的干扰，也不是仪器有误差的缘故。不确定关系是微观粒子(微观客体)具有波粒二象性的反映，是物理学中一条重要的规律，是微观粒子普遍遵守的基本规律。

能量与时间之间也有同样形式的不确定关系，即

$$\Delta E\Delta t\geqslant\frac{\hbar}{2}\tag{12-24}$$

如果一个粒子在能量状态 E 只能停留 Δt 时间，则在这段时间内粒子的能量状态并非完全确定，粒子的能量有一个弥散范围 $\Delta E\geqslant\dfrac{\hbar}{2\Delta t}$，这相当于粒子的能量状态形成一个“能带”；只有当粒子的停留时间为无限长时(稳态)，它的能量状态才是完全确定的($\Delta E=0$)。

能量和时间的不确定关系可以用来讨论原子各个能级的宽度(ΔE)与该能级平均寿命($\Delta t=\tau$)之间的关系。一般来说，原子基态最稳定(平均寿命最长)，基态能级宽度最小，基态能级能量最确定；原子激发态的能级平均寿命 $\tau=10^{-7}\sim10^{-9}$ s，由上式估算其能级宽度应为 $\Delta E=10^{-8}\sim10^{-6}$ eV 数量级；有些原子可能还存在一些特殊的激发态，能级平均寿命可达 10^{-3} s甚至更长，此类激发态称为亚稳态。原子的激发态能级有一定的宽度(很小)，实际上形成了很窄的“能带”。所以原子处于激发态时，能量也是不能完全确定的；从这个意义上来说，玻尔的“能级”概念也应该进行进一步的修正，原子的“能级”是有一定宽度的。

原子的激发态是不稳定的，当原子由高能级向低能级跃迁时将辐射光子。如果跃迁的两个“能级”具有完全确定的能量值，则辐射的光子的能量是确定的，形成的光谱线原则上就是一条几何线。但由于原子能级都有一定的寿命，按照不确定关系，这个能级必定存在相应的宽度 ΔE，因此，实际的原子光谱“线”不可能是几何上的线，而是有个宽度 ΔE，这称为谱线的自然宽度。例如，假定原子中某激发态的寿命为 $\Delta t=10^{-8}$ s，则

$$\Delta E\geqslant\frac{\hbar}{2\Delta t}=\frac{1.055\times10^{-34}}{2\times10^{-8}}\ \text{J}\approx3.3\times10^{-8}(\text{eV})$$

这就是与该激发态相应的谱线的自然宽度，它是由能级的固有寿命所决定的。实验完全证明了谱线自然宽度的存在，从而说明了不确定关系的正确性。

应该指出，在不确定关系中，一个关键的量又是普朗克常量 h。由于普朗克常量是一个非常小的物理量，因而，不确定关系在宏观物质世界并不能得到直接的体现；但普朗克常量不等

于零，从而使得不确定关系在微观物质世界成为一个重要的规律。还要注意，对于宏观物质世界，普朗克常量 $h \to 0$，不确定关系解除；宏观微粒（质点）可以同时具有确定的空间位置和确定的动量，宏观微粒（质点）可以具有确定的“运动轨道”；这是玻尔“对应原理”的又一次具体体现，当 $h \to 0$ 时，量子物理 → 经典物理。

例 12.6 氦氖激光器所发出的红光波长为 $\lambda = 632.8$ nm，谱线宽度 $\Delta\lambda = 10^{-9}$ nm，问：当这种光子沿 x 轴方向传播时，它的 x 坐标的不确定量有多大？

解：由德布罗意公式 $p = h/\lambda$，得到 $\Delta p = h\Delta\lambda/\lambda^2$；再由不确定关系 $\Delta x \Delta p \geqslant \hbar/2$，得到光子位置的不确定量为

$$\Delta x \geqslant \frac{\hbar}{2\Delta p} = \frac{\lambda^2}{4\pi\Delta\lambda} = \frac{(632.8 \times 10^{-9})^2}{4\pi \times 10^{-9} \times 10^{-9}} \approx 3.2 \times 10^4 (\mathrm{m})$$

例 12.7 J/ψ 粒子和 ρ 介子的静止能量分别为 3 100 MeV 和 765 MeV，这两种微观粒子寿命分别为 5.2×10^{-21} s 和 2.2×10^{-24} s。求这两种微观粒子的能量不确定量的百分比。

解：粒子能量不确定量为 $\Delta E = \hbar/2\Delta t$，此处 Δt 即为粒子的寿命。

(1) 对于 J/ψ 粒子

$$\Delta E = \frac{\hbar}{2\Delta t} = \frac{1.05 \times 10^{-34}}{2 \times 5.2 \times 10^{-21}} \approx 1.01 \times 10^{-14} (\mathrm{J}) = 0.063 (\mathrm{MeV})$$

$$\frac{\Delta E}{E} = \frac{0.063}{3100} \approx 2.0 \times 10^{-5} = 0.002\%$$

(2) 对于 ρ 介子

$$\Delta E = \frac{\hbar}{2\Delta t} = \frac{1.05 \times 10^{-34}}{2 \times 2.2 \times 10^{-24}} \approx 2.386 \times 10^{-11} (\mathrm{J}) = 150 (\mathrm{MeV})$$

$$\frac{\Delta E}{E} = \frac{150}{765} \approx 0.20 = 20\%$$

12.5 波函数　薛定谔方程及其简单应用

经典物理中可以同时确定一个客观物体的位置和速度，并以此来描述它的运动状态。但是对于电子、质子、中子等微观粒子，根据德布罗意假说和不确定关系，它们具有波粒二象性，就无法再用经典方法来描述其运动状态了。摆在我们面前的首要问题是如何描述微观粒子的运动状态，即在量子概念下如何描述微观粒子的状态？微观粒子的运动方程又是怎样的呢？接下来我们先介绍描写微观粒子运动状态的波函数及其统计解释，然后介绍量子力学基本方程 —— 薛定谔方程及其简单的应用。

12.5.1 波函数及其统计解释

1.波函数

既然德布罗意认为微观粒子具有波动性，则正如经典物理中波（机械波、电磁波）可以用“波函数”来描述一样，微观粒子的运动状态就用“波函数”来描述。

1925 年，薛定谔首先提出：用德布罗意波波函数描述微观粒子的运动状态，德布罗意波波函数是时间和空间坐标的函数 $\Psi(r,t)$。这是量子力学的基本原理之一。在量子力学中，微观

粒子的运动状态称为量子态，量子态用波函数描述。

对于一个沿 x 轴方向运动的、不受任何外力场作用的自由粒子，由于能量 E 和动量 $\boldsymbol{p}$ 都是守恒量，由德布罗意关系，粒子德布罗意波的频率 ν 和波长 λ 也都不随时间变化，粒子德布罗意波波函数表示为（如同经典物理中的平面波）

$$\Psi(x,t)=\Psi_0\exp\left[\mathrm{i}2\pi\left(\frac{x}{\lambda}-\nu t\right)\right]=\Psi_0\exp\left[\frac{\mathrm{i}}{\hbar}(px-Et)\right] \tag{12-25}$$

如果粒子在空间运动，则粒子德布罗意波波函数表示为

$$\Psi(\boldsymbol{r},t)=\Psi_0\exp\left[\frac{\mathrm{i}}{\hbar}(\boldsymbol{p}\cdot\boldsymbol{r}-Et)\right]=\Psi_0\exp\left(\frac{\mathrm{i}}{\hbar}\boldsymbol{p}\cdot\boldsymbol{r}\right)\exp\left(-\frac{\mathrm{i}}{\hbar}Et\right) \tag{12-25a}$$

式中，Ψ_0 是一个待定常量；$\Psi_0\exp(\mathrm{i}\boldsymbol{p}\cdot\boldsymbol{r}/\hbar)$ 相当于德布罗意波的“复振幅”；而与时间相关的部分 $\exp(-\mathrm{i}Et/\hbar)$ 反映了波函数随时间的变化，相当于“相位”对波函数的影响。

如果粒子在随时间或空间位置变化的外力场中运动，粒子的能量 E 和动量 $\boldsymbol{p}$ 不再是守恒量，粒子德布罗意波也就不能再用平面波波函数表示。在一般的情况下，我们用复函数 $\Psi=\Psi(x,y,z,t)=\Psi(\boldsymbol{r},t)$ 来描述粒子的德布罗意波。

在量子力学中，波函数 $\Psi(\boldsymbol{r},t)$ 是最重要的基本概念之一，它完全可以描述一个量子体系（微观粒子）的量子态，量子体系的全部信息都可以由波函数得到。但是，由于波函数 $\Psi(\boldsymbol{r},t)$ 是复数，在经典物理学中并没有与之对应的物理量。

2.概率波

那么德布罗意波的物理意义是什么？如何把德布罗意波的概念同它所描述的微观粒子联系起来？1926 年，玻恩给出了一个相对来说比较普遍被接受的关于德布罗意波的实质问题的解释。

玻恩指出，德布罗意波（物质波）描述了粒子在各处被发现的概率，德布罗意波是概率波；t 时刻粒子在空间 $\boldsymbol{r}(x,y,z)$ 处的体积元 $\mathrm{d}V=\mathrm{d}x\,\mathrm{d}y\,\mathrm{d}z$ 内出现的概率与该处波函数的模平方成正比，即

$$\mathrm{d}W=|\Psi(\boldsymbol{r},t)|^2\mathrm{d}V=\Psi^*(\boldsymbol{r},t)\Psi(\boldsymbol{r},t)\mathrm{d}V=|\Psi(x,y,z,t)|^2\mathrm{d}x\,\mathrm{d}y\,\mathrm{d}z \tag{12-26}$$

式中，$\Psi^*(\boldsymbol{r},t)=\Psi^*(x,y,z,t)$ 是波函数 $\Psi(\boldsymbol{r},t)=\Psi(x,y,z,t)$ 的复共轭函数。可见，波函数的模平方 $w=|\Psi(\boldsymbol{r},t)|^2=|\Psi(x,y,z,t)|^2$ 代表 t 时刻粒子在空间 $\boldsymbol{r}(x,y,z)$ 处出现的概率密度；或者说，t 时刻粒子在空间 $\boldsymbol{r}(x,y,z)$ 处德布罗意波的强度与在此处发现粒子的概率成正比。这就是德布罗意波波函数的物理含义，为此，德布罗意波（物质波）也称为概率波。这也可以看作是量子力学的一个基本原理。把德布罗意波解释成“概率波”，一般也表述为“波函数的统计解释”。

既然德布罗意波波函数的模平方 $w=|\Psi(\boldsymbol{r},t)|^2=|\Psi(x,y,z,t)|^2$ 代表 t 时刻粒子在空间 $\boldsymbol{r}(x,y,z)$ 处的体积元 $\mathrm{d}V=\mathrm{d}x\,\mathrm{d}y\,\mathrm{d}z$ 内出现（发现）的概率密度，那么，在空间 Ω 内发现粒子的概率就可以表示为：

$$W=\int_\Omega w\,\mathrm{d}V=\int_\Omega|\Psi|^2\mathrm{d}V=\int_\Omega\Psi^*\Psi\,\mathrm{d}V \tag{12-27}$$

对单个微观粒子体系，$|\Psi|^2=\Psi^*\Psi$ 给出 t 时刻微观粒子概率密度空间分布；对大量微观粒子组成的量子体系，$N|\Psi|^2=N\Psi^*\Psi$ 给出的是 t 时刻微观粒子数的空间分布。概率波的概念正确地把物质粒子的波动性和粒子性统一了起来，已经为大量实验事实所证实。

德布罗意波波函数的模平方 $|\Psi(\boldsymbol{r},t)|^2$ 代表微观粒子出现的“概率（概率密度）”，这相当

于经典物理中“波的强度”。在经典物理中，波的振幅的平方代表波的强度，因此，也把德布罗意波的波函数 $\Psi(\boldsymbol{r},t)=\Psi(x,y,z,t)$ 称为“概率幅”。

玻恩的概率波概念可以用电子双缝实验结果来说明。图 12-14 给出了电子束双缝实验(类似于经典物理光波杨氏双缝实验)结果，其中的白点是电子到达观察屏(照相底片)引起的“曝光”。(a)表示一束电子束通过双缝后在观察屏上的结果，出现了类似于杨氏双缝的实验结果；表面看来，电子表现出来的完全是经典物理中的波动，没有显示电子的粒子性，更没有什么概率那样的不确定特征；但要注意，这是用大量的电子(电子束)做出的实验结果。如果我们控制入射双缝的电子数量，让电子一个一个地入射双缝，则会观察到非常不一样的实验结果。(b)、(c)分别给出了 7 个、100 个电子通过双缝的实验结果，图像表明电子确实是粒子，同时也反映出电子的去向是完全不确定的，一个电子到达观察屏上哪一点完全是概率事件。(d)、(e)、(f)分别给出的是 3 000 个、20 000 个、70 000 个电子通过双缝的实验结果。结果表明：随着入射电子总数的增多，电子的堆积情况逐渐显示了规律性，最后就呈现明晰的“干涉(衍射)”条纹，这些条纹与大量电子短时间内通过双缝后形成的条纹一样，电子的波动性显示出来了，而单个电子的概率行为则被这些条纹完全淹没了。

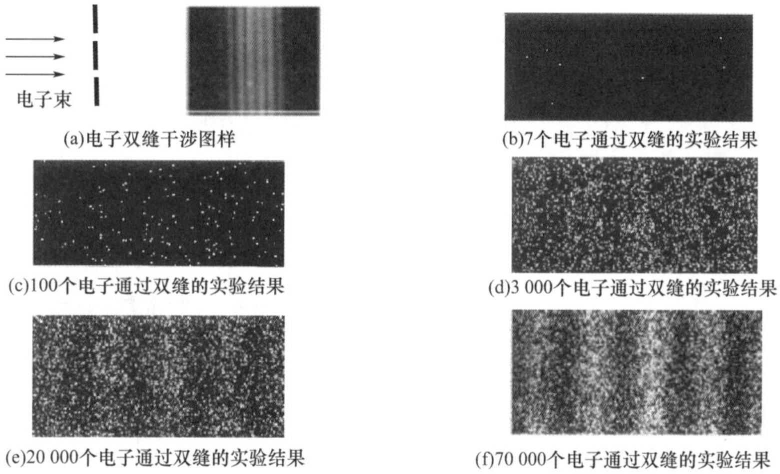

(a)电子双缝干涉图样　(b)7个电子通过双缝的实验结果

(c)100个电子通过双缝的实验结果　(d)3 000个电子通过双缝的实验结果

(e)20 000个电子通过双缝的实验结果　(f)70 000个电子通过双缝的实验结果

图 12-14　电子双缝实验

底片上出现一个个的点子，说明电子具有粒子性；随着电子增多，逐渐形成衍射图样，这来源于“一个电子”所具有的波动性，而不是电子间相互作用的结果。这表明，尽管单个电子的去向是概率性的，但其概率在一定条件下还是有确定的规律。这些就是玻恩概率波概念的核心。德布罗意波并不像经典波那样代表实在物理量的波动，它所提供的是微观粒子运动的统计描述，确定的是微观粒子在一定时刻出现在空间一定地方的概率和概率密度。德布罗意波是描述粒子在空间的概率分布的“概率波”。

电子双缝实验结果还表明，干涉现象的形成是单个电子的行为，不存在电子之间的干涉。也就是说，即使是单个电子也具有波动性。波动性是微观粒子的固有属性。

3.波函数的性质

因为粒子在空间各处出现的概率是连续变化的，并且在空间某处的概率值应该为一个确定值，所以波函数 $\Psi(\boldsymbol{r},t)$ 本身以及 $\Psi(\boldsymbol{r},t)$ 随空间坐标的变化都应该是空间坐标的连续函数。又因为波函数模平方 $|\Psi(\boldsymbol{r},t)|^2=\Psi^*(\boldsymbol{r},t)\Psi(\boldsymbol{r},t)$ 表示概率密度，实物粒子在空间体积元 $\mathrm{d}V$ 内出现的概率应该只有一个值，这就要求实物粒子德布罗意波的波函数 $\Psi(\boldsymbol{r},t)$ 应该

是空间坐标的单值函数。因为 $|\Psi(\boldsymbol{r},t)|^2=\Psi^*(\boldsymbol{r},t)\Psi(\boldsymbol{r},t)$ 表示概率密度，不能无限大，因此德布罗意波波函数 $\Psi(\boldsymbol{r},t)$ 必须是有限和模平方可积的。“单值、有限、连续”是德布罗意波的波函数 $\Psi(\boldsymbol{r},t)=\Psi(x,y,z,t)$ 必须满足的条件，称为波函数的自然条件（或标准条件）。

因为实物粒子必定要在空间的某一点出现，因此任意时刻粒子在空间各点出现的概率总和应该等于 1。

$$\int_\Omega |\Psi(\boldsymbol{r},t)|^2\mathrm{d}V=\int_\Omega \Psi^*(\boldsymbol{r},t)\Psi(\boldsymbol{r},t)\mathrm{d}V=\int_\Omega |\Psi(x,y,z,t)|^2\mathrm{d}x\,\mathrm{d}y\,\mathrm{d}z=1 \tag{12-28}$$

这称为波函数的归一化条件，其中的积分区域遍及粒子可能达到的整个空间。

对于概率分布来说，有实际意义的是相对概率分布。这样，如果令 C 为常数（可以是复数），则 $C\Psi(\boldsymbol{r},t)$ 与 $\Psi(\boldsymbol{r},t)$ 描述的是德布罗意波同一个概率波（量子态）。这是因为在空间任意两个点 $\boldsymbol{r}_1$ 和 $\boldsymbol{r}_2$ 处，总有

$$\frac{|C\Psi(\boldsymbol{r}_1,t)|^2}{|C\Psi(\boldsymbol{r}_2,t)|^2}=\frac{|\Psi(\boldsymbol{r}_1,t)|^2}{|\Psi(\boldsymbol{r}_2,t)|^2}$$

也就是说，$C\Psi(\boldsymbol{r},t)$ 与 $\Psi(\boldsymbol{r},t)$ 的相对概率分布是一样的。由此可见，德布罗意波波函数可以有一个常数因子的不确定性。这与经典物理的波有着本质的区别。

如果某波函数 $\Psi_a(\boldsymbol{r},t)$ 尚未归一，即

$$\int_\Omega |\Psi_a(\boldsymbol{r},t)|^2\mathrm{d}V=\int_\Omega \Psi_a^*(\boldsymbol{r},t)\Psi_a(\boldsymbol{r},t)\mathrm{d}V=A\neq 1$$

这里，由于 $\Psi_a^*(\boldsymbol{r},t)\Psi_a(\boldsymbol{r},t)>0$，则 $A>0$；如果令 $\Psi(\boldsymbol{r},t)=\Psi_a(\boldsymbol{r},t)/\sqrt{A}$，则

$$\int_\Omega |\Psi(\boldsymbol{r},t)|^2\mathrm{d}V=\int_\Omega \left|\frac{1}{\sqrt{A}}\Psi_a(\boldsymbol{r},t)\right|^2\mathrm{d}V=1 \tag{12-29}$$

则 $\Psi(\boldsymbol{r},t)$ 是归一化的；而且由于 $\Psi(\boldsymbol{r},t)$ 与 $\Psi_a(\boldsymbol{r},t)$ 只相差一个常数因子，所以 $\Psi(\boldsymbol{r},t)$ 与 $\Psi_a(\boldsymbol{r},t)$ 描述的是德布罗意波同一个概率波（量子态）。$\Psi(\boldsymbol{r},t)$ 就是归一化的波函数，常数因子 $1/\sqrt{A}$ 称为德布罗意波（概率波）波函数的归一化因子。只有对归一化波函数 $\Psi(\boldsymbol{r},t)$，波函数的模平方 $|\Psi(\boldsymbol{r},t)|^2$ 才真正代表粒子出现的概率，否则只能是相对概率。

如果波函数 $\Psi(\boldsymbol{r},t)$ 已经是归一化的了，则对于任意的实常数 δ，组合一个新的函数，

$$\Psi_b(\boldsymbol{r},t)=\exp(\mathrm{i}\delta)\Psi(\boldsymbol{r},t),$$

有

$$\int_\Omega|\Psi_b(\boldsymbol{r},t)|^2\mathrm{d}V=\int_\Omega\exp(-\mathrm{i}\delta)\Psi^*(\boldsymbol{r},t)\exp(\mathrm{i}\delta)\Psi(\boldsymbol{r},t)\mathrm{d}V=\int_\Omega|\Psi(\boldsymbol{r},t)|^2\mathrm{d}V=1$$

可见，$\Psi_b(\boldsymbol{r},t)=\exp(\mathrm{i}\delta)\Psi(\boldsymbol{r},t)$ 也是归一化的波函数，即 $\Psi_b(\boldsymbol{r},t)=\exp(\mathrm{i}\delta)\Psi(\boldsymbol{r},t)$ 与波函数 $\Psi(\boldsymbol{r},t)$ 都是归一化波函数，它们描述德布罗意波的同一个概率波（量子态）。因此，即使加上了归一化条件的限制，波函数仍然有一个模为 1 的因子 $\exp(\mathrm{i}\delta)$ 的不确定性；这实际上是说德布罗意波（概率波、量子态）归一化波函数仍然有“相位”的不确定性。

在量子力学中，为了处理问题的方便，有时也使用一些不能归一化的波函数来表示粒子的状态。例如，在散射理论中（实际上已经是非束缚态），入射粒子的德布罗意波的波函数可以用平面波波函数表示，$\Psi(\boldsymbol{r},t)=\Psi_0\exp[\mathrm{i}(\boldsymbol{p}\cdot\boldsymbol{r}-Et)/\hbar]$；波函数的模平方为无限大，平面波的“归一化”就可以用 δ 函数的形式表示出来。

在量子力学中，德布罗意波波函数还要受到势场性质和具体的边界条件的限制，这实际上是在物理上对波函数的限制。例如，对于连续型势场以及阶梯型势场，要求波函数 $\Psi(\boldsymbol{r})$ 及其

一阶导数 $\Psi'(\boldsymbol{r})$ 是连续的函数。对于处于束缚态(粒子被限制在一定的空间范围内)的粒子，要求波函数 $\Psi(\boldsymbol{r})$ 在无限远处为零。后续我们会看到，只是这些对波函数的限制，才导致粒子的行为是量子化的；这也从一个侧面说明用波函数描述德布罗意波的正确性。

12.5.2 薛定谔方程

1926 年，薛定谔在德布罗意关于物质波的概念启发下，通过与光学(电磁波)的类比，建立了适用于低速运动情况的、描述微观粒子在外力场中运动的运动方程，称为薛定谔方程。

薛定谔方程是量子力学中的基本方程，是量子力学的基本原理，像经典力学中的牛顿定律一样，不可能由更基本的假定推导出来，它的正确与否只能靠实践来检验。迄今为止，将薛定谔方程应用于分子、原子等微观粒子体系所得到的大量结果都与实验符合。下面介绍的是建立薛定谔方程的基本思路，并不是方程的理论推导。

1.含时薛定谔方程

首先考虑质量为 m、动量为 $\boldsymbol{p}=p_x\boldsymbol{i}+p_x\boldsymbol{j}+p_z\boldsymbol{k}$ 的自由粒子，不受任何力场的作用，$U(\boldsymbol{r},t)=0$，自由粒子的动量与能量的关系(非相对论)为

$$E=\frac{p^2}{2m}=\frac{1}{2m}(p_x^2+p_y^2+p_z^2) \tag{1}$$

自由粒子德布罗意波为“平面波”，波函数表示为

$$\Psi(\boldsymbol{r},t)=\Psi_0\exp\left[\frac{\mathrm{i}}{\hbar}(\boldsymbol{p}\cdot\boldsymbol{r}-Et)\right]=\Psi_0\exp\left[\frac{\mathrm{i}}{\hbar}(p_xx+p_yy+p_zz-Et)\right]$$

将 $\Psi(\boldsymbol{r},t)$ 分别对 t 求一阶导数，对 x、y、z 求二阶导数，有

$$\frac{\partial\Psi(\boldsymbol{r},t)}{\partial t}=-\frac{\mathrm{i}}{\hbar}E\Psi_0\exp\left[\frac{\mathrm{i}}{\hbar}(p_xx+p_yy+p_zz-Et)\right]=-\frac{\mathrm{i}}{\hbar}E\Psi(\boldsymbol{r},t) \tag{2}$$

$$\frac{\partial^2\Psi(\boldsymbol{r},t)}{\partial x^2}=-\frac{p_x^2}{\hbar^2}\Psi_0\exp\left[\frac{\mathrm{i}}{\hbar}(p_xx+p_yy+p_zz-Et)\right]=-\frac{p_x^2}{\hbar^2}\Psi(\boldsymbol{r},t)$$

$$\frac{\partial^2\Psi(\boldsymbol{r},t)}{\partial y^2}=-\frac{p_y^2}{\hbar^2}\Psi_0\exp\left[\frac{\mathrm{i}}{\hbar}(p_xx+p_yy+p_zz-Et)\right]=-\frac{p_y^2}{\hbar^2}\Psi(\boldsymbol{r},t)$$

$$\frac{\partial^2\Psi(\boldsymbol{r},t)}{\partial z^2}=-\frac{p_z^2}{\hbar^2}\Psi_0\exp\left[\frac{\mathrm{i}}{\hbar}(p_xx+p_yy+p_zz-Et)\right]=-\frac{p_z^2}{\hbar^2}\Psi(\boldsymbol{r},t)$$

将上述 4 式代入自由粒子的动量与能量的关系(非相对论)式，得到

$$\mathrm{i}\hbar\frac{\partial\Psi(\boldsymbol{r},t)}{\partial t}=-\frac{\hbar^2}{2m}\left[\frac{\partial^2\Psi(\boldsymbol{r},t)}{\partial x^2}+\frac{\partial^2\Psi(\boldsymbol{r},t)}{\partial y^2}+\frac{\partial^2\Psi(\boldsymbol{r},t)}{\partial z^2}\right]$$

$$\mathrm{i}\hbar\frac{\partial}{\partial t}\Psi=-\frac{\hbar^2}{2m}\left(\frac{\partial^2}{\partial x^2}+\frac{\partial^2}{\partial y^2}+\frac{\partial^2}{\partial z^2}\right)\Psi,$$

$$\mathrm{i}\hbar\frac{\partial}{\partial t}\Psi=-\frac{\hbar^2}{2m}\nabla^2\Psi \tag{12-30}$$

这就是自由粒子的薛定谔方程(非相对论)。$\nabla^2=\frac{\partial^2}{\partial x^2}+\frac{\partial^2}{\partial y^2}+\frac{\partial^2}{\partial z^2}$ 称为拉普拉斯算符。

考虑粒子在恒定势场中运动，$U(\boldsymbol{r},t)=U_0$，则粒子总能量为动能与势能之和，有

$$E=\frac{1}{2m}(p_x^2+p_y^2+p_z^2)+U_0=\frac{p^2}{2m}+U_0$$

将(2) 式中的 E 用上式代替，则有

$$-\frac{\hbar^2}{2m}\nabla^2\Psi+U_0\Psi=\mathrm{i}\hbar\frac{\partial}{\partial t}\Psi$$

很容易验证自由粒子德布罗意波波函数为该方程在$U_0=0$时的一个解。将此结果推广到任意势场$U(\boldsymbol{r},t)$，并且认为粒子的能量(非相对论) 为动能与势能之和，有

$$E=\frac{1}{2m}(p_x^2+p_y^2+p_z^2)+U(\boldsymbol{r},t)=\frac{p^2}{2m}+U(\boldsymbol{r},t)$$

即粒子能量为动能与势能之和，则最终得到非相对论的薛定谔方程

$$-\frac{\hbar^2}{2m}\nabla^2\Psi+U(\boldsymbol{r},t)\Psi=\mathrm{i}\hbar\frac{\partial}{\partial t}\Psi,\mathrm{i}\hbar\frac{\partial}{\partial t}\Psi=\left[-\frac{\hbar^2}{2m}\nabla^2+U(\boldsymbol{r},t)\right]\Psi \tag{12-31}$$

这就是 1926 年薛定谔给出的粒子在势场$U(\boldsymbol{r},t)$ 中时，粒子德布罗意波波函数所满足的微分方程。由于粒子的能量没有考虑相对论效应，所以方程是非相对论薛定谔方程。

对于一维运动的微观粒子，$E=\frac{p^2}{2m}+U(x,t)$，薛定谔方程为

$$\mathrm{i}\hbar\frac{\partial}{\partial t}\Psi=\left[-\frac{\hbar^2}{2m}\frac{\partial^2}{\partial x^2}+U(x,t)\right]\Psi \tag{12-32}$$

如果引入哈密顿算符

$$\hat{H}=-\frac{\hbar^2}{2m}\nabla^2+U(\boldsymbol{r},t)=-\frac{\hbar^2}{2m}\left(\frac{\partial^2}{\partial x^2}+\frac{\partial^2}{\partial y^2}+\frac{\partial^2}{\partial z^2}\right)+U(\boldsymbol{r},t) \tag{12-33}$$

则薛定谔方程可以表示为

$$\mathrm{i}\hbar\frac{\partial}{\partial t}\Psi=\hat{H}\Psi \tag{12-34}$$

算符是量子力学中非常有效的表现形式。

一般来说，只要知道粒子的质量和它在势场中的势能函数的具体形式，就可以写出薛定谔方程的具体形式。再根据给定的初始条件和边值条件，就可以求解薛定谔方程，得到描述粒子运动状态的波函数，波函数的模平方$|\Psi|^2$就给出粒子在不同时刻粒子概率密度分布。

注意到薛定谔方程是有关时间t变量的一阶偏微分方程，这样，当量子体系在某一时刻t_0的状态$\Psi(\boldsymbol{r},t_0)$为已知时，以后任何时刻的状态(波函数) 就完全由薛定谔方程决定。

考察薛定谔方程可见，方程的解取决于势函数$U(\boldsymbol{r},t)$，粒子在不同的势场中运动时的德布罗意波波函数是不同的，也正是量子体系的势函数的不同才导致了五彩缤纷的物质世界。

2.定态薛定谔方程

在薛定谔方程中(微分方程)，波函数的通解决定于势函数$U(\boldsymbol{r},t)$。一般来说，量子体系所处的力场是可以随时间变化的；这样，量子体系的波函数$\Psi(\boldsymbol{r},t)$就是随时间变化的；由此，量子体系的力学量也就是随时间变化的；这是量子力学最一般的形式，可以用来处理量子跃迁等问题。量子力学还有一大功能就是处理势函数不随时间变化的情况(势函数时间恒定但可以空间上不均匀)。这种情况下，量子体系的波函数不随时间“演变”(波函数可以含有时间，但波函数的模平方不显含时间变量，波函数中的时间部分仅仅反映波函数的“相位”)，量子体系的力学量不随时间变化。这类似于经典力学中的“静力学”。

如果粒子在恒定的势场$U(\boldsymbol{r},t)=U(\boldsymbol{r})$中运动，即量子体系的势函数与时间$t$无关，粒子的能量不随时间变化$E=p^2/2m+U(\boldsymbol{r})$，量子体系的波函数不显含时间，则粒子概率密度的空间分布$|\Psi(\boldsymbol{r},t)|^2=|\Psi(\boldsymbol{r})|^2$也是恒定的，这样的态称为定态，波函数称为定态波函数。

对于定态，波函数$\Psi(\boldsymbol{r},t)$可以分离变量，写为空间坐标函数$\psi(\boldsymbol{r})=\psi(x,y,z)$和时间坐

标函数 $T(t)$ 的乘积

$$\Psi(\boldsymbol{r},t)=\psi(\boldsymbol{r})T(t)=\psi(x,y,z)T(t)$$

将此式代入一般薛定谔方程，得到

$$-\frac{\hbar^2 T(t)}{2m}\nabla^2\psi(\boldsymbol{r})+U(\boldsymbol{r})\psi(\boldsymbol{r})T(t)=\mathrm{i}\hbar\psi(\boldsymbol{r})\frac{\partial T(t)}{\partial t},T(t)\hat{H}\psi(\boldsymbol{r})=\mathrm{i}\hbar\psi(\boldsymbol{r})\frac{\mathrm{d}T(t)}{\mathrm{d}t}$$

两边同除 $\Psi(\boldsymbol{r},t)=\psi(\boldsymbol{r})T(t)=\psi(x,y,z)T(t)$，得到

$$-\frac{\hbar^2}{2m\psi(\boldsymbol{r})}\nabla^2\psi(\boldsymbol{r})+U(\boldsymbol{r})=\frac{\mathrm{i}\hbar}{T(t)}\frac{\partial T(t)}{\partial t},\frac{\hat{H}\psi(\boldsymbol{r})}{\psi(\boldsymbol{r})}=\frac{\mathrm{i}\hbar}{T(t)}\frac{\mathrm{d}T(t)}{\mathrm{d}t}$$

上式中，左端是空间坐标的函数，右端是时间坐标的函数。如果要上式成立，只有两端都是常数(而且相等)。令这一常数为 E，则得到两个方程

$$\frac{\mathrm{i}\hbar}{T(t)}\frac{\mathrm{d}T(t)}{\mathrm{d}t}=E;-\frac{\hbar^2}{2m\psi(\boldsymbol{r})}\nabla^2\psi(\boldsymbol{r})+U(\boldsymbol{r})=\frac{\hat{H}\psi(\boldsymbol{r})}{\psi(\boldsymbol{r})}=E$$

由第一个方程可以得到

$$\frac{\mathrm{d}T(t)}{\mathrm{d}t}=-\frac{\mathrm{i}}{\hbar}ET(t) \tag{12-35}$$

该微分方程的解为

$$T(t)=A_0\exp\left(-\frac{\mathrm{i}}{\hbar}Et\right) \tag{12-36}$$

式中 E 具有能量量纲，A_0 可以是复数，解 $T(t)$ 称为振动因子。由第二个方程得到

$$-\frac{\hbar^2}{2m}\nabla^2\psi(\boldsymbol{r})+U(\boldsymbol{r})\psi(\boldsymbol{r})=E\psi(\boldsymbol{r}),\hat{H}\psi(\boldsymbol{r})=E\psi(\boldsymbol{r}) \tag{12-37}$$

这就是定态薛定谔方程，是我们量子力学应用的理论基础。

定态薛定谔方程的解 $\psi(\boldsymbol{r})$ 也称为波函数，它是不含有时间的。如果将与时间有关的部分加上去，就得到量子体系处于定态下的波函数

$$\Psi(\boldsymbol{r},t)=\psi(\boldsymbol{r})T(t)=A_0\psi(x,y,z)\exp\left(-\frac{\mathrm{i}}{\hbar}Et\right) \tag{12-38}$$

其中常数 A_0 需要由归一化条件来确定。

由量子体系处于定态时的波函数，得到

$$|\Psi(\boldsymbol{r},t)|^2=|\psi(\boldsymbol{r})T(t)|^2=\left|\psi(\boldsymbol{r})A_0\exp\left(-\frac{\mathrm{i}}{\hbar}Et\right)\right|^2=|A_0|^2|\psi(\boldsymbol{r})|^2\propto|\psi(\boldsymbol{r})|^2$$

所以，定态波函数的模平方 $|\psi(\boldsymbol{r})|^2$ 也是与时间无关的，它代表了粒子处在定态状态 $\psi(r)$ 的概率。后续我们将会看到，在定态下，量子体系的力学量(动量、能量、角动量等)也都是与时间无关的。这也就是为何将这种情况称为"定态"的原因。

对于一维情况，定态薛定谔方程表示为

$$\frac{\mathrm{d}^2\psi(x)}{\mathrm{d}x^2}+U(x)\psi(x)=E\psi(x),\hat{H}\psi(x)=E\psi(x) \tag{12-39}$$

对于一维运动自由粒子，$U(\boldsymbol{r})=U(x)=0$，定态薛定谔方程及其解为

$$-\frac{\hbar^2}{2m}\frac{\mathrm{d}^2}{\mathrm{d}x^2}\psi(x)=E\psi(x);\psi(x)=B_0\exp\left(\frac{\mathrm{i}}{\hbar}x\sqrt{2mE}\right)$$

因此，得到一维运动自由粒子的波函数为

$$\Psi(x,t)=\psi(x)T(t)=A_0B_0\exp\left[\frac{\mathrm{i}}{\hbar}(x\sqrt{2mE}-Et)\right]=\Psi_0\exp\left[\frac{\mathrm{i}}{\hbar}(x\sqrt{2mE}-Et)\right]$$

如果令 $p=\sqrt{2mE}$，则一维运动自由粒子的波函数为

$$\Psi(x,t)=\Psi_0\exp\left[-\frac{\mathrm{i}}{\hbar}(Et-px)\right]$$

可见，常数 E 就是自由粒子的能量值。

定态薛定谔方程 $\hat{H}\psi(\boldsymbol{r})=E\psi(\boldsymbol{r})$ 实际上是 $\hat{H}$ 的本征方程；由于在保守力势场下，哈密算符 $\hat{H}$ 是能量算符，所以定态薛定谔方程是能量本征方程。解定态薛定谔方程，可以得到一系列的本征值 $\{E\}$，这些本征值就是能量本征值，实际上就是量子体系可能取的能量值；与能量本征值相对应的本征函数 $\{\psi(\boldsymbol{r})\}$ 就是量子体系可能的定态波函数。量子力学的一大类应用，就是求解给定量子体系（给定势函数即能量算符）的能量本征值和本征波函数，主要处理粒子处于“束缚态”的问题（量子体系能量量子化），也考虑处理粒子被势场“散射”的简单问题（量子体系能量连续）。考虑到本课程的性质，我们不处理有关“量子跃迁”等涉及“含时”的问题；只处理“定态”问题，这是量子力学的最基本的应用。

实际上，定态薛定谔方程中的常数 E 就是粒子在势场 $U(\boldsymbol{r},t)=U(\boldsymbol{r})$ 中运动时所具有的能量值。从数学上来说，对于任何能量 E 的值，定态薛定谔方程都有解，但并非对所有 E 值的解都能满足物理上的要求。这些要求最一般的是，作为有物理意义的波函数，这些解必须是单值、有限、连续而且归一化的函数。令人惊奇的是，我们将会看到，根据这些条件，由薛定谔方程“自然地”“顺理成章地”就能得出微观粒子的重要特征——能量量子化。这些量子化的能量值，就是量子体系可能的能量值。特定的 E 值称为能量本征值，特定的 E 值所对应的方程称为能量本征方程，相应波函数称为能量本征函数。这些量子化条件在普朗克和玻尔那里都是“强加”给微观系统的。

12.5.3 薛定谔方程的简单应用

1.一维无限深势阱的量子力学处理

粒子（单一粒子组成的量子体系）在一维无限深势阱中的运动问题是量子力学可以处理的最简单问题。由定态薛定谔方程处理粒子在一维无限深势阱中的运动，可以充分展示量子粒子处于束缚态下量子力学处理的一般程式，充分展示粒子处于束缚态时量子体系“能量量子化”的概念如何由薛定谔方程自然得到。

“一维无限深势阱”这一理想化模型来自在金属内部运动的“自由电子”。在金属中的“自由电子”不会自发地逃出金属，它们在各晶格结点（正离子）形成的“周期场”中运动。由于力与势能的关系为 $F_x=-\partial U/\partial x$，粒子受到的力与势能的“变化”成正比；在金属内部，电子的势能为常数，电子不受力，电子可以在金属内自由运动；在金属外，电子可以有很高的势能 U_0，也就是说在金属表面处势能“变化”很大，在金属表面处电子受到很大的指向金属内部的作用力，使得电子不能脱离金属（表面）；这就如同电子落入了一个有限深“势阱”中一样，除非有很大的外部作用力，否则电子不可能逃出“势阱”。因此忽略了金属中电子之间的相互作用，以及排列整齐的正离子晶格点阵产生的、具有空间周期性的电场力对电子的作用，把金属表面外有限的势能当作无限大，就抽象成一个“无限深势阱”模型，在阱内，势能为零 $U=0$。在这里我们

仅考虑一维运动情况。

设质量为 m 的粒子在一维无限深（方）势阱中运动（图 12-15），势能函数为

$$U(x)=\begin{cases}0, & 0<x<a\\ \infty, & x\leqslant 0、x\geqslant a\end{cases}$$

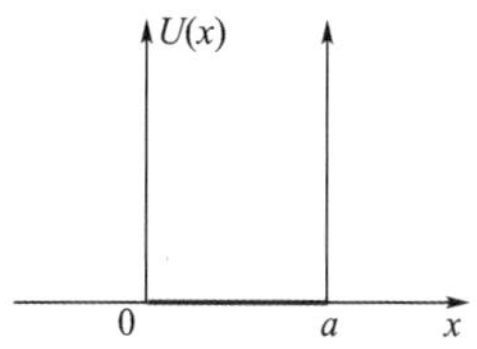

图 12-15　一维无限深（方）势阱

由于势函数分成了三段，所以，分三段来解定态薛定谔方程。

在 $x\leqslant 0$ 和 $x\geqslant a$ 区域，由于势能为无限大，有限能量 E 的粒子不可能出现在这两个区域，粒子在这两个区域内出现的概率为零，因此，在这两个区域内粒子的定态波函数为零，即

$$\psi_1(x)=\psi_3(x)=0(x\leqslant 0 \text{ 和 } x\geqslant a)$$

在势阱内（$0<x<a$），势能（势函数）为零，定态薛定谔方程为

$$\frac{\mathrm{d}^2\psi(x)}{\mathrm{d}x^2}+\frac{2mE}{\hbar^2}\psi(x)=0 \tag{12-40}$$

令

$$k^2=\frac{2mE}{\hbar^2} \text{ 或 } k=\sqrt{\frac{2mE}{\hbar^2}} \tag{12-41}$$

则（12-40）式变为

$$\frac{\mathrm{d}^2\psi(x)}{\mathrm{d}x^2}+k^2\psi(x)=0 \tag{12-42}$$

这个方程的通解为

$$\psi_2(x)=A\sin kx+B\cos kx \tag{12-43}$$

其中，A 和 B 是待定常数。显然，三个区域内的波函数在各自区域内需单值、有限、连续的，分别满足波函数的标准（自然）条件。但整个波函数还要求在 $x=0$ 和 $x=a$ 处是连续的。对于 $x=0$ 处的波函数连续性要求，得到

$$\psi_1(0)=0=\psi_2(0)=A\sin 0+B\cos 0=B, B=0; \psi_2(x)=A\sin kx$$

对于 $x=a$ 处的波函数连续性要求，进一步得到

$$\psi_3(a)=0=\psi_2(a)=A\sin ka, A\sin ka=0$$

这里，$A\neq 0$；否则 $\psi_2(x)=0$，就在这个空间找不到粒子了，这不符合物理要求，因此

$$\sin ka=0,$$

$$ka=n\pi\Rightarrow k=\frac{n\pi}{a}, n=1,2,3,\cdots \tag{12-44}$$

这表明，由量子体系决定的常数 k 只能取由正整数 n 所规定的一系列不连续的值。要注意，这里 $n\neq 0$；否则，$k=0$，定态薛定谔方程退化为 $\frac{\mathrm{d}^2\psi(x)}{\mathrm{d}x^2}=0$，方程的通解 $\psi_2(x)=Cx+D$，再由 $x=0$ 和 $x=a$ 处波函数连续性要求（边界条件），可以得出 $C=D=0$，从而得出势阱中粒子的波函数为 $\psi_2(x)=0$，这显然又不符合物理上的要求。

粒子被限制在 $0<x<a$ 的范围内运动，这称为粒子处于“束缚态”。由（12-44）式给出的不连续结果可以讨论处于束缚态的粒子的运动行为。

（1）能量

由（12-44）式和（12-41）式可以得到处于一维无限深势阱束缚态的粒子的能量

$$E = \frac{k^2 \hbar^2}{2m}; E_n = \frac{\hbar^2 \pi^2}{2ma^2} n^2 = \frac{h^2}{8ma^2} n^2, n = 1,2,3,\cdots \tag{12-45}$$

由此可见,处于一维无限深势阱中的粒子(量子体系)的能量是量子化的,n 称为量子数(能量量子数)。当 $n=1$ 时,粒子的能量(非相对论)为 $E_1 = \frac{\hbar^2 \pi^2}{2ma^2} = \frac{h^2}{8ma^2}$;$E_1$ 为束缚在一维无限深势阱中的粒子具有的最小能量,称为零点能;各个能级的能量可以表示为 $E_n = n^2 E_1$。如图 12-16 给出了束缚在一维无限深势阱中的粒子(量子体系)的能量分布。

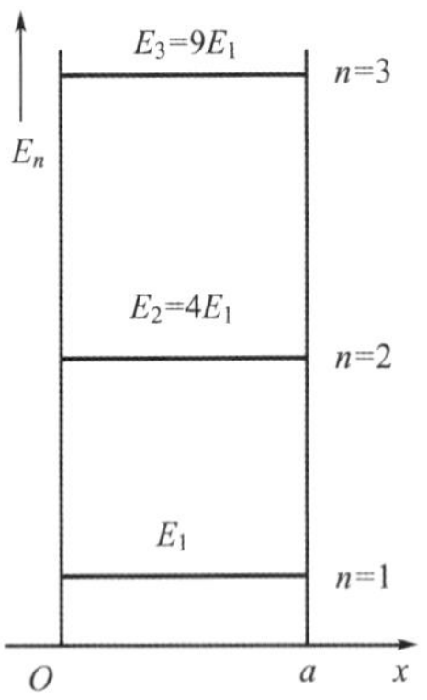

图 12-16 能级

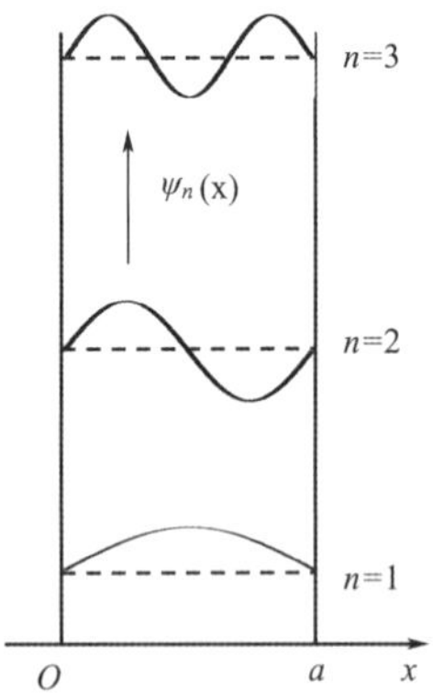

图 12-17 波函数

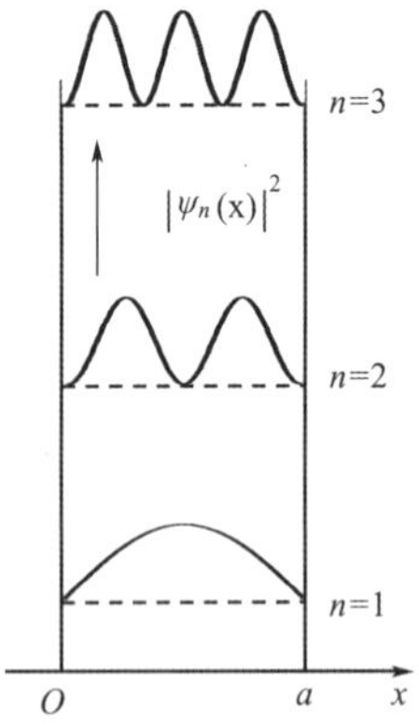

图 12-18 概率密度

由(12-45)式可见,$E_1 \neq 0$,即束缚在一维无限深势阱中的粒子的最小能量(零点能)不为零,这表明束缚在一维无限深势阱中的粒子不可能静止。这一结论与经典力学不同,经典力学认为粒子的能量不但可以连续取值,而且粒子的能量可以为零。量子力学认为最小能量(零点能)不为零的物理机制是微观粒子的波粒二象性,束缚在一维无限深势阱中的粒子(处于束缚态)可以在势阱中的任何地方出现,因此粒子位置(空间坐标)的不确定范围 $\Delta x = a$ 是有限的,由不确定关系 $\Delta x \Delta p_x \geqslant \hbar/2$,可知粒子的动量不确定量不可能为零,因此粒子的能量(动能)不可能为零。量子力学给出粒子的最小动能 E_1,这完全是由于粒子处于束缚态(粒子被束缚在一维无限深势阱中)的结果。

能级间隔为

$$\Delta E_n = E_{n+1} - E_n = \frac{\pi^2 \hbar^2}{2ma^2}(2n+1) \propto \frac{1}{ma^2}, n = 1,2,3,\cdots$$

当粒子的质量很大或势阱的宽度很大时,能级间隔 $\Delta E_n \to 0$。可见,宏观情况下,粒子的能量是连续的。另外,

$$\frac{\Delta E_n}{E_n} = \frac{2n+1}{n^2} \to \frac{2}{n} \propto \frac{1}{n}, n = 1,2,3,\cdots$$

可见,当量子数 n 很大时,$\frac{\Delta E_n}{E_n} \to 0$,即高能级是趋于连续的。

(2) 波函数

处于 n 态(能量量子数为 n)的波函数表示为

$$\psi_n(x) = A \sin kx = A \sin\left(\frac{n\pi}{a} x\right)$$

振幅 A 的值可以根据归一化条件求得,即粒子在空间各处的概率的总和应该等于 1,所以有

$$1=\int_{-\infty}^{+\infty}|\psi_n(x)|^2\mathrm{d}x=\int_0^a\left|A\sin\left(\frac{n\pi}{a}x\right)\right|^2\mathrm{d}x=\frac{a}{2}A^2,A=\sqrt{\frac{2}{a}}$$

由此得粒子在无限深(方)势阱中的归一化波函数为

$$\psi_n(x)=\sqrt{\frac{2}{a}}\sin\left(\frac{n\pi}{a}x\right),n=1,2,3,\cdots(0<x<a) \tag{12-46}$$

波函数 $\psi_n(x)$ 称为能量本征波函数。由每个本征波函数所描述的粒子的状态称为粒子的能量本征态,能量最低的态称为基态,其他态称为激发态。归一化常数与量子体系的本征态(n)无关。如图 12-17 给出了粒子处于几个低能态时的波函数与坐标的关系。

(3) 概率密度

由归一化波函数可以得到粒子概率密度分布

$$|\psi_n(x)|^2=\frac{2}{a}\sin^2\left(\frac{n\pi}{a}x\right),n=1,2,3,\cdots(0<x<a) \tag{12-47}$$

图 12-18 给出了量子体系处于几个低能态时的粒子概率密度分布。注意,这里由粒子的波动性给出的概率密度的周期性分布与经典粒子的完全不同。按经典理论,粒子在阱内来来回回自由运动,在各处的概率密度应该是相等的,而且与粒子的能量无关。

当量子数 n 很大时,波函数趋于连续,势阱内粒子概率分布趋于均匀。量子力学趋于经典力学。

在量子力学下,处于束缚态的粒子的能量是量子化的,粒子的最小能量(零点能)不为零;粒子在势阱中位置是量子化的,有些位置粒子几乎是不能出现的。这就是量子力学给出的处于一维无限深势阱中的粒子的运动行为的结果,与经典力学的结果不同。这是由于处于束缚态的微观粒子具有波粒二象性的具体反映。

2.势垒贯穿与量子隧道效应

有限高势垒的问题也是一类重要的问题。如金属表面的逸出功并不是无限大的,而是有限的,金属中的自由电子若要脱离金属表面并不需要无限大的能量。金属电子的冷发射(不需要光电效应等自由脱离金属表面)也是一类观察金属表面附近有限高度势垒的实验现象。

一维有限高度势垒的一般形状如图 12-19(a) 所示,直接处理粒子在这样的势垒场中的运动稍显复杂。我们可以将一维有限高度势垒简化为如图 12-19(b) 所示的方形势垒。

如图 12-19(b) 所示,一维有限高度方形势垒的势场表示为

$$\begin{cases}U(x)=U_0, & (0<x<a)\\ U(x)=0, & (x<0,x>a)\end{cases} \tag{12-48}$$

在经典物理学中,只有能量 E 高于势垒高度 $U_0(E>U_0)$ 的粒子才能由区域 $x<0$ 越过势垒区域($0<x<a$)而到达 $x>a$ 区域;而对于能量 E 低于势垒高度 $U_0(E<U_0)$ 的粒子,运动到势垒左侧边缘时即被反射回来,只能在 $x<a$ 的区域运动,不能透过势垒。但从量子力学分析来看,能量 E 高于势垒高度 U_0 的粒子有可能越过势垒、也有可能被势垒反射回来;能量 E 小于势垒高度 U_0 的粒子有可能被势垒反射回来、也有可能越过势垒而到达 $x>a$ 的区域。这是概率问题,可以通过求解薛定谔方程来对此加以解释。

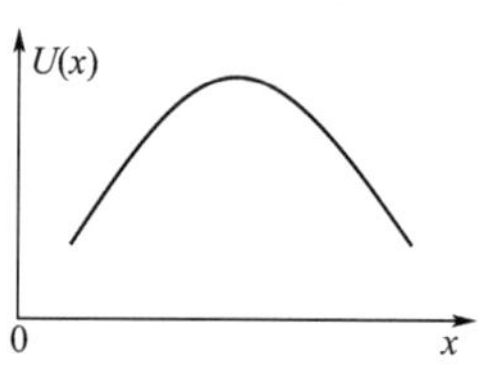

(a) 普通形状势垒

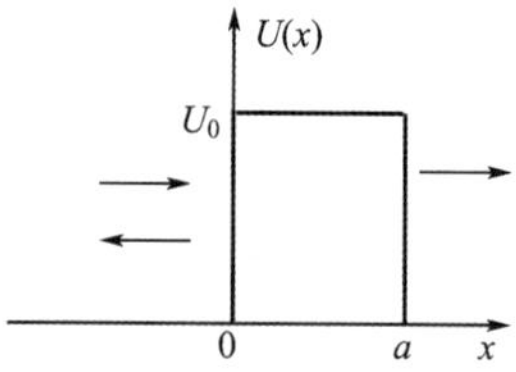

(b) 方形势垒

图 12-19　一维有限深维势垒

设粒子的质量为 μ，则在这三个区域粒子的波函数 ψ 所满足的定态薛定谔方程分别为

$$\frac{d^2\psi}{dx^2}+\frac{2\mu}{\hbar^2}E\psi=0,(x<0,x>a) \tag{12-49}$$

$$\frac{d^2\psi}{dx^2}+\frac{2\mu}{\hbar^2}(E-U_0)\psi=0,(0<x<a) \tag{12-50}$$

求解这三个区域的薛定谔方程，可以得到各区域满足波函数各项条件的解。本书只给出以下这两种情况下的解，并简单讨论。

（1）粒子的能量高于势垒高度（$E>U_0$）

令常数（实数）$k_1=\sqrt{\frac{2\mu E}{\hbar^2}}$，$k_2=\sqrt{\frac{2\mu(E-U_0)}{\hbar^2}}$，求解上面三个区域的方程，得到三个区域波函数的一般表达式

$$\psi_1=A_1\exp(ik_1x)+A_2\exp(-ik_1x),(x<0) \tag{a}$$

$$\psi_2=B_1\exp(ik_2x)+B_2\exp(-ik_2x),(0<x<a) \tag{b}$$

$$\psi_3=C_1\exp(ik_1x)+C_2\exp(-ik_1x),(x>a) \tag{c}$$

式中 A_1、A_2、B_1、B_2、C_1、C_2 都是待定常数，通过波函数的标准条件，可以确定它们的取值。结果表明，在微观粒子的能量高于势垒（$E>U_0$）的情况下，入射势垒的粒子一部分越过势垒到达 $x>a$ 区域，另一部分则被势垒反射回去。

（2）粒子的能量低于势垒高度（$E<U_0$）

令常数（实数）$k_1=\sqrt{\frac{2\mu E}{\hbar^2}}$，$k_3=\sqrt{\frac{2\mu(U_0-E)}{\hbar^2}}$，定态薛定谔方程（12-49）和（12-50）可改写为

$$\frac{d^2\psi}{dx^2}+k_1^2\psi=0,(x<0,x>a) \tag{12-51}$$

$$\frac{d^2\psi}{dx^2}-k_3^2\psi=0,(0<x<a) \tag{12-52}$$

求解上面三个区域的方程，得到三个区域波函数的一般表达式为

$$\psi_4=A_3\exp(ik_1x)+A_4\exp(-ik_1x),(x<0) \tag{d}$$

$$\psi_5=B_3\exp(k_3x)+B_4\exp(-k_3x),(0<x<a) \tag{e}$$

$$\psi_6=C_3\exp(ik_1x)+C_4\exp(-ik_1x),(x>a) \tag{f}$$

式中 A_3、A_4、B_3、B_4、C_3、C_4 都是待定常数，通过波函数的标准条件，可以确定它们的取值。结果表明，在微观粒子的能量低于势垒（$E<U_0$）的情况下，入射势垒的粒子一部分被势垒反射回去，另一部分则越过势垒到达 $x>a$ 区域。图 12-20 给出微观粒子入射势垒时被势垒反射和贯穿势垒的波动图像示意图，“反射波”和“透射波”都是“平面简谐波”。

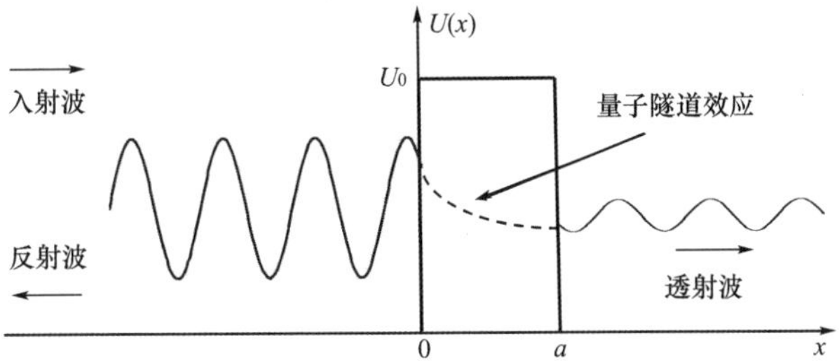

图 12-20 方形势垒的反射和透射

(3) 量子隧道效应

在量子力学中,这种微观粒子能够穿过比自身能量更高的势垒的现象称为量子隧道效应。在经典力学里,这是不可能发生的,但用量子力学理论却可以给出合理解释。至于能量低于势垒高度的微观粒子是如何穿越势垒的,量子力学也不能给出一个清晰的物理图像,只能把隧道效应看作是一种量子效应,也许这就是微观粒子具有波粒二象性的具体表现。

微观粒子穿透势垒的现象已经被许多实验所证实。例如金属电子冷发射、原子核的 α 衰变、超导体中的隧道结等。另外,许多现代器件的运作也都倚赖这种效应,例如隧道二极管、磁隧道结等。扫描隧道显微镜(STM)、原子钟也应用到量子隧穿效应。其中扫描隧道显微镜(STM) 被认为是隧道效应在技术上应用最成功的实例。量子隧穿理论也被应用在半导体物理学、超导体物理学等其他领域。

通常用贯穿系数表示粒子贯穿势垒的概率,它定义为在 $x=a$ 处透射波的"强度"(模平方) 与入射波"强度" 之比。

则在微观粒子的能量低于势垒($E<U_0$) 的情况下,势垒贯穿的透射系数近似为

$$T_2\approx\frac{16k_1^2k_3^2}{(k_1^2+k_3^2)^2}\exp(-2k_3a)=\frac{16E(U_0-E)}{U_0}\exp\left[-\frac{2a}{\hbar}\sqrt{2\mu(U_0-E)}\right] \quad (12\text{-}53)$$

可见,透射系数 T_2 与势垒宽度 a、微观粒子的质量 μ 以及粒子的能量 E 和势垒的高度 U_0 有关。随着势垒宽度 a 的增大,透射系数 T_2 按指数衰减。对于电子,如果取电子能量 $E=1$ eV、势垒高度 $U_0=2$ eV、势垒宽度 $a=0.2$ nm,则透射系数 $T_2\approx0.51$;如果势垒宽度为 $a=0.5$ nm,则透射系数 $T_2\approx0.024$。在宏观实验中,很难观测到粒子贯穿势垒的现象。

3.量子力学中的氢原子问题

应用定态薛定谔方程可以求出氢原子的能级表达式,它表示了氢原子中的电子在束缚态时的能量量子化的一般形式。应用这一结果可以很容易解释氢原子光谱的基本规律,不但能够圆满地解释氢原子光谱线为何呈现分立形式,还能计算出谱线强度。

在氢原子中,电子的势能函数为

$$U(r)=-\frac{e^2}{4\pi\varepsilon_0 r} \quad (12\text{-}54)$$

式中 r 为电子距离核的距离,由于核的质量很大,约为电子质量的 1 836 倍,所以可以近似认为核不动。将 $U(r)$ 代入定态薛定谔方程,得

$$-\frac{\hbar^2}{2m}\nabla^2\psi-\frac{e^2}{4\pi\varepsilon_0 r}\psi=E\psi \quad (12\text{-}55)$$

为方便起见,采用球极坐标(r,θ,φ) 代替直角坐标(x,y,z),因为 $x=r\sin\theta\cos\varphi$,$y=r\sin\theta\sin\varphi$,$z=r\cos\theta$,所以上式化为

$$-\frac{\hbar^2}{2m}\left[\frac{\partial^2\psi}{\partial r^2}+\frac{r}{2}\frac{\partial\psi}{\partial r}+\frac{1}{r^2\sin\theta}\frac{\partial}{\partial\theta}\left(\sin\theta\frac{\partial\psi}{\partial\theta}\right)+\frac{1}{r^2\sin^2\theta}\frac{^2\partial\psi}{\partial\varphi^2}\right]-\frac{e^2}{4\pi\varepsilon_0 r}\psi=E\psi \quad (12\text{-}56)$$

求解波函数 $\psi(r,\theta,\varphi)$ 时一般采用分离变量法进行求解，即设

$$\psi(r,\theta,\varphi)=R(r)\Theta(\theta)\Phi(\varphi)$$

由于求解过程和 ψ 的具体形式比较复杂，下面只介绍几个重要结论。

(1) 能量量子化

由于波函数的单值、有限、连续性的要求，当氢原子核外电子处于束缚态时，E 必须为负值，且只能取一些特殊的分立值，即

$$E_n=-\frac{m_e e^4}{2(4\pi\varepsilon_0)^2\hbar^2 n^2},(n=1,2,3,\cdots) \quad (12\text{-}57)$$

上式称为束缚态下氢原子的能量公式，亦称为能级公式，它是量子化的，其中 n 称为主量子数。与玻尔理论结果一致，但玻尔是人为地加上量子化的假设，而量子力学则是求解薛定谔方程中自然得出的量子化结果。

(2)“轨道”角动量量子化

电子绕核运动的角动量 L 必须满足量子化条件

$$L=\sqrt{l(l+1)}\hbar,l=0,1,2,3,\cdots,(n-1) \quad (12\text{-}58)$$

式中 l 称为角量子数，也叫副量子数，它描写了波函数的空间对称性。对于同一 n 值，即在同一能级上，l 可有 n 个取值。它表明：即便是在同一能级上，电子在核周围的概率分布也不相同。由此可见，量子力学结果与玻尔理论不同。按量子力学的结果 L 的最小值为 0，按照玻尔理论 L 的最小值为 $\hbar$。实验证明，量子力学的结果是正确的。

(3) 角动量的空间取向量子化

电子绕核运动时，其角动量 $\boldsymbol{L}$ 在空间的取向并不是连续变化的，只能取一些特定的值，即呈量子化分布。可以这样理解这一问题，电子绕核旋转时，相当于一个圆电流，圆电流本身也有一定的磁矩，当氢原子处于外磁场中时，由于外磁场对电子磁矩的作用，而使电子磁矩向外磁场方向偏振，这样电子的旋转角动量 $\boldsymbol{L}$ 就以外磁场方向为轴做进动。设外磁场方向为 z 方向，以 L_z 表示 $\boldsymbol{L}$ 在外磁场方向投影的大小，则有

$$L_z=m_l\hbar,m_l=0,\pm1,\pm2,\cdots,\pm l \quad (12\text{-}59)$$

式中 m_l 称为磁量子数，它表明角动量 $\boldsymbol{L}$ 在外磁场方向上的投影也是量子化的。对于同一 l 值，m_l 有 $(2l+1)$ 个取值，即角动量在空间的取向有 $(2l+1)$ 个。

综上所述，氢原子中电子的稳定状态使用一组量子数 n、l、m_l 来描述的，在一般情形下，电子的能量主要决定于主量子数 n，与角量子数 l 只有微小关系。在无外磁场时，电子能量与磁量子数 m_l 无关。

12.6 电子的自旋　原子的壳层结构

薛定谔方程可以很好地解释诸如氢原子光谱的巴尔末线系等实验现象，但仔细地观察可以发现原子光谱还有精细结构。例如，氢原子光谱巴尔末线系的 H_α 线并非单线，而是含有靠得很近的多条谱线；特别是钠原子黄色线(D 线) 是双线(589.0 nm 和 589.6 nm)；以及在磁场中谱线将进一步分裂成偶数条谱线等。

原子光谱的精细结构表明已经无法用由薛定谔方程得出的 3 个量子数(主量子数、角动量

量子数和磁量子数)来精确地描述原子中的电子。如果要正确地描述处于束缚态的电子(原子中的电子),按量子力学的规则就应该引入其他量子数来描述电子的运动,这就是电子的自旋量子数。

历史上,电子自旋的概念是在薛定谔方程建立之前提出来的。首先介绍一个证明电子具有自旋的典型实验——施特恩-盖拉赫实验,然后再介绍电子自旋的相关概念。

12.6.1 施特恩-盖拉赫实验

1921年,施特恩和盖拉赫为了观察角动量的空间取向量子化进行了实验。他们的实验是基于以下原理设计的:原子由于核外电子绕核旋转而具有磁矩,当具有磁矩的原子通过非均匀磁场时要受到磁场的作用而发生不同程度的偏转。他们的想法是:如果磁矩在空间的取向是连续的,那么原子束经过不均匀磁场发生偏转,将在照相底板上得到连成一片的原子沉积;如果原子磁矩在空间的取向是分立的,那么原子束经过不均匀磁场发生偏转,将在照相底板上得到分立的原子沉积。他们早在1921年就进行过这样的实验,他们首先使用银原子束垂直通过不均匀磁场,后来又使用锂、钠、钾、铜和金等原子,1927年又使用基态氢原子,都观测到了类似的现象:在照相底板上出现了两条分立的痕迹,而不是连成一片的痕迹。

如图12-21所示,在一个抽成真空的容器中,让原子射线经光阑变成一束狭窄的处于基态(s态)氢原子(H)束,使之通过一个不均匀的磁场,射于照相底板上。实验结果发现射线束方向发生偏转,并在照相底板上出现两条分立的痕迹。很明显,通过非均匀磁场时原子受到力的作用,这说明原子具有磁矩,原子中的电子具有角动量;而且由于出射的谱线是不连续的,似乎证明了角动量是空间量子化的概念。

但进一步的分析表明,施特恩-盖拉赫实验并非就这么简单地证实了角动量空间量子化,这里面还蕴藏着更为深刻的问题。在施特恩-盖拉赫实验中的原子是处于基态(s态,$l=0$),磁量子数$m_l=0$,电子角动量在z轴方向的分量$L_z=0$,原子在z轴方向不受力的作用,一束原子垂直于磁场方向通过不均匀磁场时不会发生谱线分裂(偏转);而在施特恩-盖拉赫实验中的基态原子由磁场出射的谱线确实是分立的,而且只分裂为2条。更为重要的是,按量子力学理论,即使原子由磁场出射的谱线是分立的,也只能分裂为奇数条,而不应该像施特恩-盖拉赫实验中的2条这样的偶数条。

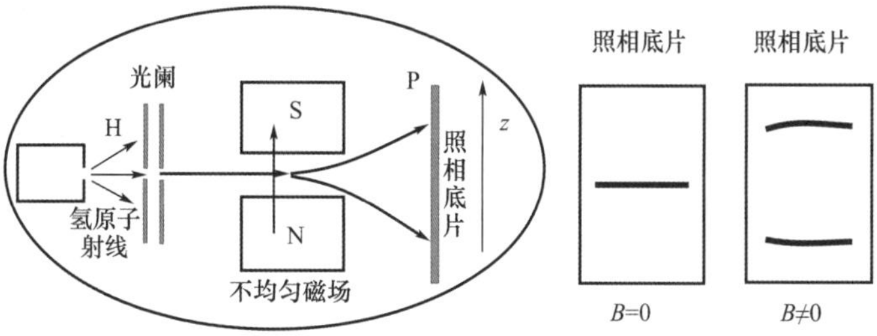

图12-21 施特恩-盖拉赫实验

施特恩-盖拉赫实验事实(以及原子光谱的精细结构)无法用量子力学基本原理来加以解释,实践呼唤着新的理论的出现。

12.6.2 电子的自旋

为了说明上述施特恩-盖拉赫实验结果,1925年乌伦贝克和哥德斯密脱根据原子光谱的精细结构(双线)实验事实,提出了原子中的电子具有自旋的假设,电子除了具有轨道运动外还有自旋运动。

如图12-22(a)所示,每一个电子都具有自旋角动量$\boldsymbol{S}$;电子自旋角动量$\boldsymbol{S}$在空间任何方向上的投影S_z只可能取两个数值

$$S_z = \pm\frac{\hbar}{2} \tag{12-60}$$

每一个电子都具有自旋磁矩$\boldsymbol{\mu}_s$;自旋磁矩$\boldsymbol{\mu}_s$与电子自旋角动量的关系为

$$\boldsymbol{\mu}_s = -\frac{e}{m_e}\boldsymbol{S} \tag{12-61}$$

自旋磁矩$\boldsymbol{\mu}_s$在空间任何方向的投影只能取两个数值

$$\mu_{sz} = \pm\frac{e\hbar}{2m_e} = \pm\mu_B \tag{12-62}$$

这里,电子电荷为$-e$,m_e为电子质量,μ_B是玻尔磁子。

在经典物理中没有与电子的自旋(自旋角动量)相对应的概念,只能根据实验事实来推测电子的自旋(自旋角动量)这一物理量。虽然不能用经典的图像来理解,但仍然与角动量有关。类比轨道角动量的量子化,可给出自旋角动量的量子化。则原子中的电子自旋角动量也应有

$$S = \sqrt{s(s+1)}\,\hbar,\quad S_z = m_s\hbar$$

其中,s称为自旋量子数,m_s称为自旋磁量子数。类似于轨道磁量子数m_l有$(2l+1)$种取法,自旋磁量子数m_s应有$(2s+1)$种取法。轨道磁量子数m_l代表了轨道角动量的方向,在外磁场中电子轨道角动量的方向只能取$(2l+1)$个方向;而施特恩-盖拉赫实验的事实说明,电子自旋角动量的方向只能取2个方向,因此令$2s+1=2$,有

$$s = \frac{1}{2} \text{ 和 } m_s = +\frac{1}{2},-\frac{1}{2} \tag{12-63}$$

这样,电子自旋量子数只有一个,自旋磁量子数只有两个。自旋角动量为

$$S = \sqrt{s(s+1)}\,\hbar = \frac{\sqrt{3}}{2}\hbar \text{ 和 } S_z = m_s\hbar = \pm\frac{1}{2}\hbar \tag{12-64}$$

可见自旋角动量也是量子化的。当然,也可以得到量子化的自旋磁矩

$$\mu_{sz} = -2\mu_B \cdot m_s,\quad m_s = \pm 1/2,\quad \mu_{sz} = \mp\mu_B$$

应该注意,电子自旋角动量(大小)只有一个为$S=\sqrt{3}\hbar/2$,而在外磁场中电子自旋角动量$S_z=\pm\hbar/2$。如图12-22(b)所示,电子自旋角动量在外磁场中只能取2个特定的方向。

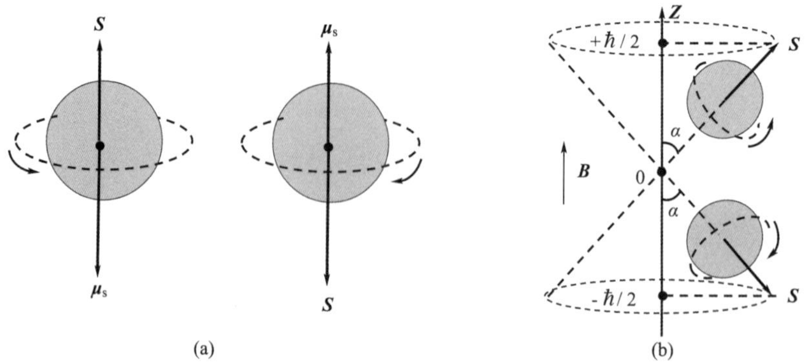

图12-22 电子自旋角动量与自旋角动量在空间的投影

电子自旋角动量(大小)只有一个为 $S=\sqrt{3}\hbar/2$,说明电子自旋(自旋角动量)与原子的能量、电子的轨道角动量以及轨道角动量的方向无关,而且电子自旋角动量在外磁场中取向也是独立的;电子自旋(自旋角动量)是电子固有的内禀属性。

12.6.3 四个量子数

由于电子自旋(自旋角动量)的存在,用主量子数 n、轨道角动量量子数 l 和轨道磁量子数 m_l 已经不能描述氢原子了,必须增加电子自旋量子数 s 和自旋磁量子数 m_s。由于电子自旋量子数 s 固定为 1/2,只需要添加自旋磁量子数 m_s。因此,要想描述清楚氢原子的状态,必须使用四个量子数。

1.主量子数 n:$n=1,2,\cdots$,原子中电子的能量主要决定于主量子数 n,n 越大,能级越高。

2.轨道角动量量子数 l:$l=0,1,2,\cdots,n-1$,l 决定电子绕核运动的轨道角动量的大小。处于同一主量子数 n 而 l 不同的状态中的电子,其能量稍有不同。

3.轨道磁量子数 m_l:$m_l=0,\pm1,\pm2,\cdots,\pm l$,$m_l$ 决定绕核旋转电子的轨道角动量在外磁场中的取向;

4.自旋磁量子数 m_s:$m_s=\pm1/2$,决定电子自旋角动量在外磁场中的取向。

四个量子数(n,l,m_l,m_s)的不同组合,给出氢原子的不同状态或波函数。正是这些状态决定了电子在原子核外的分布。因此,描述氢原子状态的波函数可以表示为 ψ_{n,l,m_l,m_s};用狄拉克符号表示为 $|n,l,m_l,m_s\rangle$。

12.6.4 原子的电子壳层结构

1916 年,柯塞尔对多电子原子的核外电子提出了形象化的壳层分布模型。他认为绕核运动的电子组成了不同的壳层。主量子数 n 相同的电子属于同一壳层。对应于 $n=1,2,3,4,5\cdots$ 状态的壳层分别用 K,L,M,N,O… 来标记。n 相同而 l 不同的电子,又组成了不同的支壳层,对应于 $l=0,1,2,3,4\cdots$ 状态的支壳层分别用 s,p,d,f,g… 来标记。例如,对于处于 L 壳层 s 支壳层的电子,就可以简记为 2s;原子的 L 壳层 p 支壳层排布了 6 个电子,就可以简记为 $2p^6$,等等。

核外电子在这些壳层和支壳层上的分布,遵循以下两条原理:

1.泡利不相容原理

在原子系统内,不可能有两个或两个以上电子处于同一状态中,即不可能有两个或两个以上的电子具有完全相同的四个量子数(n,l,m_l,m_s)。

(1) 量子数决定的单电子态数目

n,l,m_l 相同,但 m_s 不同的可能状态有 2 个。n,l 相同,但 m_l、m_s 不同的可能状态有 $2(2l+1)$ 个,这些状态组成一个支壳层。n 相同,但 l、m_l、m_s 不同的可能状态有 $2n^2$ 个,这些状态组成一个壳层。

对于确定的 n,$l=0,1,2,\cdots,n-1$,有共 n 个取值;对于确定的 l,$m_l=0,\pm1,\pm2,\cdots,\pm l$,共有$(2l+1)$个取值;自旋磁量子数 $m_s=+1/2,-1/2$,有两个取值,由此得到,对于确定的 n,单电子态的数目

$$Z=\sum_{l=0}^{n-1}2(2l+1)=2[1+3+5+\cdots+(2n-1)]=2\times\frac{[1+(2n-1)]\times n}{2}=2n^2$$

(2) 支壳层和壳层容纳的最多电子数

对于 $l=0$(s 支壳层)，$m_l=0$，m_s 可以有两个值，即最多可以容纳 2 个电子；$l=1$(p 支壳层)，m_l 有 3 个值，m_s 可以有 2 个值，即最多可以容纳 6 个电子；$l=2$(d 支壳层)，m_l 有 5 个值，m_s 可以有 2 个值，即最多可以容纳 10 个电子；$l=3$(f 支壳层)，m_l 有 7 个值，m_s 可以有两个值，即最多可以容纳 14 个电子，等等。

$n=1$(K 壳层)，只有一个 $l=0$ 的 s 支壳层，最多可以容纳 2 个电子；$n=2$(L 壳层)，有一个 $l=0$ 的 s 支壳层和一个 $l=1$ 的 p 支壳层，最多可以容纳 8 个电子；$n=3$(M 壳层)，有一个 $l=0$ 的 s 支壳层，$l=1$ 的 p 支壳层和 $l=2$ 的 d 支壳层，最多可以容纳 18 个电子；$n=4$(N 壳层)，有一个 $l=0$ 的 s 支壳层、$l=1$ 的 p 支壳层、$l=2$ 的 d 支壳层和 $l=3$ 的 f 支壳层，最多可以容纳 32 个电子，等等。

2.能量最低原理

能量最低原理指出，原子中的电子总是尽量处于可能最低的能级。这样，可以使得原子体系的能量最低，这是普遍的能量最低原理在原子内电子按单电子态分布的具体表达。

按能量最低原理，处于基态的原子中的电子，总是尽可能先填充低 n 值(低壳层)，在相同 n 值(壳层) 中，又尽可能先填充低 l 值(低支壳层)，尤其是原子中的电子数较少时。但当原子中的电子数较多时，有可能低 n 值高 l 值的能量比高 n 值低 l 值的能量还高，此时，电子先填充高 n 值低 l 值。关于 n 和 l 都不同的状态能级高低问题，我国科学家徐光宪总结出这样的规律：对于原子的外层电子，能级的高低以 $(n+0.7l)$ 来确定，$(n+0.7l)$ 越大则能级越高。

例如，氯原子，核外有 17 个电子。$n=1$ 的壳层，只有一个 $l=0$ 的 s 支壳层，容纳 2 个电子，记为 $1s^2$；$n=2$ 的壳层，$l=0$ 的 s 支壳层容纳 2 个电子，记为 $2s^2$，$l=1$ 的 p 支壳层，容纳 6 个电子，记为 $2p^6$；$n=3$ 的壳层，$l=0$ 的 s 支壳层容纳 2 个电子，记为 $3s^2$，$l=1$ 的 p 支壳层容纳 5 个电子，记为 $3p^5$。整个电子的排布记为 $1s^2 2s^2 2p^6 3s^2 3p^5$。

再如，具有 19 个电子的元素钾(K)，它的第 19 个电子填充在 4s 支壳层内而不是填充在 3d 支壳层内。整个电子的排布记为 $1s^2 2s^2 2p^6 3s^2 3p^6 4s^1$。

1869 年，门捷列夫在总结元素化学性质的基础上创立了化学元素周期表。他发现把元素按原子序数排列后，元素的物理和化学性质会出现周期性的相似。这种周期性规律的发现在化学、原子物理学以及其他许多科学领域中一直起着巨大的指导作用。

利用泡利不相容原理、能量最低原理等量子物理学理论可以很好地说明原子中电子在各壳层和支壳层中分布的规律性，从而说明元素周期表的规律性。

练习题

1.测量星球表面温度的方法之一是：将星球看成绝对黑体，测量它的辐射峰值波长。如果太阳辐射的峰值波长为 $\lambda_m=510$ nm，试求太阳的表面温度。

2.在加热黑体过程中，其最大单色辐射本领的峰值波长由 0.6 μm 变到 0.3 μm，计算其总辐射本领改变为原来的多少倍？

3.设平衡热空腔上一面积为 3 cm^2 的小孔，每分钟向外辐射能量 540 J，求空腔的温度。

4.从金属铝中逸出一个电子需要 4.2 eV 的能量。今有波长 $\lambda=200$ nm 的紫外线照射铝表面，求：(1) 光电子的最大初动能；(2) 截止电压；(3) 铝的红限波长。

5.已知锂的光电效应红限波长为 $\lambda_0=500$ nm，试求：(1) 锂的电子逸出功；(2) 用波长 $\lambda=330$ nm 的紫外光照射时，光电子的最大初动能；(3) 用波长 $\lambda=330$ nm 的紫外光照射时的截止电压。

6.在康普顿散射中，设反冲电子的速度为 $0.6c$，问：在散射过程中电子获得的能量是其静止能量的多少倍？

7.在康普顿散射中，若照射光光子能量与电子的静止能量相等，求：(1) 散射光光子的最小能量；(2) 反冲电子的最大动量。

8.求氢原子光谱的赖曼系中最大波长和最小波长。

9.处于第3激发态的氢原子跃迁回低能态时，可以发出的可见光谱线有多少条？请画出跃迁能级示意图。

10.复色光（光子能量分别为 2.16 eV、2.40 eV、1.51 eV、1.89 eV）射向处于 $n=2$ 能级的氢原子群。问：哪一种光子能被吸收？说明原因。

11.设氢原子的质量为 m，动能为 E_k，求其德布罗意波长。

12.欲使电子腔中电子的德布罗意波长为 0.1 nm，求加速电压。

13.$\lambda_0=\dfrac{h}{m_e c}$ 称为电子的康普顿波长（m_e 为电子的静止质量，h 为普朗克常数，c 为真空中的光速），当电子的动能等于它的静止能量时，求其德布罗意波长 λ。

14.氦氖激光器所发出的红光波长为 $\lambda=632.8$ nm，谱线宽度 $\Delta\lambda=10^{-9}$ nm，问：当这种光子沿 x 轴方向传播时，它的 x 坐标的不确定量多大？

15.已知宽度为 $2a$ 的一维无限深（方）势阱中粒子的波函数为

$$\psi(x)=\frac{1}{\sqrt{a}}\cos\frac{3\pi x}{2a}(-a\leqslant x\leqslant a),$$

(1) 求粒子在 $x=\dfrac{5a}{6}$ 处出现的概率密度；(2) 在 $-\dfrac{a}{3}\leqslant x\leqslant\dfrac{a}{3}$ 范围内，粒子出现的概率。

16.设一维运动粒子的波函数为 $\psi(x)=\begin{cases}Axe^{-ax} & (x\geqslant 0)\\ 0 & (x<0)\end{cases}$，其中 a 为大于零的常数。试确定归一化波函数的 A 值。

17.在宽度为 a 的一维无限深（方）势阱中，运动的粒子定态波函数为

$$\psi(x)=\begin{cases}0 & (x<0,x>a)\\ \sqrt{\dfrac{2}{a}}\sin\dfrac{n\pi x}{a} & (0\leqslant x\leqslant a)\end{cases}$$

求：(1) 基态粒子出现在 $0<x<\dfrac{a}{3}$ 范围内的概率；(2) 主量子数 $n=2$ 的粒子出现概率密度最大的位置。

18.若氢原子处于主量子数 $n=4$ 的状态，(1) 写出其轨道角动量可能的取值；(2) 对应 $l=3$ 的状态，写出其角动量在外磁场方向投影的可能取值。

19.已知电子处于 4f 态，(1) 写出其轨道角动量的大小；(2) 问：主量子数是多少？

附录

数学预备知识

数学预备知识之一　常用导数公式和积分公式

常用导数公式

1. $(\sin x)' = \cos x$
2. $(\cos x)' = -\sin x$
3. $(\tan x)' = \sec^2 x$
4. $(\cot x)' = -\csc^2 x$
5. $(\sec x)' = \sec x \tan x$
6. $(\csc x)' = -\csc x \cot x$
7. $(x^a)' = a x^{a-1}$（a 为常数）
8. $(e^x)' = e^x$
9. $(\ln x)' = \dfrac{1}{x}$
10. $(\arcsin x)' = \dfrac{1}{\sqrt{1-x^2}}$

常用积分公式

1. $\int dx = x + C$
2. $\int e^x dx = e^x + C$
3. $\int \dfrac{1}{x} dx = \ln x + C$
4. $\int x^a dx = \dfrac{x^{a+1}}{a+1} + C\ (a \neq -1)$
5. $\int \cos x\, dx = \sin x + C$
6. $\int \sin x\, dx = -\cos x + C$
7. $\int \sec^2 x\, dx = \tan x + C$
8. $\int \csc^2 x\, dx = -\cot x + C$
9. $\int \dfrac{1}{1+x^2} dx = \arctan x + C$
10. $\int \dfrac{1}{\sqrt{1-x^2}} dx = \arcsin x + C$

数学预备知识之二　矢量相关

在物理学中，既有大小又有方向，且相加减时遵从平行四边形法则的物理量，称为矢量。例如位移、速度、加速度、动量、电场强度等。二者才能表明的物理量叫矢量。一般在印刷品中用黑体字母表示（如 **A**），手书时用带箭头的字母表示（如$\vec{A}$），以区别于标量。在作图的时候，可以用一个有向线段来表示，在选定一定单位后，线段的长短表示矢量的大小，方向表示矢量的方向，如图 0-1 所示。

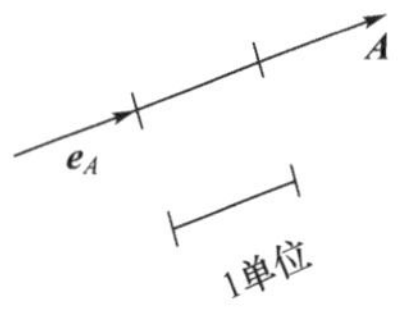

图 0-1

矢量的大小常称作矢量的模，即有向线段的长度，是一个正实数。矢量 **A** 的模，可用 $|\boldsymbol{A}|$ 或 A 表示。

如果矢量 $\boldsymbol{e}_A$ 的模等于 1，且方向与矢量 **A** 的方向相同，则矢量 $\boldsymbol{e}_A$ 称为矢量 **A** 方向上的单位矢量。引进单位矢量之后，矢量 **A** 可以表示为

$$\boldsymbol{A} = |\boldsymbol{A}|\boldsymbol{e}_A$$

例如，在空间直角坐标系（$Oxyz$）中，通常用 $\boldsymbol{i}$、$\boldsymbol{j}$、$\boldsymbol{k}$ 来分别表示沿 x、y、z 三个坐标轴方向的单位矢量。

一、矢量的加（减）法

1.矢量的加法——两个矢量合成的平行四边形法则

若两个矢量 **A**、**B** 之和为矢量 **C**，表示为 $\boldsymbol{C}=\boldsymbol{A}+\boldsymbol{B}$，称之为矢量的加法，又称矢量的合成。从几何观点来看，两个矢量相加必须遵从平行四边形法则。因此矢量相加的方法通常被称作平行四边形法则，满足交换律。有

$$\boldsymbol{C}=\boldsymbol{A}+\boldsymbol{B} \text{ 或 } \boldsymbol{C}=\boldsymbol{B}+\boldsymbol{A}$$

它们间的关系表示为图 0-2，也可简化为图 0-3(a)、(b) 的三角形关系。

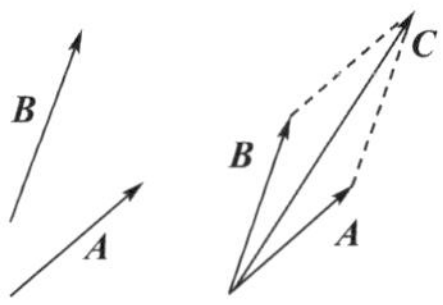

图 0-2

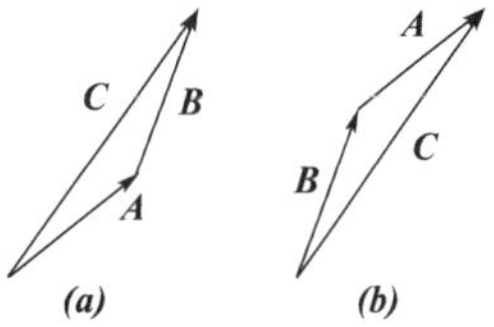

图 0-3

矢量 **C** 的大小为

$$C = |\boldsymbol{C}| = \sqrt{A^2 + B^2 + 2AB\cos\alpha}$$

其中 α 为矢量 **A** 和 **B** 之间的夹角。

若为两个以上的矢量相加，如 $\boldsymbol{R}=\boldsymbol{A}+\boldsymbol{B}+\boldsymbol{C}+\boldsymbol{D}$，则可根据三角形法则推出多个矢量合成的多边形法则，如图 0-4 所示。

2.矢量减法

矢量减法是按矢量加法的逆运算来定义的。若两个矢量 **A**、**B** 之差为 $\boldsymbol{C}=\boldsymbol{A}-\boldsymbol{B}$，还可以表示为 $\boldsymbol{C}=\boldsymbol{A}+(-\boldsymbol{B})$，即 **A** 与（$-\boldsymbol{B}$）的合成，即

$$\boldsymbol{A}-\boldsymbol{B}=\boldsymbol{A}+(-\boldsymbol{B})$$

它们的关系如图 0-5 所示。

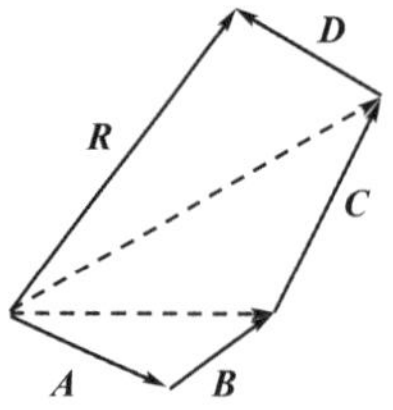

图 0-4

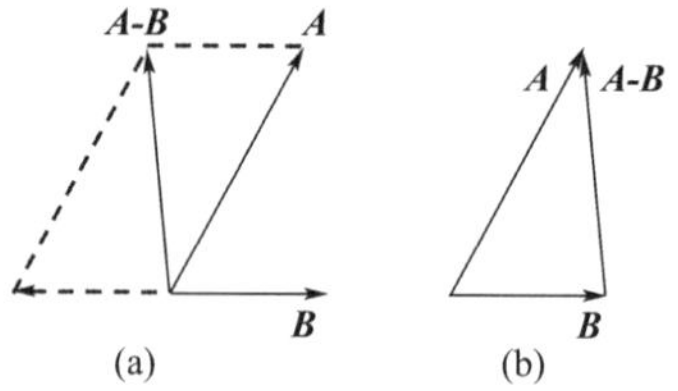

图 0-5

3.矢量合成的解析法

用矢量的数学定义，即矢量的模和沿矢量方向的单位矢量来表示矢量简洁直观，但有时使用起来并不方便。而根据矢量合成法则，将任一矢量用合适的坐标系中各坐标轴的分量来描述该矢量，再进行相应的运算则比较方便。下面我们以空间直角坐标 $Oxyz$ 为例来进行描述。

我们以矢量 **A** 的矢尾为原点，建立直角坐标系 $Oxyz$，用 $\boldsymbol{i}$、$\boldsymbol{j}$、$\boldsymbol{k}$ 来分别表示沿 x、y、z 三个坐标轴方向的单位矢量。用 A_x、A_y、A_z 表示矢量 **A** 的矢端在 $Oxyz$ 的三个正交轴的投影坐标值，称之为矢量 **A** 在 x、y、z 轴的分量，如图 0-6 所示。则有

$$\boldsymbol{A}=A_x\boldsymbol{i}+A_y\boldsymbol{j}+A_z\boldsymbol{k}$$

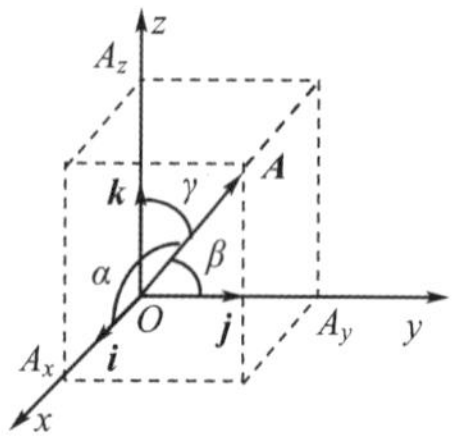

图 0-6

A 的大小为

$$A=\sqrt{A_x^2+A_y^2+A_z^2}$$

矢量 **A** 的方向可以用方向余弦决定：

$$\cos\alpha=\frac{A_x}{A},\cos\beta=\frac{A_y}{A},\cos\gamma=\frac{A_z}{A}$$

并且

$$\cos^2\alpha+\cos^2\beta+\cos^2\gamma=1$$

其中 α、β、γ 表示 **A** 与 x、y、z 轴的夹角，称为方向角，这就是矢量 **A** 在直角坐标系 $Oxyz$ 中的正交分解式，即矢量的坐标表示。

由此我们可以写出矢量的加、减法的坐标表示。设

$$\boldsymbol{A}=A_x\boldsymbol{i}+A_y\boldsymbol{j}+A_z\boldsymbol{k},\boldsymbol{B}=B_x\boldsymbol{i}+B_y\boldsymbol{j}+B_z\boldsymbol{k},$$

则

$$\boldsymbol{A}\pm\boldsymbol{B}=(A_x\pm B_x)\boldsymbol{i}+(A_y\pm B_y)\boldsymbol{j}+(A_z\pm B_z)\boldsymbol{k}$$

两个以上的矢量相加减思路与此类似。

二、矢量乘法

1.矢量的数乘

一个实数 m 与一个矢量 **A** 的乘积是一个矢量 $m\boldsymbol{A}$，记作 $\boldsymbol{C}=m\boldsymbol{A}$，就是矢量的数乘。当 $m>0$ 时，**C** 的方向与 **A** 的方向相同；$m<0$ 时，**C** 的方向与 **A** 的方向相反。

2.矢量的标积(点乘)

设 **A**、**B** 是两个任意的矢量，它们的夹角为 θ，则它们的标积(点乘)定义为

$$\boldsymbol{A}\cdot\boldsymbol{B}=AB\cos\theta$$

上式说明，两个矢量的标积是一个标量。当 θ 为锐角时，两个矢量的标积大于零；当 θ 为钝角

时，两个矢量的标积小于零；当两个矢量垂直时，它们的标积等于零。由此可以推出以下结论：

(1) 当 $\theta=0$ 时，即 $\boldsymbol{A}$、$\boldsymbol{B}$ 平行同向，则 $\boldsymbol{A}\cdot\boldsymbol{B}=AB$。若 $\boldsymbol{A}$ 与 $\boldsymbol{B}$ 相等，则 $\boldsymbol{A}\cdot\boldsymbol{A}=A^2$。

(2) 当 $\theta=\pi$ 时，即 $\boldsymbol{A}$、$\boldsymbol{B}$ 平行反向，则 $\boldsymbol{A}\cdot\boldsymbol{B}=-AB$。

(3) 当 $\theta=\dfrac{\pi}{2}$ 时，即 $\boldsymbol{A}$、$\boldsymbol{B}$ 垂直，则 $\boldsymbol{A}\cdot\boldsymbol{B}=0$。

(4) $\boldsymbol{i}$、$\boldsymbol{j}$、$\boldsymbol{k}$ 是直角坐标系中三个互相正交的单位矢量，因此有

$$\boldsymbol{i}\cdot\boldsymbol{i}=\boldsymbol{j}\cdot\boldsymbol{j}=\boldsymbol{k}\cdot\boldsymbol{k}=1,$$

$$\boldsymbol{i}\cdot\boldsymbol{j}=\boldsymbol{j}\cdot\boldsymbol{k}=\boldsymbol{k}\cdot\boldsymbol{i}=0。$$

根据上述结论，可以得出

$$\boldsymbol{A}\cdot\boldsymbol{B}=(A_x\boldsymbol{i}+A_y\boldsymbol{j}+A_z\boldsymbol{k})\cdot(B_x\boldsymbol{i}+B_y\boldsymbol{j}+B_z\boldsymbol{k})=A_xB_x+A_yB_y+A_zB_z$$

3.矢量的矢积(叉乘)

设 $\boldsymbol{A}$、$\boldsymbol{B}$ 是两个任意的矢量，它们的夹角为 θ，则它们的矢积(叉乘)定义为

$$\boldsymbol{C}=\boldsymbol{A}\times\boldsymbol{B}$$

上式说明，两个矢量的矢积(叉乘)是一个矢量。其大小为

$$C=|\boldsymbol{C}|=AB\sin\theta$$

$\boldsymbol{C}$ 的方向垂直于 $\boldsymbol{A}$、$\boldsymbol{B}$ 两个矢量所在的平面，用右手螺旋定则判定：右手四指从 $\boldsymbol{A}$ 经由小于 180° 的角转向 $\boldsymbol{B}$ 时，大拇指伸直时所指的方向即为 $\boldsymbol{C}$ 的方向(图 0-7)。

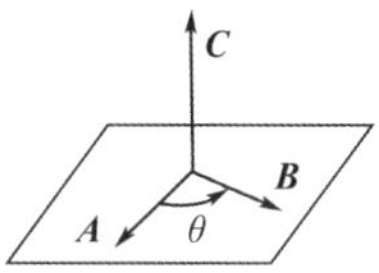

图 0-7

由此可以推出以下结论：

(1) 当 $\theta=0$ 或 π 时，即 $\boldsymbol{A}$、$\boldsymbol{B}$ 两个矢量平行时，$\sin\theta=0$，所以 $\boldsymbol{A}\times\boldsymbol{B}=0$。

(2) 当 $\theta=\dfrac{\pi}{2}$ 时，即 $\boldsymbol{A}$、$\boldsymbol{B}$ 垂直时，$\sin\theta=1$，则矢积 $\boldsymbol{A}\times\boldsymbol{B}$ 有最大值，其大小为 AB。

(3) $\boldsymbol{A}\times\boldsymbol{B}=-(\boldsymbol{B}\times\boldsymbol{A})$

(4) $\boldsymbol{i}$、$\boldsymbol{j}$、$\boldsymbol{k}$ 是直角坐标系中三个互相正交的单位矢量，因此有

$$\boldsymbol{i}\times\boldsymbol{i}=\boldsymbol{j}\times\boldsymbol{j}=\boldsymbol{k}\times\boldsymbol{k}=0,$$

$$\boldsymbol{i}\times\boldsymbol{j}=\boldsymbol{k},\ \boldsymbol{j}\times\boldsymbol{k}=\boldsymbol{i},\ \boldsymbol{k}\times\boldsymbol{i}=\boldsymbol{j}。$$

根据上述结论，可以得出

$$\begin{aligned}\boldsymbol{A}\times\boldsymbol{B}&=(A_x\boldsymbol{i}+A_y\boldsymbol{j}+A_z\boldsymbol{k})\times(B_x\boldsymbol{i}+B_y\boldsymbol{j}+B_z\boldsymbol{k})\\&=(A_yB_z-A_zB_y)\boldsymbol{i}+(A_zB_x-A_xB_z)\boldsymbol{j}+(A_xB_y-A_yB_x)\boldsymbol{k}\end{aligned}$$

可用行列式表示为：

$$\boldsymbol{A}\times\boldsymbol{B}=\begin{vmatrix}\boldsymbol{i}&\boldsymbol{j}&\boldsymbol{k}\\A_x&A_y&A_z\\B_x&B_y&B_z\end{vmatrix}$$

三、矢量函数的导数

以一元矢量函数为例来介绍矢量函数的导数问题。若矢量 $\boldsymbol{A}$ 是参量 t 的函数，则可以写作 $\boldsymbol{A}(t)$。设有矢量函数 $\boldsymbol{A}(t)=A_x(t)\boldsymbol{i}+A_y(t)\boldsymbol{j}+A_z(t)\boldsymbol{k}$，$A_x(t)$、$A_y(t)$、$A_z(t)$ 是 t 的函数，且假定它们都是可导的，$\boldsymbol{i}$、$\boldsymbol{j}$、$\boldsymbol{k}$ 是空间固定直角坐标系中三个互相正交的单位矢量(常矢量)。当自变量 t 改变为 $t+\Delta t$ 时，A 和 $A_x(t)$、$A_y(t)$、$A_z(t)$ 相应的增量记为：

$$\Delta\boldsymbol{A}=\boldsymbol{A}(t+\Delta t)-\boldsymbol{A}(t),$$

$\Delta A_x = A_x(t+\Delta t) - A_x(t), \Delta A_y = A_y(t+\Delta t) - A_y(t), \Delta A_z = A_z(t+\Delta t) - A_z(t)$

$\boldsymbol{A}(t)$ 在 t 处的导数记作$\frac{\mathrm{d}\boldsymbol{A}(t)}{\mathrm{d}t}$,其定义为

$$\frac{\mathrm{d}\boldsymbol{A}(t)}{\mathrm{d}t} = \lim_{\Delta t \to 0} \frac{\Delta \boldsymbol{A}}{\Delta t}$$

由于 $\boldsymbol{i}$、$\boldsymbol{j}$、$\boldsymbol{k}$ 是常单位矢量,所以有

$$\frac{\mathrm{d}\boldsymbol{A}(t)}{\mathrm{d}t} = \frac{\mathrm{d}A_x(t)}{\mathrm{d}t}\boldsymbol{i} + \frac{\mathrm{d}A_y(t)}{\mathrm{d}t}\boldsymbol{j} + \frac{\mathrm{d}A_z(t)}{\mathrm{d}t}\boldsymbol{k}$$

其二阶导数为

$$\frac{\mathrm{d}^2\boldsymbol{A}(t)}{\mathrm{d}t^2} = \frac{\mathrm{d}^2A_x(t)}{\mathrm{d}t^2}\boldsymbol{i} + \frac{\mathrm{d}^2A_y(t)}{\mathrm{d}t^2}\boldsymbol{j} + \frac{\mathrm{d}^2A_z(t)}{\mathrm{d}t^2}\boldsymbol{k}$$

下面列出一些关于矢量函数的导数的基本运算公式:

1.$\frac{\mathrm{d}\boldsymbol{K}}{\mathrm{d}t} = 0$($\boldsymbol{K}$ 为常矢量)

2.$\frac{\mathrm{d}}{\mathrm{d}t}(\boldsymbol{A} \pm \boldsymbol{B}) = \frac{\mathrm{d}\boldsymbol{A}}{\mathrm{d}t} \pm \frac{\mathrm{d}\boldsymbol{B}}{\mathrm{d}t}$

3.$\frac{\mathrm{d}}{\mathrm{d}t}(C\boldsymbol{A}) = C\frac{\mathrm{d}\boldsymbol{A}}{\mathrm{d}t}$($C$ 为常量)

4.$\frac{\mathrm{d}}{\mathrm{d}t}(u\boldsymbol{A}) = u\frac{\mathrm{d}\boldsymbol{A}}{\mathrm{d}t} + \boldsymbol{A}\frac{\mathrm{d}u}{\mathrm{d}t}(u = u(t))$

5.$\frac{\mathrm{d}}{\mathrm{d}t}(\boldsymbol{A} \cdot \boldsymbol{B}) = \boldsymbol{A} \cdot \frac{\mathrm{d}\boldsymbol{B}}{\mathrm{d}t} + \frac{\mathrm{d}\boldsymbol{A}}{\mathrm{d}t} \cdot \boldsymbol{B}$

6.$\frac{\mathrm{d}}{\mathrm{d}t}(\boldsymbol{A} \times \boldsymbol{B}) = \boldsymbol{A} \times \frac{\mathrm{d}\boldsymbol{B}}{\mathrm{d}t} + \frac{\mathrm{d}\boldsymbol{A}}{\mathrm{d}t} \times \boldsymbol{B}$

在物理学中矢量微分的例子有很多,比如速度、加速度等。例如质点运动的速度 $\boldsymbol{v}$ 是质点的位置矢量 $\boldsymbol{r}$ 对时间 t 的微分,有

$$\boldsymbol{v} = \frac{\mathrm{d}\boldsymbol{r}}{\mathrm{d}t} = \frac{\mathrm{d}x}{\mathrm{d}t}\boldsymbol{i} + \frac{\mathrm{d}y}{\mathrm{d}t}\boldsymbol{j} + \frac{\mathrm{d}z}{\mathrm{d}t}\boldsymbol{k}$$

四、矢量函数的积分

若某矢量函数 $\boldsymbol{A}(t)$ 的导数$\frac{\mathrm{d}\boldsymbol{A}(t)}{\mathrm{d}t}$已知,记作$\frac{\mathrm{d}\boldsymbol{A}(t)}{\mathrm{d}t} = \boldsymbol{B}(t)$,则可通过积分求得该原函数 $\boldsymbol{A}(t)$。

1.$\boldsymbol{B}(t)$ 的不定积分

若$\frac{\mathrm{d}\boldsymbol{A}(t)}{\mathrm{d}t} = \boldsymbol{B}(t) = B_x(t)\boldsymbol{i} + B_y(t)\boldsymbol{j} + B_z(t)\boldsymbol{k}$

则 $\boldsymbol{A} + \boldsymbol{C} = \int \boldsymbol{B}(t)\mathrm{d}t = \boldsymbol{i}\int B_x(t)\mathrm{d}t + \boldsymbol{j}\int B_y(t)\mathrm{d}t + \boldsymbol{k}\int B_z(t)\mathrm{d}t$

上式中 $\boldsymbol{C}$ 为任意常矢量(大小、方向都不随时间变化)。

2.$\boldsymbol{B}(t)$ 的定积分

若$\frac{\mathrm{d}\boldsymbol{A}(t)}{\mathrm{d}t} = \boldsymbol{B}(t) = B_x(t)\boldsymbol{i} + B_y(t)\boldsymbol{j} + B_z(t)\boldsymbol{k}$

则 $\boldsymbol{A}(t)\Big|_a^b = \int_a^b \boldsymbol{B}(t)\mathrm{d}t = \boldsymbol{i}\int_a^b B_x(t)\mathrm{d}t + \boldsymbol{j}\int_a^b B_y(t)\mathrm{d}t + \boldsymbol{k}\int_a^b B_z(t)\mathrm{d}t$

课后习题答案

第一章

1.(1) $-0.5\ \mathrm{m}$，$-0.5\ \mathrm{m\cdot s^{-1}}$；(2) $3\ \mathrm{m\cdot s^{-1}}$，$-6\ \mathrm{m\cdot s^{-1}}$；(3) $2.25\ \mathrm{m}$；(4) $-9\ \mathrm{m\cdot s^{-2}}$，$-3\ \mathrm{m\cdot s^{-2}}$，$-15\ \mathrm{m\cdot s^{-2}}$。

2.(1) 8 m；(2) 8 m；(3) 10 m。

3.(1) $y=19-\frac{1}{2}x^2$（$\because t\geqslant 0, \therefore x\geqslant 0$），运动轨迹图略；(2) $\boldsymbol{r}(1)=2\boldsymbol{i}+17\boldsymbol{j}\ (\mathrm{m})$，$\boldsymbol{r}(2)=4\boldsymbol{i}+11\boldsymbol{j}\ (\mathrm{m})$，$\overline{\boldsymbol{v}}=2\boldsymbol{i}-6\boldsymbol{j}\ (\mathrm{m\cdot s^{-1}})$；(3) $\boldsymbol{v}(1)=2\boldsymbol{i}-4\boldsymbol{j}\ (\mathrm{m\cdot s^{-1}})$，$\boldsymbol{v}(2)=2\boldsymbol{i}-8\boldsymbol{j}\ (\mathrm{m\cdot s^{-1}})$，$\boldsymbol{a}(1)=\boldsymbol{a}(2)=-4\boldsymbol{j}\ (\mathrm{m\cdot s^{-2}})$；(4) 当 $t=0$ s 时，$x=0$，$y=19$ m；$t=3$ s，$x=6$ m，$y=1$ m.

4. $\boldsymbol{r}(4)=193\boldsymbol{i}-40\boldsymbol{j}+115\boldsymbol{k}\ (\mathrm{m})$；$\boldsymbol{v}(4)=144\boldsymbol{i}-30\boldsymbol{j}+41\boldsymbol{k}\ (\mathrm{m\cdot s^{-1}})$；$\boldsymbol{a}(4)=72\boldsymbol{i}-10\boldsymbol{j}+8\boldsymbol{k}\ (\mathrm{m\cdot s^{-2}})$；$\Delta\boldsymbol{r}=192\boldsymbol{i}-40\boldsymbol{j}+100\boldsymbol{k}\ (\mathrm{m})$；$\overline{\boldsymbol{v}}=48\boldsymbol{i}-10\boldsymbol{j}+25\boldsymbol{k}\ (\mathrm{m\cdot s^{-1}})$；$\overline{\boldsymbol{a}}=36\boldsymbol{i}-10\boldsymbol{j}+8\boldsymbol{k}\ (\mathrm{m\cdot s^{-2}})$

5. $x=4t+\frac{1}{3}t^3-12\ (\mathrm{cm})$.

6.(1) 6.28 m，0，0，$6.28\ \mathrm{m\cdot s^{-1}}$；(2) $\boldsymbol{v}=9.42\boldsymbol{e}_t\ (\mathrm{m\cdot s^{-1}})$，$9.42\ \mathrm{m\cdot s^{-1}}$，$a=88.96\ (\mathrm{m\cdot s^{-2}})$ 与切线方向的夹角为 $\alpha=\arctan\frac{a_n}{a_t}=\arctan\ 14.17$。

7. (1) $\boldsymbol{r}=5\cos 2\pi t\boldsymbol{i}+5\sin\ 2\pi t\boldsymbol{j}\ (\mathrm{m})$，$\boldsymbol{r}(0.125)=\frac{5\sqrt{2}}{2}\boldsymbol{i}+\frac{5\sqrt{2}}{2}\boldsymbol{j}\ (\mathrm{m})$；(2) $\Delta\boldsymbol{r}=-10\boldsymbol{i}\ (\mathrm{m})$，$\Delta s=15.7\ (\mathrm{m})$；(3) $\overline{\boldsymbol{v}}=-20\boldsymbol{i}\ (\mathrm{m\cdot s^{-1}})$，$\overline{v}=31.4\ (\mathrm{m\cdot s^{-1}})$；(4) $\boldsymbol{v}=-10\pi\sin(2\pi t)\boldsymbol{i}+10\pi\cos(2\pi t)\boldsymbol{j}\ (\mathrm{m\cdot s^{-1}})$，$v=31.4\ (\mathrm{m\cdot s^{-1}})$；(5) $\boldsymbol{a}=-20\pi^2\cos(2\pi t)\boldsymbol{i}-20\pi^2\sin(2\pi t)\boldsymbol{j}$ (m·

s^{-1})，$a_t=0$。

8. (1)$(v_0t,\frac{1}{2}gt^2)$，$y=\frac{g}{2v_0^2}x^2$；(2)$v=\sqrt{v_0^2+g^2t^2}$、速度与 x 轴正向的夹角为 $\theta=\arctan\frac{gt}{v_0}$，$a_t=\frac{dv}{dt}=\frac{g^2t}{\sqrt{v_0^2+g^2t^2}}$、$a_n=\frac{gv_0}{\sqrt{v_0+g^2t^2}}$。

9. 3.8($m\cdot s^{-2}$).

10. (1)$\alpha=-0.05\ rad/s^2$；(2)$\theta=250$ rad。

11. (1)$\omega=4t\ rad\cdot s^{-1}$，$\alpha=4\ rad\cdot s^{-2}$；(2) 0.5 s。

12. (1)1 s；(2)0.5 rad，1.5 m。

第二章

1.(1)$f_s=mg\sin\alpha$；(2)$\tan\alpha\leqslant\mu$；(3)$a\leqslant g(\mu\cos\alpha-\sin\alpha)$。

2. $F=\frac{\mu(m_1+m_2)g}{\cos 36.9^\circ-\mu\sin 36.9^\circ}=29.4$ N

3. $F\geqslant\frac{mg}{\cos\theta-\mu\sin\theta}$时，该物体向上滑动；$F\leqslant\frac{mg}{\cos\theta+\mu\sin\theta}$时，该物体向下滑动；$\frac{mg}{\cos\theta}<F<\frac{mg}{\cos\theta-\mu\sin\theta}$时，该物体向上滑动；$\frac{mg}{\cos\theta+\mu\sin\theta}<F<\frac{mg}{\cos\theta}$时，该物体有向下滑动的趋势。

4. 略。

5. 4.78 $m\cdot s^{-2}$，1.35 N

6. 137 $m\cdot s^{-1}$

*7. $\frac{mv_0}{k}$

8. (1)$(16\boldsymbol{i}+16\boldsymbol{j})kg\cdot m\cdot s^{-1}$，$(16\boldsymbol{i}+40\boldsymbol{j})kg\cdot m\cdot s^{-1}$；(2)$24\boldsymbol{j}$ N·s，图略。

9. 366 N，与小球的水平飞行方向成 $49^\circ36'$ 的夹角。

10. 5.5；55；5.5×10^2；5.5×10^3；可见，在碰撞、打击等问题中，只要持续时间足够短，就能忽略诸如重力这类有限大小的力的作用。

11. (1) 图略；(2)6 N·s，15 N；(3)3 $m\cdot s^{-1}$

12. (1)3×10^{-3} s；(2)6×10^{-1} N·s；(3)2×10^{-3} kg

13. (1)$(1+\sqrt{2})m\sqrt{gy_0}$；(2) $\frac{1}{2}mv_0$

14. (1)1.43 $m\cdot s^{-1}$，与车的初速度方向相同；(2)0.29 $m\cdot s^{-1}$，与车的初速度方向相反

15. $k\left(\frac{1}{x}-\frac{1}{x_0}\right)$；$\sqrt{\frac{2k}{m}\left(\frac{1}{x}-\frac{1}{x_0}\right)}$

16. (1)27 J，3 $m\cdot s^{-1}$；(2)60.75 J，4.5 $m\cdot s^{-1}$

17.(1) 略；(2)882 J

18. (1)31 J；(2)5.35 $m\cdot s^{-1}$

19. (1) $\sqrt{\frac{g}{l}(l^2-a^2)}$；(2) $\sqrt{\frac{g}{l}[(l^2-a^2)-\mu(l-a)^2]}$

20.(1) $\frac{A}{2}x^2-\frac{B}{3}x^3$；(2) $\frac{5}{2}A-\frac{19}{3}B$

21. 4.1×10^{-3} m

22. $v=\frac{2M}{m}\sqrt{5gl}$

23. $v_0\sqrt{\frac{m_1m_2}{k(m_1+m_2)}}$

24. $(m_1+m_2)g+\frac{m_1^2gh}{(m_1+m_2)d}$

第三章

1. (1)$\alpha=-4\pi$ rad/s^2；(2)$\omega(5)=20\pi$ rad/s；(3)100 圈

2. 4 s；-6 m·s^{-1}

3. (1)$\alpha=4.17\pi$ rad·s$^{-2}\approx13.1$ rad·s^{-2}；(2)390 圈

4. $M=J\omega_0(\frac{1}{t_1}+\frac{1}{t_2})$

5. (1)$\alpha=\frac{\omega-\omega_0}{t}=40\pi$ rad·s$^{-2}\approx1.26\times10^2$ rad·s^{-2}，$N=\frac{\Delta\theta}{2\pi}=2.5$ 转；(2)4700 N，$W=M\Delta\theta=FR\Delta\theta\approx11069(J)=1.1\times10^4$(J)；(3)$\omega=\alpha t=400\pi$ rad·s^{-1}，$v=R\omega=60\pi$ m·s$^{-1}\approx1.88\times10^2$ m·s^{-1}，总加速度 $a=\sqrt{a_t^2+a_n^2}\approx2.38\times10^5$ m·s^{-2} 方向与 a_n 几乎相同（∵$a_n\gg a_t$）

6. $a=\frac{(m_2-m_1)g}{m_1+m_2+\frac{1}{2}m}$，$\alpha=\frac{(m_2-m_1)g}{(m_1+m_2+\frac{1}{2}m)r}$，

$F_{T_1}=\frac{m_1(2m_2+m/2)g}{m_1+m_2+\frac{1}{2}m}$，$F_{T_2}=\frac{m_2(2m_1+m/2)g}{m_1+m_2+\frac{1}{2}m}$

7. $a_t=\frac{4M}{mR}$，$a_n=\frac{16M^2t^2}{m^2R^3}$

8. $a_1=\frac{m_1R-m_2r}{J_1+J_2+m_1R^2+m_2r^2}gR$，$a_2=\frac{m_1R-m_2r}{J_1+J_2+m_1R^2+m_2r^2}gr$，

$F_{T_1}=\frac{J_1+J_2+m_2r^2+m_2Rr}{J_1+J_2+m_1R^2+m_2r^2}m_1g$，$F_{T_2}=\frac{J_1+J_2+m_1R^2+m_1Rr}{J_1+J_2+m_1R^2+m_2r^2}m_2g$

9. 9.52×10^{-2} rad·s^{-1}

10. 0.8π rad·s$^{-1}\approx2.5$ rad·s^{-1}

11.(1)$\omega_0=\frac{m\mathrm{d}v}{J}=\frac{3m\mathrm{d}v}{Ml^2+3m\mathrm{d}^2}$；(2)$\cos\theta=1-\frac{3m^2\mathrm{d}^2v^2}{(Mgl+2mg\mathrm{d})(Ml^2+3m\mathrm{d}^2)}$

12. 略

13. (1)$\alpha=\frac{3g}{2l}$;(2) $\frac{\sqrt{3}}{4}mgl$;(3) $\frac{ml}{3}\sqrt{3gl}$

第四章

1. 1.54×10^{-2} kg
2. 2.69×10^{19},3.3×10^{-9} m
3. 3.21×10^{12} m^{-3},6.21×10^{-21} J
4. 2.78×10^{-2} kg·mol^{-1}, 1.52×10^{3} J·m^{-3},495 m·s^{-1}
5. 理想气体,平衡态下;$\frac{5}{2}\frac{pV}{N_A}$
6. 3.74×10^{3} J;2.49×10^{3} J;6.23×10^{3} J
7. (1)7.79×10^{2} J;(2)1.52×10^{3} J
8. (1)$f(v)\mathrm{d}v=\frac{\mathrm{d}N}{N}$ 它表示在温度为T的平衡态下,速率在$v\to v+\mathrm{d}v$区间的分子数占总分子数的百分比,或一个分子具有的速率在$v\to v+\mathrm{d}v$区间内的概率;(2) $\int_{v1}^{v2}vf(v)\mathrm{d}v$;表示速率在$v_1$到$v_2$间隔内的分子速率相对所有分子的加权平均值;(3) $\int_{v1}^{v2}Nf(v)\mathrm{d}v$ 表示速率在v_1到v_2间隔内的分子数;(4) $\int_{v1}^{v2}Nvf(v)\mathrm{d}v$ 表示速率在v_1到v_2间隔内分子速率的总和。
9. $v_p=3.90\times10^{2}$ m·s^{-1},$\overline{v}=4.41\times10^{2}$ m·s^{-1},$\sqrt{\overline{v^2}}=4.77\times10^{2}$ m·s^{-1}
10. (1)1:1;(2)2:1;(3)10:3

第五章

1. 略
2. 略
3. 略
4. 略
5. (1)$Q_p=2.08\times10^{2}$ J;(2)$Q_V=\Delta E=1.48\times10^{2}$ J;(3)$\Delta E_p=\Delta E_V=1.48\times10^{2}$ J;等压过程中,$A_p=Q_p-\Delta E=0.6\times10^{2}$ J;等体过程中,$A_V=0$
6. (1)$Q=3.28\times10^{3}$ J,$A=2.03\times10^{3}$ J,$\Delta E=1.25\times10^{3}$ J;(2)$Q=2.94\times10^{3}$ J,$A=1.69\times10^{3}$ J,$\Delta E=1.25\times10^{3}$ J
7. 图略。等温过程中,$\Delta E_T=0$,$A_T=-7.86\times10^{2}$ J,$Q_T=-7.86\times10^{2}$ J;绝热过程中,$Q=0$,$\Delta E=9.06\times10^{2}$ J,$A_Q=-\Delta E=-9.06\times10^{2}$ J
8. $\Delta E_{abcd}=\Delta E_{ad}=\nu C_{V,m}(T_d-T_a)=\frac{i}{2}\nu R(T_d-T_a)=\frac{5}{2}\times13.5\times(450-300)=5062.5$ J;

$A_{abcd}=A_{ab}+A_{bc}+A_{cd}=4052+6078-2026=8104$ J;

$Q_{abcd}=\Delta E_{abcd}+A_{abcd}=2532+8104=13166.5\ \mathrm{J}$;

整个 $a\to b\to c\to d$ 过程的平均热容为 $c_{abcd}=\dfrac{Q_{abcd}}{T_d-T_a}=\dfrac{13166.5}{450-300}=87.78\ \mathrm{J\cdot K^{-1}}$

整个 $a\to b\to c\to d$ 过程的平均摩尔热容为 $C_{abcd,m}=\dfrac{c_{abcd}}{\nu}=\dfrac{87.77}{1.625}=54.02\ \mathrm{J\cdot mol^{-1}\cdot K^{-1}}$

9. $\eta=1-\dfrac{T_2}{T_1}=70\%(1)\eta_1=1-\dfrac{T_2}{T_1'}=72.7\%$,效率增加 2.7%;(2)$\eta_2=1-\dfrac{T_2'}{T_1}=80\%$,效率增加 10%

10. $$\eta=\frac{A}{Q_1}=\frac{(T_2-T_1)\ln\dfrac{p_2}{p_1}}{\dfrac{\gamma}{\gamma-1}(T_2-T_1)+T_2\ln\dfrac{p_2}{p_1}}=1-\frac{\dfrac{\gamma}{\gamma-1}(T_2-T_1)+T_1\ln\dfrac{p_2}{p_1}}{\dfrac{\gamma}{\gamma-1}(T_2-T_1)+T_2\ln\dfrac{p_2}{p_1}}$$

第六章

1. (1) 是;(2) 不是;(3) 不是;(4) 不是。

2. q 角是振动的角振幅,不是振动的初相位。摆球绕悬点转动的角速度不是振动的角频率。

3.(1) 证明略;(2)$T=2\pi\sqrt{\dfrac{m}{k}}$

4. (1) $x=0.24\cos(\dfrac{\pi}{2}t)(\mathrm{m})$;(2) $x(0.5)=0.24\cos\dfrac{\pi}{4}=0.17(\mathrm{m})$,$v(0.5)=-0.12\pi\sin\dfrac{\pi}{4}=-0.27(\mathrm{m\cdot s^{-1}})$,$a(0.5)=-0.06\pi^2\cos\dfrac{\pi}{4}=-0.42(\mathrm{m\cdot s^{-2}})$,$F=-kx=-m\omega^2x=-4.2\times10^{-3}(\mathrm{N})$;(3) $\Delta t=\dfrac{\Delta\varphi}{\omega}=\dfrac{\frac{\pi}{3}}{2\pi}T=\dfrac{2}{3}\approx0.67(\mathrm{s})$

5. (1)$A=0.040\ \mathrm{m}$,$\varphi=0$,$x=0.040\cos7.0t(\mathrm{m})$;(2)$A=0.030\ \mathrm{m}$,$\varphi=\dfrac{\pi}{2}$,$x=0.030\cos(7.0t+\dfrac{\pi}{2})(\mathrm{m})$;(3)$A=0.050\ \mathrm{m}$,$\varphi=0.64$,$x=0.050\cos(7.0t+0.64)(\mathrm{m})$

6. (1)$x=0.12\cos(\pi t-\dfrac{\pi}{3})(\mathrm{m})$;(2) 图略;(3)$v=-0.12\pi\sin(\dfrac{\pi}{6})\approx0.188(\mathrm{m\cdot s^{-1}})$,向 x 轴的负方向运动;(4)$t_1=\dfrac{5}{6}\approx0.83(\mathrm{s})$,$t_2=\dfrac{11}{6}\approx1.83(s)$;(5)$t_3=\dfrac{1}{3}\approx0.33(s)$,$t_4=\dfrac{4}{3}\approx1.33(s)$

7.(1)$x_0=0.08\ \mathrm{m}$,$v_0=-0.60\ \mathrm{m\cdot s^{-1}}$;(2)$x=0.10\cos\left(10t+\dfrac{\pi}{5}\right)\mathrm{m}$

8. (1) 证明略;(2)$x=0.40\cos(5t+\pi)(\mathrm{m})$;(3)$x=0.30\cos(5t-\dfrac{\pi}{2})(\mathrm{m})$;(4)$x=$

$0.30\cos 5t$(m)

9. (1)$T=\frac{\pi}{10}$(s);(2)$E=2\times10^{-3}$ J,$E_k=2\times10^{-3}$ J;

(3)$x=\pm\frac{\sqrt{2}}{2}A\approx\pm7.07\times10^{-3}$(m);(4) $\frac{E_k}{E}=\frac{3}{4}$,$\frac{E_p}{E}=\frac{1}{4}$

10. (1)$\pm\frac{\pi}{3}$ 或 $\pm\frac{4}{3}\pi$,图略;(2)75%,25%

11. (1)$x=0.1\cos(\frac{5}{24}\pi t-\frac{\pi}{3})$(m);(2)$\varphi_P=0$;(3)$\Delta t=1.6$ s

12. (1)$A=0.078$ m,$\varphi=84°48'$;(2)$\varphi_3=\varphi_1=\frac{3}{4}\pi$ 时,x_1+x_3 的振幅为最大;$\varphi_3=\varphi_2\pm\pi=\frac{5}{4}\pi$(或$-\frac{3}{4}\pi$)时,$x_2+x_3$ 的振幅为最小。

13. 0.1 m,$\frac{\pi}{2}$

14. $x=5\cos\left(2\pi? \ t+\frac{4\pi}{5}\right)$(m)

第七章

1. $\pm\frac{\pi}{2}$,$\pm2\pi\frac{\Delta x}{\lambda}$

2. (1)$-\frac{2}{3}\pi$,B 点落后;(2)1.67×10^{-4} s

3. (1)$y=A\cos[100\pi(t-x/100)+\pi/2]$;(2)$y_1=A\cos(100\pi t-14.5\pi)$,初相 $\varphi_{10}=-14.5\pi$;$y_2=A\cos(100\pi t-4.5\pi)$,初相 $\varphi_{20}=-4.5\pi$;(3)π

4. (1)$A=0.2$ m,$\nu=100$ Hz,$u=40\ \mathrm{m\cdot s^{-1}}$,$T=0.01$ s,$\lambda=0.4$ m,$\varphi=\frac{\pi}{2}$;(2) 图略;(3) 图略

5. (1)$\lambda=0.24$ m,$u=0.12\ \mathrm{m\cdot s^{-1}}$;(2)$y=0.2\cos\left(\pi t-\frac{25}{3}\pi x-\frac{5}{6}\pi\right)$(m)

6. (1)$A=0.05$ m,$\nu=50$ Hz,$\lambda=1.0$ m,$u=50\ \mathrm{m\cdot s^{-1}}$;
(2)$v_{max}=2\pi\nu A\approx15.7(\mathrm{m\cdot s^{-1}})$,$a_{max}=4\pi^2\nu^2A\approx4.93\times10^3(\mathrm{m\cdot s^{-2}})$;(3)$\Delta\varphi=\pi$

7. (1)$y(16,0.01)=0$,$v(16.0.01)=20\pi\approx62.8(\mathrm{m\cdot s^{-1}})$;(2)$\Delta t=0.06$ s

8. (1)$y=5\cos\left[8\pi(t+\frac{x}{4})+2\pi+\frac{3\pi}{8}\right]$(SI);(2)$y=5\cos\left(8\pi t-\frac{\pi}{2}\right)$(SI),图略;

(3)$y=5\cos\left(2\pi x+2\pi+\frac{\pi}{2}\right)$(SI),图略

9. (1)$y(0,t)=\cos\left(\frac{\pi}{2}t+\frac{\pi}{3}\right)$(SI);(2)$y=\cos\left(\frac{\pi}{2}t-\frac{\pi}{2}x+\frac{\pi}{3}\right)$(SI);(3) 图略;(4) 图略

10. (1)$y=4\cos\left(\pi t+\frac{\pi}{2}x+\frac{\pi}{2}\right)$(SI);(2) 图略;(3) 图略

11. $y=0.1\cos\left(7\pi t-\frac{\pi x}{0.12}-\frac{17}{3}\pi\right)$(m)

12.(1)1.58×10^{5} W·m^{-2};(2)3.79×10^{3} J

13. 6.37×10^{-6} J·m^{-3},2.16×10^{-3} W·m^{-2}

14.在 S_1 外侧各点合振幅为 $A=A_1+A_2=2A$,在 S_2 外侧各点合振幅 $A=|A_1-A_2|=0$

15.在 S_1 和 S_2 连线上,在 S_1 和 S_2 之间距 S_1 为 1,3,5,…,27,29 m 处共 15 个点因干涉而静止;在连线上 S_1 和 S_2 外侧的各点因同相而振动加强。

第八章

1.(1)$\boldsymbol{E}=\frac{qy}{2\pi\varepsilon_0(a^2+y^2)^{\frac{3}{2}}}\boldsymbol{j}$;(2)$y=\pm\frac{\sqrt{2}}{2}a$

2. $E=\frac{Q}{\pi^2\varepsilon_0R^2}$,方向沿直径向下

3. $E=\frac{lQ}{4\pi\varepsilon_0R^2(2\pi R-l)}$,方向从圆心指向空隙处

4. $F=\frac{\lambda^2}{2\pi\varepsilon_0}\ln2$;方向沿均匀带电细棒 B 的放置方向向右

5. (1)$E_1=\frac{\lambda L}{4\pi\varepsilon_0a(L+a)}$,方向沿 AP_1 连方向;

(2)$\boldsymbol{E}_2=\frac{\lambda}{4\pi\varepsilon_0b}(1-\frac{b}{\sqrt{L^2+b^2}})\boldsymbol{i}+\frac{\lambda}{4\pi\varepsilon_0b}\frac{L}{\sqrt{L^2+b^2}}\boldsymbol{j}$,其中 $\boldsymbol{i}$ 为沿 BP_1 方向的单位矢量,$\boldsymbol{j}$ 为沿 BP_2 方向的单位矢量。

6. $\boldsymbol{E}_O=0$

7. (1) $-E\pi R^2$;(2)$E\pi R^2$;(3)$E\pi R^2$

8. (1)$E=\frac{\sigma}{\varepsilon_0}$;(2)$\Phi_{eM}=-\frac{\sigma}{\varepsilon_0}S$,$\Phi_{eN}=\frac{\sigma}{\varepsilon_0}S$

9. (1)$\boldsymbol{E}=\frac{\rho}{3\varepsilon_0}r\boldsymbol{e}_r(r<R)$,$\boldsymbol{E}=\frac{\rho R^3}{3\varepsilon_0r^2}\boldsymbol{e}_r(r>R)$;

(2)$\boldsymbol{E}=\frac{kr^2}{4\varepsilon_0}\boldsymbol{e}_r(0\leqslant r\leqslant R)$,$\boldsymbol{E}=\frac{kR^4}{4\varepsilon_0r^2}\boldsymbol{e}_r(r>R)$

10. $E_1=\frac{q}{4\pi\varepsilon_0r^2}(r<a)$,

$E_2=\frac{q}{4\pi\varepsilon_0r^2}+\frac{Qr}{4\pi\varepsilon_0(b^3-a^3)}-\frac{Qa^3}{4\pi\varepsilon_0r^2(b^3-a^3)}(a<r<b)$,$E_3=\frac{q+Q}{4\pi\varepsilon_0r^2}(r>b)$

11. (1) $E=0(r<R_1)$,$E=\frac{\lambda_1}{2\pi\varepsilon_0r}(R_1<r<R_2)$,$E=\frac{\lambda_1+\lambda_2}{2\pi\varepsilon_0r}(r>R_2)$;

(2)$E=0(r<R_1)$,$E=\frac{\lambda_1}{2\pi\varepsilon_0r}(R_1<r<R_2)$,$E=0\ (r>R_2)$,图略

12. $\sigma=8.0\times10^{-6}$ C·m^{-2}

13. (1) $\frac{q}{6\pi\varepsilon_0 R}$；(2)0；(3) $\frac{q}{6\pi\varepsilon_0 R}$

14. 略

15. $E_1=0, U_{a1}=\frac{Q_1}{4\pi\varepsilon_0}(\frac{1}{R_1}-\frac{1}{R_2})+\frac{Q_1+Q_2}{4\pi\varepsilon_0 R_2}(r<R_1)$，

$E_2=\frac{Q_1}{4\pi\varepsilon_0 r^2}, U_{a2}=\frac{Q_1}{4\pi\varepsilon_0}(\frac{1}{r}-\frac{1}{R_2})+\frac{Q_1+Q_2}{4\pi\varepsilon_0 R_2}(R_1<r<R_2)$，

$E_3=\frac{Q_1+Q_2}{4\pi\varepsilon_0 r^2}, U_{a3}=\frac{Q_1+Q_2}{4\pi\varepsilon_0 r}(r>R_2)$

16. (1)$\lambda=2\pi\varepsilon_0 U_{12}/\ln\frac{R_2}{R_1}=2.1\times10^{-8}$(C/m)；(2)$E=\frac{\lambda}{2\pi\varepsilon_0 r}\approx7557$(V/m)或7560(V/m)

17. 13.6 eV 或 -2.18×10^{-18} J $=-13.6$ eV

18. (1)$\boldsymbol{E}(3.0)=0, \boldsymbol{E}(6.0)=1.50\times10^4\boldsymbol{e}_r$ V/m, $\boldsymbol{E}(8.0)=0, \boldsymbol{E}(10.0)=-1.26\times10^4\boldsymbol{e}_r$ V/m；$U_1(3.0)=-1.04\times10^3$ V, $U_2(6.0)=-1.22\times10^3$ V, $U_3(8.0)=-1.40\times10^3$ V, $V_4(10.0)=-1.26\times10^3$ V；

(2)$\boldsymbol{E}=0, U=U(R_3)=-1.40\times10^3$ V$(r<9$ cm$)$, $\boldsymbol{E}(10.0)=-1.26\times10^4\boldsymbol{e}_r$ V/m, $V(10.0)=-1.26\times10^3$ V

19. $\frac{\sigma_R}{\sigma_r}=\frac{r}{R}$

20. $E_A=\frac{q}{4\pi\varepsilon_0 r_A^2}, E_B=0$

21. $D=\frac{\lambda}{2\pi r}, E=\frac{D}{\varepsilon_0\varepsilon_r}=\frac{\lambda}{2\pi\varepsilon_0\varepsilon_r r}$

22. $D_1=0, E_1=0(r<R)$；$D_2=\frac{q}{4\pi r^2}, E_2=\frac{q}{4\pi\varepsilon_0\varepsilon_{r1}r^2}(R<r<(R+d))$；$D_3=\frac{q}{4\pi r^2}, E_3=\varepsilon_0 D_3=\frac{q}{4\pi\varepsilon_0 r^2}(r>(R+d))$；$U_1=\frac{q}{4\pi\varepsilon_0\varepsilon_{r1}}(\frac{1}{R}-\frac{1}{R+d})+\frac{q}{4\pi\varepsilon_0(R+d)}(r<R)$, $U_2=\frac{q}{4\pi\varepsilon_0\varepsilon_{r1}}(\frac{1}{r}-\frac{1}{R+d})+\frac{q}{4\pi\varepsilon_0(R+d)}(R<r<(R+d))$, $U_3=\frac{q}{4\pi\varepsilon_0 r}(r>(R+d))$

23. (1)$\boldsymbol{D}=\frac{\lambda}{2\pi r}\boldsymbol{e}_r(R_1<r<R_3)$, $\boldsymbol{E}_1=\frac{\lambda}{2\pi\varepsilon_1 r}\boldsymbol{e}_r(R_1<r<R_2)$, $\boldsymbol{E}_2=\frac{\lambda}{2\pi\varepsilon_2 r}\boldsymbol{e}_r(R_2<r<R_3)$；(2)$C_0=\frac{2\pi\varepsilon_1\varepsilon_2}{\varepsilon_2\ln\frac{R_2}{R_1}+\varepsilon_1\ln\frac{R_3}{R_2}}$

24. (1)$W_e=\frac{Q^2}{8\pi\varepsilon_0}(\frac{1}{R_1}-\frac{1}{R_2}+\frac{1}{R_3})$；(2)$W_e=\frac{Q^2}{8\pi\varepsilon_0 R_3}$

第九章

1. (1)2×10^{-5} Wb；(2)3.46×10^{-5} Wb，-3.46×10^{-5} Wb

2. (1)2 Wb；(2)0；(3)1.41 Wb

3. (1)$d\boldsymbol{B}=7.5\times10^{-11}\boldsymbol{j}$(T);(2)$d\boldsymbol{B}=-1.875\times10^{-11}\boldsymbol{i}$(T);(3)$d\boldsymbol{B}=0$;

(4)$d\boldsymbol{B}=7.2\times10^{-12}\boldsymbol{j}$(T);(5)$d\boldsymbol{B}=2.4\times10^{-12}(3\boldsymbol{j}-4\boldsymbol{i})$(T) 或展开为$(7.2j-9.6i)\times10^{-12}$(T)

4. $B_O=\dfrac{\mu_0 I}{4R_1}+\dfrac{\mu_0 I}{8R_2}+\dfrac{\mu_0 I}{4\pi R_2}$,方向:垂直纸面向里。

5. $\boldsymbol{B}=\dfrac{\mu_0 I}{4}(\dfrac{1}{R_2}+\dfrac{1}{R_1})\boldsymbol{e}_n$,$\boldsymbol{m}=\dfrac{1}{2}\pi I(R_2^2+R_1^2)\boldsymbol{e}_n$

6. $B=\dfrac{\mu_0 I}{6R}+\dfrac{\mu_0 I}{2\pi R}(2-\sqrt{3})$,方向:垂直纸面向里。

7. $\dfrac{\mu_0 I}{2R}(1-\dfrac{1}{\pi})$

8. $B=\dfrac{\mu_0 I}{2r}\approx12.53$(T),$m=I\pi r^2\approx9.32\times10^{-24}$(A·m²)

9. (1) $B=\mu_0\dfrac{Ir}{2\pi R^2}(0<r<R)$;(2) $\Phi_m=\dfrac{\mu_0 I}{4\pi}$

10. (1)$B_1=0(r<a)$,$B_2=\dfrac{\mu_0 I(r^2-a^2)}{2\pi r(b^2-a^2)}(a<r<b)$,$B_3=\dfrac{\mu_0 I}{2\pi r}(r>b)$;(2) 图略

11. (1)$B=\dfrac{\mu_0 NI}{2\pi r}$;(2) 证明略

12. $\boldsymbol{F}_m=8.0\times10^{-14}\boldsymbol{k}$(N)

13. 略

14. $\dfrac{\pi m^2 v^2}{e^2 B}$

15. (1)$B=5\times10^4$(T),方向沿 Oz 轴负向;(2)$F_1=4.24$(N)

16. 7.2×10^{-4}(N),方向水平向左

17. (1)1.06 A·m²;(2)4.2 N·m

18. $H_1=\dfrac{Ir}{2\pi R_1^2}$,$B_1=\mu_0\dfrac{Ir}{2\pi R_1^2}(r<R_1)$;$H_2=\dfrac{I}{2\pi r}$,$B_2=\dfrac{\mu_0\mu_r I}{2\pi r}(R_1<r<R_2)$;$H_3=\dfrac{I}{2\pi r}\dfrac{R_3^2-r^2}{R_3^2-R_2^2}$,$B_3=\dfrac{\mu_0 I}{2\pi r}\dfrac{R_3^2-r^2}{R_3^2-R_2^2}(R_2<r<R_3)$;$H_4=0$,$B_4=0(r>R_3)$

19. (1) $H=300$ (A/m),$B_0=3.77\times10^{-4}$(T);(2) $B=1.58$(T);

(3) $B_0=3.77\times10^{-4}$(T) ,$B'=1.58$(T)

第十章

1. 略

2. 2.4×10^{-5} V

3. $\mathscr{E}_i=\dfrac{1}{2}\omega\pi r^2 B\sin\omega t$,$I_i=\dfrac{B\pi r^2\omega}{2R}\sin\omega t$,$\mathscr{E}_{imax}=\dfrac{1}{2}\omega\pi r^2 B$,$I_{imax}=\dfrac{B\pi r^2\omega}{2R}$

4. $U_a-U_b=-\dfrac{1}{2}\omega BL^2(1-\dfrac{2}{k})$, a 端电势低,b 端电势高。

5. $\mathscr{E}_{OP}=\frac{1}{2}\omega B(L\sin\theta)^2, U_{OP}=-\mathscr{E}_{OP}=-\frac{1}{2}\omega B(L\sin\theta)^2$

6. $\Phi=\frac{\mu_0 I_0 l}{2\pi}\left(\ln\frac{b}{a}\right)\sin\omega t, \mathscr{E}_i=-\frac{d\Phi}{dt}=-\frac{\mu_0 l\omega}{2\pi}\left(\ln\frac{b}{a}\right)I_0\cos\omega t$

7. 4.7×10^{-3} V

8. 略

9. 1.2×10^3匝

10. $\frac{\mu_0}{\pi}\ln\frac{d-a}{a}$

11. (1)$B_0=\mu_0 nI$;(2)$L=\frac{1}{4}\mu\pi n^2D^2l$, $W_m=\frac{1}{8}\mu\pi n^2D^2I^2l$

12. (1)$B=0(r<R_1)$、$B=\frac{\mu I}{2\pi r}(R_1<r<R_2)$,$B=0(r>R_2)$;(2)$W_m=\frac{\mu I^2 l}{4\pi}\ln\frac{R_2}{R_1}$;
(3) $\frac{L}{l}=\frac{\mu}{2\pi}\ln\frac{R_2}{R_1}$

13. (1)$B=\frac{\mu_0 NI}{2\pi r}$;(2)$\Psi=\frac{\mu_0 N^2 Ih}{2\pi}\ln\frac{R_2}{R_1}$;(3)$W_m=\frac{\mu N^2I^2h}{4\pi}\ln\frac{R_2}{R_1}$

14. (1)$L=\frac{\mu_0 N^2 h}{2\pi}\ln\frac{b}{a}$;(2)$M=\frac{\mu_0 Nh}{2\pi}\ln\frac{b}{a}$;(3)$W_m=\frac{\mu_0 N^2 hI^2}{4\pi}\ln\frac{b}{a}$

15. $\boldsymbol{H}=\boldsymbol{k}\sqrt{\frac{\varepsilon_0}{\mu_0}}E_0\cos\left[\omega\left(t-\frac{x}{c}\right)+\frac{\pi}{6}\right]$ (SI),$\boldsymbol{B}=\boldsymbol{k}\sqrt{\varepsilon_0\mu_0}E_0\cos\left[\omega\left(t-\frac{x}{c}\right)+\frac{\pi}{6}\right]$ (SI)

第十一章

1. 1.44 mm
2. 0.134 mm
3. 向上移动,6
4. 1.33
5. 8×10^{-6} m
6. $x=\left(k-\frac{1}{2}\right)\frac{D}{d}\lambda$,$(k=1,2,3,\cdots)$,$\Delta x=\frac{D}{d}\lambda$
7. (1)5;(2)6.0 mm;(3)$\theta\approx3\times10^{-3}$ rad
8. 97.4 nm
9. 560 nm
10. 200 nm
11. 658 nm
12. $\theta\approx1.71\times10^{-4}$ rad
13. 2.86 m
14. 1.22
15. 687.5 nm

16. 700 nm,14

17. 正面紫红色,背面黄绿色

18. $\lambda = \dfrac{2\Delta d}{\Delta N}$

19. 428.6 nm

20. 7.6×10^{-5} m

21. $\dfrac{k_1}{k_2} = \dfrac{3}{2} = \dfrac{6}{4} = \dfrac{9}{6} = \cdots$

22. 5.00 mm

23. 1.2 cm;1.2 cm

24. 1.0 m

25. 5.0 μm,1.25 μm,$k = 0, \pm 1, \pm 2, \pm 3, \pm 5, \pm 6, \pm 7, \pm 9$ 共 15 条明纹

26. 第 2 级,第 2 级光栅光谱的重叠范围为 600 nm ～ 760 nm

27. 3 级;$\theta_{11} = 17.128° = 17°7'39''$,$\theta_{12} = 17.146° = 17°8'44''$;$\Delta\theta_1 = 1'5''$;$\Delta\theta_1 = 1'5''\Delta\theta_{11} = 6''$,$\Delta\theta_{12} = 6''$

28. 0.06 m,$k' = 0, \pm 1, \pm 2$ 等 5 个主极大

29. 14.478°、30°、48.59°、90°

30. 1:2

31. 2:3

32. 58°,1.6

33. $\sqrt{3}$

第十二章

1. 5 682 K

2. 16

3. 852 K

4. 2 eV,2 V,296 nm

5. 3.98×10^{-19} J 或 2.49 eV;2.04×10^{-19} J 或 1.28 eV;1.28 eV

6. 0.25

7. 0.17 MeV;3.64×10^{-22} kg · m · s^{-1}

8. 121 nm;91 nm

9. 2 条,图略

10. 1.89 eV

11. $\lambda = \dfrac{h}{\sqrt{2mE_k}}$

12. 150 V

13. $\dfrac{\sqrt{3}}{3}\lambda_0$

14. 4×10^5 m 或 3.2×10^4 m

15. $\frac{1}{2a}$；$\frac{1}{3}$

16. $A=2a^{\frac{3}{2}}$

17. 0.1955；$x=\frac{a}{4}$ 和 $x=\frac{3a}{4}$

18. $0,\sqrt{2}\hbar,\sqrt{6}\hbar,2\sqrt{3}\hbar$；$-3\hbar,-2\hbar,-1\hbar,0,1\hbar,2\hbar,3\hbar$

19. $2\sqrt{3}\hbar$；4

参考文献

[1] 程守洙,江之勇. 普通物理学 [M]. 第 5 版. 北京:高等教育出版社,1998.

[2] 程守洙,江之勇. 普通物理学 [M]. 第 7 版. 北京:高等教育出版社,2016.

[3] 祝之光. 物理学 [M]. 第 3 版. 北京:高等教育出版社,2009.

[4] 张宇,赵远. 大学物理[M]. 第 5 版. 北京:机械工业出版社,2019.

[5] 东南大学等七所工科院校编,马文蔚,周雨青,解希顺改编. 物理学 [M]. 第 6 版. 北京:高等教育出版社,2014.

[6] 张达宋. 物理学基本教程 [M]. 第 2 版. 北京:高等教育出版社,2002.

[7] 赵凯华,陈熙谋. 电磁学 [M]. 第 2 版. 北京:高等教育出版社,1985.

[8] 周茂堂. 大学物理学 [M]. 大连:大连理工大学出版社,2001.

[9] 杨松林,韩树春,陈国应. 物理学教程 [M]. 大连:大连理工大学出版社,1994.